飞艇设计技术

Airship Design

【美】查尔斯·P·伯吉斯（Charles P Burgess） 编著

王晓亮 编译

上海交通大学出版社
SHANGHAI JIAO TONG UNIVERSITY PRESS

内容简介

本书比较全面详细地介绍了依靠静浮力作为主升力源的飞艇在设计过程中所涉及的主要分系统的设计分析方法和技术。

本书的内容包括常见飞艇类型及其各自特点，飞艇体积与其性能关系，飞艇几何参数(体积、表面积、长度、最大直径)的确定，飞艇上作用的主要载荷及其产生的剪力和弯曲力矩，飞艇的空气动力特性(侧重于与结构相关的气动载荷分布)，软式、硬式飞艇的强度分析方法，硬式飞艇的桁架设计，在给定需求下飞艇的设计步骤，以及针对飞艇这类飞行器常见的一些谬误。

另外，叙述了与飞艇飞行性能相关的近似为刚体的飞艇动力学模型，考虑柔性变形的飞艇动力学模型，常用的系留飞艇的动力学模型，飞艇静动态稳定性的分析方法及判定准则，飞艇附加质量的估算及数值计算方法，以及可用于飞艇螺旋桨初步设计的涡格升力线方法。

接着，基于目前成熟的计算流体动力学(CFD)和结构动力学(CSD)，叙述了可用于飞艇设计的新的气动特性及结构特性分析技术，具体包括常规气动特性，整艇稳定导数的数值计算，阀门流量系数计算，飞艇热特性数值计算，飞艇囊体晃动分析，有限元结构分析技术(惯性释放)和流固耦合分析技术。最后叙述了可用于飞行性能分析的典型布局飞艇的气动特性估算方法。

为便于查阅，附录中给出了一些典型飞艇的风洞试验数据，完全气体(理想气体)状态方程，实际气体状态方程，湿空气密度，氦气纯度与密度，氦气的渗透及泄漏特性，常用的标准大气环境模型和单位换算表及量纲为1的数。

本书可作为飞艇设计方面的参考书。

图书在版编目(CIP)数据

飞艇设计技术/(美)查尔斯·P.伯吉斯(Charles P Burgess)编著;王晓亮译. —上海:上海交通大学出版社,2019
(大飞机出版工程)
ISBN 978-7-313-19662-0

Ⅰ.①飞…　Ⅱ.①查…②王…　Ⅲ.①飞艇—设计　Ⅳ.①V274

中国版本图书馆 CIP 数据核字(2018)第 145755 号

飞艇设计技术

编　　著：[美]查尔斯·P·伯吉斯		编　译：王晓亮		
出版发行：上海交通大学出版社		地　址：上海市番禺路 951 号		
邮政编码：200030		电　话：021-64071208		
印　　制：当纳利(上海)信息技术有限公司		经　销：全国新华书店		
开　　本：710mm×1000mm　1/16		印　张：29.25		
字　　数：566 千字				
版　　次：2019 年 1 月第 1 版		印　次：2019 年 1 月第 1 次印刷		
书　　号：ISBN 978-7-313-19662-0/V				
定　　价：248.00 元				

前　　言

　　飞艇作为最早的飞行器,曾经在 20 世纪早期就对其进行过系统深入的研究,但由于各方面的原因(浮升气体为易爆的氢气、环境风场的时变性,自身原因以及飞机的发展),自兴登堡事故(1937 年 5 月 6 日)后,飞艇自身及其所涉及的相关技术的进展非常缓慢。而且后期各种飞艇主要以小型软式飞艇为主。

　　关于飞艇设计方面的书籍也相对较少,早期的研制成果大多集中在以德文为主的文献中。目前对于飞艇这类飞行器的研究又开始兴起,特别是高空飞艇的研究。对于前人研究成果的总结、继承和发展可加快高空飞艇的研制进程。

　　飞艇的设计涉及气动、结构、飞行力学及控制等相关学科。飞艇外形决定了其气动特性与飞机存在一定的差别,其更类似于水中的潜艇和鱼雷的水动力特性;飞艇的结构主要是以框架和/或充气为主的流线型艇身,对其设计及分析也具有独特性;飞艇的飞行性能受制于静浮力、气动布局、浮力体不可忽略的附加质量以及时变的环境。大气环境对飞艇飞行的影响主要是与其飞行速度在同一量级的风速、风向以及热环境。另外,飞艇结构决定了其会在外部气动载荷及自身静态载荷作用下发生不同程度的变形,从而影响其飞行性能。

　　对于飞艇的设计可借鉴常规飞行器和水下潜载器的设计方法和技术。本书主要侧重于在飞艇设计方面的一些相关方法和技术的介绍,故在编写时主要参考了经典的飞艇设计以及潜艇和鱼雷设计方面的著作。

　　本书的第 1 至第 11 章主要针对 1927 年查尔斯·P·伯各斯撰写的 *Airship Design* 进行了编译,其中也参考了托马斯·L·布莱克默和沃特斯·帕贡撰写的 *Pressure Airships* 的部分内容。后续的章节主要对飞艇设计时所涉及的其他方面(动力学模型、稳定性分析及判据、附加质量计算、飞艇螺旋桨设计、飞艇气动特性估算)进行了编写。

　　另外,随着计算流体力学和计算结构动力学方法的成熟,也可将这些新的技术应用于飞艇设计中,故对这两方面在飞艇上的应用也进行了编写。最后将飞艇设计时常用的数据及资料进行了整理作为附录，以便于查阅。最终编写成一本关于飞艇设计方面的参考书。

由于编写者水平所限，特别是在编译的过程中不可避免地存在翻译不当甚至错误之处，敬请读者批评指正。

本书得到国家自然科学基金（No. 61733017）和上海市自然科学基金（No. 18ZR1419000）的资助。

目　　录

1 飞 艇 类 型

1.1 概述

通常飞艇根据其结构形式可分为三种类型:软式飞艇、半硬式飞艇和硬式飞艇(见图1-1)。

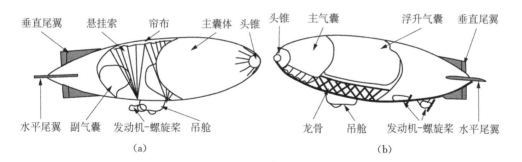

(a)　　　　　　　　　　　　　　(b)

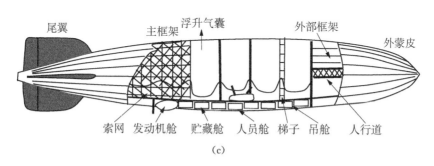

(c)

图1-1 三种典型的飞艇类型

(a)软式飞艇 (b)半硬式飞艇 (c)硬式飞艇

软式飞艇通过在织物蒙皮材料内填充具有一定内外压差的气体(浮升气体和/或空气)来保持飞艇外形;半硬式飞艇通过艇身底部的龙骨(携带载荷、使载荷均匀分布、抵抗部分弯矩）和填充气体产生的内外压差保持外形；而硬式飞艇具有完整的由桁架和张拉索组成的框架结构,结构外部包覆织物蒙皮形成光滑外形,其形态不依赖于内部气体所形成的压差,而是通过刚性结构来保持。在硬式飞艇中,浮升气体填充在若干松弛的相互独立的浮升气囊内（无压差或具有很小的压差）。

　　另外,也可以将软式和半硬式飞艇归结为压差飞艇。而硬式飞艇可归结为无压差飞艇（蒙皮可不密封）。这里的压差指的是蒙皮内外是否具有一定的压力差。而飞机发展公司制造的金属外壳飞艇（the metal clad airship）ZMC‐2（见图1‐2）是唯一的既具有内外压差也包含骨架的硬式飞艇。因为它依靠内外压差使其上的薄金属蒙皮处于一定应力状态,避免在飞行中出现塌陷变形,同时它也是刚性的,具有框架结构的艇身可保持外形不变。但金属蒙皮不能像织物蒙皮一样收缩和褶皱。金属飞艇ZMC‐2性能参数如表1‐1和表1‐2所示。

图1‐2　ZMC‐2金属外壳飞艇及内部结构

表1‐1　金属飞艇ZMC‐2主要尺寸参数

浮升气体体积/ft³[①]	200 000	总升降舵面积/ft²	180
最大副气囊体积/ft³	55 000	上下尾翼面积/ft²	340
艇身长度/ft	150	总方向舵面积/ft²	90
艇身最大直径/ft	53	总尾翼和控制面/ft²	860
吊舱长度/ft	24	功率(1 700 r/min 时)/hp	400
吊舱宽度/ft	8.5	两台 Wright 200 hp "J‐4"空	
蒙皮厚度/in[②]	0.008	气冷却发动机	
横向尾翼面积/ft²	250	硬铝(合金)螺旋桨(两个桨叶)	

① ft 为长度单位英尺,1 ft＝0.304 8 m。

② in 为长度单位英寸,1 in＝25.4 mm。

表 1 - 2　金属飞艇 ZMC - 2 性能参数表

		氦气	氢气
单位体积浮升气体浮力/(lbf/ft³)①		0.062	0.068
总浮力/lbf		12 600	13 800
可用浮力/lbf	人员(4)	750	750
	乘客(6)	1 100	1 100
	燃料	1 500	1 500
	油	200	200
储备(物)/lbf		350	750
空重/lbf		8 700	8 700
商载续航范围(人员(4)和乘客或货物)/mi②		720	1 200(部分使用氢气燃料)
最大续航范围(人员(4))/mi		1 200	1 200(部分使用氢气燃料)
最大速度式(400 hp③)/mph④		70	70
巡航速度式(200 hp)/mph		53	53
静升限/ft		8 000	10 000

1.2　软式飞艇

软式飞艇艇身主要由对浮升气体具有高气密性的主囊体、副气囊以及用于挂载的帘布和悬挂索构成。

主囊体直接作为艇身的外蒙皮,副气囊布置在主囊体内,用于填充空气,实现囊体内外压差和高度的调节。整个艇身外形及其刚度依靠蒙皮内外压差来保持。

各类刚性部件和有效载荷均在飞艇艇身上通过局部加强进行安装,并通过帘布和悬挂索对其进行吊挂,从而使载荷可均匀分布到艇身上部蒙皮。

1.3　半硬式飞艇

半硬式飞艇是在软式飞艇的基础上,在艇身底部布置从艇头到艇尾贯穿的整体龙骨,用于实现各类载荷的均布挂载,且其可与囊体的压差一起维持艇身外形,从而达到一定的结构刚度。

1.4　无压差硬式飞艇

硬式飞艇主要是从历史上著名的齐柏林(Zeppelin)飞艇(齐柏林伯爵在 1900 年

---

① lb 为质量单位磅,1 lb＝0.454 kg。

② mi 为长度单位英里,1 mi＝1.609 km。

③ hp 为功率单位马力,1 hp＝745.700 W。

④ mph 为速度单位英里每小时,1 mph＝1.609 km/h。

建造)演化发展而来。硬式飞艇艇身主要由纵横向刚性桁架结构构成(见图1-3),并采用柔性钢索辅助张紧。

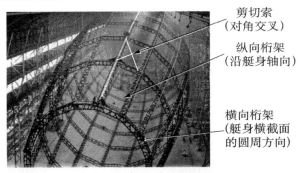

剪切索
(对角交叉)

纵向桁架
(沿艇身轴向)

横向桁架
(艇身横截面
的圆周方向)

图1-3　硬式飞艇的纵横向桁架

　　根据飞艇尺寸不同,纵向桁架在纵向可布置17~25条。随着飞艇尺寸增大,所需要的纵向桁架数增多。这些桁架一般采用等间距布置,可使艇身横截面形成规则的多边形。特别地,通常在飞艇艇身底部龙骨处采用不等距的纵向桁架。底部龙骨的作用是提供沿纵向贯通的走廊和货物装载空间,携带燃料、压舱物、炸弹、货物以及布置艇上人员的住处等。早期的齐柏林飞艇,龙骨裸露在艇身之外,后来布置在艇身内部。这种布置方式可改善飞艇的空气动力特性并可节省结构重量。但后来的 Los Angeles 齐柏林飞艇的龙骨采用了稍微低于圆周底部的布置方式。

　　横向桁架以所确定的艇身母线外形沿纵轴间隔布置,在纵轴不同位置分别形成环状。一般横向桁架有两种类型,即主横向桁架(见图1-4)和中间过渡横向桁架。

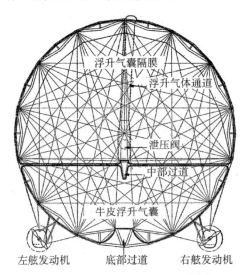

浮升气囊隔膜

浮升气体通道

泄压阀

中部过道

牛皮浮升气囊

左舷发动机　　　底部过道　　　右舷发动机

**图1-4　主横向桁架及其连接点之间张拉的横向
拉索(中间过渡横向桁架无张拉索)**

主横向桁架在其连接点之间张拉复杂的横向拉索。这些框架提供艇身结构的横向刚度,并用于在两相邻浮升气囊之间形成横隔膜。中间过渡横向桁架的连接点之间无横向张拉索,这样可避免与浮升气囊的干涉。横向桁架一般具有较小的刚度,其可协助纵向桁架抵抗浮升气囊的压差载荷和承受飞艇弯曲所引起的压缩力。

除纵横桁架外,飞艇艇身结构通过张拉钢索增强其抗剪切和扭转能力。这些钢索称为剪切索。剪切索一般在由纵横向桁架组成的四边形面板内对角布置(见图1-3)。

飞艇的整个刚性框架采用蒙皮或布包覆,形成光滑且张紧的外表面,从而使飞艇阻力最小。蒙皮尽量密封,以避免湿气、热量以及太阳光的进入。

浮升气体填充在由牛肠膜所贴覆的棉布拼接而成的浮升气囊内,以防止浮升气体泄漏。由于浮力的作用,这些气囊紧压在艇身的纵横桁架上,为了限制浮升气囊过度凸出,在桁架之间铺设辅助索网,使气囊限制在桁架内侧。铺设的辅助索网需要足够张紧,以确保在浮升气囊和外蒙皮之间只留有 3～5 in(7.6～12.7 cm)的间隙。浮升气囊形状可在由纵横向桁架结构和辅助索网所形成的空间内自由变化。

由于飞艇的框架结构位于不同的平面内,在浮升气囊上会产生压痕。另外,飞艇艇身外形尺寸巨大,单独桁架不具有足够的刚度。在实际条件下,需通过主横向桁架上的横向索,以及在艇身圆周侧面由纵横桁架构成的每个四边形面板内沿对角张拉剪切索,约束整个纵横桁架结构并使其有效,这样整个艇身实际上可看作一个均匀轻质高强度的管状结构。

1.5 金属蒙皮飞艇

特别地,与一般的硬式齐柏林飞艇具有本质差别的是金属蒙皮飞艇。该类飞艇采用具有气密性的轻质金属蒙皮,并通过内部的金属框架进行支撑,然后在蒙皮内布置织物材料的副气囊,用于控制浮升气体体积的变化。

在 1897 年,澳大利亚的 Schwarz 设计制造的第一艘硬式飞艇就采用了这种结构(可能是轻质气密材料缺乏的原因)。该飞艇的蒙皮为厚度约 0.008 in(0.2 mm)的铝片(面密度 540 g/m²),内部框架为采用铝管形成的格子框架。在首次且仅此一次的飞行中,飞艇在铝片连接部位出现大量浮升气体的泄漏,最后坠落到地面,仅飞行了 4 mi。后来一段时间,以金属材料作为蒙皮的飞艇未被重复。直到 1927 年飞机发展公司又开始制造这种类型的飞艇。

该公司采用非常出众的技术,克服了之前金属蒙皮飞艇存在的缺点和故障。金属蒙皮飞艇尽管是硬式结构,但属于压差类飞艇,具有超出一般硬式飞艇的优势,因为其几乎所有部分都可受力,张力可由非常轻的蒙皮承担,从而可超过所需要克服的压缩力。

齐柏林飞艇受制于很重的浮升气囊和外蒙皮材料,而且这些囊体材料对结构的强度无任何贡献。对于压差飞艇,蒙皮不仅可承担结构强度的大部分,而且同时可起到密封气囊和外蒙皮的作用。早期所建造的压差飞艇,在重量上并不比无压差的硬式飞艇轻。这主要是由于当时所使用的橡胶织物材料的断裂长度(材料可承受其自身重量的最大长度)只有 11 000 ft(3 352.8 m)。而一般金属硬铝的断裂长度约在45 000 ft(13 716 m),钢索的断裂长度约为 65 000 ft(19 812 m)。而且橡胶织物材料强度随时间衰减迅速,故相比于金属材料这就需要采用较大的安全系数。

金属飞艇作为压差类型的飞艇,其采用硬铝而不是常规的橡胶织物作为蒙皮,所以可获得较轻的结构重量。但当时考虑到超薄金属由于振动和腐蚀所引起的强度损失,应选取什么样的安全系数不是很清楚。

通过针对小尺寸的金属样艇进行测试,其中包括制造的铆结点在内,表明其气密性可高于橡胶织物 10～100 倍。但由于实际飞艇具有很大的表面积,故需要验证其在真实的天气环境以及交变应力和振动下的性能。

飞机发展公司制造了体积约 200 000 ft³(5 663 m³)用于试验的金属飞艇。该飞艇的长度为 150 ft(45.72 m),最大直径为 53 ft(16.15 m),长细比为 2.83。从外观上看,其类似于软式飞艇,更像浮升气囊没有进行分舱的软式飞艇。由于该飞艇的尺寸较小,而不能体现利用金属代替织物蒙皮在理论上可节省重量的优点。该飞艇的蒙皮采用了当时实际制造水平能够达到的薄片厚度,其厚度为 0.008 ft(0.2 mm),这样厚度的薄片强度对于更大尺寸的飞艇也是能够满足的。需注意的是,这种类型的飞艇很可能在失去内外压差时会面临结构的损坏,但这不同于常规飞艇是在超压时会出现结构的损坏。

理论上讲,金属飞艇的缺点除了在制造和操作中所面临的困难外,还有其内部结构无法靠近,而且相比于常规飞艇会更大程度地依赖于内外压差。常规飞艇在囊体失压后会使织物蒙皮褶皱而不被损坏,但对于金属蒙皮飞艇,当出现褶皱时若不会引起结构的完全破坏,也会使蒙皮产生严重的撕裂。

对于大型的金属飞艇,浮升气体囊体分舱是非常有效的方法。但分舱也无法起到类似于无压差硬式飞艇那样对其结构的保护作用,这主要是由于其结构的完整性,使其始终需要维持一定的压差,甚至于当一个气囊中的气体发生泄漏时也是如此。

1.6　各类型飞艇的特点

1) 软式飞艇的特点

(1) 同样体积下结构重量轻。

(2) 失压时蒙皮出现褶皱而不会损坏,压力恢复后可正常使用。

(3) 浮升气囊也可采用分舱布置,提高安全性。

2) 半硬式飞艇的特点

半硬式飞艇除具有软式飞艇的特点外,还具有如下特点:

(1) 龙骨可实现载荷的均匀分布,达到结构承受载荷最小化。

（2）便于各类其他刚性部件的安装。

3）硬式飞艇的特点

硬式飞艇相比于其他类型飞艇最显著的特点：

（1）保持外形不依赖于囊体内外压差，可降低对蒙皮材料强度的要求。

（2）浮升气囊分舱可保证在一个或多个浮升气囊完全漏气的情况下，基本不影响飞艇的安全飞行。

（3）在飞行的过程中，其结构和气囊可靠近并可进行修复。

这三方面对于大型飞艇长期飞行是极其重要的。目前没有任何迹象表明，其他类型的飞艇可实现上述功能。

硬式飞艇还具有其他一些特点：

（1）浮升气囊和推进单元可很容易地移动和替换。

（2）飞艇头部较强的结构，可使其适合于高速飞行和地面锚泊。

（3）浮升气囊处于低压差，这使得浮升气体通过孔洞的泄漏率减小。

（4）通过外蒙皮采用无橡胶织物，避免了橡胶织物上可形成的电容效应，使其在闪电和暴风雨中仍可安全飞行。

（5）由于空气可在外蒙皮和浮升气囊之间流通，浮升气体超热的情况减少。

然而，这些特点也同时带来如下缺点：

（1）高成本。

（2）为了方便重新组装，其不易拆除、贮藏和运输。

（3）外蒙皮和气囊采用单层布，其强度很弱。

飞艇将来的发展会使尺寸进一步增大，类似于轮船的发展。无论是空气中的飞行器还是海面舰船，持久续航能力和舒适性会随其尺寸的增大而得到改进，另外抵御暴风雨和暴风雪的强度（如 Shenandoah 的损坏）看似也可以达到。毫无疑问，艇身采用较小的长细比有助于在不增加重量的情况下具有较好的纵向强度。

随着飞艇尺寸的增大，飞艇上所有部分的可靠近性得到改善，另外可以采用比现在更加耐用且不易撕裂的较重织物材料。

1.7　飞艇类型的选择

对于具有特定的尺寸或应用要求，最佳飞艇类型的选择是存在争议的。每个设计者针对各类飞艇都有其自身的认识。一般认为无压差的硬式飞艇，对于尺寸小于 1 000 000 ft³（28 316 m³）是不适用的。对于更小的尺寸，压差飞艇是较适合的选择。早期的压差飞艇可用的蒙皮材料仅是三层橡胶棉布，重量约 14 oz[①]/yd²[②]（475 g/m²），

---

① oz 为质量单位盎司，1 oz＝28.349 g。

② yd 为长度单位码，1 yd＝0.914 m。

具有平均破坏强度约 80 lbf/in(140 N/cm)。这种织物对于圆形截面的软式飞艇,体积可达到 200 000 ft³(5 663 m³)。对于 200 000~1 000 000 ft³(5 663~28 316 m³)的飞艇,如采用同样的材料,当尺寸增大时为了保持材料内的应力不变,设计者可采取增加结构的复杂性来进行补偿,对于较小的飞艇可用内部悬挂和多个圆形突出横截面(南瓜形截面)代替简单的圆形截面,也可通过增加刚性结构减少必要的气体压差。随着尺寸的增大,飞艇类型从简单的软式飞艇逐渐趋于半硬式飞艇,最终形式越来越趋近于硬式飞艇。

另外,随着蒙皮材料的发展,相比于早期采用棉布的蒙皮飞艇,软式飞艇的尺寸可进一步增大。

2 飞艇体积与性能

2.1 给定性能下飞艇尺寸和功率的初步估算

对于需要达到的飞行速度、续航能力以及携带确定的军用或民用有效载荷给出后,设计飞艇的第一步是对其尺寸和功率进行大致估算。

飞艇功率与飞行速度及其尺寸的关系可采用下式:

$$H_p = \frac{Vol^{2/3}\rho v^3}{550K} \tag{2-1}$$

式中:H_p 为所需要的功率,单位为 hp;v 为飞行速度,单位为 ft/s;ρ 为飞行高度的空气密度,单位为 slug[①]/ft^3;Vol 为飞艇的体积,单位为 ft^3;550 为常数;K 为量纲为 1 的系数,称为飞艇总推进效率系数,包括飞艇阻力和螺旋桨效率,其大小取决于螺旋桨的效率、艇身及其附属部件的外形。

浮重平衡时,所需飞艇的体积直接取决于其总质量。一般飞艇的总质量可分为以下五部分。

(1) 空气和浮升气体的质量 W_1。

(2) 固定质量(除动力设备、动力舱和燃油系统外)W_2。

(3) 人员、贮备和压舱物的质量 W_3。

(4) 动力设备、动力舱、燃油系统和燃油的质量。

(5) 有效载荷的质量。

在标准大气环境下,在海平面单位立方英尺空气的质量为 0.076 35 lb。将 0.076 35 乘以飞艇排开空气的体积,定义为"海平面标准排气质量 $D = 0.076\,35Vol$",其单位为 lb。这样可将式(2-1)转变为关于海平面标准排气质量 D 的表达式:

$$H_p = \frac{Vol^{2/3}\rho v^3}{550K} = \frac{(0.076\,35 \times Vol)^{2/3}\rho v^3}{(0.076\,35)^{2/3} \times 550K} = \frac{D^{2/3}\rho v^3}{99K} \tag{2-2}$$

---

① slug 为非法定质量单位斯勒格,1 slug = 32.174 lb = 14.594 kg。

为进行初步估算,飞艇总质量中的前三部分认为会随着海平面标准排气质量 D 的变化而变化,即可表达为 D 的线性函数。对于第 2 部分飞艇的固定质量,更加准确的计算可见后面的 Normand 公式。第 4 部分质量认为与功率成正比,也可表达为 $D^{2/3}$ 的函数。第 5 部分可看作一个确定的质量。

这样可根据飞艇浮力等于其质量的平衡关系,得到关于海平面标准排气质量 D 的等式。对其进行求解得到 D,然后进一步得到飞艇的尺寸和功率。

下面通过一个算例说明飞艇尺寸和功率的估算过程。

例题 2 - 1　　计算所需硬式飞艇的体积和功率,要求其可携带 15 000 lbf (6 808 kgf)有效载荷,以 60 kn[①](30.8 m/s)的速度飞行 60 h。在海平面标准大气环境下,飞艇体积的 85% 填充浮升气体氦气,氦气单位体积浮力为 0.064 lbf/ft³ (1.025 kgf/m³),氦气纯度为 94%。

既然在艇体中体积的 85% 填充浮升气体,则空气的质量为 15%D。浮升气体的质量 W_f 为 85% D 乘以单位体积空气 ρ 和浮升气体浮力差 $\rho - \rho_f$,然后除以单位体积空气的质量 ρ,即

$$W_f = \frac{\rho - (\rho - \rho_f)}{\rho} D \frac{Vol_f}{Vol}, \quad 其中 \frac{Vol_f}{Vol} = 85\%$$

这样空气和浮升气体的总质量为

$$W_1 = [0.15 + 0.85(0.076\ 35 - 0.064)/0.076\ 35]D = 0.288D$$

根据已有飞艇型号的数据,不考虑能源和推进的结构固定质量为 $W_2 = 0.3D$; 人员、贮备和压舱物的质量 $W_3 = 0.055D$。则剩余的能源和推进的有效载荷的质量为

$$(1 - 0.288 - 0.30 - 0.055)D = 0.357D$$

假设发动机和其吊舱单位马力下的质量为 8 lb/hp,单位马力、单位时间下的燃油和燃油系统的质量为 0.6 lb/(hp·h),则推进和能源总质量为

$$(8 + 0.6 \times 60)H_p = 44H_p$$

考虑有效载荷后的总质量为

$$15\ 000 + 44H_p$$

这些质量(有效载荷+推进与能源质量)应等于上述采用海平面标准排气质量 D,则得到

---

① kn 为速度单位节,1 kn = 0.514 m/s。

$$15\,000 + 44H_p = 0.357D \tag{2-3}$$

假设:根据已有飞艇型号的数据,对于类似的飞艇,$K = 63.5$,得到采用 D 表示的飞艇功率为

$$H_p = \frac{D^{2/3}\rho v^3}{99K} = \frac{D^{2/3} \times 0.002\,37 \times (101.3)^3}{99 \times 63.5} = 0.39D^{2/3} \tag{2-4}$$

通过联立式(2-3)和式(2-4)可得

$$D - 48D^{2/3} = 42\,000 \tag{2-5}$$

根据计算数据,获得曲线 $D - AD^{2/3} = B$,如图 2-1 所示。

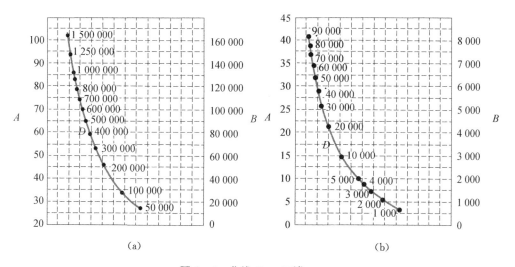

图 2-1 曲线 $D - AD^{2/3} = B$

对于在给定性能要求下,计算飞艇尺寸和功率的问题,最终可得式(2-5)的形式。其通常可以表达为

$$D - AD^{2/3} = B$$

对任意已确定的 A 和 B 值,D 可通过查图 2-1 得到(也可以数值求解此方程得到)。

对于该算例,$A = 48$,$B = 42\,000$,从图 2-1(a)(在 A 值和 B 值连一条直线,该直线与曲线的交点即为 D 值)得出,$D = 215\,000$ lb,需要的体积为

$$Vol = 215\,000/0.076\,35 = 2\,820\,000 \text{ ft}^3$$

飞艇需要的功率为

$$D^{2/3} = 215\,000^{2/3} = 3\,600$$

$$H_p = 0.39D^{2/3} = 0.39 \times 3\,600 = 1\,410 \text{ hp}$$

2.1.1 飞行速度变化的影响

下面计算当飞行速度变为 70 kn(118.2 ft/s)时,所需飞艇的体积和功率。根据前述的飞艇功率与其飞行速度和尺寸的关系,可得

$$H_p = \frac{D^{2/3} \rho v^3}{99K} = \frac{D^{2/3} \times 0.002\,37 \times (118.2)^3}{99 \times 63.5} = 0.62D^{2/3} \qquad (2-6)$$

通过式(2-6)与式(2-3)联立得到

$$D - 76.5D^{2/3} = 42\,000$$

通过查图 2-1,得 $D = 570\,000$ lb,$D^{2/3} = 6\,900$,所需体积 $Vol = 7\,470\,000$ ft³,需要的功率为

$$H_p = 0.62D^{2/3} = 0.62 \times 6\,900 = 4\,290 \text{ hp}$$

相对于例题 2-1,速度的变化率为

$$\frac{70-60}{60} = 16.67\%$$

在这样的速度变化下,引起的体积和功率变化率分别为体积变化率(增加)为

$$d_{Vol} = (7\,470\,000 - 2\,820\,000)/2\,820\,000 = 164.9\%$$

功率变化率(增加)为

$$d_{H_p} = (4\,290 - 1\,410)/1\,410 = 204\%$$

这说明,在保持续航时间不变的条件下,当飞行速度增大,会带来飞艇成本的显著增加。

另外,如果需要的平均巡航保持在 60 h 和 60 kn,则最大速度可较容易增加到 70 kn。

在 60 kn 速度需要的功率仅为 70 kn 的 63%,单位功率下的能源和推进的质量为

$$8 + (0.63 \times 0.6 \times 60) = 30.7 \text{ lb}$$

基本方程为

$$15\,000 + 30.7H_p = 0.357D$$

$$H_p = \frac{D^{2/3} \times 0.002\,37 \times (118.2)^3}{99 \times 63.5} = 0.62D^{2/3}$$

$$D - 53.3D^{2/3} = 42\,000$$

得到

$$D = 260\ 000\ \text{lb},\ D^{2/3} = 4\ 080$$

$$H_p = 0.62D^{2/3} = 0.62 \times 4\ 080 = 2\ 530\ \text{hp}$$

需要的体积为 $Vol = 260\ 000/0.076\ 35 = 3\ 400\ 000\ \text{ft}^3$。

2.1.2　减少固定结构质量的影响

上述方法也可用于分析结构质量变化对飞艇体积的影响。假设通过改进设计，相比于前述例题 2-1 的结构质量可减小 10%。这样固定质量变为 0.27D，需求与例题 2-1 一致，即飞行速度为 60 kn，续航时间为 60 h。可得

$$(1 - 0.288 - 0.27 - 0.055)D = 0.387D$$

$$15\ 000 + 44H_p = 0.387D$$

$$H_p = 0.39D^{2/3}$$

$$D - 44.4D^{2/3} = 38\ 800$$

得到

$$D = 180\ 000\ \text{lb},\ D^{2/3} = 3\ 200$$

需要的飞艇体积和功率分别为

$$Vol = 180\ 000/0.076\ 35 = 2\ 360\ 000\ \text{ft}^3$$

$$H_p = 0.39D^{2/3} = 0.39 \times 3\ 200 = 1\ 250\ \text{hp}$$

与例题 2-1 比较，在固定结构质量减小 10% 的条件下，体积和功率的变化率可分别进行计算。

体积的变化率（减小）为

$$d_{Vol} = (2\ 820\ 000 - 2\ 360\ 000)/2\ 820\ 000 = 16.3\%$$

功率的变化率（减小）为

$$d_{H_p} = (1\ 410 - 1\ 250)/1\ 410 = 11.3\%$$

这样，得出固定质量减小 10%，可使体积减小 16%，功率减小 11.3%。

飞艇阻力系数减小 10%，也可采用类似的方法得到其对于体积和功率的影响。在例题 2-1 的条件下，让 K 增大 10%，从 63.5 变为 69.9，这样可得

$$H_p = 0.355D^{2/3}$$

$$D - 43.75D^{2/3} = 42\ 000$$

$$D = 185\ 000\ \text{lb},\ D^{2/3} = 3\ 250$$

体积和功率分别为

$$Vol = 185\ 000/0.076\ 35 = 2\ 420\ 000\ \text{ft}^3$$

$$H_\text{p} = 0.355D^{2/3} = 0.355 \times 3\ 250 = 1\ 150\ \text{hp}$$

与例题 2-1 比较，体积的变化率（减小）为

$$d_\text{Vol} = (2\ 820\ 000 - 2\ 420\ 000)/2\ 820\ 000 = 14.18\%$$

功率的变化率（减小）为

$$d_{H_\text{p}} = (1\ 410 - 1\ 150)/1\ 410 = 18.4\%$$

这样，得出飞艇阻力系数减小 10%，可使体积减小 14.18%，功率减小 18.4%。

2.1.3　飞行高度的影响

如果飞艇需要在高空飞行，变换因子 $Vol = D/0.076\ 35$ 不变，但在估算质量时，空气和浮升气体必须增加。下面以一个算例进行说明。

确定软式飞艇的体积，可携带 1 000 lb 的军事载荷，在 4 000 ft 高度以 50 kn（84.5 ft/s）的速度巡航 10 h。浮升气体为氢气，其在海平面标准大气下单位体积可产生的浮力为 0.068 lbf/ft³。

对于一定质量的浮升气体，其体积随高度的变化满足如下关系：

$$\frac{Vol_\text{sea\_level}}{Vol_\text{h}} = \frac{p_\text{h}T_\text{sea\_level}}{p_\text{sea\_level}T_\text{h}} = \frac{\rho_\text{h}}{\rho_\text{sea\_level}}$$

式中：$Vol_\text{sea\_level}$ 为气体在海平面的体积；$p_\text{sea\_level}$ 为海平面的大气压力；$T_\text{sea\_level}$ 为海平面的大气温度；$\rho_\text{sea\_level}$ 为海平面的浮升气体密度；Vol_h 为一定高度的体积；p_h 为一定高度的大气压力；T_h 为一定高度的大气温度（如考虑浮升气体温度的变化，即为浮升气体温度）；ρ_h 为一定高度的浮升气体密度。

根据上述关系式可计算得到海平面与 4 000 ft 高度的体积比为

$$\frac{Vol_\text{sea\_level}}{Vol_\text{h}} = \frac{p_\text{h}T_\text{sea\_level}}{p_\text{sea\_level}T_\text{h}} = \frac{87\ 515.2 \times 288.15}{101\ 325 \times 280.228} = \frac{1.087\ 95}{1.225} = 88.8\%$$

在 4 000 ft 高度飞行，浮升气体完全充满时，对应于海平面的 88.8% 体积。在海平面空气和浮升气体的质量为

$$[0.112 + 0.888(0.076\ 35 - 0.068)/0.076\ 35]D = 0.209D$$

这样看起来采用海平面的 D 公式计算空气和浮升气体的质量，相比于采用飞行高度的 D 麻烦，但是需要注意的是，既然结构质量可看作 D 的函数，所以 D 应是表达空气体积的参数。

基于已有软式飞艇数据，不包括推进和能源的质量为 $0.4D$，人员、储备以及压舱物的质量为 $0.1D$。这样剩余的可用于推进和能源的质量为

$$(1 - 0.209 - 0.4 - 0.1)D = 0.291D$$

推进的单位功率质量为 6 lb/hp,燃油消耗率为 0.6 lb/(hp·h),则推进和能源的总质量为

$$(6 + 10 \times 0.6)H_p = 12H_p$$

这样可得

$$1\,000 + 12H_p = 0.291D$$

根据飞艇已有数据,$K = 40.0$,在 4 000 ft 高度处,有

$$\rho = 0.888 \times 0.002\,37 = 0.002\,1 \text{ slug}$$

则

$$H_p = \frac{(84.5)^3 \times 0.002\,1 \times D^{2/3}}{99 \times 40} = 0.32D^{2/3}$$

联立上述表达式可得

$$D - 13.2D^{2/3} = 3\,340$$

查图 2-1 可得 $D = 9\,100$ lb。$D^{2/3} = 435$,得到所需要的体积和功率分别为

$$Vol = 9\,100/0.076\,35 = 119\,000 \text{ ft}^3$$
$$H_p = 0.32 \times 435 = 139 \text{ hp}$$

2.1.4　给定体积下携带有效载荷的能力

上述方法也可用于分析在给定飞艇体积、巡航速度和续航时间下,可携带的有效载荷的能力。

计算某飞艇可携带有效载荷能力,该硬式飞艇体积为 5 000 000 ft³,飞行高度为 4 000 ft,在海平面标准大气条件下氢气的浮力为 0.064 lb/ft³。飞艇具有 70 kn 的飞行速度,续航时间为 24 h。给定 $K=63.5$,固定质量为 0.3D,人员、储备和压舱物的质量为 0.05D。推进的单位功率质量为 8 lb/hp,燃油系统消耗率为 0.6 lb/(hp·h)。推进和能源的总质量为

$$[8 + (0.6 \times 24)]H_p = 22.4H_p$$
$$D = 0.076\,35 \times 5\,000\,000 = 382\,000 \text{ lb}$$

假设完全膨胀后,浮升气囊占 95% 的体积,在海平面膨胀为 88.8%,则海平面的浮升气囊体积为 $0.95 \times 0.888 = 0.844$,乘以空气体积,则空气和浮升气体的质量为

$$[0.156 + 0.844(0.076\,35 - 0.064)/0.076\,35]D = 0.293D$$

$$H_p = \frac{(118.2)^3 \times 0.002\,1 \times (5\,000\,000)^{2/3}}{550 \times 63.5} = 2\,900$$

推进和能源的总质量为 $22.4 \times 2\,900 = 65\,000$ lb

则可用的携带有效载荷质量为

$$382\,000(1 - 0.293 - 0.3 - 0.05) - 65\,000 = 71\,500 \text{ lb}$$

2.2 采用 Normand 公式估算飞艇体积和质量

上述估算飞艇体积的方法，近似假设固定质量为排开空气质量的一部分。下面介绍一种更准确和详细的方法。该方法（Normand's approximate formula）将飞艇的总质量表示为各部分质量之和。其中每一部分质量均根据设计条件进行确定。

Normand 公式将总质量表示为各部分之和，即

$$W_Z = W_A + W_B + W_C + \cdots = \sum W_i (i = A, B, C, \cdots)$$

其中每一部分质量可表达为设计参数的函数。典型质量表达式为

$$W_Z = KL^x D^y \alpha^z \beta^w + \cdots$$

式中：L 和 D 分别为飞艇的长度和直径；α、β、$\cdots$ 为其他自变量。

通过微分得到

$$\frac{\Delta W_Z}{W_Z} = \frac{x\Delta L}{L} + \frac{y\Delta D}{D} + \frac{z\Delta \alpha}{\alpha} + \cdots$$

对于根据已有的飞艇确定一个新飞艇的特性，通常假设外形不变的情况下体积发生变化，这样在体积一定的情况下，长细比变化的影响可以求得。当长细比为常数，D 可从质量的表达式中去除，则质量的表达式为

$$W_Z = KL^x \alpha^z \beta^w + \cdots$$

且

$$\frac{\Delta W_Z}{W_Z} = \frac{x\Delta L}{L} + \frac{z\Delta \alpha}{\alpha} + \cdots$$

但

$$W = KL^3, \text{且} \frac{\Delta W}{W} = \frac{3\Delta L}{L} \Rightarrow \frac{\Delta L}{L} = \frac{\Delta W}{3W}$$

因此

$$\Delta W_z = W_z\left(\frac{x\Delta W}{3W} + \frac{z\Delta\alpha}{\alpha} + \cdots\right) \tag{2-7}$$

$$\Delta W = \sum \Delta W_i = \frac{1}{1 - \sum xW_i/3W}\sum W_i\left(\frac{z\Delta\alpha}{\alpha} + \cdots\right) \tag{2-8}$$

$$= N\sum W_i\left(\frac{z\Delta\alpha}{\alpha} + \cdots\right)(i = A, B, C, \cdots)$$

式中：$N = \dfrac{1}{1 - \sum xW_i/3W}$。

当在体积一定，长细比 L/D 发生变化时，有

$$\frac{\Delta W_z}{W_z} = \frac{x\Delta L}{L} + \frac{y\Delta D}{D}$$

$$\frac{\Delta W}{W} = \frac{\Delta L}{L} + \frac{2\Delta D}{D} = 0$$

因此

$$\Delta W = \sum \Delta W_i = \frac{\Delta L}{L}\sum W_i(x - y/2) \tag{2-9}$$

2.2.1　各部分质量随线性尺度的变化

不同设计者可将飞艇总质量划分为不同部分。一种典型的硬式飞艇的质量划分方式如下（软式飞艇和半硬式飞艇可看作特殊的硬式飞艇，可忽略其中无关的部分）。

（1）艇身外蒙皮，还附加有紧固件、接缝、涂料、系带、局部增强件。

（2）浮升气囊，还附加有充气口、附加物、紧固件，但不包括阀门。

（3）纵向桁架包括主要部分和过渡部分、走廊结构、头锥增强、系留部件、加固部分，但不包括附件与横向桁架相连部件。

（4）横向桁架包括主要部分和中间过渡部分、与纵向桁架的连接件、钢索头、吊舱悬挂附属部件。

（5）剪切索包括抵抗艇身桁架之间剪切的对角增强索。

（6）横向索包括主横向框架使用的钢索。

（7）辅助网包括分布气囊压力载荷到艇身框架的网和轴向索。

（8）尾翼和舵面包括遮盖物、铰链、扇形体，但不包括飞艇上的操纵传动装置。

（9）艇身装置包括锚泊和操纵用具、阀门、阀控制装置、浮升气体排气装置、填充罐、人员进出梯子和走廊、观察位、通风、控制室外的舵操纵部件、储备压舱物。

（10）机械装置包括所有的机械质量和动力舱,包括发动机、齿轮、离合器、螺旋桨、散热器、飞艇艇身的水和辅助、吊舱中的空油和汽油罐、吊舱中的管路。

（11）燃油包括汽油和其他用油、在艇身内的汽油和其他油罐、艇身内的管路、罐的支撑部件。

（12）其他固定质量为除无线电设备外的所有电器设备,包括照明、信号和内部通信设备以及正常操纵飞艇所必需的人员。

（13）飞艇中的浮升气体和空气。

（14）独立的质量为货物、军备无线设备、控制舱所包括的所有安装的传动装置、压舱物或乘客以及富余质量。

考虑上述的各部分质量,对于具有相似结构的飞艇,即具有同样的浮升气囊个数和纵向桁架,我们可以在质量和主要尺寸以及性能特性之间建立近似的关系。

对于期望的军事或商业目的,下面的自变量是确定的:

（1）最大试验速度 V。

（2）巡航速度 v。

（3）飞艇以巡航速度飞行的续航时间 t。

（4）指定携带的独立有效载荷质量 θ,例如乘客、炸弹或货物。

另外,设计者必须指定下面的自变量:

（1）外蒙皮的面密度 a。

（2）浮升气囊的面密度 b。

（3）在巡航速度下能源的消耗率 c。

（4）螺旋桨和传动机构效率 η。

（5）结构材料容许的织物强度 f。

（6）机械部件安装的单位功率质量 m_{H_0}。

（7）阻力系数 r。

因变量有如下几项:

（1）飞艇长度 L。

（2）飞艇直径 D。

（3）飞艇总重 W。

（4）弯曲力矩 M。

下面对上述每一部分质量随线尺寸和自变量的变化进行详细分析。

1）艇身外蒙皮

艇身外蒙皮、焊缝和系带的质量与材料的单位质量和所覆盖的面积成正比。所覆盖的面积是由条幅数以及飞艇的长度和最大直径决定。覆盖的总面积与 kLD 成正比,其中 k 是依赖于飞艇形状的系数,对于具有良好外形的飞艇,k 几乎为常数。外蒙皮的质量为

$$W_A \propto kaLD$$

当 k 为常数时,可得

$$W_A \propto aLD$$

2) 浮升气囊

浮升气囊,假设其个数一定,对于圆柱形部分需要的织物质量 W_{B1} 与 LD 成比例。另外头尾需要的质量 W_{B2} 与 D^2 成比例。从实际飞艇测得的数据得出,这两部分浮升气囊的面积几乎相等,则

$$W_{B1} \propto bLD, \ W_{B2} \propto bD^2$$
$$W_B = W_{B1} + W_{B2}$$

3) 纵向桁架

纵向桁架主要是抵抗弯矩,根据外部弯矩可将纵向桁架的质量分为四部分,抵抗第 1 和第 2 部分弯矩的质量分别如下:

(1) W_{C1} 用于克服飞艇静态弯曲力矩的纵向桁架质量。

(2) W_{C2} 用于克服飞艇气动弯曲力矩的纵向桁架质量。

桁架两端的载荷可以是张力或压力,但桁架对于任意施加的张力始终具有足够的强度,而往往将最大压力载荷作为桁架的设计条件。桁架具有小的长细比,当其在作为很长支柱且受压应力时会发生失效,这方面不需要考虑。

设 P 为任意桁架的端点载荷,A 为桁架的截面积:

$$f = My/I, \ P = fA = MAy/\sum Ay^2$$

静态剪切 $\propto LD^2$,静态力矩 $M \propto L^2D^2$,$y \propto D$。

对于静载 M,$A \propto L^2D/f$,得到

$$W_{C1} \propto L^3D/f$$

气动剪切 $\propto L^{2/3}D^{4/3}V^2$,气动力矩 $M \propto L^{5/3}D^{4/3}V^2$。

对于气动力矩 M,$A \propto L^{5/3}D^{1/3}V^2/f$,得到

$$W_{C2} \propto L^{8/3}D^{1/3}V^2/f$$

第 3 部分弯矩为作用在纵向桁架上的气体压力载荷(分布载荷),假设:w 为任一桁架上每英尺的载荷;i 为桁架截面的惯性矩;d 为桁架截面的深度;p 为在桁架上的气体压力;m 为桁架内的最大弯曲力矩。得到

$$w \propto pD \propto D^2$$
$$m \propto wL^2 \propto D^2L^2$$

$$f \propto md/i$$

假设: $d \propto D$, 保持几何相似, 得到

$$\frac{d}{i} \propto \frac{D}{AD^2} \propto \frac{1}{AD}$$

$$A \propto \frac{DL^2}{f}$$

$$W_{C3} \propto L^3 D/f$$

第 4 部分弯矩为纵向桁架作为走廊, 其作为两个主框架间运送燃料压舱物等集中载荷的通道。这部分功能可认为是与静态载荷具有相同的变化规律, 故

$$W_{C4} \propto L^3 D/f$$

综合纵向桁架各部分的质量得到

$$W_C = W_{C1} + W_{C3} + W_{C4} + W_{C2}$$

$$W_{C1} + W_{C3} + W_{C4} \propto L^3 D/f$$

$$W_{C2} \propto L^{8/3} D^{1/3} V^2/f$$

在实际条件下, 需要估算 W_{C2}/W_C, 即纵向桁架总质量中用于克服气动弯矩载荷的桁架质量所占的比例。

4) 横向桁架

(1) 主横向桁架。

对于主横向桁架所受到的最严重载荷是浮升气囊收缩或某一浮升气囊超压所引起的在横向索上的张力。有效的浮升气囊压力的平均强度正比于 D, 一根横向索承担的气囊面积正比于 D^2, 在该索上的总侧向载荷 ϕ 正比于 D^3。

假设: a 为索的截面积; E 为索的弹性模量; T 为索的张力; P 为框架上的压缩力。

既然 $T^3 = Ea\phi^2/24$, 其中, T/a 和 E 为常数。

$$\phi \propto D^3, \ P \propto T$$

因为 $W_{D1} \propto PD/f$, 则

$$W_{D1} \propto D^4/f$$

(2) 中间过渡横向桁架。

中间过渡横向桁架, 在剪切索作用下受压, 浮升气囊压力使其弯曲。前者对于中间过渡桁架更加重要。考虑前者, 在任意截面上的剪切力正比于该截面的体积或 LD^2。剪切索上的张力正比于剪切力, 这样通过索作用在横向框架上的载荷 P 表达为

$$P \propto LD^2$$
$$W_{D2} \propto PD/f \propto LD^3/f$$
$$W_D = W_{D1} + W_{D2}$$

5）剪切索

任意横截面上的剪切索截面积应正比于剪切力或 LD^2。其质量为

$$W_E \propto L^2 D^2$$

6）横向索

这部分已经在 W_D 中进行了分析，即

$$W_F \propto D^4$$

这时，索材料的单位应力假设为常数。

7）辅助网

对于浮升气囊辅助网以及网线支柱，飞艇每英尺、每单位气体压力正比于 D，纵桁架间气囊的面积正比于 D。飞艇上每英尺网的质量正比于 D^2，故整个飞艇的网质量为

$$W_G \propto LD^2$$

8）尾翼和舵面

对于常规飞艇必需的尾翼和舵的面积通常以 LD 的比例变化。在这些面上的单位面积的气压以 V^2 的比例变化，故对于类似结构的质量为

$$W_H \propto (LD)^{3/2} V^2$$

9）艇体属具和储备的压舱物

假设这部分质量与飞艇的体积成比例：

$$W_I \propto LD^2$$

10）机械装置

对于一阶近似，推进需要克服的阻力为

$$R = rL^{2/3} D^{4/3} V^2$$

式中：r 为与飞艇外形相关的气动系数，在长细比发生微小变化时其几乎可认为保持不变。这时需要的功率为

$$J = RV/\eta = (r/\eta) L^{2/3} D^{4/3} V^3$$

则机械装置总质量为

$$W_J = m_{H_0} J = (m_{H_0} r/\eta) L^{2/3} D^{4/3} V^3$$

11）燃油

燃油的质量，包括必需的油箱，直接依赖于发动机消耗功率和续航时间，可得

$$W_K = cJt = (ctr/\eta) L^{2/3} D^{4/3} V^2$$

12）其他固定部分质量

这部分质量随着飞艇尺寸的增大会增加，但不会快速增加。可假设为

$$W_L = LD$$

13）飞艇中的浮升气体和空气

这部分质量与飞艇的体积成正比：

$$W_M \propto LD^2$$

14）独立的质量

货物、控制舱、乘客、炸弹等与飞艇的尺寸无关，即

$$W_\theta = (LD)^0 = \theta, \ \theta \text{ 为常数}$$

当长细比 L/D 为常数时，上述的表达可简化为如下形式：

$$W_A \propto aL^2, \quad W_B \propto bL^2$$
$$(W_{C1} + W_{C3} + W_{C4}) \propto L^4/f, \quad W_{C2} \propto L^3 V^2/f$$
$$W_D \propto L^4/f, \quad W_E \propto L^4$$
$$W_F \propto L^4, \quad W_G \propto L^4$$
$$W_H \propto L^3 V^2, \quad W_I \propto L^3$$
$$W_J \propto (mr/\eta) L^2 V^3, \quad W_K \propto (ctr/\eta) L^2 V^3$$
$$W_L \propto L^2, \quad W_M \propto L^3$$
$$W_\theta \propto \theta$$

式(2-8)中的系数 N 确定了变化量的大小，即当保持其他特性为常数时，在任意一个质量或性能特性发生变化时，它决定了飞艇的尺寸和质量将会发生变化的程度。

2.2.2 Normand 近似公式的算例

在实际情况下对于 Normand 近似公式的应用可通过下面的算例进行阐述。

以设计一个齐柏林 L-49 类型的飞艇为基础，分析得出下面这些因素发生变化时的影响程度：

（1）增加炸弹载荷 2 000 lb。

（2）采用质量增加 25% 的强度更高的外蒙皮。

（3）采用新的结构形式减小横向和纵向桁架 15% 的质量。

（4）增加 5% 的飞行速度。

（5）将长细比从 8 减小到 7。

给定的 L-49 飞艇主要外形参数和性能如下：

	L-49 飞艇
长度	643 ft
直径	78 ft 8 in
体积	1 940 000 ft³
总浮力	129 800 lbf
排开空气质量	164 000 lb
最大飞行速度	60 mph
巡航速度	45 mph
总 $B. H_p$	1 200 hp
$B. H_p$ 在巡航速度	600 hp
燃料	55 000 lb

1）系数 N 的计算

解决该问题的第 1 步是计算系数 N，其定义见式（2-8）。对于任意给定的在性能特性上的改动对于排出空气质量的总变化是与系数 N 成比例的。

根据式（2-8）和表 2-1，得到

$$N = \frac{1}{1 - \sum xW_i/3W} = \frac{1}{1 - 0.826\ 6} = 5.76$$

为了附加 2 000 lb 的炸弹载荷而对其他特性无影响，排开空气量必须增加为

$$\Delta W = N\Delta\theta = 5.76 \times 2\ 000 = 11\ 520\ \text{lb}$$

表 2-1 L-49 类型硬式飞艇系数 N 的计算

项　　目	符号	质量/lb	x	$xW_i/3W$
外蒙皮	W_A	3 900	2	0.015 8
浮升气囊	W_B	8 860	2	0.036 0
纵向桁架	$W_{C1}+W_{C3}$	5 330	4	0.043 4
纵向桁架	W_{C2}	2 670	3	0.016 3
走廊	W_{C4}	3 000	4	0.024 4
横向主框架	W_{D1}	5 200	4	0.042 3
横向中间框架	W_{D2}	2 450	4	0.020 0
剪切索	W_E	1 140	4	0.009 3

项　　目	符号	质量/lb	x	$xW_i/3W$
横向索	W_F	1 100	4	0.009 0
网和轴向索	W_G	2 260	4	0.018 4
尾翼面	W_H	1 800	3	0.011 0
压舱物、装置和控制	W_I	9 500	3	0.055 0
动力舱	W_J	12 000	2	0.048 8
燃料和油箱	W_K	58 990	2	0.240 0
其他固定质量	W_L	6 000	2	0.024 4
空气和浮升气体	W_M	34 200	3	0.285
武器、雷达和控制舱	W_θ	5 600	0	0
	W_Z	164 000		0.826 6
	$3W$	492 000		

类似地，外蒙皮质量的增加需要的排开空气量的增加为

$$\Delta W = NW_A \Delta a/a = 5.76 \times 3\,900 \times 0.25 = 5\,620 \text{ lb}$$

由于在横向和纵向桁架结构上节省 15% 的质量，所引起的变化为

$$\begin{aligned}
\Delta W &= -0.15N(W_C + W_D)\\
&= -0.15 \times 5.76 \times (5\,330 + 2\,670 + 5\,200 + 2\,450)\\
&= -16\,100 \text{ lb}
\end{aligned}$$

飞艇的飞行速度增加 5% 需要更大功率的发动机和更强的纵向桁架和尾翼面积。假设巡航速度保持不变，因此燃油质量的变化仅受所增加的尺寸影响。增加的排出空气量为

$$\Delta W = N(\Delta V/V)(2W_{C2} + 2W_H + 3W_J)$$

需注意，

$$W_{C2} \propto V^2,\ W_H \propto V^2,\ W_J \propto V^3$$

$$\begin{aligned}
\Delta W &= N(\Delta V/V)(2W_{C2} + 2W_H + 3W_J)\\
&= 5.76 \times 0.05[(2 \times 2\,670) + (2 \times 1\,800) + (3 \times 12\,000)]\\
&= 12\,960 \text{ lb}
\end{aligned}$$

总的排空气量的增量是上述四项之和：

$$11\,520 + 5\,620 - 16\,100 + 12\,960 = 14\,000 \text{ lb}$$

新的空气排气总量为

$$164\,000 + 14\,000 = 178\,000\ \text{lb}$$

对于新飞艇各部分质量,可根据式(2-7)计算得到。表2-2所示即是通过这些计算得到的L-49类型硬式飞艇变化后的新质量。

表 2-2   L-49 类型硬式飞艇变化后的新质量

项　　目	符号	质量变化/lb	新质量/lb
外蒙皮	W_A	1 198	5 098
浮升气囊	W_B	505	9 365
纵向桁架	$W_{C1} + W_{C3}$	−193	5 137
纵向桁架	W_{C2}	−94	2 764
走廊	W_{C4}	−109	2 891
横向主框架	W_{D1}	−188	5 012
横向中间框架	W_{D2}	−89	2 361
剪切索	W_E	130	1 270
横向索	W_F	125	1 225
网和轴向索	W_G	258	2 518
尾翼面	W_H	334	2 134
压舱物、装置和控制	W_I	810	10 310
动力舱	W_J	2 480	14 480
燃料和油箱	W_K	3 360	62 350
其他固定质量	W_L	342	6 342
空气和浮升气体	W_M	2 920	37 120
武器、雷达和控制舱	W_θ	2 000	7 600
		13 977	177 977
			178 000
	差异		−23

新飞艇的线性尺寸的变化如下:

$$\Delta L/L = \Delta W/3W = 0.028\,4$$

新飞艇的长度为 661.3 ft,直径为 80.9 ft。

2) 外形变化的影响

上述的例子中,飞艇的长细比 L/D 假设为常数。现在考虑长细比从 8 减小为 7,即长度减小 10%,直径增加 5% 的影响。第 1 步是计算 $\sum W_i(x - y/2)$,如表 2-3 所示为 L-49 类型硬式飞艇的 $\sum W_i(x - y/2)$ 的计算。

表 2‑3 L‑49 类型硬式飞艇的 $\sum W_i(x-y/2)$ 的计算

项　目	质量/lb	x	y	$\sum W_i(x-y/2)$/lb
外蒙皮	3 900	1	1	1 950
浮升气囊侧面	4 430	1	1	2 215
浮升气囊端部	4 430	0	2	−4 430
纵向桁架	5 330	3	1	13 325
纵向桁架	2 670	8/3	1/3	6 675
走廊	3 000	3	1	7 500
横向主框架	5 200	0	4	−10 400
横向中间框架	2 450	1	3	−1 225
剪切索	1 140	2	2	1 140
横向索	1 100	0	4	−2 200
网和轴向索	2 260	1	3	−1 130
尾翼面	1 800	1.5	1.5	1 350
压舱物、装置和控制	9 500	1	2	0
动力舱	12 000	2/3	4/3	0
燃料和油箱	58 990	2/3	4/3	0
其他固定质量	6 000	2/3	4/3	0
武器、雷达和控制舱	5 600	0	0	0
空气和浮升气体	34 200	1	2	0
	164 000			14 770

通过式(2‑9),由于外形变化引起的质量的节省为

$$\Delta W = (\Delta L/L)\sum W_i(x-y/2) = -0.10 \times 14\,770 = -1\,477 \text{ lb}$$

假设由于外形的变化会引起 2% 的阻力减小,这可使空气排气量减小,减小差为

$$\Delta W = -0.02N(W_J + W_K)$$
$$= -0.02 \times 5.76(14\,480 + 62\,350)$$
$$= -8\,850 \text{ lb}$$

由于长细比减小引起的质量变化,可加入到上述长细比不变的计算过程中。

3) 采用 Normand 公式的限制

通过上述采用 Normand 公式进行计算的这些算例,注意到在整个计算过程中系数 N 假设为常数;实际上真实的 N 在一定程度上随着飞艇特性的变化而变化。基于这一原因,当空气排气量超过 25% 时,采用该方法是不可靠的。对于更大的空气排气量的变化,该方法不仅不准确,而且这种变化在设计时,即已不再认为假设 N 的计算成比例是合理的。

为满足同样的性能,采用氦气而不是氢气后,必然会产生尺寸的增加。如果氦气的升力为 0.060 lb/ft³ 代替氢气升力 0.068 lb/ft³,这一变化等价于增加载荷为浮升气体体积乘以 0.008 lb/ft³。对于 L-49 类型的飞艇,考虑前述采用 Normand 公式的例子,这时体积为 1 940 000 ft³,且载荷增加为 15 500 lb。给定 $N = 5.76$,维持性能必需的排气量的增加理论上为

$$5.76 \times 15\,500 = 89\,280 \text{ lb 或 } 54.5\%$$

该增量的范围很大,已超出 Normand 公式的适用范围。

4) Normand 公式的实际修改

在上述的采用 Normand 公式的例子中,$N = 5.76$,而对于大多数水面舰船,包括不同类型的战舰、巡洋舰和远洋定期客轮,N 的变化范围为 2.0~2.5。比较大的 N 值,预示对于飞艇性能的改进相比于水面舰船随尺寸的增加缓慢。另外,需要清楚的是,在这种比较中,即通过将有用载荷大比例用于随尺寸增加而带来的燃料消耗量的飞艇是有缺陷的。如果 L-49 飞艇上携带的燃料从 58 990 lb 减小为 28 990 lb,对应的军事或商载会增加到 35 600 lb,这时 N 会减小到 3.39。

另一个需要记住的有利于飞艇的一点是对于水面舰船的 N 是主要基于实验,大部分的结构质量与 L^3 成比例,尽管根据理论,纵向强度需要纵向结构的质量随 L^4 变化,对于飞艇质量没有足够的数据使其可通过经验这一捷径来确定 N。无疑,飞艇上的许多部分的质量理论上与 L^4 成比例,实际上会以较低的指数变化,这是由于随尺寸的增加可提供采用较好性能材料的机会。

已采用各种尝试,通过将来源于实际飞艇的数据形成曲线,表明有用升力的比率,有时称为"静态效率",随尺寸的增加迅速。这意味着具有低的 N 值。从实际数据进行估算的困难是它们通常将小飞艇和后来的大尺寸飞艇的数据进行比较,因此静态效率的改善不是单纯通过尺寸的增加所导致。对于战后的小型齐柏林飞艇 Bodensee 和 Nordstern,证实小飞艇采用现在的设计可提供非常卓越的性能。

2.3 效率公式

2.3.1 静态效率系数与总效率系数

对于飞艇有两个衡量其性能的系数,这两个系数能方便地给出相应的数值,以用于在公式中表示相对效率。一个是与体积、速度和功率相关的系数,即 K;另外一个是固定质量与排开空气体积的比率,称为"静态效率"。

静态效率,即有用浮力和总浮力之比,是飞艇性能中常用的系数。应用它的一个缺陷是它依赖于所采用的浮升气体。而通过采用相似的系数可以避免这一缺陷,即

$$C = \frac{D - W}{D}$$

式中：D 为标准排量；W 为飞艇固定质量或称为飞艇的空重。

飞艇的总效率系数为

$$E = CK$$

各类飞艇的效率系数如表 2－4 所示。

表 2－4　飞艇的效率系数

类型	名称	国家	建造时间	空气体积/ft³	艇长/ft	艇长/$Vol^{\frac{1}{3}}$	功率/hp	速度/(ft/s)	$Vol^{\frac{2}{3}}$/ft²	排气量/lb	空重/lb	C	K	E
软式	S. S. P.	英国	1916	70 000	143	3.46	76	73.5	1 700	5 350	2 800	0.46	38.2	17.6
	N. S.	英国	1918	360 000	262	3.69	500	76.5	5 030	27 400	13 900	0.49	19.4	9.5
	C	美国	1918	180 000	192	3.41	250	87.0	3 200	13 700	7 900	0.42	36.3	15.2
	Zodiac	法国	1918	328 000	262	3.80	500	72.0	4 800	25 000	11 900	0.52	15.4	8.0
半硬式	M	意大利	1917	441 000	269	3.54	440	67.5	5 800	33 600	18 100	17.5		8.1
	O	意大利	1918	127 000	177	3.52	240	77.5	2 520	9 700	5 200	0.46	21.0	9.7
	P. V.	意大利	1917	176 000	203	3.69	450	82.0	3 140	13 400	8 300	0.38	16.0	6.3
	Roma	意大利	1921	1 250 000	410	3.81	900	76.0	11 600	95 500	44 500	0.53	24.4	12.9
	N－1	意大利	1924	700 000	348	3.93	750	91.0	7 900	53 500	24 200	0.55	34.1	18.8
硬式	R－9	英国	1916	930 000	526	5.40	600	66.0	9 500	71 000	42 100	0.41	19.5	8.0
	R－23	英国	1917	1 040 000	535	5.28	1 000	81.0	10 260	79 500	39 900	0.50	23.4	11.7
	R－31	英国	1918	1 610 000	615	5.24	1 500	103.0	13 740	123 000	68 300	0.44	43.0	18.9
	R－33	英国	1919	2 100 000	643	5.03	1 250	89.0	16 400	160 000	81 700	0.49	39.8	19.5
	L－33	德国	1916	2 100 000	643	5.03	1 440	92.0	16 400	160 000	67 200	0.58	38.2	22.2
	L－49	德国	1917	2 100 000	643	5.03	1 200	97.0	16 400	160 000	58 200	0.64	53.6	34.4
	L－70	德国	1918	2 340 000	692	5.20	1 900	115.0	17 600	178 000	61 800	0.65	60.5	39.3
	Bodensee	德国	1919	875 000	429	4.50	1 040	121.0	9 200	66 800	28 700	0.57	67.2	38.3
	L－100	德国	建议	4 075 000	781	4.88	2 900	121.0	25 600	311 000	78 600	0.75	67.2	50.5
	ZR－1	美国	1922	2 290 000	676	5.15	1 610	92.0	17 350	175 000	80 200	0.54	36.2	19.6
	ZR－3	美国	1924	2 760 000	656	4.68	2 200	115.0	19 700	210 000	91 000	0.57	58.5	33.4

注：上述的功率是基于海平面标准大气条件，空气密度＝0.002 37 slug/ft³。

2.3.2　注意事项

遗憾的是，对于飞艇的性能数据经常是不可靠的。已报道的速度尤其存在不确定性，因为当其他参数为常数时，E 和 K 正比于速度的三次方，可以明显看出存在误差。在观测飞行速度时，或通过空速仪，或连续的测量会在效率系数上出现严重的误差。

除了在速度测量上的误差,效率系数也不能看作飞艇真实总体效率的一个真实衡量。减小结构或机械装置的质量使系数增加,然而在性能上明显提升,也许表现的是一个真正性能的损失,这是由于其会降低结构强度或增加燃料消耗。增加速度和功率通常会减小效率系数,这是由于附加机械设备质量使 C 减小,而没有增加 K。

如果适当仔细关注飞艇所涉及的其他特性,虽然性能或效率系数存在频繁的误导情况,但它们无疑对于飞艇设计者也具有一定的价值。

2.3.3　浮升气体浮力对飞艇性能的影响

对于浮升气体浮力减小对飞艇性能的损失,具有很多误解和困惑,特别是在采用氦气代替氢气后。在美国,在海平面标准大气下,氢气和氦气的单位体积浮力分别为 0.068 lbf/ft³ 和 0.060 lbf/ft³。这样采用氦气作为浮升气体会引起 11.8%（＝(0.068－0.060)/0.060）的浮力损失。但可用的有效载荷百分比的损失将很大,这是由于飞艇的空重是固定值,所以总浮力和可用浮力的绝对损失是相等的。可用浮力可转变为军用或民用的有效载荷。

假设:q 为单位体积氦气浮力与单位体积氢气浮力之比;u 为氢气作为浮升气体的可用浮力与总浮力之比;m 为氢气作为浮升气体的有效载荷与总浮力之比。

这样采用氦气而不是氢气时,可用浮力损失的分数为

$$\frac{1-q}{u}$$

类似地,军用或民用有效载荷损失的分数为

$$\frac{1-q}{m}$$

例题 2-2　填充氢气的飞艇,$u = 0.38$,$m = 0.20$,由于氦气的替换,计算可用和军民用载荷的损失百分数,氦气浮力是氢气的 88.2%。

损失的可用浮力为 (1－0.882)/0.38 ＝ 31.0%。

损失的军民用有效载荷为 (1－0.882)/0.2 ＝ 59.0%。

另外,采用氦气后,飞艇性能上会有更进一步的损失,这是由于为了避免随着高度的增加而释放较贵的浮升气体氦气,在其开始飞行时浮升气体必须处于部分膨胀状态。如果填充氢气,通常囊体是全部充满氢气后开始长时间飞行,假设气体作为燃料消耗,使飞艇获得高度。采用氦气带来的这方面缺点可以通过在副气囊中空气剩余部分填充在飞行中可作为燃料的可燃气体而得到改进。

2.3.4　高度对飞艇性能的影响

飞艇总浮力和阻力直接与空气密度成正比。螺旋桨效率与空气密度可认为不相关(雷诺数 Re 变化会对其效率有一定的影响),也即与高度无关,由于在给定转数

下,螺旋桨推力直接与密度相关,因此飞艇飞行速度和螺旋桨转数之间的关系为常数。

在飞艇正常操纵的高度范围内,假定在 10 000 ft 以下,发动机的燃油消耗率基本上为常数。但是总输出功率类似于飞艇的阻力,在一定飞行速度和螺旋桨转数下与空气的密度成正比。这样一来,总的燃油消耗直接与空气的密度成正比。

总浮力和燃油消耗与空气密度成简单直接的正比关系,使得分析飞艇性能随高度的变化变得相对简单。需要注意的是,若对于非常精确的计算,在给定转数下的燃料消耗率不完全独立于空气密度。

尽管在给定转速下,飞艇的飞行速度独立于高度,但许多飞艇设计中所采用的发动机当低于某一高度时,气门全开不能运行,因而在这样的高度,若飞艇安装这类发动机将不能获得全速。高于该高度,气门全开是允许的,这时所获得的最大速度与高度无关。

但在给定的飞行速度下,总的燃油消耗和作用在飞艇上的气动力随着空气密度的减小而减小。飞艇最好尽量在浮升气体 100% 充满的高度(压力高度)进行飞行,除非较低的高度存在更适合的风场环境。

例题 2-3　给定某飞艇,在海平面上的总浮力为 125 000 lbf,在海平面燃油可用的浮力为 30 000 lbf,在近海平面飞行速度和燃油消耗分别为 60 kn 和 500 lb/h。计算在高度 6 000 ft 和速度 60 kn 的续航能力。

在 6 000 ft,空气密度为海平面的 83.7%。在此高度上可用浮力的减小为

$$125\ 000(1 - 0.837) = 20\ 400\ \text{lbf}$$

携带燃油能力为

$$30\ 000 - 20\ 400 = 9\ 600\ \text{lbf}$$

在 6 000 ft 高度和 60 kn 速度下的燃油消耗为

$$0.837 \times 500 = 418\ \text{lb/h}$$

最大的续航时间为

$$9\ 600/418 = 23\ \text{h 或航程为 } 1\ 380\ \text{n mile}[①]。$$

2.4　浮升气体填充量和可达飞行高度的关系

若不考虑超热影响,浮升气体体积与周围空气密度成反比。在没有浮升气体损失的情况下,获得任意期望的高度,在起飞时浮升气体填充量的比例,必须不能超过

---

① n mile 为长度单位海里,1 n mile = 1 852 m。

在最大高度的空气密度与起飞时的空气密度之比。

例题 2 - 4 飞艇允许达到 10 000 ft 高度,计算在海平面无浮升气体损失时,允许的最大浮升气体填充量。

根据标准大气数据,得到在 10 000 ft 高度的空气密度与海平面空气密度的比为 0.738。则在起飞时最大的浮升气体填充量为 73.8%。

例题 2 - 5 飞艇允许达到 20 km 高度,计算在海平面无浮升气体损失时,允许的最大浮升气体填充量。

根据标准大气数据,得到在 20 km 高度的空气密度与海平面空气密度的比为

$$0.088\ 9/1.225 = 0.072\ 6$$

则在起飞时最大浮升气体填充量为 7.26%。

2.4.1 飞艇的静升限

在任意给定的装载量条件下,飞艇的静升限是指浮升气体填充量达到 100% 的高度,且飞艇处于浮重平衡的状态。飞艇能够达到的最大静升限,取决于可去除质量与在海平面总浮力比率。假设该比率为 x,则最大静升限为在该高度,空气密度与海平面空气密度的比率为 $1-x$,在该高度,浮升气体处于完全膨胀状态,此时无可去除的质量仍然计在飞艇上。

例题 2 - 6 计算飞艇在标准大气下最大静升限,其中可去除质量与在海平面总浮力的比率为 0.35。

从标准大气数据得出,空气密度是水平面的 $1-0.35 = 0.65$ 的高度是 14 000 ft。此即飞艇在标准大气环境下的最大静升限。

2.4.2 软式飞艇的副气囊能力

软式飞艇必须具有足够大的副气囊,以便允许飞艇在保持其外形的压差下从最大静升限下降。从最大静升限下降,所需要的副气囊体积与总浮升气体体积之比等于可去除的质量与在海平面上总浮力的比。这里所涉及的比率 x,即为在前述"静升限"中所进行的定义。为了允许从动态可达到的超过静升限的高度安全下降,副气囊的能力应该稍大于单纯静态比率下的体积。

如果副气囊体积小于静升限或动升限条件所需的体积,飞艇应不允许上升达到下面计算所得到的高度。即该高度为空气密度与地面空气密度的比率小于 1 减去副气囊体积与总浮升气体体积的比。

例题 2 - 7 可去除质量与海平面总浮力的比为 0.25 的软式飞艇需要从最大静升限安全降落到海平面所需副气囊的体积。

副气囊需要的体积为浮升气体完全充满体积的 25%。

例题 2 - 8 计算给定的副气囊体积为总浮升气体体积的 20% 条件下,软式飞

艇可安全降落到海平面的最大高度。

在最大高度的空气密度为

$$\rho_h = \left(1 - \frac{Vol_b}{Vol_{all}}\right)\rho_0$$

式中：Vol_b 为海平面的副气囊体积；Vol_{all} 为飞艇总体积；ρ_0 为海平面空气密度；ρ_h 为可达到的海拔高度所对应的密度。

根据密度 ρ_h 得到对应的最大高度为 7 500 ft。该高度是飞艇保持一定压差下降可达到的最大高度。

3　飞艇体积、表面积和线尺寸

3.1　飞艇排开空气量或体积

通常,飞艇的体积是指最大浮升气体体积,或有时采用名义上最大体积的95%或90%。显然,浮升气体体积是非常重要的量,因为它决定了飞艇的总浮力。另外排开空气体积这个量也是非常重要的。排开空气体积是指包围飞艇艇身或蒙皮外侧的空气体积,其中包括艇身和附属物(尾翼、吊舱等)。作为飞艇体积的测量,排开空气体积是一个固定不变量,而浮升气体体积为一可变量。空气动力计算,包括速度和功率均是基于排开空气体积,而不是浮升气体体积(其原因与艇体坐标系原点为什么选择体积中心类似)。

对于软式飞艇,最大的浮升气体体积实际上等于蒙皮排开空气的体积。吊舱和尾翼所占体积不超过总排开空气体积的1%,最大为2%。

而对于硬式飞艇,在艇身中会存在一定量的空气,如辅助网与外蒙皮之间的间隙,这时最大浮升气体体积为总排开空气体积的90%～96%。

3.2　横截面积

在计算排开空气或浮升气体体积时,首先是确定排开空气或浮升气体空间的横截面积。飞艇上的横截面通常为圆形或近似圆形。圆形横截面的面积 A 为

$$A = \pi R^2$$

硬式飞艇的横截面通常为规则的内接多边形。一般具有17～24条边。对于具有 n 条边的内接于半径为 R 的圆的多边形面积为

$$A = nR^2(\sin \pi/n)(\cos \pi/n)$$

表3-1给出规则内接多边形的面积及其与圆面积之比。

表 3-1　规则内接多边形的面积及其与圆面积之比

n	π/n	$\sin\pi/n$	$\cos\pi/n$	A	$A/\pi R^2$
5	36.0	0.577 8	0.809 0	$2.36R^2$	0.752
9	20.0	0.342 0	0.939 7	$2.88R^2$	0.916
13	13.84	0.239 2	0.970 9	$3.02R^2$	0.962
17	10.6	0.184 0	0.982 9	$3.07R^2$	0.977
19	9.48	0.164 6	0.985 2	$3.08R^2$	0.980
21	8.57	0.149 0	0.988 8	$3.09R^2$	0.983
23	7.83	0.136 2	0.990 7	$3.10R^2$	0.986
25	7.20	0.125 3	0.992 1	$3.11R^2$	0.989
30	6.0	0.104 5	0.994 5	$3.12R^2$	0.993

对于不规则的横截面,例如在半硬式飞艇中常出现的情况,需要通过测面积器进行测量,如果没有该设备,下面将描述的通过离散方式得到横截面面积分布曲线的面积的方法也可采用。

3.3　横截面面积曲线

通常可采用一个方便的图,表示沿艇身轴线方向的体积(或浮力)分布。该图即为横截面面积曲线分布图(见图 3-1)。

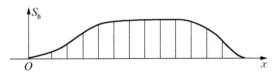

图 3-1　横截面面积曲线

其中,纵坐标为横截面面积,横坐标(艇身纵轴)为艇身轴线长度。由该曲线和横轴 x 所围的面积,通过沿横坐标等分,可给出蒙皮排开空气体积或浮升气体体积。

3.4　计算曲线所包围的面积

曲线包围的面积可采用测面积器测得。另外,代数计算常采用的方法有梯形公式、Simpson 公式、Tchibyscheff 公式。

3.4.1　梯形公式

采用梯形公式,将所选择的曲线的两个端点通过一条直线相连,这样整个面积可简化为若干个梯形面积的组合。梯形公式求面积如图 3-2 所示,梯形公式求得面积与真实面积的比较如图 3-3 所示。

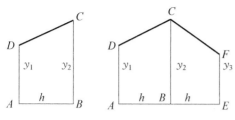

图 3-2　梯形公式求面积示意图

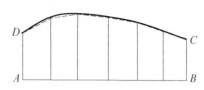

图 3-3　梯形公式求得面积与真实
面积的比较

该方法得到的面积要稍微小于曲线所围面积,这样所得结果是保守的低估而不是过高估计飞艇的体积。

梯形的面积(见图 3-2 中的 $ABCD$)为

$$A = (h/2)(y_1 + y_2)$$

两个相邻梯形 $ABCD$ 和 $BEFC$ 的总面积为

$$A = (h/2)(y_1 + 2y_2 + y_3)$$

为了通过梯形公式得到一个曲线下的面积(见图 3-3),可将其沿横轴 x 均分为 n 等份,然后叠加得到总面积:

$$A = (h/2)\left(y_1 + 2\sum_{i=2}^{n} y_i + y_{n+1}\right) \tag{3-1}$$

3.4.2　Simpson 公式

相比于梯形公式具有较高准确性的是 Simpson 公式,常用于计算曲线下的横截面面积,从而得到飞艇的体积。

曲线面积 $ABCD$(见图 3-4)的一个边界为 DC,假设其为二次抛物线的一部分,也即该曲线为抛物线近似:

$$y = ax^2 + bx + c$$

设图 3-4(a)中 AD、EF、BC 为具有相等间距且垂直于 AB 的纵坐标。如果曲线 DFC 是二次抛物线的一部分,则这部分面积为

$$A = (h/3)(y_1 + 4y_2 + y_3)$$

这样一条连续的曲线,例如由飞艇艇身横截面面积所形成的曲线,可离散为上述的若干部分,每一部分采用该方程,得到间距为 h 的总面积为

$$A = (h/3)(y_1 + 4y_2 + 2y_3 + 4y_4 + \cdots + 4y_n + y_{n+1}) \tag{3-2}$$

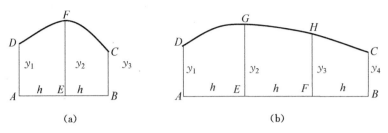

图 3-4　横截面面积计算的 Simpson 公式

3.4.3　Simpson 第 2 公式

Simpson 第 2 公式,假设曲线 DC 为三次抛物线的一部分(见图 3-4):

$$y = ax^3 + bx^2 + cx + d$$

具有相等间距,由该曲线包围的面积为

$$A = (3h/8)(y_1 + 3y_2 + 3y_3 + y_4)$$

当具有 7 个等间距时,曲线所围面积为

$$A = (3h/8)(y_1 + 3y_2 + 3y_3 + 2y_4 + 3y_5 + 3y_6 + y_7)$$

由于飞艇头部和尾部横截面积的变化较艇身中部迅速,则常将飞艇头部和尾部间距划分为原间距的一半。如果这样,在上述公式中的间距也必须除以 1/2。

3.4.4　Tchibyscheff 公式

切比雪夫(Tchibyscheff)公式(见表 3-2)一般很少应用到飞艇体积的计算中,但该方法相比于 Simpson 方法,在一些情况下具有需要较少的图及较少的纵坐标,即可得到准确结果的优点。其缺点是需要根据表 3-2 采用不等距且特殊的横坐标划分。

采用表 3-2,曲线的面积 A 为

$$A = \frac{纵坐标之和}{纵坐标个数} \times 基线长度$$

表 3-2　Tchibyscheff 公式参数

纵坐标的个数	以基线中部为起点的纵坐标的位置
2	0.577 3
3	0, 0.707 1
4	0.187 6, 0.794 7
5	0, 0.374 5, 0.832 5

纵坐标的个数	以基线中部为起点的纵坐标的位置
6	0.266 6, 0.422 5, 0.866 2
7	0, 0.323 9, 0.529 7, 0.883 9
9	0, 0.167 9, 0.528 8, 0.601 0, 0.911 6
10	0.083 8, 0.312 7, 0.500 0, 0.687 3, 0.916 2

3.5　体积中心或浮心

飞艇的浮心通常采用 C. B 表示,与浮升气体的重心重合。浮心在纵向的位置具有非常重要的意义。这是由于对于飞艇在静态配平时,需要飞艇上所有固定和移动质量的总的重心 C. G 位于浮心的正下方,以确保飞艇处于无俯仰角的水平状态。

3.5.1　纵向浮心位置

上述的梯形公式可用来计算浮心的纵向位置。将飞艇艇身母线沿横坐标进行等分,根据求重心的公式得到飞艇浮心的纵向位置。

$$x_{\text{C. B}} = \frac{\sum\limits_{i=1}^{n} x \mathrm{d}m_i}{m} = \frac{\sum\limits_{i=1}^{n} x \rho \mathrm{d}Vol_i}{\rho Vol_{\text{all}}} \tag{3-3}$$

对于浮心更加准确的计算可采用前述的 Simpson 或 Tchibyscheff 公式。

3.5.2　垂向浮心位置

当浮升气体填充的横截面为圆形时,C. B 位于纵轴上。对于非圆截面,浮心的垂向位置可以采用类似的计算方法得到。

$$z_{\text{C. B}} = \frac{\sum\limits_{i=1}^{n} z \mathrm{d}m_i}{m} = \frac{\sum\limits_{i=1}^{n} z \rho \mathrm{d}Vol_i}{\rho Vol_{\text{all}}} \tag{3-4}$$

3.6　线性尺寸和体积的关系

通常确定给定体积时飞艇的尺寸,需要两个重要的参数。第 1 个参数为长细比,其定义为飞艇长度除以最大直径。第 2 个参数为棱柱系数,定义为飞艇实际体积除以与其具有相同长度和最大横截面(截面形状为多边形)的棱柱体积。当横截面为圆形,棱柱即为圆柱,该系数有时也称为圆柱系数。

长细比和棱柱系数对飞艇阻力的影响将在后面讨论。对于软式飞艇,通常无理由不采用具有最小阻力的外形;但对于硬式飞艇,在考虑其他因素的情况下,所采用的外形会偏离单纯基于气动特性所确定的外形。飞艇长细比为 4.5~5.0,且棱柱系数为 0.6~0.65 时,会有最小的阻力;但需注意,这些数据仍然存在争议。齐柏林公司主张飞艇长细比为 6 或更大可产生最小阻力,而飞机发展公司坚持长细比约为 3 可达到最好的结果。

一般对于大型硬式飞艇,长细比不小于 6 是合适的,这样可避免横向框架上重量过多,且可使地面操作容易,另外还可为推进吊舱提供有效的长度空间。通过在艇身中部采用平直段(等截面段)可增加棱柱系数,这样具有在给定体积下可减少线性尺寸和降低制造成本的优点。如果飞行距离不远,平直段仅会增加很小的阻力。

对于具有圆截面的飞艇,其体积、长度、直径、长细比和棱柱系数的关系为

$$Vol = C_V LD^2 \pi/4 = C_V FD^3 \pi/4$$

式中:Vol 为飞艇体积;L 为飞艇长度;D 为飞艇直径;C_V 为棱柱系数;F 为长细比。

例题 3-1　计算体积为 5 000 000 ft³ 的硬式飞艇的长度和直径。其中,长细比 $F = 6.0$,棱柱系数 $C_V = 0.65$。

$$D^3 = \frac{Vol}{C_V F\pi/4} = \frac{4 \times 5\,000\,000}{\pi \times 6.0 \times 0.65} = 1\,630\,000\ \text{ft}^3$$
$$D = 117.5\ \text{ft}$$
$$L = FD = 6 \times 117.5 = 705\ \text{ft}$$

对于体积不大于 10 000 000 ft³ 的飞艇的长度和直径,在其长细比为 4~8,棱柱系数为 0.6~0.75 的条件下,长度和排开空气的体积可通过查图 3-5 的曲线得到。

3.7　表面积系数

飞艇表面积系数通常可采用两个不同的系数 C_s 和 C'_s,这两个系数与艇身表面积和其长度、体积之间的关系为

$$S = C_S \sqrt{Vol \cdot L},\ S = C'_S DL$$
$$Vol = C_V AL$$

C_S 和 C'_S 的值已经通过 52 个流线型艇身(形成包含现在航空所使用形状的整个范围)的真实尺寸、表面积和体积进行了计算。一些飞艇艇身的几何参数数据如表 3-3 所示。尽管 C_S 和 C'_S 为量纲为 1 的数,但可发现这两个系数不是常数。每个系数在一定程度上依赖于棱柱系数 C_V。表面积系数 C_S 和 C'_S 与棱柱系数 C_V 的关系如图 3-6 所示。尽管这两个系数不是常数,但 C_S 因其最大误差小于 3% ,故可看作常数,其推荐取值为 3.45,且可应用于一般的软式和硬式飞艇。

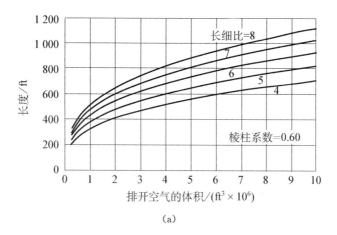

（a）

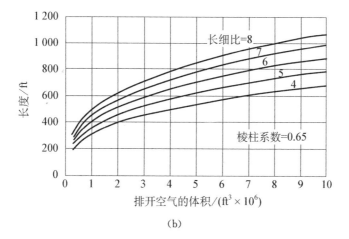

（b）

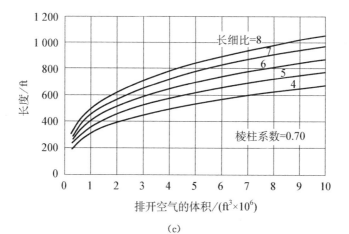

（c）

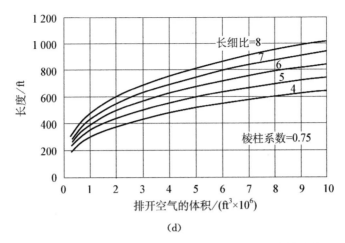

（d）

图 3-5　不同棱柱系数和长细比下的长度与排开空气体积关系

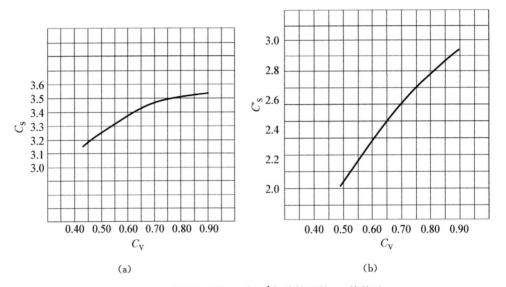

（a）　　　　　　　　　　　　（b）

图 3-6　表面积系数 C_S 和 C_S' 与棱柱系数 C_V 的关系

表 3-3　一些飞艇艇身的几何参数数据

（表面积 $S = C_S\sqrt{Vol \cdot L}$，体积 $Vol = C_V AL$ ）

飞艇名称	长度 L/ft	直径 D/ft	体积 Vol/ft³	表面积 S/ft²	C_S	C_S'	C_V
I.E	2.99	0.641	0.596	4.59	3.44	2.40	0.617
B	3.53	0.696	0.832	5.80	3.39	2.36	0.618

（续表）

飞艇名称	长度 L/ft	直径 D/ft	体积 Vol/ft³	表面积 S/ft²	C_S	C_S'	C_V
F	3.12	0.641	0.670	5.01	3.46	2.50	0.661
E. P	3.09	0.641	0.589	4.59	3.40	2.32	0.590
C	2.97	0.641	0.624	4.70	3.45	2.47	0.651
P	3.21	0.641	0.589	4.53	3.30	2.20	0.575
Goodyear No 4	3.19	0.687	0.784	5.47	3.46	2.50	0.663
P – AA′	3.89	0.641	0.750	5.70	3.34	2.20	0.597
P – AD′	3.50	0.641	0.742	5.57	3.45	2.48	0.658
P – BA′	3.83	0.641	0.749	5.69	3.35	2.32	0.616
P – BC′	3.58	0.641	0.745	5.61	3.43	2.45	0.646
P – CB′	3.64	0.641	0.744	5.62	3.41	2.41	0.633
P – CD′	3.39	0.641	0.737	5.51	3.48	2.53	0.673
Gottingen No 1	3.79	0.638	0.643	5.16	3.30	2.13	0.531
Gottingen No 2	3.41	0.639	0.643	5.16	3.48	2.37	0.588
Gottingen No 3	3.47	0.589	0.643	5.16	3.45	2.52	0.681
Gottingen No 4	3.79	0.617	0.643	5.16	3.30	2.20	0.567
Gottingen No 5	3.46	0.507	0.643	5.16	3.46	2.50	0.664
Gottingen No 6	3.89	0.630	0.643	5.16	3.26	2.10	0.531
P1	1.59	0.390	0.097 0	2.275	3.25	2.00	0.510
P4	1.23	0.387	0.071 4	0.953	3.22	2.00	0.494
E4	1.37	0.392	0.097 2	1.214	3.33	2.24	0.586
C – 25	3.13	0.641	0.677	5.023	3.45	2.50	0.669
C – 50	3.19	0.641	0.729	5.345	3.45	2.54	0.687
C1 – 0	3.61	0.641	0.833	5.99	3.46	2.59	0.713
C2 – 0	4.25	0.641	1.040	7.28	3.46	2.68	0.758
C3 – 0	4.80	0.641	1.248	8.57	3.47	2.73	0.792
C4 – 0	5.53	0.641	1.455	9.86	3.47	2.78	0.815
C5 – 0	6.17	0.641	1.603	11.15	3.48	2.83	0.834
3C	1.925	0.641	0.404	3.07	3.48	2.49	0.651
6C	3.83	0.641	0.807	6.03	3.42	2.45	0.651
8C	5.233	0.641	1.077	8.00	3.41	2.43	0.651
2 321	4.00	0.286	0.160 0	2.70	3.35	2.36	0.613
2 322	4.00	0.286	0.182 3	2.91	3.41	2.54	0.715
2 323	4.00	0.286	0.205 9	3.11	3.44	2.73	0.803
2 324	4.00	0.286	0.226 5	3.33	3.50	2.78	0.883
2 325	4.00	0.348	0.236 0	3.29	3.39	2.83	0.621
2 326	4.00	0.348	0.268 5	3.54	3.42	2.49	0.706

飞艇名称	长度 L/ft	直径 D/ft	体积 Vol/ft^3	表面积 S/ft^2	C_S	C_S'	C_V
2 327	4.00	0.348	0.310	3.70	3.45	2.45	0.703
2 328	4.00	0.348	0.334	4.06	3.51	2.43	0.878
2 329	4.00	0.444	0.382	4.21	3.40	2.36	0.616
2 330	4.00	0.444	0.436	4.53	3.43	2.54	0.704
2 331	4.00	0.444	0.488	4.85	3.47	2.73	0.788
2 332	4.00	0.444	0.541	5.17	3.51	2.71	0.873
2 333	4.00	0.615	0.726	5.87	3.41	2.36	0.611
2 334	4.00	0.615	0.827	6.28	3.45	2.54	0.696
2 335	4.00	0.615	0.930	6.72	3.48	2.72	0.782
2 336	4.00	0.615	1.030	7.18	3.54	2.92	0.866
2 337	4.00	1.000	1.865	9.45	3.41	2.37	0.595
2 338	4.00	1.000	2.135	10.19	3.49	2.55	0.680
2 339	4.00	1.000	2.403	10.91	3.51	2.73	0.766
2 340	4.00	1.000	2.680	11.05	3.54	2.91	0.853

3.8 表面积系数的理论界限

显然，可通过圆柱和双锥外形得到 C_S 的最大和最小值，即系数 C_S 的理论界限。在这两种情况下，C_S 的计算如下：

$$\text{圆柱外形 } C_S = 2\sqrt{\pi}\left(\frac{D+2L}{2L}\right), \text{双锥外形 } C_S = \sqrt{3\pi}\left(\frac{\sqrt{D^2+L^2}}{L}\right)$$

通过上式进行计算并形成如图 3-7 所示的不同长细比下的圆柱、双锥流线型及平均的表面积系数。需注意的是，C_S 在长细比 $L/D = 7.0$ 时的平均值为

$$C_S = 3.45$$

这是对于流线外形的平均值，也是由于为获得单位体积的最小阻力，当长细比 L/D 增加或减小时，母线的充满度必须增加或减少这一实际情况。

3.9 尾翼面积系数

在飞艇气动特性章节，基于飞艇的风洞试验数据，推导出为了效率、稳定性及控制所需尾翼面积的标准。这些标准与风洞试验相结合可用于确定已选择的尾翼面的优缺点，或确定对于给定尾翼设计是否具有期望的稳定性。但是，对于一个新设计，在确定尾翼面积的初步估算上不能提供给设计者更多帮助。为了该目的，基于

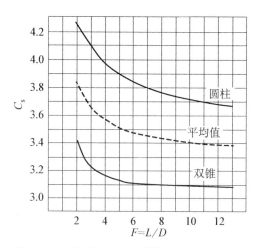

图 3 - 7 不同长细比下的圆柱、双锥流线型及
平均的表面积系数

已有飞艇数据的系数将非常有用。一些飞艇的尾翼面积系数数据如表 3 - 4 所示。一些设计者也常采用基于最大横截面积的系数,但这些系数随长细比具有较大的变化。而基于体积的 2/3 次方的系数,遍及长细比的最大范围,可近似认为是一个常数。在表 3 - 4 中,为了考虑具有非圆截面的飞艇,例如 Astra-Torres 和多数半硬式飞艇,通常的长细比 L/D 被 $L/(Vol)^{1/3}$ 替换。Astra-Torres 飞艇如图 3 - 8 所示。

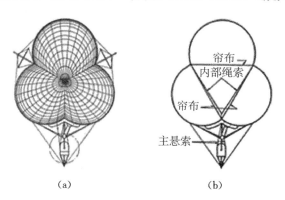

（a） （b）

图 3 - 8 Astra-Torres 飞艇

（a）前视图 （b）横剖面

在过去,可移动舵面面积占总尾翼面积的百分比具有明显的变化。已有经验表明控制舵面有效性随其弦长变化缓慢。现代实际上是延长尾翼和舵,其侧向几乎为艇身的最大直径,而使每个控制面的弦长大约为总弦长的 1/3。控制面的面积小于总尾翼面积的 20%。

为了初步设计,在尚未通过风洞试验对稳定性准则进行修正前,通常基于下面的经验公式可保守得到垂尾或平尾的面积：

$$A = 0.13Vol^{2/3} \tag{3-5}$$

表 3-4 一些飞艇的尾翼面积系数数据

| 类型 | 飞艇名称 | 国家 | 体积(空气)/ft³ | 长度/ft | 长度/(Vol)^{1/3} | 表面积 | | A_v/(Vol)^{2/3} | A_h/(Vol)^{2/3} |
						垂直尾翼 A_v/ft²	水平尾翼 A_s/ft²		
软式	S.S.P	英国	70 000	143	3.46	230	284	0.135	0.167
	N.S	英国	360 000	262	3.69	742	1 124	0.148	0.226
	C	美国	180 000	192	3.41	424	838	0.133	0.168
	J	美国	175 000	168	3.00	455	492	0.148	0.158
	Zodiac	法国	328 000	262	3.80	881	838	0.184	0.175
	Astra	法国	340 000	262	3.75	882	1 293	0.178	0.267
	M	意大利	441 000	269	3.54	1 120	647	0.183	0.111
	O	意大利	127 000	177	3.52	494	263	0.183	0.104
半硬式	P.V	意大利	176 000	203	3.69	598	617	0.191	0.197
	Roma	意大利	1 250 000	410	3.80	1 015	1 446	0.088	0.125
	R-9	英国	930 000	526	5.40	1 676	2 620	0.176	0.276
硬式	R-23	英国	1 040 000	535	5.28	1 880	2 280	0.183	0.222
	R-31	英国	1 610 000	615	5.24	2 060	2 191	0.150	0.159
	R-38	英国	2 860 000	695	4.90	2 617	2 938	0.130	0.146
	L-33	德国	2 100 000	643	5.03	1.876	2 506	0.115	0.153
	L-49	德国	2 100 000	643	5.03	1 864	2 456	0.114	0.150
	ZR-1	美国	2 290 000	676	5.15	2 335	2 870	0.135	0.166
	ZR-3	美国	2 760 000	656	4.68	2 510	2 510	0.128	0.128

3.10 Thos. L. Blackmore 尾翼和舵面估算方法

Thos. L. Blackmore 通过整理软式飞艇的数据得出在飞艇设计时估算尾翼面积及其安装位置的曲线。该方法适用于十字型尾翼，对于其他形式的尾翼也可以通过面积投影的方法进行初步尾翼选型设计。

尾翼的面积及其安装位置与飞艇体积之间具有如下关系：

$$Vol = f(AL) \tag{3-6}$$

$$Vol = f(AC) \tag{3-7}$$

式中：Vol 为飞艇艇身体积；A 为尾翼面积；L 为艇身长度；C 为尾翼面积中心到艇身浮心的距离。

式(3-6)所对应的曲线为图3-9所示的飞艇尾翼面积与其体积的关系，图3-10所示为飞艇舵面面积与其体积的关系。

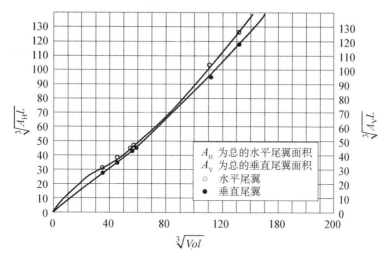

图3-9 飞艇尾翼面积与其体积的关系

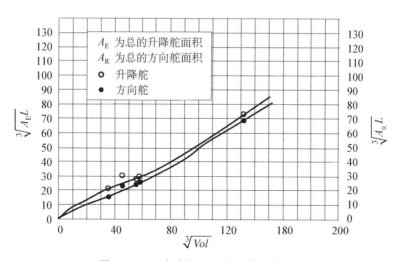

图3-10 飞艇舵面面积与其体积的关系

式(3-7)所对应的曲线为图3-11所示的飞艇尾翼面积、安装位置与其体积的关系。

通过上述的曲线，可根据艇身的体积 Vol 和长度 L，分别确定水平尾翼面积 A_H 和垂直尾翼的面积 A_V，然后得到尾翼总面积 $A = A_H + A_V$（水平尾翼和垂直尾翼的面积之和），然后再根据式(3-7)的曲线图得到尾翼的安装位置 C。

上述式(3-6)和式(3-7)曲线数据的来源如表3-5所示。

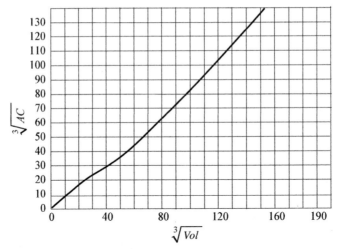

图 3-11　飞艇尾翼面积、安装位置与其体积的关系

表 3-5　软式飞艇控制面数据（原始数据）

| 飞艇名称 | 总面积/ft² | | | | | 艇身体积 Vol/ft³ | 艇身长度 L/ft | 尾翼安装位置 C/ft |
	垂尾	水平尾	方向舵	升降舵	总计 A			
OB-1	228	328	48	96	556	43 030	93.85	32
A-4	262	346	84	168	608	95 000	162	60
J	462	492	85	122	954	174 880	168	70
C	460	495	85	120	955	181 000	196	77
D	460	495	85	120	955	190 000	198	78
ZR-1*	2 401	2 966	489	576	5 367	2 289 861	680.15	290

注:面积包含平衡部分,方向舵面积包含在垂尾中,升降舵面积包含在水平尾翼中。

　* ZR-1 的数据用于方法的验证。

　　经处理后的软式飞艇控制面数据如表 3-6 所示。

表 3-6　软式飞艇控制面数据（处理后数据）

| 飞艇名称 | 图 3-9 | | 图 3-10 | | 图 3-11 | 横坐标 |
	$\sqrt[3]{A_V L}$	$\sqrt[3]{A_H L}$	$\sqrt[3]{A_R L}$	$\sqrt[3]{A_E L}$	$\sqrt[3]{AC}$	$\sqrt[3]{Vol}$
OB-1	27.76	31.34	16.51	20.81	26.10	35.04
A-4	34.88	38.27	23.87	30.10	33.10	45.63
J	42.66	43.56	24.26	27.37	40.60	55.92
C	44.84	45.95	25.54	28.65	41.90	56.57
D	45.00	46.11	25.63	28.75	42.10	57.50
ZR-1*	118.00	126.30	69.20	73.20	116.00	131.80

* ZR-1 的数据用于方法的验证。

3.11　飞艇舵面偏转增稳

　　为了减小尾翼的面积及其质量,通常设计飞艇的尾翼面积无法保证在所有的迎角和侧滑角范围内飞艇均是气动稳定的,为达到飞艇气动稳定,可通过舵面的偏转加以补偿。下面给出 3 个典型的飞艇在不同舵面角下的气动特性,以说明舵面在气动稳定方面的作用。LOTTE 飞艇在不同舵偏下的俯仰力矩系数特性如图 3-12 所示,USS Akron 飞艇 1/40 模型在不同舵偏下的俯仰力矩系数特性如图 3-13 所示,YEZ-ZA 飞艇在不同舵偏下的俯仰力矩系数特性如图 3-14 所示。

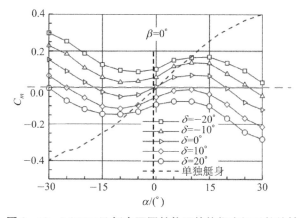

图 3-12　LOTTE 飞艇在不同舵偏下的俯仰力矩系数特性

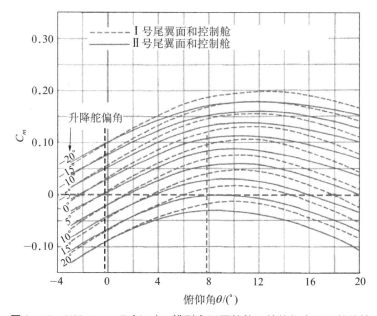

图 3-13　USS Akron 飞艇 1/40 模型在不同舵偏下的俯仰力矩系数特性

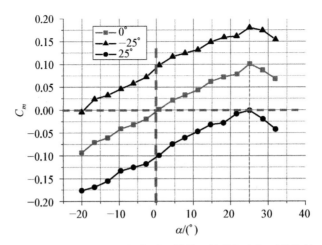

图 3 - 14 YEZ - 2A 飞艇在不同舵偏下的俯仰力矩系数特性

4 载荷、剪切力和弯曲力矩

4.1 飞艇配平需要的力矩

对于飞艇静态稳定性这一个简单的概念,可将其类比作钟摆,浮心对应于钟摆上的悬挂点。在某些情况下,当飞艇出现倾斜时,其浮心和/或重心会发生移动,这时其静态稳定性变得更加复杂。

当浮心和重心的位置不随飞艇倾斜发生变化时,无论在纵向(俯仰)还是横向(滚转)配平一定倾斜角度所需要的力矩为

$$M = WH\sin\alpha$$

式中:M 为配平力矩;W 为飞艇的总重量;H 为浮心和重心之间的垂直距离。飞艇倾斜时产生的重力恢复力矩如图 4-1 所示。

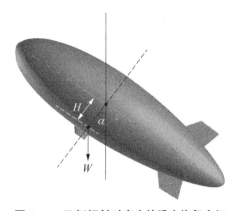

图 4-1 飞艇倾斜时产生的重力恢复力矩

4.2 自由浮升气体表面变化对飞艇静态稳定性的影响

不考虑气囊织物自身重量,部分充满浮升气体的气囊底部或部分充满空气的副气囊顶部一般可看作水平面。气囊织物重量会使该平面产生扭曲。当飞艇无论在纵向或横向发生倾斜时,将会使浮升气体下表面以及浮心相对于飞艇发生移动。浮心的移动在某种程度上会减小飞艇的静稳定性。这方面影响的分析,可参考造船工程师处理水面船中容器内自由水问题的方法。

由自由浮升气囊底部表面引起的飞艇浮心的变化为 i/Vol,其中,i 为自由表面对于垂直于倾斜方向的中性轴的惯性矩;Vol 为飞艇中浮升气体的总体积。

例题 4-1 计算部分膨胀的自由浮升气囊下表面所引起飞艇浮心降低量的范

围。该飞艇中膨胀浮升气体的体积为 3 000 000 ft³,浮升气囊的下表面是一长为 60 ft、宽为 80 ft 的矩形,并考虑飞艇的纵向稳定性。

浮升气囊下表面关于横向中性轴的惯性矩为

$$i = \frac{1}{12} \times 80 \times 60^3 = 1\ 440\ 000\ \text{ft}^4$$

$$i/Vol = 1\ 440\ 000/3\ 000\ 000 = 0.48\ \text{ft}$$

12 个这一尺寸的自由表面会使浮心降低,

$$12 \times 0.48 = 5.7\ \text{ft}$$

但这样大体积飞艇的浮心和重心之间的距离为 30 ft 左右,即使在这种极端的情况下,静稳定性减小量仍小于 20%。

4.3　载荷、剪切力和力矩

在对飞艇的初始应力进行计算时,艇身可看作一个加载的梁,其上的载荷包括浮升气体压力产生的弯曲力矩和纵向力,以及自身重量、浮力和气动力在纵向的不均匀分布所产生的剪切力和弯曲力矩,飞艇的静态剪切力和弯曲力矩主要来源于重量和浮力。气动剪切和弯曲来源于作用在艇身和尾翼面上的气动压力的横向分量,可被飞艇重量或惯量抵消。将飞艇看作梁时,明显地静力仅在垂直于纵向的平面内产生剪切和弯曲;但气动力可作用于任意的纵向平面内。

4.4　重力、浮力和载荷曲线

对于飞艇剪切力和弯曲力矩计算的第一步是确定重力和浮力的纵向分布。准确的重量分布仅可通过完全准确的重量估算得到。但这些数据通常直到设计接近完成的阶段才能得到。在初始计算时,设计者被迫只能人为预估,依据主要是前期飞艇型号的重量数据。这些数据的准确性绝不可被过高估计。这是由于每个设计者只能尽力收集这些数据,USS Los Angeles(ZR - 3)飞艇的重量数据如表 4 - 1 所示,Los Angeles 飞艇沿横向框架的重量分布如表 4 - 2 所示。

表 4 - 1　Los Angeles(ZR - 3)飞艇的重量数据

项　目	质量/lb	项　目	质量/lb
纵向桁架	9 350	动力舱	3 310
横向框架	14 880	杂项材料	1 510
索	2 560	排气总管	302
外蒙皮	4 200	攀登柱和平台	120
辅助网	642	锚泊装置	1 030

(续表)

项　　目	质量/lb	项　　目	质量/lb
浮升气囊	9 000	拖绳和操作绳	326
浮升气阀	385	压仓物控制设备	2 380
尾翼	1 810	龙骨中的住舱区和间隔间	870
方向舵和升降舵	1 382	乘客的住舱区设备	1 403
走廊	2 820	雷达、家具和设备	3 340
机械	19 800	飞艇的空重	83 940
控制舱	2 520		

注:尾翼、方向舵和升降舵上的蒙皮质量包含在外蒙皮中。

表 4 - 2   Los Angeles 飞艇沿横向框架的重量分布

框架编号	艇身、尾翼和舵/lb	附件/lb	动力源/lb	房间/lb	总质量/lb
−10	367				367
0	2 900	4			2 904
10	2 940	7		4	2 951
25	2 765	356		150	3 271
40	3 370	136		181	3 687
55	3 810	119	4 000	128	8 057
70	4 170	86	595	150	5 001
85	4 450	95	8 230	572	13 347
100	4 440	154	550	680	5 824
115	4 480	106	8 190	66	12 842
130	4 290	114	595	414	5 413
145	4 010	985	286	3 370	8 651
160	3 800	1 560		2 895	8 255
175	2 930	567		88	3 585
187	1 228	446			1 674
	49 950	4 735	22 446	8 698	85 829

注:框架编号从尾柱开始以 m 为单位计数(向艇头方向为正值)。

　　通常进行重量估算时,首先是沿艇身纵轴每英尺重量的粗略计算,其随直径而发生变化。然后添加主要的集中载荷重量,例如吊舱、发动机、艇头锥、尾翼、人员、燃料、货物、压舱物、炸弹等。对于软式飞艇,设计者通过吊舱悬挂索张力的任意匹配,在控制蒙皮上的载荷分布方面具有相当大的自由度。

　　对于浮力纵向分布曲线的计算相对容易,因为它与浮升气体横截面积乘以单位长度的浮力的分布曲线是一致的。

　　如果重量和浮力的纵向分布采用曲线的方式表达,这些曲线应以相同的单位(单位长度的重量)绘制。载荷分布曲线即为重量与浮力分布曲线的差,多余的浮力取为正载荷(向上的力),多余的重量取为负载荷(向下的力)。

　　如果飞艇浮重处于静平衡状态,且以水平状态漂浮,重量和浮力分布曲线必须包围相等的面积,且这些面积沿飞艇纵向的重心必须一致。这也意味着载荷曲线的正负面积必须互相相等。某飞艇质量和浮力分布如图4-2所示。

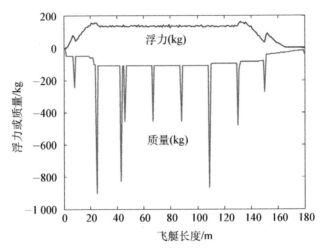

图4-2　某飞艇质量和浮力分布(尖点表示集中质量)

4.5　剪切力和弯曲力矩曲线

　　通过已知的原理,在任意横截面上的横向剪切力等于从载荷曲线的任意一端开始进行载荷面积积分一直到那点所得到的载荷数值。因此,剪切力曲线可通过从任意一端(艇头或艇尾)积分载荷曲线进行绘制。这样的积分可以较容易地采用积分器得到。但是如果无积分器,积分也可以通过将载荷曲线离散划分为数个间隔,然后依次对面积求和,其间需要考虑所对应面积的正负号。既然载荷曲线的面积正负是相等的,剪切曲线必须从一端开始,然后在飞艇另一端回归为零。如果该条件不满足,上述计算必定有错。在开始着手绘制弯曲力矩曲线时,另外一个应确认是,确定被剪切力曲线所封闭的正负面积是否相等。若重量和浮力曲线重心的纵向位置一致,且进行了正确的积分,它们应是相等的。

　　接下来是绘制弯曲力矩曲线。根据已知原理,这些曲线的纵坐标是通过剪切曲线(相当于分布载荷)积分得到,而剪切曲线的纵坐标是通过载荷曲线积分得到。既然剪切曲线的正负面积相等,弯曲力矩曲线从一端开始,在飞艇对应的另一端必回归为零。某飞艇剪切力和弯曲力矩如图4-3所示。

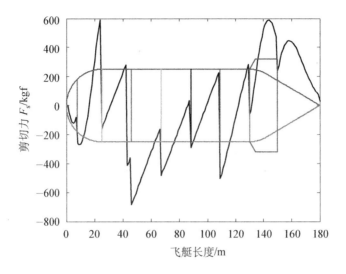

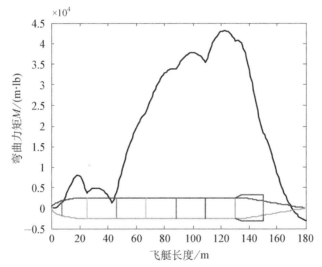

图 4-3　某飞艇剪切力和弯曲力矩

4.6　浮力和重量假设为集中载荷下的剪切力和弯矩的计算

在硬式飞艇上,对于剪切力和弯曲力矩的计算,通常假设浮力和重量集中在主横向框架上,而不是沿艇身进行分布。在该假设下,就没有浮力、重量或载荷曲线,因为这些量在除主框架外的其他部分均为零。

剪切力在主框架之间为常数,其只在每个横向框架处根据载荷的大小改变。这样剪切曲线就形成了一系列的台阶状;通过积分剪切曲线获得的弯曲力矩曲线,在两个连续的主横向框架之间的斜率为常数,但其纵坐标在主框架处不会发生突变。

当假设浮力和重量以这种方式进行集中分布时,剪切力和弯曲力矩可方便地通过算术方法而不是绘图过程计算。这时在主框架上的浮力、重量和载荷往往以表格形式表示。在两个连续框架内的剪切力是所考虑框架前的所有框架载荷的代数叠加。在任意框架上的弯曲力矩是所考虑框架前的所有框架空间剪切力乘以间距的代数叠加。

采用该方法计算硬式飞艇剪切力和弯曲力矩的一个算例,USS Shenandoah 飞艇的载荷、剪切力和弯矩如表 4-3 所示。

表 4-3　USS Shenandoah 飞艇的载荷、剪切力和弯矩(总浮力为 136 634 lbf)

站位/m	总浮力/lbf	固定质量/lb	可自由支配的质量/lb	总质量/lb	载荷/lbf	剪切力/lbf	弯矩/(m·lbf)
0	307	2 618	0	2 618	−2 311	−2 311	0
10	1 453	1 877	0	1 877	−424	−2 735	−23 110
20	2 812	1 902	0	1 902	910	−1 825	−50 460
30	4 496	1 991	2 276	4 267	229	−1 596	−68 710
40	5 789	2 328	2 200	4 528	1 261	−335	−84 670
50	7 128	2 389	5 182	7 571	−443	−778	−88 020
60	8 218	5 858	1 512	7 370	848	70	−95 800
70	8 985	2 708	2 378	5 086	3 899	3 969	−95 100
80	9 402	3 091	5 656	8 747	655	4 624	−55 410
90	9 510	9 483	6 100	15 583	−6 073	1 449	−9 170
100	9 540	3 224	6 055	9 279	261	−1 188	−24 660
110	9 584	3 069	5 704	8 773	811	−377	−36 540
120	9 560	8 183	5 016	13 199	−3 639	−4 016	−40 310
130	9 536	3 096	1 790	4 886	4 650	634	−80 470
140	9 417	3 064	5 562	8 626	791	1 425	−74 130
150	9 003	2 712	5 406	8 118	885	2 310	−59 880
160	8 169	8 057	2 259	10 316	−2 147	163	−36 780
170	6 778	3 076	2 653	5 729	1 049	1 212	−35 150
180	4 467	3 212	1 227	4 439	28	1 240	−23 030
188	2 222	1 520	0	1 520	702	1 942	−13 110
194.75	258	1 100	1 100	2 200	−1 942		0
	136 634	74 558	62 076	136 634			

4.7　作用在尾翼上的载荷引起的剪切力和弯矩计算

飞艇由作用在尾翼面上的横向力所产生的空间运动,仅通过飞艇的虚拟质量(实际质量与附加质量之和)产生的惯性抵抗,可以看作一个单纯关于打击中心的旋转,其对应于在尾翼上的合力作用点,或者可认为是飞艇关于绕浮心旋转与浮心横向位移的结合。采用后一种运动描述的方式会使在计算剪切力和弯矩时更加方便。

尾翼上的合力与在平移和旋转时飞艇质量和加速度的乘积之间基本关系表达方程为

$$F = \alpha \sum w \qquad (4-1)$$

$$Fl = \beta \sum wx^2 \qquad (4-2)$$

式中:F 为尾翼上的合力;l 为合力的作用点到浮心(C. B)的距离;w 为每个主框架上的质量,且假设所有的质量均集中在这些主框架上;x 为每个主框架距离浮心(C. B)的距离;α 为线加速度;β 为角加速度。

在每个框架上的惯性力为

$$w\alpha + wx\beta$$

通常在这些计算中假设质量 w 是与横截面面积成正比分布。式(4-1)和式(4-2)可以表达为横截面面积的函数:

$$F = C_1 \sum A \qquad (4-3)$$

$$Fl = C_2 \sum Ax^2 \qquad (4-4)$$

在每个框架上的惯性力为

$$f = C_1 A + C_2 Ax \qquad (4-5)$$

在计算剪切和弯曲的第一步是计算 $\sum A$ 和 $\sum Ax^2$;且根据这些量,对于给定的力 F,C_1 和 C_2 可通过式(4-3)和式(4-4)得到。然后,在每个主框架上的力通过式(4-5)计算得到;剪切力通过通常的方式计算得到,即这些力或载荷沿飞艇轴向叠加;弯曲力矩通过类似的方法,积分剪切力得到。

表4-4和表4-5给出了体积为 4 100 000 ft³ 的硬式飞艇,在尾翼上受到 10 000 lb 的集中力时的剪切力和弯曲力矩。该算例中,站位按照从尾柱以 ft 为单位进行划分。

表4-4　4 100 000 ft³ 硬式飞艇主框架面积的一阶和二阶力矩

站位/ft	面积 A/ft²	力臂 x/ft	一阶矩 Ax/ft³	二阶矩 Ax^2/ft⁴
−50	100	−350	−35 000	12 250 000
0	1 360	−300	−408 000	122 400 000
50	3 410	−250	−852 500	213 000 000

（续表）

站位/ft	面积 A/ft²	力臂 x/ft	一阶矩 Ax/ft³	二阶矩 Ax^2/ft⁴
100	5 550	−200	−1 110 000	222 000 000
150	7 270	−150	−1 090 500	163 500 000
200	8 250	−100	−825 000	82 500 000
250	8 340	−50	−417 000	20 850 000
300	8 340	0	0	0
350	8 340	50	417 000	20 850 000
400	8 340	100	834 000	83 400 000
450	8 250	150	1 237 500	185 500 000
500	7 250	200	1 450 000	290 000 000
550	5 290	250	1 322 500	331 000 000
600	2 330	300	699 000	209 700 000
	82 420		5 960 000	1 956 950 000
			−4 738 000	
		C. B	1 222 000	=14. 83 ft
			82 420	框架 300 站位向前

关于 C. B 的转动惯量 = 1 965 950 000 − (82 420 × 14.83²)

= 1 938 800 000 ft⁴ × 50 ft

表 4 - 5 **4 100 000 ft³ 硬式飞艇的剪切力和弯矩**
（10 000 lb 集中力作用在尾柱处,仅通过惯性抵抗）

站位	Ax/1 000	C_1A	C_2Ax	载荷/lbf	剪切力 S/lbf	$\sum S$/lbf	弯曲力矩/(ft·lbf)
−50	−36	−12	−58	−5		0	0
0	−428	−165	−695	9 075	−5	−5	−250
50	−903	−414	−1 468	−1 882	9 070	9 065	453 250
100	−1 192	−674	−1 940	−2 614	7 188	16 253	812 650
150	−1 200	−883	−1 950	−2 833	4 574	20 827	1 041 350
200	−946	−1 002	−1 538	−2 540	1 741	22 568	1 128 400
250	−540	−1 011	−877	−1 888	−799	21 769	1 088 450
300	−124	−1 011	−202	−1 213	−2 687	19 082	954 100
350	294	−1 011	478	−533	−3 900	15 182	759 100
400	710	−1 011	1 153	142	−4 433	10 749	537 450
450	1 115	−1 002	1 810	808	−4 291	6 458	322 900
500	1 342	−881	2 185	1 305	−3 483	2 975	148 750
550	1 242	−641	2 022	1 381	−2 178	797	39 850

站位	$Ax/1\,000$	C_1A	C_2Ax	载荷/lbf	剪切力 S/lbf	$\sum S$ /lbf	弯曲力矩/ (ft · lbf)
600	665	-283	1 080	797	-797	0	0
		$-10\,000$	0	0	0		

$$C_1 = F / \sum A = 10\,000 / 82\,420 = 0.121$$

$$C_2 = Fl / \sum Ax^2 = \frac{10\,000 \times 314.8}{1\,938\,800\,000} = 0.001\,625$$

5 飞艇空气动力

作用在飞艇上的空气动力可以分成平行于纵轴的阻力和垂直于纵轴的横向力。阻力对于飞艇来说非常重要。为了提高飞行速度以及发动机功率和燃油消耗的经济性,需要不断努力以使飞艇的阻力降到最小。除飞艇艇头位置外,由阻力而产生的飞艇结构上的应变几乎不重要。从结构设计方面考虑,最重要的气动力是几乎完全地垂直于飞艇纵轴的横向力。横向力可以划分为两类:①在控制飞艇飞行方向和高度,以及平衡多余重量和浮力时,通过操纵方向舵和升降舵所施加的气动力;②在扰动气流中飞行时,突风所产生的气动力。

5.1 飞艇的阻力

飞艇设计者采用各种途径,在符合结构经济性的外形下,使飞艇达到尽量小的阻力。幸运的是,在这两方面之间罕有冲突。对于硬式飞艇,单位体积最小阻力的外形也近似是单位体积最轻结构的外形。对于无分舱的压差飞艇,圆球形是结构上最经济的,但阻力最大。实际上,对于这类压差飞艇的折衷选择是采用一种相比单纯从气动考虑下的外形稍微小的长细比外形。对于硬式飞艇,延长基于气动考虑的最有效等直段长度,可使飞艇的尺寸减小,并减少结构成本,但在结构重量方面几乎无差别。艇库尺寸和便于地面操作的限制也会影响飞艇的外形。

空气对于以一定速度飞行的飞艇所产生的阻力可以分为两部分:

(1) 压差阻力,分布的压力方向与表面垂直。

(2) 摩擦阻力,分布力的方向与表面相切。

空气压力以与外表面相垂直的方向施加在飞艇上,在理想不可压和无黏流体中,作用在飞艇后部的前向压力等于作用在其前部的后向压力,使阻力为零。但在真实的黏性流体中,所产生的总的前向压力小于后向压力,因此形成了压差阻力。

摩擦阻力是空气作用在飞艇外表面的切向力。

理论上的分析,其部分已通过试验验证,表明对于相似的几何外形,在相等的速度下,压差阻力会随 L^2 变化,其中 L 是特征长度。对于摩擦阻力的试验表明,其近

似随 $L^{1.86}$ 次方变化。这两种阻力随飞艇特征长度变化率的差别,导致阻力在试验模型和真实飞艇外形之间存在重要的差别。例如,在一定空速下的试验模型,由压差和黏性所产生的压差阻力和摩擦阻力是相等的。然后,对于全尺寸的飞艇,其特征长度为模型的 120 倍,则在相同速度下,压差阻力是模型的 $120^2 = 14\,400$ 倍,而摩擦阻力仅为模型的 $120^{1.86} = 7\,367$ 倍。换句话说,在真实飞艇上,由压差产生的阻力几乎是摩擦阻力的 2 倍,而不是试验模型上所显示的这两种阻力相等的特性。

飞艇艇身长细比越大,单位体积的表面积也越大,因此摩擦阻力越大,但在一定限度内,压差阻力较小。既然随着尺寸的增大,压差阻力比摩擦阻力增加迅速,在某种程度上为了获得总阻力最小的外形,长细比应随尺寸增加而增加。长细比随尺寸变化的范围是尺度效应所面临的难题之一。

压差阻力和摩擦阻力不是完全相互独立的。压差阻力是空气湍流绕对象流动的结果,主要依赖于对象的外形,故也常称为"形状阻力";但是湍流在某种程度上也是影响摩擦阻力的原因。表面积和来流速度是摩擦阻力的主要决定因素;但是,外形也会影响空气流过表面的速率,因此,对摩擦阻力也有影响。

5.1.1 阻力系数

在飞艇设计时,为表示飞艇艇身和其附件的阻力,通常采用两种基于不同参考面积的阻力系数。这两种阻力系数定义如下。

基于横截面的阻力系数:

$$K_d = \frac{R}{qA} \tag{5-1}$$

基于体积的形状系数(其是现在常用的阻力系数的表达方式):

$$C = \frac{R}{qVol^{2/3}} \tag{5-2}$$

式中:R 为飞艇的阻力;A 为飞艇最大横截面面积;Vol 为飞艇的体积;$q = \rho v^2/2$ 为来流速度动压,或作用在垂直于来流平板上的压力。

阻力系数 K_d 表示单位最大横截面积上的阻力,通常用于表示附体阻力,例如吊舱,需要提供其某一横截面积作为参考面积。形状系数 C 表示单位体积的阻力,常用于表示艇身阻力,其阻力与排开空气体积或需要的浮力成比例。

两个系数都基于假设:几何相似体的阻力正比于速度的平方和参考面积。可以看出,与速度平方成正比的假设对于摩擦阻力不是很严格,而且,与参考面积成正比,需要尺度效应的修正。

一些飞艇外形通过在美国 Navy 风洞试验测得的不同艇身的特性如表 5-1 所示。

表 5 - 1　在美国 Navy 风洞试验测得的不同艇身的特性

模型名称	测试时间	长度 L/ft	直径 D/ft	表面积 S/ft²	最大截面积 A/ft²	体积 V/ft³	长细比 L/D	最大直径距艇头 %L	浮心距离艇头 %L	$V/(AL)$	$S/(VL)^{\frac{1}{2}}$	盘面率* /%	形状系数			阻力系数		
													20 mph	40 mph	60 mph	20 mph	40 mph	60 mph
Navy B	11-18-19	3.527	0.696 7	5.800	0.381	0.830 4	5.060	37.80	—	0.617 6	3.389	15.3	0.033 6	0.030 8	0.029 6	0.078 8	0.724	0.069 3
Navy C	3-26-21	2.949	0.641 7	4.750	0.323	0.625 9	4.620	30.00	46.37	0.656 2	3.496	16.8	0.031 8	0.028 8	0.027 2	0.072 4	0.066 7	0.062 1
Navy F	8-26-19	3.125	0.641 7	5.007	0.323	0.669 0	4.870	36.25	48.64	0.662 1	3.463	15.5	0.033 6	0.029 2	0.028 4	0.080 3	0.071 6	0.067 7
E.P	10-23-19	3.092	0.641 7	4.597	0.323	0.589 0	4.820	41.50	43.92	0.589 1	3.406	17.2	0.033 2	0.029 4	0.027 6	0.072 8	0.064 5	0.060 5
Parseval P-Ⅰ	4-17-19	3.942	0.641 7	5.465	0.323	0.724 0	6.140	38.75	43.19	0.587 9	3.235	12.6	0.037	0.034 8	0.033	0.093 5	0.087 5	0.082 7
Parseval P-Ⅱ	4-17-19	3.208	0.641 7	4.528	0.323	0.589 1	4.990	38.90	44.46	0.567 7	3.294	15.6	0.036 2	0.034	0.032 8	0.079 6	0.074 9	0.072
Parseval P-Ⅲ	4-17-19	3.208	0.641 7	4.750	0.323	0.633 1	4.990	47.33	45.85	0.609 5	3.333	14.2	0.035 8	0.033 8	0.032 2	0.082 3	0.078	0.074
AA	10-1-19	1.992	0.583 3	2.760	0.267	0.319 6	3.410	42.50	46.00	0.600 3	3.460	12.3	0.041	0.051	0.055 4	0.072 5	0.090	0.097 8
C Class 圆柱中体 1/4 diam	3-26-21	3.109	0.641 7	5.073	0.323	0.677 7	4.850	—	—	0.674 9	3.495	16.4	0.030 8	0.028	0.026 4	0.074 4	0.067 3	0.063 3
1/2 diam	3-26-21	3.270	0.641 7	5.398	0.323	0.729 7	5.100	—	—	0.690 9	3.495	15.5	0.030 6	0.028 2	0.027	0.077 1	0.071 6	0.078 4
1 diam	3-26-21	3.590	0.641 7	6.043	0.323	0.833 0	5.570	—	—	0.718 4	3.494	13.7	0.032 8	0.029 2	0.027 2	0.091 7	0.080 8	0.075 2
2 diam	3-26-21	4.232	0.641 7	7.337	0.323	1.040 4	6.600	—	—	0.761 1	3.497	11.6	0.035	0.030	0.027 2	0.112	0.095 8	0.087 5
3 diam	3-26-21	4.872	0.641 7	8.627	0.323	1.247 1	7.590	—	—	0.792 5	3.500	9.9	0.034 6	0.031 2	0.029 6	0.121 5	0.112	0.106
4 diam	3-26-21	5.515	0.641 7	9.922	0.323	1.454 8	8.590	—	—	0.816 7	3.503	8.8	0.035	0.031 4	0.029 2	0.140 2	0.125 5	0.118
15 diam	3-26-21	6.158	0.641 7	11.218	0.323	1.662 5	9.600	—	—	0.835 8	3.506	8.2	0.032 8	0.030 8	0.029 6	0.146	0.135	0.130
Shenandoah	7-22-22	5.645	0.656	9.27	0.335	1.327 5	8.60	32.0	46.6	0.700	3.38	10.16	0.034 2	0.030 8	0.029 0	0.122 5	0.110 5	0.104

* 盘面率(disc ratio)为与飞艇最大直径等大的薄壁圆盘阻力与飞艇阻力之比。

5.1.2 摩擦阻力系数

根据 Froude、Zaham 和 Stanton 的试验数据，飞艇蒙皮的摩擦阻力可通过下式估算：

$$R_f = 0.003\,5\rho S^{0.93} v^{1.86} \tag{5-3}$$

例题 5-1 计算长度为 500 ft、最大直径为 90 ft 的飞艇艇身，在飞行速度为 88 ft/s，来流空气密度为 0.002 1 slug/ft³ 下的摩擦阻力。假设表面积系数 $C'_S = 2.40$。

飞艇表面积为

$$S = C'_S LD = 2.40 \times 500 \times 90 = 108\,000 \text{ ft}^2$$

根据式(5-3)得到摩擦阻力为

$$R_f = 0.003\,5 \times 0.002\,1 \times 108\,000^{0.93} \times 88^{1.86} = 255 \text{ lbf}$$

由于试验中区分压差阻力和摩擦阻力较困难，因而试验确定摩擦阻力是通过长度为 2~16 ft，宽度为 6~25.5 ft 的平板。对于形状阻力，试验表面和真实飞艇表面的准确的尺度效应一般是进行推测而获得。

为了达到最小的摩擦阻力，表面必须是光滑的；但 Zahm 发现摩擦力对于所有的光滑表面是相同的，例如干或湿的光滑木头、硬漆、黏漆、光滑的细薄布、罩光涂膜的纸、薄片锌等。对于粗糙的粗硬布和具有微小绒毛的不光滑织物，阻力系数会比光滑表面高约 15%。这时的阻力几乎与速度的平方成比例变化，而不是 $v^{1.86}$。

另外，存在一些特殊情况，在风洞中测得的飞艇艇身模型的总阻力小于单独计算的摩擦阻力值。若对于摩擦或切向阻力的表达认为是正确的，则由于压差而产生的阻力必为负值。粗看起来这是不可能的，但更进一步的分析指出由于表面摩擦使空气减速，相比于无摩擦情况，会在飞艇的后部产生更大的总前向压力。这种负的压差阻力只在某些临界速度才会出现。在实际飞艇上几乎不会出现。

5.1.3 长细比和等截面中体对阻力的影响

在硬式飞艇上，通常期望使飞艇长度超过其直径的 5 倍。这主要是为了给吊舱提供合适的安装空间，并有利于地面操作，而且可避免浮升气囊和横向框架的额外重量。往往艇库尺寸的限制也需要飞艇采用较大的长细比。

通常设计者可通过在已有外形的基础上插入等截面中体，或在其中增加新的站位点来保持一个连续的艇身曲线外形。为了确定这两种方式的相对优缺点，前人在风洞中进行了有趣的两个系列外形的试验。在第一个系列试验中，对于 C 类的软式飞艇外形，在头尾之间插入不同长度的等截面中体。试验结果表明，中段长度增加到 1 倍直径，形状系数发生非常小的变化；插入 3 倍直径的等直段仅使形状系数增加 7.6%。另一个系列试验,对于无等直段的 C 类飞艇模型,通过纵轴采用不同的空间间隔,使艇身长度由 2 倍变化到 10 倍的艇身直径。通过试验发现,对于 C 类飞艇外形,当长细比从 4.6 变化到 8.0 时,形状系数增加了 13.2%。形状系数曲线在长细比为 4.3 时达到最小值(没有等截面中段),对于等直中段长度为直径的 0.6 倍时,在长细比为 5.2 时达到形状系数的最小值。

C 类外形改变长细比以及加入等直中段对阻力系数的影响如图 5-1 所示。

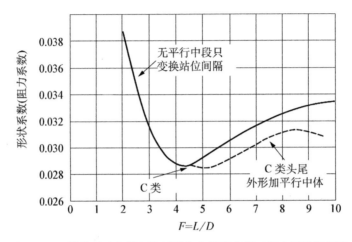

图 5-1　C 类外形改变长细比以及加入等直中段对阻力系数的影响

通过形状系数的比较得出,当长细比超过 4.5,通过插入等直中段增加飞艇长度时,可得到比通过增加纵轴间距而无等直中段的外形要小的形状系数(体积阻力系数)。需要注意的是,该结论仅仅是通过两个系列外形的风洞试验数据得出的。这些试验数据作为预测全尺寸飞艇阻力的可靠性则存在较大争议。

例如,Los Angles 飞艇的长细比为 7.25,而齐柏林公司选择了完全没有等截面中段的外形,表明该外形相比于同样尺寸含等截面的外形具有较小的阻力。

很显然,除了单纯的气动方面考虑外,在实际情况下,艇身外形倾向于采用具有等截面中段外形;这类外形可使结构简单且成本低,而且对于给定体积和长细比下,飞艇总的尺寸(长度)会减小。

5.2　数学求解的艇身外形

大多数飞艇外形是通过尝试法形成的,然后再通过风洞试验确定不同外形的阻力。

有时流线外形可采用点源、点汇的理论求解得到。图 5-2 给出了 4 个 Fuhrmann 艇身外形,及其上分布的点源、点汇以及理论流线。图中纵轴上下的阴影面积分别代表点源和点汇。图中的上半部分表示静止参考系下的流线,下半部为

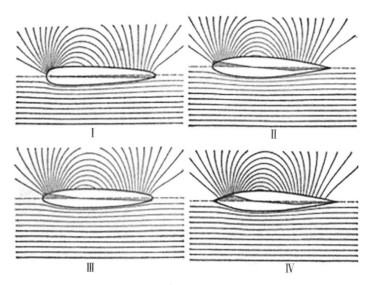

图 5-2　点源和点汇理论得到的飞艇外形

参考系随物体运动下的流线。

风洞中得到的这 4 个外形的形状系数(体积阻力系数)分别为

模型	Ⅰ	Ⅱ	Ⅲ	Ⅳ
C	0.034	0.022	0.024 6	0.024 8

对于任意点源、点汇的流线外形的计算非常复杂,这里不进行详述。

对于通过这类复杂方法所形成的艇身外形,风洞试验结果没有显示其任何突出的优点。实际上,对于怎样的源汇分布可给出显著优越的外形尚无理论支持。而飞艇设计者基于经验绘制的外形,也具有类似的特性。美国的 C 类飞艇外形(U. S. Navy's C-class airship form)就是以这种方式设计出特性良好的外形的例子。各种艇身外形数据如表 5-2 所示。

表 5-2　各种艇身外形数据

Navy B (Goodrich)		Navy C		Navy F		E. P(椭圆抛物线外形)		Parseval P-Ⅰ	
距离艇头%L	直径%D	距离艇头%L	直径%D	距离艇头%L	直径%D	距离艇头%L	直径%D	距离艇头%L	直径%D
2.36	24.16	2.81	32.47	1.23	23.12	0.13	24.88	1.25	27.37
4.73	41.27	5.62	55.06	2.45	35.06	2.59	34.00	2.50	37.92
7.09	55.14	8.43	69.61	3.68	43.90	5.19	48.44	5.00	51.95

(续表)

Navy B (Goodrich)		Navy C		Navy F		E. P(椭圆抛物线外形)		Parseval P - Ⅰ	
距离艇头%L	直径%D	距离艇头%L	直径%D	距离艇头%L	直径%D	距离艇头%L	直径%D	距离艇头%L	直径%D
9.45	66.27	11.24	79.22	4.91	50.61	10.37	66.10	10.00	71.17
11.81	75.36	16.86	91.17	7.36	62.73	15.56	78.12	14.99	83.38
14.18	81.94	22.48	97.40	9.81	72.08	20.75	86.60	19.98	91.17
18.90	90.31	28.11	100.00	12.26	78.57	25.94	92.73	24.98	96.10
23.63	94.98	33.73	100.00	14.71	84.93	31.12	96.75	29.98	98.96
28.35	98.09	42.16	98.18	19.62	93.51	36.31	99.40	34.97	100.00
33.09	99.64	50.59	94.29	24.54	98.05	41.50	100.00	39.96	99.48
37.82	100.00	59.02	88.83	29.45	99.61	48.81	98.44	44.96	98.18
47.25	98.44	67.45	81.56	34.35	100.00	56.12	93.77	49.96	94.81
56.70	93.06	75.89	71.69	39.27	99.74	63.43	86.23	54.96	89.87
66.15	83.25	84.32	59.48	44.17	98.96	70.74	75.32	59.96	83.90
70.88	76.91	89.94	48.57	49.07	97.53	78.05	60.52	64.95	76.36
75.60	69.38	92.75	41.56	53.98	95.15	85.36	44.16	69.95	67.53
80.33	61.00	95.56	31.95	58.78	92.34	92.68	23.90	74.94	57.66
85.05	51.44	98.37	18.96	63.69	88.31	100.00	0.0	79.94	47.01
89.78	39.35	100.0	0.0	68.69	83.25			84.93	35.84
92.14	31.94			73.60	77.27			89.92	24.16
94.50	23.44			78.51	70.26			94.92	12.21
96.86	14.00			83.41	62.38			100.00	0.0
98.14	8.97			88.32	52.47				
100.0	0.0			93.22	40.52				
				94.45	36.75				
				95.68	33.12				
				96.91	28.31				
				98.13	22.47				
				99.36	12.26				
				100.00	0.0				

Paraseval P - Ⅱ		Paraseval P - Ⅲ		SST		AA		Shenandoah		Los Angeles	
距离艇头%L	直径%D	距离艇头%L	直径%D	距离艇头%L	直径%D	距离艇头%L	直径%D	距离艇头%L	直径%D	距离艇头%L	直径%D
1.25	27.27	1.25	21.56	1.24	21.41	2.09	20.58	0.49	18.47	6.25	63.00
2.50	37.92	2.50	32.99	2.51	32.98	4.19	35.49	2.18	41.25	13.75	84.63
5.00	51.95	5.00	47.79	4.99	47.38	8.38	54.65	3.88	53.95	21.25	94.70

（续表）

Paraseval P-Ⅱ		Paraseval P-Ⅲ		SST		AA		Shenandoah		Los Angeles	
距离艇头%L	直径%D	距离艇头%L	直径%D	距离艇头%L	直径%D	距离艇头%L	直径%D	距离艇头%L	直径%D	距离艇头%L	直径%D
10.00	71.17	10.00	66.23	9.99	66.07	12.57	67.71	7.76	72.21	28.75	98.90
15.00	83.36	15.00	78.70	14.98	78.89	16.75	77.50	12.62	85.42	36.25	99.99
20.00	91.17	20.00	88.05	19.97	88.07	20.94	84.60	17.46	93.12	43.75	100.00
25.00	96.10	25.00	94.03	24.97	94.04	25.13	89.99	22.30	97.38	51.25	98.75
30.00	98.96	30.00	97.40	29.96	97.32	29.32	94.18	27.15	99.42	58.75	94.39
35.00	100.00	35.00	99.22	34.97	99.11	33.51	97.23	32.00	100.00	66.25	86.86
40.00	99.48	40.00	100.00	39.98	99.80	37.70	99.01	51.36	100.00	73.75	76.16
45.00	98.18	45.00	100.00	44.99	100.00	41.88	100.00	56.20	99.29	81.25	62.13
50.00	94.81	50.00	98.96	50.00	98.75	46.07	99.43	61.04	97.28	88.75	43.95
55.00	89.87	55.00	95.86	54.99	95.87	50.26	98.08	65.88	93.12	93.75	27.93
60.00	83.90	60.00	91.69	59.97	91.75	54.45	95.88	70.72	86.97	100.00	0.0
65.00	76.36	65.00	85.97	64.96	86.24	58.64	93.47	75.56	78.61		
70.00	67.53	70.00	78.96	69.94	79.14	62.83	89.64	80.40	68.17		
75.00	57.66	75.00	70.91	74.93	70.34	67.02	84.81	85.24	55.58		
80.00	47.01	80.00	59.74	79.91	59.76	71.20	78.42	90.08	40.74		
85.00	35.84	85.00	47.27	84.89	47.39	75.40	71.04	94.91	22.89		
90.00	24.16	90.00	23.25	89.87	32.99	79.58	63.52				
95.00	12.21	95.00	17.14	94.86	10.83	83.76	54.65				
100.00	0.0	100.00	0.0	100.0	0.0	87.96	45.78				
						92.14	35.49				
						96.34	22.21				
						100.00	0.0				

美国国家物理实验室以简单的数学表达式形成了一种低阻外形。该外形是由一段椭圆和一段抛物线组成。艇身前部通过半椭圆沿 x 轴（纵轴）旋成，表达式为

$$\frac{x^2}{a^2} + \frac{4y^2}{D^2} = 1 \tag{5-4}$$

式中：D 为最大直径；a 为艇身前部长度。

艇身后部是通过半抛物线绕 x 轴（纵轴）旋成，表达式为

$$y = \frac{D}{2} - \frac{Dx^2}{4a^2} \tag{5-5}$$

根据式（5-5），当 $y=0$ 时，$x=a\sqrt{2}$，因此艇身后部是其前部长度的 $\sqrt{2}$ 倍。当无

等截面中体,前后两部分可完全光滑连接,且在最大截面处的连接点具有相同的曲率半径。另外,需要注意的是该外形从头到尾,曲率半径始终是增加的。

这个外形对应于表5-2中所给出的 E. P 外形(椭圆-抛物线外形)。针对那个给出的特殊模型,其前部长度是最大直径的2倍,即

$$a = 2D$$

除了在表5-2给出的数据和系数外,下述关于该外形的数据也是非常有用的:

(1) 浮心位置在距离艇头 $44\%L$ 处。

(2) 表面重心在距离艇头 $45\%L$ 处。

在对艇身外形的气动特性无大的影响下,外形的尾部可导圆,这样可相当多地节省重量且减小整个飞艇的长度。相反地,飞艇头部可延长形成钝点,有助于提高刚度抵抗外部空气压力,或附加附属传动装置等部件以便于飞艇系留。对于椭圆-抛物线外形的一个变化是飞机发展公司发展的椭圆-双曲面设计。这种外形前部仍然是椭圆,但后部采用双曲面方程:

$$\frac{4(D-y)^2}{D^2} - \frac{x^2}{a^2} = 1(与椭圆参考同样的轴) \qquad (5-6)$$

针对该外形,在华盛顿海军船坞也通过模型进行了风洞试验。

在这个试验模型中,$a = 1.2D$,且后体在直径等于 0.485 倍的最大直径处进行了切除,通过一个几乎是半球的尾部替换。这个模型的长细比为2.82,其形状系数仅为 0.026 4,这是在华盛顿海军船坞风洞试验中所有模型中阻力最小的外形。

5.3 尺度效应

尺度效应(Re 数效应)是一个惯用语,当对真实对象的解释不存在仪器误差、不正确的观察或错误的测试方法等时,用于包含模型和全尺寸对象在性能上的任何差异。然而,尺度效应包含了一些仍未认识清楚和得到解释的事实。

为了解释尺度效应问题的机理,需要从黏性流体运动的基本规律出发。在图5-3中,OO_1 为一平板,其上为由从左到右压力梯度作用下所产生的黏性较大的流体(如甘油)流动。观测表明,平板上的流动速度为零,随着高度的增加,流动速度也增大。平板单位面积上的切向力 f 为

$$f = \frac{\mu v}{y} \qquad (5-7)$$

式中:v 为距离平板高度 y 处的流动速度;μ 为流体黏性特性常数,称为"动力黏度系数"。表达式(5-7)表明,对于黏性较大的流体表面摩擦力或切向力直接与速度成正比。该规律对于小黏性流体(如气体),在速度很低的条件下同样适用。但在高速

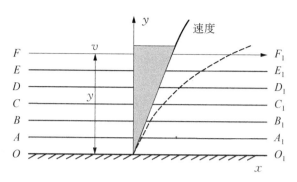

图 5 - 3 黏性流体层流流动示意图

流动下,摩擦力(切向力)几乎随速度的平方而变化。

针对在高低流动速度下出现的不同规律的解释,雷诺通过玻璃管道中的流动试验对其进行了阐述。水从储罐中缓慢地流动通过玻璃管道,并在其中加入一丝颜色流体。只有流动速度保持低于某临界值,颜色流体在管道中部沿一条清晰的流线运动。流动速度超过该临界值时,颜色流体突然散开,且与其他的水相混合,出现旋涡,其层流流动破坏,流体呈现一种新的流动状态。

雷诺得出,流体运动状态的变化总是出现在下面这个参数的某一特定值:

$$\frac{\rho v d}{\mu} \tag{5-8}$$

式中:ρ 为流体的密度;v 为流动速度;d 为管道的直径;μ 为流体的动力黏度系数。

该参数通常也表达为

$$\frac{\rho v d}{\mu} = \frac{v d}{\nu} \quad (\nu = \mu/\rho) \tag{5-9}$$

称为雷诺数。

Lord Rayleigh 通过量纲理论,得出对于几何相似的外形,流体阻力和其参数之间必定存在某一明确的关系。由于飞艇运动引起的空气压力的变化相比于环境大气压来说很小,这样空气的压缩性可以忽略;在该假设下,阻力的一般表达式为

$$R = \rho L^2 v^2 f\left(\frac{\rho v L}{\mu}\right) \tag{5-10}$$

式中:L 为物体的参考长度;$f\left(\frac{\rho v L}{\mu}\right)$ 表示与雷诺数相关的函数。为了消除尺度效应,相比较的对象之间必须具有相同的雷诺数。

雷诺数与 ρ、L、v 和 μ 直接相关。前 3 个参数是随飞艇尺寸和飞行速度而变化的,最后一个参数对于流体来说可看作常数(在该处对于所考虑的空气)。参数 ρ 和 v 对于模型和飞艇来说是相同的,但参考长度 L 是变化的。如果可以使密度反比于 L,这样模型和真实飞艇的雷诺数就是相同的,尺度效应便可消除。

美国国家航空咨询委员会(National Advisory Committee for Aeronautics, NACA)拥有非常先进的风洞,试验模型可以在变气压下进行测试,风洞中的气压最高可达 20 个大气压。这样可以通过试验模型模拟体积达到 200 000 ft³ 的飞艇所对应的雷诺数。而对于大型飞艇仍然存在一些差异,但并不会有像在常规大气压风洞中所出现的大的差别。但目前并没有采用这样的风洞来研究飞艇的尺度效应,可在将来对其进行系统的研究。

5.4　附加阻力

飞艇艇身上的附加物(如吊舱、尾翼等)的阻力称为附加阻力。多年来认为飞艇的总阻力可以通过单独获得各部分阻力后叠加得到。这些阻力包括艇身阻力以及各类部件阻力。但现在认识到,这种方法由于其未考虑各部件之间的相互影响,会给出明显错误的结果。对于全艇的风洞试验得出,会产生 2 倍的单独艇身阻力,而这时附体阻力单独计算时仅为艇身阻力的 40%~60%。在飞艇最大直径前安装附体所增加的阻力要比将类似的附体安装在最大直径之后多得多。

5.5　阻力的减速测试

为获得飞艇的阻力,减速测试是一种简单易行的方法,但对于测试结果的准确解释,并不总是那么容易。减速测试的理论是当飞艇无动力在静止大气或均匀来流中运动,在浮重静平衡和无其他运动状态变化下飞艇的阻力为

$$R = \frac{m\mathrm{d}v}{\mathrm{d}t} = \frac{\rho V_{\mathrm{m}}\mathrm{d}v}{\mathrm{d}t} \tag{5-11}$$

式中:R 为阻力;m 为虚质量;V_{m} 为虚体积(排开空气体积与附加质量体积之和);$\frac{\mathrm{d}v}{\mathrm{d}t}$ 为速度损失率,即减速度(或负加速度)。

虚质量是包括浮升气体和空气在内的飞艇真实质量和随飞艇一起运动的空气附加质量之和。附加质量可通过实际质量乘以系数 k_1(表 5-3 给出不同长细比椭球的附加质量系数)得到。另外,附加质量也等于 $\rho\pi r^3/3$,其中 r 为最大横截面的半径。这两种方法均假设流体为理想无黏流体。而飞艇的表面摩擦会产生一个摩擦尾迹,或一部分与飞艇一起运动的空气质量,这样所引起的附加质量会明显大于前面的计算值。

表 5 - 3 不同长细比椭球的附加质量系数

长度/直径	纵向 k_1	横向 k_2	$k_2 - k_1$	旋转 k'
1.0	0.500	0.5	0	0
1.5	0.305	0.621	0.316	0.094
2.0	0.209	0.702	0.493	0.240
2.51	0.156	0.763	0.607	0.367
2.99	0.122	0.803	0.681	0.465
3.99	0.082	0.860	0.778	0.608
4.99	0.059	0.895	0.836	0.701
6.01	0.045	0.918	0.873	0.764
6.97	0.036	0.933	0.897	0.805
8.01	0.029	0.945	0.916	0.840
9.02	0.024	0.954	0.930	0.865
9.97	0.021	0.960	0.939	0.883
	0	1.000	1.000	1.000

另外,阻力也可近似表达为

$$R = A\rho v^2/2 = C\rho v^2/2 S_{\text{ref}} \qquad (5-12)$$

式中:A 具有面积的量纲;Munk 称其为"阻力面积"。

通过式(5-11)和式(5-12)联立得到

$$\frac{\mathrm{d}t}{\mathrm{d}v} = \frac{\rho V_{\text{m}}}{A\rho v^2/2} = \frac{2V_{\text{m}}/A}{v^2} = \frac{s}{v^2} \qquad (5-13)$$

式中:s 为长度量纲的系数;且当 R 与 v^2 成正比时其为常数。

通过积分式(5-13)得到

$$t = -s/v + B$$

在减速测试中,开始时 $t = t_0$,$v = v_0$,$B = s/v_0$;在时间 t 时速度为 v:

$$s = \frac{t}{1/v_0 - 1/v}, \quad s = \frac{2V_{\text{m}}}{A} \qquad (5-14)$$

长度系数 s 为 $1/v$ 与 t 所形成曲线的斜率。

通过联立式(5-11)、式(5-12)和式(5-13),得到

$$A = \frac{2V_{\text{m}}}{s} \qquad (5-15)$$

采用这种测试方法得到的阻力面积包括螺旋桨的阻力。对于单独无旋转螺旋

桨模型的风洞试验得出，螺旋桨的阻力面积近似为0.8乘以其在横向平面的投影面积。在测试中不便完全停止螺旋桨的旋转，且在大多数减速测试中，螺旋桨允许随发动机怠速，或与发动机脱离自由旋转。过去通常认为自由旋转的螺旋桨相比于固定螺旋桨具有较小的阻力，但事实正好相反。然而，在 Los Angeles 的一系列减速测试中，采用固定和自由转动螺旋桨，未发现明显的差别。现在尚无方法用于修正固定或怠速螺旋桨与艇身周围流场干扰而引起的阻力增量。

对真实的附加质量和螺旋桨阻力的修正是截然相反的，两者修正量为4%~10%。基于它们数量的不确定性，在实际中通常都被忽略。

在大多数减速测试中，皮托管用于测量飞行速度。在 USS Shenandiah 和 USS Los Angeles 的测试中，皮托管通过悬挂在飞艇下方很远处的风车式电子测速仪进行校正。在任一定常速度下，这两种测试方法的结果非常一致；但在减速情况下，风车式电子测速仪的测量结果远高于皮托管的测量值。电子测速仪不依赖于飞艇的运动历程，因此两者之间的差异来源于皮托管的滞后，因此对于减速试验皮托管不是一种合适的测试设备。

通过前述的减速测试可得出该方法提供了一种粗略的易于估计真实飞艇阻力的手段。而借助套筒式测力计试验得到飞行过程中飞艇的实际推力，似乎是唯一真正地准确确定阻力的方法，而实际上尚未开展这方面的工作。

由于尺度效应的不确定性，全尺寸真实飞艇的阻力数据就非常重要。由于观测误差和仪器不准确，所报告的数据经常相矛盾，必须通过所有可用的方式进行仔细的分析和修正，以获得一致且可信的结果。表5-4给出了 LIEUT C. H. HAVILL 得到的飞艇性能分析的主要数据及一致结果。

5.6 横向气动力

在1916年前所建造的飞艇，其飞行速度低，主要重量集中在或靠近一个或两个吊舱上，重量和浮力而产生的剪切力和弯矩大大超过艇身和尾翼上的空气动力部分。这样，若艇身在抵抗静载荷上，强度具有合理的富余，气动力的作用可忽略。随着飞艇尺寸和速度增加，发动机在多个吊舱进行分布布置，使静载荷变得不重要，而与飞行速度的平方成正比的空气动力，在量级和重要性上迅速增加。

5.6.1 方向舵和升降舵突然操纵的影响

在空气动力研究的早期，分别独立研究气动力问题的几个研究者得出同样的结论，即当方向舵或升降舵首次转向时会对结构产生最严重的气动条件。这种最坏的条件，是因为横向力通过位于尾翼上的压力中心施加在艇身上，产生一个旋转力矩，这时遭到飞艇旋转惯量的抵抗。而当姿态角运动增加时，飞艇尾部的摆动减少了方向舵或升降舵在尾翼上所产生的气动力。这其中争论的薄弱点是飞艇假设无偏航

表 5-4　LIEUT C. H. HAVILL 得到的飞艇性能分析的主要数据及一致结果

项目	飞艇	主要数据							最大速度			一致结果				
		浮升气体体积/ft³	长度/ft	艇身最大直径/ft	艇身空气体积/ft³	发动机的个数	长细比	艇身总的表面积/ft²	/(ft/s)	/(ml/h)	/kn	H_{pmax}(最大功率)	K^*(推进系数)	E^*(螺旋桨系数)	A_p^*(推进存在下的阻力面积)	C^*(整个飞艇)
1(连续母线)	USN. B	84 000	183	36.5	84 000	1	5.06	13 950	69.00	47.04	40.86	99.46	27.63	0.622	87.40	0.045 582
2(连续母线)	USN. C	180 000	196	42	180 000	2	4.62	21 424	88.00	60.00	52.11	296.42	31.59	0.631	127.40	0.039 962
3(连续母线)	USN. D	190 000	198	42	190 000	2	4.72	23 061	83.11	56.66	49.21	250.00	32.78	0.650	131.49	0.039 807
4(连续母线)	USN. E	95 000	162	33.5	95 000	1	4.84	20 404	82.20	56.04	48.67	153.10	32.55	0.610	78.00	0.037 561
5(连续母线)	USN. F	95 000	162	33.5	95 000	1	4.84	20 404	77.30	52.70	45.77	126.80	32.68	0.620	79.01	0.037 945
6(连续母线)	LZ-120& 121 Bodensee	706 200	427	61.8	797 000	4	6.70	69 990	119.99	81.81	71.05	958.89	66.76	0.660	170.01	0.019 776
7(连续母线)	LZ-126 USS Los Angeles (无水回收系统)	2 599 110	658.3	90.7	2 764 461	5	7.25	147 027	115.00	78.41	68.09	2 017.00	64.03	0.580	356.99	0.018 125
8(平行中体)	LZ-1	375 000	428	38.2	400 000	2	10.21	41 100	26.40	18.00	15.63	27.63	15.58	0.360	251.00	0.046 234

（续表）

项目	飞艇	主要数据							最大速度			一致结果				
		浮升气体体积/ft³	长度/ft	艇身最大直径/ft	艇身空气体积/ft³	发动机的个数	长细比	艇身总的表面积/ft²	/(ft/s)	/(ml/h)	/km	H_{pmax}（最大功率）	K^*（推进系数）	E^*（螺旋桨系数）	A_p^*推进存在下的阻力面积	C^*（整个飞艇）
9（平行中体）	LZ-4&5	530 000	446	42.7	572 000	2	10.50	48 180	41.00	27.95	24.28	202.93	10.08	0.280	383.01	0.055 578
10（平行中体）	LZ-7&8	680 200	486	45.9	734 000	3	10.60	56 300	51.98	35.44	30.78	343.34	14.36	0.330	374.00	0.045 973
11（平行中体）	LZ-10&12	592 000	460	45.9	631 000	3	10.00	53 400	62.40	42.54	36.95	347.88	18.44	0.658	563.00	0.071 371
12（平行中体）	LZ-15&16	688 000	466	48.8	744 000	3	9.55	57 600	67.50	46.02	39.97	479.89	24.45	0.570	412.00	0.050 191
13（平行中体）	LZ-22&23	728 000	512	48.8	787 000	3	10.48	62 650	66.69	45.47	39.49	592.71	18.42	0.520	482.00	0.056 547
14（平行中体）	LZ-24~35	794 000	519	48.8	858 000	3	10.61	64 000	70.89	48.33	41.97	592.68	23.40	0.530	409.00	0.054 298
15（平行中体）	LZ-36	830 000	530	52.6	884 000	3	10.08	70 300	77.09	52.56	45.65	591.40	30.51	0.540	333.98	0.036 262
16（平行中体）	LZ-42~50	1 130 000	536	61.8	1 220 000	4	8.68	82 400	81.61	55.64	48.32	836.58	31.96	0.550	393.00	0.034 422
17（平行中体）	LZ-59~71（除60&70）	1 262 000	586	61.8	1 363 000	4	9.50	91 000	86.00	58.64	50.92	959.39	35.25	0.530	369.49	0.030 068

（续表）

项目	主要数据											一致结果				
	飞艇	浮升气体体积/ft³	长度/ft	艇身最大直径/ft	艇身空气体积/ft³	发动机的个数	长细比	艇身总的表面积/ft²	最大速度 /(ft/s)	/(ml/h)	/km	H_{pmax}（最大功率）	K^*（推进系数）	E^*（螺旋桨系数）	A_p^*推进存在下的阻力面积	C^*（整个飞艇形状系数）
18（平行中体）	LZ-72~90（除73,77&81）	1 945 000	645	78.3	2 149 000	6	8.24	125 200	92.40	63.00	54.71	1 465.80	38.52	0.550	474.00	0.028 540
19（平行中体）	LZ-91~94	1 965 298	645	78.3	2 140 000	5	8.24	125 430	92.41	63.01	54.72	1 215.81	46.65	0.594	423.00	0.025 505
20（平行中体）	LZ-95~99	1 970 000	645	78.3	2 140 000	5	8.24	125 436	96.19	65.58	56.96	1 189.30	53.57	0.600	372.00	0.022 402
21（平行中体）	LZ-100~101	1 972 000	645	78.3	2 141 000	5	8.24	125 500	97.40	66.41	57.67	1 191.30	55.51	0.620	371.00	0.022 340
22（平行中体）	LZ-102	2 420 000	745	78.3	2 640 000	5	9.52	146 200	94.29	64.29	55.83	1 201.60	57.44	0.630	419.00	0.021 935
23（平行中体）	LZ-104	2 427 000	745	78.3	2 640 000	5	9.52	146 200	94.19	64.22	55.77	1 193.21	57.66	0.640	424.00	0.022 198
24（平行中体）	LZ-106~111	1 972 000	645	78.3	2 141 000	5	8.24	125 436	104.81	71.46	62.06	1 441.39	57.14	0.640	372.00	0.022 400
25（平行中体）	LZ-112~114	2 190 000	745	78.3	2 400 000	5	9.52	144 173	113.12	77.13	66.98	1 998.81	55.91	0.630	404.00	0.022 538
26（平行中体）	ZR-1 USS Shenandoah	2 151 174	680.2	78.7	2 289 861	5	8.64	132 889	91.00	62.04	53.88	1 559.71	36.34	0.425	402.51	0.023 172

* 在最大速度和马力时，C 为形状系数（shape coefficient）。

或俯仰角,但是,飞艇真实的飞行轨迹始终是关于平均方向的一系列曲线,且常常发生飞艇处于侧滑角或俯仰角对应方向舵或升降舵的位置,这样,同样的舵偏角下使得尾翼和控制面上的总气动力远大于无偏航或俯仰的情况。

存在更多的争论是应选择多大的最大瞬时俯仰角。实际上一些成功的设计者武断地将作用在尾翼上的气动力放大为原来的 2 倍。原来的气动力是指通过风洞试验得到在没有偏航或俯仰时满方向舵或升降舵下尾翼上的气动力。

在飞艇惯性作用下,任意力导致的剪切力和弯曲力矩的计算方法详见第 4 章。

5.6.2　固定俯仰角下的气动力

当飞艇飞行时出现净轻或净重时,需要根据具体情况,采用气动力来平衡多余的浮力或重量。所需要的正或负气动升力是通过飞艇沿飞行轨迹在纵向上的俯仰角变化得到,这时需要通过升降舵操纵来维持这一角度。

奇怪的是,当飞艇处于一个固定的偏航或俯仰角时,在艇身锥形的后体上的气动力方向是从背风侧到迎风侧,而不是所期望的相反方向。由于空气动力在飞艇艇身前体是指向背风侧,在后体是指向迎风侧。这样在飞艇上产生的气动力矩非常大,当飞艇艇头处于抬头飞行时,需要使升降舵向下偏转,产生低头力矩,而不是所期望的向上偏转;相反地,当飞艇低头飞行时,需要将升降舵转而向上偏转。所以,当飞艇飞行时出现净轻,尾部会变轻,当净重飞行时,尾部会变重(艇身部分的气动力为主)。

M. M. Munk 提出当飞艇在理想不可压、无黏流体中以固定的俯仰或偏航角飞行时,计算飞艇横向气动力分布的表达式如下:

$$\frac{\mathrm{d}F}{\mathrm{d}x} = f = \frac{\mathrm{d}S}{\mathrm{d}x} \frac{\rho v^2}{2}(k_2 - k_1)\sin 2\theta \tag{5-16}$$

式中:F 为横向力;x 为沿飞艇纵轴的距离;S 为艇身的横截面积;v 为空速;ρ 为空气密度;θ 为偏航或俯仰角;k_2 和 k_1 为横向和纵轴向的附加质量系数。

Munk 理论的基础是随飞艇一起运动的空气附加质量等于围绕任意一定长度艇身的附加质量与围绕相等长度具有同样横截面面积的圆柱的附加质量一样,并通过 $k_2 - k_1$ 考虑无线圆柱和长细比为 L/D 的椭球的差别。

在来流方向,艇身横截面面积增加,空气的附加质量也增加,而且形成了艇身上从迎风侧到背风侧的横向空气动力,将力矩给予增加的空气质量。相反的,随横截面面积的减小,周围空气质量力矩逐渐缩小,产生从背风侧到迎风侧的横向力强加在飞艇艇身上。

Munk 理论在分析过程中假设流体无黏,这会产生与真实情况相当大的偏差;但根据风洞实验模型的压力分布图,得出在飞艇前部实际的气动力与 Munk 理论非常一致。在飞艇后部,从背风侧到迎风侧的真实气动力明显小于理论解。但艇身这部分实际的气动力相对不很重要,这是因为如果单独艇身上,向迎风侧的真实气动力小于理论值,在同样区域内尾翼上产生的相反方向的力也小于理论值,由于在后体和尾翼上的合力产生的力矩必须配平前体所产生的力矩。

式(5-16)沿飞艇纵轴进行积分得出艇身上的总横向力为零。这样作用在尾翼压力中心的气动力就是总的气动升力。单独飞艇艇身上的理论气动力矩为

$$Vol \frac{\rho v^2}{2}(k_2 - k_1)\sin 2\theta \tag{5-17}$$

式中:Vol 为飞艇艇身体积,其他符号与式(5-16)一致。这样动升力所对应的俯仰角为

$$\sin 2\theta = \frac{2Fa}{Vol\rho v^2(k_2 - k_1)} \tag{5-18}$$

式中:F 为动升力,其等于作用在尾翼压力中心的气动力;a 为尾翼压力中心到飞艇浮心的距离。

动升力 F 不仅包含尾翼上的气动力,而且包括艇身后体上理论和实际气动力之差。其作用点位于尾翼面积中心的前面一点。

对于任意给定的剩余重量或浮力,在计算剪切力和弯曲力矩时,常假设剩余的重量或浮力,根据具体情况而定,沿艇身以与艇身横截面积同样的方式进行分布。通常这不是严格正确,但任意重量或浮力不同的分布,所产生的剪切力和弯曲力矩,可方便地将其认为是一个静力叠加到气动剪切力和弯曲力矩上。基于式(5-16)的一个剪切力和弯曲力矩计算结果如表5-5所示。

表 5-5　USS Shenandiah 飞艇在飞行速度为 85 ft/s,俯仰角为 6°42′时的剪切力和弯曲力矩
(对应工况为以 85 ft/s 速度飞行,遇到 10 ft/s 的向上气流突风载荷)

站位/m	$f(\Delta S)$/lbf	$f(S\Delta x)$/lbf	F/lbf	载荷/lbf	剪切力/lbf	弯曲力矩/(m·lbf)
0	−820	−57		−877		0
10	−1 032	−179	2 300	1 089	−877	−8 760
20	−1 200	−334	2 300	766	212	−6 650
30	−1 228	−500	3 754	2 026	978	+3 130
40	−1 180	−665	4 937	3 092	3 004	33 170
50	−985	−816	2 300	499	6 096	94 130
60	−755	−933		−1 688	6 595	160 080
70	−494	−1 020		−1 514	4 907	209 150
80	−151	−1 067		−1 218	3 393	243 080
90	−55	−1 077		−1 132	2 175	264 830
100	0	−1 077		−1 077	1 043	275 260

（续表）

站位/m	$f(\Delta S)$/lbf	$f(S\Delta x)$/lbf	F/lbf	载荷/lbf	剪切力/lbf	弯曲力矩/(m·lbf)
110	0	−1 077		−1 077	−34	274 920
120	0	−1 077		−1 077	−1 111	263 810
130	41	−1 077		−1 036	−2 188	241 930
140	151	−1 067		−916	−3 224	209 690
150	494	−1 030		−536	−4 140	168 290
160	851	−933		−82	−4 676	121 530
170	1 346	−783		563	−4 758	73 950
180	1 891	−563		1 328	−4 195	32 000
188	1 780	−250		1 530	−2 867	9 020
194.75	1 346	−9		1 337	−1 337	0
		−15 591	15 591			

表 5-5 计算注解：

$$f(\Delta S) = \left[(\rho v^2/2)(k_2 - k_1)\sin 2\theta \right]\Delta S$$
$$= ((0.002\,1 \times 85^2/2) \times 0.924 \times 0.231\,7)\Delta S$$
$$= 1.625\Delta S$$

$$F = \frac{\rho v^2}{2a}Vol(k_2 - k_1)\sin 2\theta$$
$$= \frac{0.002\,1 \times 85^2}{2 \times 238} \times 2\,290\,000 \times 0.924 \times 0.231\,7$$
$$= 15\,590\ \text{lbf}$$

$$\sum f(S\Delta x) = F,\ \sum S\Delta x = Vol$$

故 $f(S\Delta x) = \dfrac{F}{Vol}S\Delta x = \dfrac{15\,590}{2\,290\,000}S\Delta x = 0.006\,8S\Delta x$

5.6.3　稳定转动下的气动力

　　一般通过实验确定飞艇稳定旋转时作用在其上的气动力是非常困难的。该试验条件在常规的风洞中不能模拟；仅仅可实现的是在静止空气中，通过旋臂得到模型上的压力分布，但这方面也没开展。

　　关于压力分布的全尺寸实验，在 C-7 飞艇上测试过，但作用在艇身上的横向力很小，以至于横向力的分布得不到规律或进一步的验证。通过全尺寸测试得到的主要结论是，作用在尾翼和其附近艇身上的力是确定艇身上的弯曲力矩的主要因素，且这个力通常认为是用来抵抗惯性的。

　　Munk 将在理想、无黏和不可压流体中的飞艇上气动力的计算方法扩展到可包含稳定旋转的情况。这相比于固定俯仰角或偏航角的情况要复杂,而且理论结果尚未通过实验模型确认;但在固定俯仰角下,理论和实验在飞艇前体具有很好的一致性,这对修改后的理论产生信心,可用于在稳定转动时计算作用在飞艇前体上的实际气动力。另外在后体存在的差异也不是很重要,这是由于在尾翼和舵面上的压力,其必须与前体上作用力相平衡。Munk 提出的艇身在稳定转动下的气动力的分布方程如下:

$$\frac{\mathrm{d}F}{\mathrm{d}x} = (k_2 - k_1)\frac{\mathrm{d}S}{\mathrm{d}x}\frac{\rho v^2}{2}\sin 2\theta + k'\frac{\rho v^2}{R}S\cos\theta + k'\frac{\rho v^2 x}{R}\frac{\mathrm{d}S}{\mathrm{d}x}\cos\theta \quad (5-19)$$

引入的新符号 k' 是由于旋转引起的附加质量系数。该系数的值可参见表 5-3。需要注意的是沿艇身的距离坐标 x,是以体积中心为原点进行测量的,而且 θ 为在该点处的偏航角。

在式(5-19)中,第 1 项对应于在固定偏航角下沿艇身的气动力,在艇身前部向内指向转动中心,在艇身后部力的方向向外。该力产生一个旋转力矩,它通过作用在尾翼面积中心上向内的力来平衡。式(5-19)中的第 2 项和第 3 项之和不产生合力或合力矩。单独第 2 项提供横向力,几乎与所排开空气的离心力相等,且以同样的方式分布,但力的方向向内而不是向外。第 3 项代表向外的力,作用在艇身渐缩的部分,与第 2 项具有相同的结果,但力的方向不同,且也作用在浮心位置。

式(5-19)的推导很复杂,在此不进行详细的描述(可参考 NACA Technical Note No 184)。

作用在尾翼上的力 F 指向转动中心,既然理论得出的单独艇身上的合力为零,只产生通过积分方程式(5-19)右端的第 1 项得到的合力矩,则 F 的大小就与飞艇的向心力相同,为了补偿艇身上气动力所形成的力矩,旋转半径 R 与浮心处的偏航角之间的关系如下:

$$\sin 2\theta = \frac{2a}{R(k_2 - k_1)} \quad (5-20)$$

如果 a 为艇身体积中心到尾翼面积中心的距离,发现对于给定旋转半径 R 下,通过上式得到的偏航角,相比于英国硬式飞艇实验得出的结果约大 20%。所以可得出如下结论,一种更准确的计算稳定转动时的力是假设:a 等于飞艇艇身体积中心到尾翼面积中心距离的 80%,且力 F 假设作用在距离体积中心向后为 a 的位置。

在式(5-19)中第 1 项为作用在艇身上的气动力,结合靠近尾部的力 F 以及艇身质量的向心力,共同产生弯曲力矩,倾向于对艇身向飞艇转动的方向弯曲。形成的弯曲力矩的大小与向心力的比等于在固定俯仰角下的弯曲力矩与在固定角度下的动升力之比。但式(5-19)中剩余两项的力产生使艇身向相反方向弯曲的力矩。这样在稳定转动时的总的弯曲力矩仅约为在固定俯仰角下力矩的 1/5,这两种情况假设具有相同的合重量或惯性力。

5.6.4 对 Munk 横向力分布的修正

R. H. Upson 得出,如果在式(5-16)中的 $k_2 - k_1$ 被 $\cos\alpha$ 替换,则可使单位长度上横向力能更加准确。其中 α 为艇身子午线切向与艇身纵轴之间的夹角,修正后的横向力表达式为

$$\frac{\mathrm{d}F}{\mathrm{d}x} = \frac{\mathrm{d}S}{\mathrm{d}x}\frac{\rho v^2}{2}\cos^2\alpha\sin 2\theta \tag{5-21}$$

5.7 法向气动压力变化

在飞艇艇头最前部点(驻点),超出当地大气压的压力称为动压头

$$q = \frac{\rho v^2}{2}$$

例题 5-2 计算飞艇以 80 ft/s 飞行时艇头驻点的压力。空气密度为 0.076 lb/ft³。

$$v = 80\text{ ft/s}; \rho = 0.076/32.2 = 0.002\ 36\text{ lbf} \cdot \text{s}^2/\text{ft}^4$$

$$q = \frac{\rho v^2}{2} = \frac{0.002\ 36 \times 80 \times 80}{2} = 7.55\text{ lbf/ft}^2$$

需要注意的是,$\dfrac{\rho v^2}{2}$ 表示以速度 v 运动的单位体积空气的动能,q 为当速度完全转化为压力时单位体积的势能或压力能。

通常在飞艇上所有部分的气动压力均以动压头 q 作为参考量。从艇头开始向后,气动压力迅速降低,在距离艇头仅 3%～5% 的位置会变为零。压力沿艇身的大部分为负值,直到距离艇尾约 10% 的位置,这样在艇尾附近存在正的气动压力。图 5-4 给出由美国国家物理实验室得出的硬式飞艇 R-33 模型在不同偏航角下的压力分布。图 5-5 给出通过积分横截面上的压力分布得到的横向力分布。

根据式(5-19)得出的右端三项理论横向力分布曲线如图 5-6 所示。图中曲线 I 为固定俯仰角或偏航角下的横向力分布,曲线 II 和 III 为转动时的横向力分布;可以得出,它们很大程度上压制(中和)了曲线 I 的横向力分布。

5.8 附加质量系数

表 5-3 中的附加质量系数来源于 NACA Technical Note No 184。系数 k_1、k_2 和 k' 分别为纵向附加质量系数、横向附加质量系数和旋转附加质量系数。它们在计算气动力时的使用已经进行过解释。然而,需要注意的是,表格中的长细比不是真

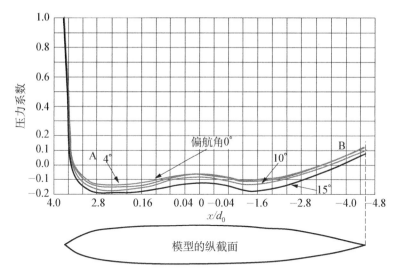

图 5-4　飞艇 R-33 艇身上的压力分布（不同偏航角）

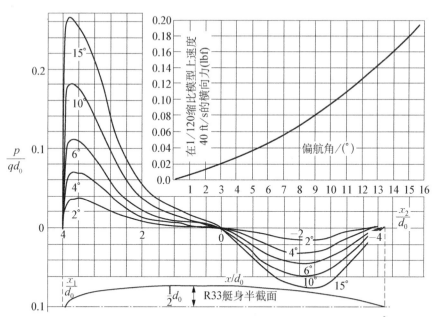

图 5-5　不同偏航角下 R-33 飞艇艇身横向力（合压力）分布（横向力 $= \int_{x_1}^{x_2} P\mathrm{d}x$ ）

实飞艇的长细比，而是等价椭球的长细比。对于真实飞艇与其等价的椭球的长细比计算如下：

$$\frac{L}{D}（椭球）= \sqrt{\frac{\pi}{6}\frac{L^3}{Vol}}（飞艇）$$

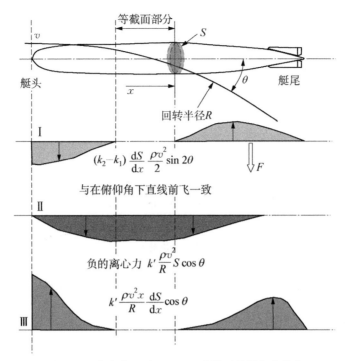

图 5‑6　稳定盘旋时 Munk 理论得到的横向力分布

5.9　在突风中的气动力

通过应变仪测量飞艇 Shenandoah 和 Los Angeles 的纵向桁架，表明在正常飞行状态下，由于扰动气流所产生的应力会超过在静止空气中操纵飞艇所引起的应力。关于飞艇在猛烈的狂风中会遭受到的最大的力，看法上存在很大的差异。这并不奇怪，主要是由于当时对风场缺乏认识。Comdr J. C. Hunsaker 总结了当时的状态：

"向上急流的空气，其边界在时间和空间上，从周围大气急剧地分离，这种气流在飞艇设计时必须考虑。这样最强烈的气流是具有垂直速度和旋转耦合的龙卷风，但幸运的是可以在远处观测到，并且可避开。伴随着大范围充分发展积云的雷暴也是非常显著的，这方面也可避开。这时尽量避免飞艇进入这样的云层，免受风、雨、冰雹、闪电等未知危险。除非这种环境仍存在对流条件，可使飞艇达到全速飞行。已有充足的证据表明，可遇到的上升速度会达到 10 ft/s。这个垂直的空气速度 v 与相对的水平速度 u 结合，会引起俯仰角的改变，即 $\arctan\left(\dfrac{v}{u}\right)$。

表 5‑5 给出了飞艇 USS Shenandoah 当忽然以飞行速度 85 ft/s 进入突风时，该突风具有 10 ft/s 的上升速度下的气动力的计算以及所产生的剪切力和弯曲力矩。

5.10 气动稳定性

不同的研究者已经推导了飞艇稳定性的基本方程。本处给出 Dr. A. F. Zahm 的推导过程。稳定性分析采用的坐标系如图 5-7 所示。

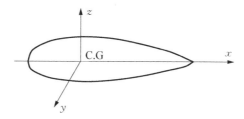

图 5-7 稳定性分析采用的坐标系

5.10.1 Zahm 俯仰稳定性准则

为简化处理,假设艇身为关于纵轴的轴对称外形,体积中心和质心一致,通过浮力平衡重量,控制面处于中立状态,飞艇迎面穿过静止的空气。

从图 5-7 中的质心入手,采用艇体坐标系,x 轴向后,y 轴指向一侧,z 轴向上。速度和角速度在这 3 个坐标轴上的增量分别为 u、v、w、p、q、r。关于这 3 个坐标轴的气动力和力矩的增量分别为 X、Y、Z、L、M、N。假设初始状态,除了飞艇具有前进速度 U 和对运动产生反作用的阻力 X_0 外,所有速度分量和力矩均为零。

5.10.2 单纯俯仰运动

飞艇在以水平速度 U 稳定飞行时,产生一个小的俯仰角 θ,除 X_0 外,外部力包括作用在质心的法向力 Z 和俯仰力矩 M。因此,根据达朗贝尔原理,动力学条件为

$$Z = m\dot{w}_1 = m(\dot{w} - U^2 q) \tag{5-22}$$

$$M = I_y \dot{q} \tag{5-23}$$

式中:m 为飞艇的有效质量(真实质量与附加质量之和);I_y 为关于 y 轴的转动惯量;如果参考固定坐标系,质心的加速度为 $\dot{w}_1$,但在艇体坐标系(动坐标系)下,质心的加速度就为 $\dot{w} - Uq$。如果 m' 为飞艇的真实质量,那么有效质量 m 为飞艇的真实质量加上由于流体加速而产生的附加质量,对于横向(法向或侧向)加速运动,m 可认为约等于 $1.5m'$。

既然由于俯仰角 θ 和角速度 q 会产生稳态力和阻尼力,可将法向力和俯仰力矩进行近似的显式表达。法向力 Z 中与俯仰角相关的部分为 θZ_θ,Z_θ 表示 $\partial Z/\partial\theta$;由于俯仰角速度产生的部分为 qZ_q。它们即是通常的升力和阻尼力,这两部分组成总

的法向力 Z。类似地,力矩也可表达为两部分 θM_θ 和 $q M_q$。将这 4 部分代入式(5-22)和式(5-23)得到

$$\theta Z_\theta + q Z_q = m(\dot{w} - Uq) \tag{5-24}$$

$$\theta M_\theta + q M_q = I_y \dot{q} \tag{5-25}$$

5.10.3　俯仰平衡条件

当 $\dot{q}=0$ 时角速度为常数,例如可通过将质心下移产生恢复力矩。当 $\dot{q}=0$ 时,式(5-25)可简化为

$$\theta M_\theta + q M_q = 0 \tag{5-26}$$

而且,在这样的速度下,$\dot{w}$ 相比于 Uq 很小,式(5-24)可简化为

$$\theta Z_\theta + q(Z_q + mU) = 0 \tag{5-27}$$

这两个方程同时满足,可近似代表动稳定条件,即对于无放大的俯仰运动,可采用惯用的气动系数进行表达。

式(5-26)中的转动的阻尼力矩 $q M_q$ 用来平衡扰动力矩 θM_θ;在式(5-27)中,扰动力 θZ_θ 通过阻尼力 $q Z_q$ 和惯性力 qmU 使平动达到平衡。

5.10.4　俯仰稳定准则

在式(5-26)和式(5-27)中,变量 θ 和 q 分别为微小稳定摆动的角位移和角速度;其他 6 个量为常数。这可通过消去 θ 和 q,给出稳定性条件,即对于微小的 θ 和 q,满足式(5-26)和式(5-27)的常数之间的关系为

$$\frac{Z_\theta M_q}{M_\theta(Z_q + mU)} = 1 \tag{5-28}$$

这个准则也可以采用试验模型的数据进行表示。如果 s 为模型的缩比,u 为模型速度,式(5-28)中的常数量与模型变量的关系为

$$\frac{Z_\theta}{M_\theta} = \frac{1}{s}\frac{Z_\theta'}{M_\theta'}, \frac{M_q}{U} = \frac{s^4 \mu}{u} \tag{5-29}$$

式中:μ 为试验模型在来流速度为 u 时的俯仰阻尼力矩系数。既然 Z_q 与速度 U 成正比,故可得

$$Z_q + mU = nmU$$

式中:n 可通过试验得到。将这些新的值代入式(5-28),俯仰稳定的准则变为

$$a\,\frac{\mu}{u}\,\frac{Z_\theta'}{M_\theta'} = 1 \tag{5-30}$$

式中：$a = s^3/mn$。稳定准则式$(5-30)$的形式可方便地使用风洞试验的数据。阻尼系数 μ 可通过风洞试验进行确定。

该方法的缺点是很难通过试验确定 Z_q，以前往往假设这一项相比于 mU 是可以忽略的，因此，$n = 1$。基于该假设的风洞试验准则表明具有很大的不稳定性，但对于实际飞艇，在实际飞行中被证明具有充足的稳定性。因此，可推断 Z_q 是不可以忽略的。

5.10.5 Jone 的稳定性准则

Jone 发现对于英国的硬式飞艇，盘旋轨迹半径与偏航角具有如下关系：

$$R\theta = 0.9l$$

式中：R 为转动圆轨迹半径；θ 为在浮心处的偏航角，单位为弧度；l 为浮心到尾翼压力中心的距离。

Jone 稳定性准则如下：

$$\theta M_\theta + (U/R)M_q = 0 \tag{5-31}$$

该式与式$(5-26)$一致，因为 $q = U/R$，且实际观测到的事实是

$$R\theta = 0.9l \tag{5-32}$$

联立式$(5-31)$和式$(5-32)$得到 $\dfrac{M_q U}{M_\theta} = 0.9l$。

若根据风洞试验数据，满足稳定性的条件为

$$\frac{s(\mu/u)u^2}{M'_\theta} > 0.9l \tag{5-33}$$

例题 5 - 3 硬式飞艇模型缩比为 $1/120$，在风洞中进行试验。得出 $\dfrac{\mu}{u} = 0.005\,2$，$M'_\theta = 0.125\,\text{ft} \cdot \text{lbf}/(°)$，速度 $u = 58.6\,\text{ft/s}$。实际飞艇浮心到尾翼面积中心的距离 l 为 $320\,\text{ft}$，因此有

$$\frac{s(\mu/u)u^2}{M'_\theta} = \frac{120 \times 0.005\,2 \times 58.6^2}{0.125 \times 57.3} = 300\,\text{ft}$$

而

$$0.9l = 0.9 \times 320 = 288\,\text{ft}$$

说明该飞艇是稳定的，且具有较小的裕度。

该方法的限制条件为系数 0.9 是通过观察常规硬式飞艇得到的，对于各类不同外形和长细比的飞艇可能不适用。

5.11　气动升力

对于飞艇处于中等净重或净轻,可通过操纵升降舵,在艇身和水平尾翼上产生气动升力来进行补偿。该气动升力随速度的平方而变化,而且随着迎角的增大而增大。但随迎角的增加阻力也增大,因此在一定的功率下,速度会显著下降。一般飞艇最大的气动升力约在8°俯仰角得到。图5-8给出了 USS Los Angeles 飞艇的速度、俯仰角和动升力关系曲线。

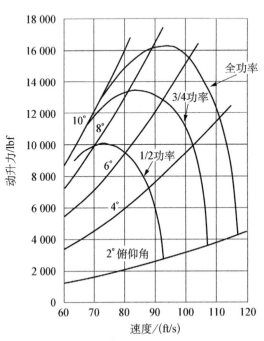

图 5-8　USS Los Angeles 飞艇的速度、俯仰角和动升力关系(高度 3 000 ft)

需注意的是,气动升力类似于其他的气动力,其随线尺寸的平方而变化,而重量和浮力随线尺寸的立方而变化。通常,随着飞艇尺寸的增加,采用动升力补偿浮重平衡的扰动变得越发困难,除非速度以线尺寸的平方根迅速增加。速度与线尺寸的这一关系,需要功率与 $L^{3.5}$ 或 $Vol^{7/6}$ 成比例,其中:L 和 Vol 分别为飞艇的长度和体积。

5.12　飞艇最大气动弯曲力矩的经验公式

H. Naatz 给出了一个方便的估算飞艇最大气动弯曲力矩的公式如下:

$$M_b = 0.005\rho v^2 Vol^{2/3} L \qquad (5-34)$$

式中:M_b 为最大弯曲力矩;Vol 为飞艇排开空气的体积;ρ 为空气的密度;v 为飞艇的空速;L 为飞艇的长度;0.005 为量纲为 1 的系数。

Naatz 通过理论方法推导出该表达式,且通过 PL-27 帕赛伐尔型软式飞艇在波罗的海的暴风雨地区两年的运行中,通过防止飞艇蒙皮弯曲需要的内压进行了验证。同时也发现与 USS Shenandoah 飞艇处在强风和山上部扰动气流中飞行时,通过应变仪测量的纵向应变,进行计算所得到的最大气动弯曲力矩非常一致。

5.13　尾翼上气动力的经验公式

为了便于飞艇的设计,采用能够近似确定尾翼上最大气动力的一些方便的系数是非常重要的。这些系数通常以量纲为 1 的形式给出：

$$C = \frac{2p}{\rho v^2} \qquad (5-35)$$

对于局部载荷，p 为单位面积的载荷。

或表达为

$$C = \frac{2P}{A\rho v^2} \qquad (5-36)$$

式中：P 为面积 A 上的总的载荷。

局部压力 p 的大小仅可通过对飞行中的飞艇或风洞试验模型进行压力分布试验得到。通常在一个表面上的总压力 P 相比于局部压力 p 更容易得到。总压力 P 可通过风洞试验模型中安装不同舵面尾翼，根据所确定的力矩得到或飞艇在飞行过程中，测量舵操纵产生的角加速度，然后计算得到。总的压力 P 也可以通过对试验模型或真实飞艇的压力分布的结果进行积分得到。

在 NACA 指导下，针对 US Navy C-7 飞艇的尾翼面进行了广泛的压力分布试验。下面给出所测得的一些典型的压力载荷。

在飞艇底部尾翼和方向舵上，当在 40.5 mph（=59.5 ft/s）的飞行速度下，方向舵从左 24°到右 18°逆转时，在整个表面（尾翼加舵面）上的最大总载荷是 352 lbf 或 1.3 lbf/ft²。这时的空气密度为 $\rho=0.002\,42$ slug/ft³，因此有

$$C = \frac{2p}{\rho v^2} = \frac{2 \times 1.3}{0.002\,42 \times 59.5^2} = 0.302$$

在飞艇的上部翼面，当方向舵右偏 44°，速度为 35 mph（=51.4 ft/s）稳定盘旋，不包括方向舵的尾翼上的最大载荷为 311 lbf，或 1.7 lbf/ft²，空气密度为 $\rho=0.002\,42$ slug/ft³，因此有

$$C = \frac{2p}{\rho v^2} = \frac{2 \times 1.7}{0.002\,42 \times 51.4^2} = 0.532$$

以 44°方向舵开始转动，在速度为 45.5 mph（67 ft/s）时，在移动尾翼表面（舵面）上的最大的总载荷等于 2.9 lbf/ft²，空气密度为 $\rho=0.002\,42$ slug/ft³，因此有

$$C = \frac{2p}{\rho v^2} = \frac{2 \times 2.9}{0.002\,42 \times 67^2} = 0.536$$

在稳定盘旋时，飞行速度为 45 mph，方向舵右偏 44°，靠近上翼面前缘的最大局部载荷为 7.3 lbf/ft²，空气密度为 $\rho=0.002\,33$ slug/ft³，因此有

$$C = \frac{2p}{\rho v^2} = \frac{2 \times 7.3}{0.002\,33 \times 66^2} = 1.44$$

对于 C-7 飞艇,一个完整的翼面(尾翼加舵面)最大系数为 0.302,近似等于 USS Shenandoah 飞艇风洞试验模型在 5°偏航角、以 20°的逆舵偏时尾翼面的力系数。

从而可得出,设计常规类型的尾翼面,需达到平均压力系数为 $C = 0.4$。尾翼的前缘或悬垂平衡面应设计满足约 4 倍的平均载荷。假设压力系数 $C = 0.4$,且尾翼面积为

$$A = 0.13Vol^{2/3}$$

则在任意一个垂直或水平尾翼上的总的横向力 P 为

$$P = 0.13 \times 0.4Vol^{2/3} \times \frac{1}{2}\rho v^2 (单个尾翼,半展长)$$

6　软式飞艇的强度

早在 1911 年,Siemens-Shuckert 公司就制造了一个大的用于试验的软式飞艇 (见图 6-1)。该飞艇长度为 395 ft,最大直径为 46.6 ft。三个吊舱悬挂在古怪的外部软式织物龙骨上。

图 6-1　Siemens-Shuckert 公司的软式飞艇

从尺寸上看,正如所预期的,该飞艇的结构很弱,形状无法保持。这样弱的结构使人们对于飞艇结构的研究产生了极大的兴趣。这促使两位德国工程师针对软式飞艇结构强度理论进行了彻底的研究。除了小尺寸软式飞艇外,尽管单纯的大型软式飞艇很可能是消失的类型,但关于软式飞艇蒙皮上应力的彻底了解是非常重要的,后来对于硬式飞艇强度的分析,也常参考本章所阐述的原理。

6.1　蒙皮弯曲

分析均匀直杆或梁弯曲的一般公式为

$$f = \frac{My}{I} \qquad (6-1)$$

式中：f 为应力；M 为横截面上的弯曲力矩；I 为横截面对中性轴的惯性矩；y 为蒙皮上的点到中性轴的距离。该式是基于两个假设得出的。

(1) 平面假设：横截面在弯曲前和弯曲后始终是平面。

(2) 弯曲所引起的材料上的应力正比于弯曲所产生的压缩量或拉伸量。

其中，第 1 个假设称为 Navier 假设，第 2 个称为 Hooke 定律（胡克定律）。

为了确定该式对于软式飞艇蒙皮的可应用性，Haas 和 Dietzius 通过试验得出了充满水的软式飞艇在什么范围内满足 Navier 假设，以及其拉伸量在什么范围内满足 Hooke 定律。

该试验模型采用三层橡胶球织物，具有两层平行布，即纵横向纤维和一个具有 45° 纤维的斜层，且通过很薄的橡胶将三层凝固，使织物具有气密性。当模型充空气膨胀且不发生变形时，横截面近似为横向圆形截面。然后模型充入水，通过沿中部延续很小距离的绳索悬挂，这样可使模型产生非常大的弯曲变形。

为了考虑织物在应力作用下会逐渐拉伸，模型在载荷作用下维持 3 周，这样可使变形达到最终状态。横截面的形状通过照片结合立体镜得到，使用放大金属板可允许更加准确地检查。得出任一横截面没有偏离真实平面，且得出 Navier 假设对于软式飞艇蒙皮的弯曲是有效的。

采用试验确定 Hooke 定律的有效性，通过图表表明圆球织物材料应力与应变的关系，得出应力与应变关系以不规则的方式依赖于垂直于所研究方向上的应力（法向应力），但当法向应力为常数时，应力应变图近似遵循 Hooke 定律。所以在无明显错误下，可假设在软式飞艇蒙皮的任意横截面上均满足 Hooke 定律。

既然 Navier 假设和 Hooke 定律是有效的，上述的一般式(6-1)对于软式飞艇蒙皮应力和弯曲力矩的关系式是可以应用的。然而，需注意的是，在处理飞艇蒙皮的纤维强度和惯性矩时，通常认为蒙皮横截面是一无限薄的圆环，因此应力表示为 lbf/in，而不是 lbf/in^2。且惯性矩的维数是 L^3，而不是通常力学中的 L^4。

在一圆形截面（见图 6-2），认为是一个无限薄的圆环，其惯性矩为

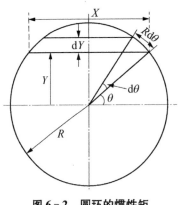

图 6-2　圆环的惯性矩

$$I = 4\int_0^{\pi/2} y^2 R \mathrm{d}\theta, \ y = R\sin\theta$$

故

$$I = 4\int_0^{\pi/2} y^2 R\mathrm{d}\theta = 4R^3\int_0^{\pi/2} \sin^2\theta\mathrm{d}\theta = \pi R^3 \qquad (6-2)$$

6.2 弯曲力矩计算

软式飞艇的静态弯曲力矩由 3 部分组成：

(1) 重量和浮力沿艇身的不均匀分布的垂直力所产生的弯曲力矩。

(2) 由吊舱悬挂绳索所产生的悬挂力矩，通常位于艇身上水平纵轴以下某位置，且具有纵向分量，从而产生弯曲力矩，可看作偏载荷作用下的圆柱。

(3) 由上部浮升气体侧向压力大于下部，所引起的上部纵向力大于下部而产生的弯曲力矩（在横隔膜上产生的力）。

借鉴建筑学定义，当艇身两端向上弯曲时，弯曲力矩称为正；当艇身两端趋于下垂时，弯曲力矩称为负。需注意的是，悬吊力矩和浮升气体压力所产生的力矩是负值，而由于重量和浮力所产生的力矩为正值。当在艇身上重量和浮力分布及悬挂吊舱的绳索上的张力已知时，由垂直力所产生的弯曲力矩可通过第 4 章的方法进行计算。

6.3 悬吊图表

通常对于软式飞艇，其总重量的约 2/3 集中在吊舱上，且集中分布在小于艇身或蒙皮长度的 1/5 区域内。如果重量垂直于蒙皮悬挂，会产生较大的下垂弯曲力矩。往往可通过从吊舱前后张开悬挂索，安装到蒙皮上，使吊舱载荷沿蒙皮分布，可减小弯曲力矩。

总浮力和蒙皮重量的差称为蒙皮的净浮力；对于静平衡，吊舱自身重量和安装在其内部的载荷重量之和应等于净浮力，且对于配平的水平状态，吊舱重心必须位于净浮力浮心的垂直正下方。这两个中心通常需要进行计算确定。

当根据净浮力确定吊舱的重量和位置后，悬挂系统需进行专门设计。吊挂系统有各种不同的吊索和张力分布形式，但需满足以下 3 个条件。

(1) 所有吊索上张力的垂直分量之和，必须等于净浮力或吊舱和其内部载荷的重量。

(2) 所有吊索的纵向分量之和必须等于零。

(3) 所有吊索上张力关于通过吊舱重心垂线上任意一点的力矩和必须等于零。

为了确保满足条件(1)和(2)，所形成的软式飞艇吊舱悬挂图（比例绘制）如图 6-3 所示。

每个吊索端点对端点进行画线，每一条线平行于吊索在纵向垂直面的投影，通过长度代表每个索上的张力。代表所有吊索的线都以这种方式绘制，连接第 1 条线的起点和最后一条线的终点的直线是在所有吊索上的合张力。如果最终的线的长度等于吊舱的重量，则条件(1)得到满足，如果最终的线是垂直的，则条件(2)也满足。关于得到条件(3)的力矩，需要准备力矩表格，其中每个吊索的张力从悬挂图上

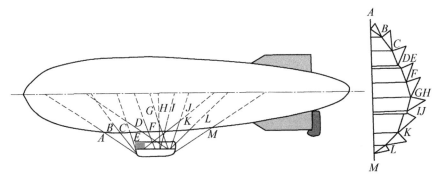

图 6-3　软式飞艇吊舱悬挂图

得到然后乘以吊索到通过吊舱重心的一条垂线上的一个固定点的垂直距离。

满足条件(1)和条件(2)的悬挂图是容易实现的,但是通常会发现,在满足条件(3)时,需要通过尝试法获得吊索系统的布置和张力的选择。除了必须满足这 3 个条件外,设计者需要考虑其他因素。吊舱吊索的布置需要进行设计,以达到在蒙皮上产生最小且最终可接受的弯曲力矩,其需要与吊索承担的吊舱重量近乎垂直,以避免与蒙皮出现压缩力的需求相一致。另外一个因素是将大量的张力分布在倾斜线上,这些线在飞艇出现纵向倾斜时可承担较大的载荷,尽管它们的张力在飞艇处于水平状态时很小。一个更进一步期望的目的是在吊舱上的弯曲力矩要小,这方面通常不重要。对于现代飞艇常用的短吊舱该条件都很容易实现。

虽然对于设计吊舱悬吊无严格的必须或期望满足的条件和规定,一种便利的方法是,忽略其上部端点的限制,延长悬线(见图 6-3)直到延长线与艇身的纵轴相交。如果吊索假设连接到其投影和纵轴相交点的蒙皮上,悬挂力矩会消失,且通过调整布置到每一个吊索的张力,使垂直力产生的力矩变得非常小。使得每个吊索上的张力的垂直分量近似等于分布在该段蒙皮上的净浮力,该段蒙皮等于相邻悬线和蒙皮纵轴交点间的平均距离。

在半硬式飞艇中,通常分配吊索上的张力,使单个固定在龙骨上的吊索张力的垂直分量等于蒙皮传递到该点上的净浮力。通过这种吊索布置,龙骨直接承受悬索所有的纵向力(见图 6-4)。

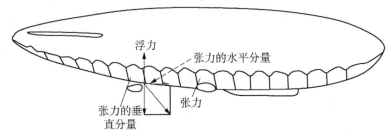

图 6-4　半硬式飞艇垂直方向的力相互抵消,只有沿龙骨的纵向力

6.4 飞艇倾斜和螺旋桨推力的影响

飞艇纵向出现大角度倾斜时,会将载荷施加到一部分倾斜的吊索上。为了防止吊舱随艇身一起倾斜,这时非常有必要通过某种方式(Martingales:从艇尾通向吊舱头部,且从吊舱前部通向艇尾)使吊索处于尽可能平的角度。飞艇倾斜的影响将引起吊舱和蒙皮之间在垂直于飞艇纵向的力减小,而且引入平行于纵轴的力。螺旋桨推力对于纵向倾斜的影响也非常相似,在垂直于纵轴的总的力无改变,但在大多数情况下将会在所有吊索中出现张力和其垂直分量的重新分布。

通常飞艇中所设计吊索的安全系数是正常条件的 5 倍或 6 倍,在 Martingales 上有很小或基本无载荷。Martingales 设计的目的是承担由于螺旋桨推力或飞艇倾斜所产生的总末端力,选取的安全系数约为 3。

6.5 浮升气体引起的纵向力和弯曲力矩

浮升气体侧向压力会在气囊任意横截面上产生纵向力和弯曲力矩。当横截面为圆形,纵向力 F、弯曲力矩 M 可采用如下方式进行计算。

图 6-5 表示一个半径为 R 的圆形横截面,被单位体积浮力为 k 的浮升气体填充,填充至距离水平最大直径的高度为 $R\sin\alpha$(部分充满状态,无超压)。

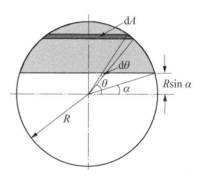

图 6-5 浮升气体产生的弯曲力矩和纵向力

$$dA = 2R^2\cos^2\theta d\theta$$
$$dM = pR\sin\theta dA$$
$$p = kR(\sin\theta - \sin\alpha)(\text{无超压})$$

因此

$$dM = 2kR^4\sin\theta\cos^2\theta(\sin\theta - \sin\alpha)d\theta$$

$$M = 2kR^4\left\{\int_\alpha^{\pi/2}\sin^2\theta\cos^2\theta d\theta - \int_\alpha^{\pi/2}\sin\alpha\sin\theta\cos^2\theta d\theta\right\}$$

$$= 2kR^4\left[-\frac{1}{8}\left(\frac{1}{4}\sin 4\theta - \theta\right) - \sin\alpha\left(-\frac{\cos^3\theta}{3}\right)\right]_\alpha^{\pi/2}$$

$$= \frac{kR^4}{2}\left(\frac{\pi}{4} - \frac{\alpha}{2} - \sin^3\alpha\cos\alpha + \frac{1}{2}\sin\alpha\cos\alpha - \frac{4}{3}\sin\alpha\cos^3\alpha\right)$$

$$M = \frac{kR^4}{24}[3\pi - 6\alpha + (2\sin^2\alpha - 5)\sin 2\alpha] \tag{6-3}$$

且

$$\mathrm{d}F = p\mathrm{d}A = 2kR^3\cos^2\theta(\sin\theta - \sin\alpha)\mathrm{d}\theta$$

$$F = 2kR^3\left\{\int_\alpha^{\pi/2}\sin\theta\cos^2\theta\mathrm{d}\theta - \int_\alpha^{\pi/2}\sin\alpha\cos^2\theta\mathrm{d}\theta\right\}$$

$$= 2kR^3\left[-\frac{\cos^3\theta}{3} - \sin\alpha\left(\frac{\theta}{2} + \frac{\sin 2\theta}{4}\right)\right]_\alpha^{\pi/2}$$

$$F = \frac{kR^3}{6}\left[4\cos^3\alpha - (3\pi - 6\alpha - 3\sin 2\alpha)\sin\alpha\right]\text{（无超压）} \tag{6-4}$$

当气囊全部充满出现超压时，超压 p_0（即浮升气囊底部压力）沿整个横截面会增加一致的压力，所以对弯曲力矩 M 无影响，但会使纵向力 F 增加，增加量为截面面积乘以单位超压，即为 $\pi R^2 p_0$。

对于力 F 的一般表达为

$$F = \pi R^2 p_0 + \frac{kR^3}{6}\left[4\cos^3\alpha - (3\pi - 6\alpha - 3\sin 2\alpha)\sin\alpha\right] \tag{6-5}$$

作为一个典型的特殊情况是当飞艇中气囊处于完全膨胀状态。在这种情况下，$\alpha = -\pi/2$，可得

$$M = \frac{\pi}{4}kR^4$$

$$F = \pi R^2 p_0 + \pi kR^3$$

例题 6-1　飞艇上一直径为 80 ft 的圆横截面上，浮升气体浮力为 0.064 lbf/ft³，浮升气体填充下表面位于水平最大直径下 15 ft 处，计算由于浮升气体压力所产生的纵向力和弯曲力矩。

$$\sin\alpha = -15/40 = -0.375$$

$$\sin^2\alpha = 0.1407$$

$$\alpha = -22°1' = -0.384\text{ rad}$$

$$\cos\alpha = 0.9271,\ \sin 2\alpha = -0.6952$$

通过式（6-3），得到

$$M = \frac{0.064\times 40^4}{24}\left[9.425 + 2.112 + (-4.7186\times -0.6952)\right]$$

$$= 101\,000\text{ ft}\cdot\text{lbf}$$

通过式（6-5），得到

$$F = \frac{0.064\times 40^3}{6}\left[3.19 - (9.425 + 2.112 + 2.085)\times -0.375\right]$$

$$= 5\,670\text{ lbf}$$

常用的浮升气囊填充时相关量与角度 α 的函数关系如下。

浮升气囊膨胀部分的横截面积为

$$(\pi R^2/2) - R^2(\sin\alpha\cos\alpha + \alpha) \tag{6-6}$$

填充百分比为

$$100 \times \left[1/2 - \left(\frac{\sin\alpha\cos\alpha + \alpha}{\pi} \right) \right] \tag{6-7}$$

纵向力函数为

$$F \Big/ \frac{kR^3}{6} = \left[4\cos^3\alpha - (3\pi - 6\alpha - 3\sin 2\alpha)\sin\alpha \right] \tag{6-8}$$

弯曲力矩函数为

$$M \Big/ \frac{kR^4}{24} = \left[3\pi - 6\alpha + (2\sin^2\alpha - 5)\sin 2\alpha \right] \tag{6-9}$$

浮升气体压力产生的弯曲力矩和纵向力与角度 α 的关系如图 6 - 6 所示。

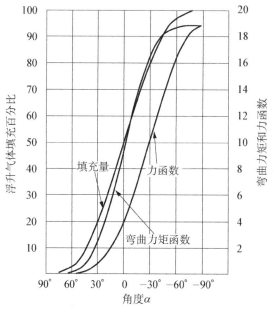

**图 6 - 6　浮升气体压力产生的弯曲力矩和纵向力与
角度 α 的关系**

6.6　织物中的应力

织物单元张力和作用于其上的压力之间的关系满足的基本表达式可通过下面

的推导得出。织物纤维中的张力如图 6-7 所示。

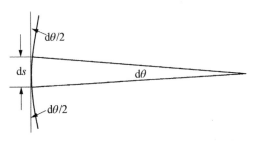

图 6-7　织物纤维中的张力（类似于无限长的充气圆柱）

在图 6-7 中，织物细丝单元 ds 对应于曲率中心的角度为 dθ，既然单元很短，其曲率半径可假设为常数，不考虑任意较大长度细丝曲率的变化。通过几何关系，细丝单元端点的切线方向与通过细丝两个端点的直线之间的夹角为 dθ/2。如果细丝承受一单位长度横向载荷 p，为了平衡该载荷，在细丝内所需产生的反向张力 T 应满足

$$p\mathrm{d}s = 2T\sin\frac{\mathrm{d}\theta}{2}$$

因为在小角度时，sin 函数与其自身近似相等，故可简化为

$$p\mathrm{d}s = T\mathrm{d}\theta \qquad\qquad (6-10)$$

而且

$$\mathrm{d}\theta = \frac{\mathrm{d}s}{R}$$

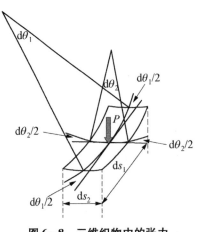

图 6-8　三维织物中的张力

其中 R 为单元 ds 的曲率半径，进而得到

$$p = \frac{T\mathrm{d}\theta}{\mathrm{d}s} = \frac{T}{R}$$

或

$$T = Rp$$

类似地，在单位面积压力 p 下，三维织物中的张力如图 6-8 所示。

满足的方程为

$$p\mathrm{d}s_1\mathrm{d}s_2 = 2T_1\sin\frac{\mathrm{d}\theta_1}{2}\mathrm{d}s_2 + 2T_2\sin\frac{\mathrm{d}\theta_2}{2}\mathrm{d}s_1$$

式中：T_1、T_2 分别为单位宽度织物上在两个方

向上的张力。

在横向加载情况下,该方程可简化为

$$p = \frac{T_1}{R_1} + \frac{T_2}{R_2}(对于等直圆柱,R_2 为无穷大)$$

或在飞艇蒙皮内,有

$$p = \frac{T_t}{R_t} + \frac{T_l}{R_l} \tag{6-11}$$

式中:下标 t 和 l 分别表示横向或纵向的张力或曲率半径。

通常方程式(6-11)包含两个未知量,是无法求解的。但当 R_l 为无限大时,与其对应项变为零,方程可解,或当 T_l 为已知时,方程也可解。

通过弯曲力矩、纵向力以及在该织物中想获得张力点处的蒙皮横截面的几何属性,纵向张力 T_l 可以进行计算。通常纵向张力 T_l 可认为是两部分叠加而成。第 1 部分是在所考虑横截面处蒙皮上总的纵向力,第 2 部分是作用在该横截面上的弯曲力矩。纵向张力 T_l 中的第 1 部分等于蒙皮横截面上总的纵向力除以横截面的周长,第 2 部分可通过通常的弯曲力矩和应力式得到。

在大多数情况下,由于焊缝重叠所增加的强度在织物上对应力需要考虑约 5% 的修正。考虑变形的修正在后面介绍。

在蒙皮纵向的切线相对于纵轴倾斜 α 角的位置,织物中实际张力与张力平行于纵轴分量之间具有差别,因而需要进行修正。该分量通过引用 α 得到且 T_l 等于这一分量除以 $\cos\alpha$。

施加在蒙皮一个横截面上总的纵向力,包括由内部浮升气体压力所产生的张力和在吊索上张力纵向分量所产生的压缩力。总的浮升气体压力等于蒙皮横截面面积乘以平均气体压力,即在蒙皮平均高度处的压力。由于吊索产生的压缩力可以通过悬挂图得到。得到的纵向力若不位于艇身纵轴方向上的不需要考虑,因为偏移位置影响的结果已包含到弯曲力矩的计算中。

在多数处理飞艇蒙皮需要的强度问题时,纵向曲率半径 R_l 远大于横向曲率半径 R_t,在式(6-11)中,最后一项可以忽略,这样就可以采用圆柱或圆锥体中的横向应力式

$$T_t = pR_t \tag{6-12}$$

若 R_l 被忽略,艇身的锥形部分应该看作是一系列切去顶端的圆锥体组成。在这种情况下,在点 P 处横向半径 R_t 是线段 PQ 的长度(见图 6-9)。PQ

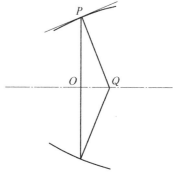

图 6-9 飞艇艇身锥度部分的横向曲率半径

为绘制 P 点处艇身纵切线的垂线,该垂线与纵轴相交在 Q 点,而不是 P 点处的横截面半径 PO。

这其中的原因依赖于圆锥截面理论。另需注意,R_t 需要在一个平面内确定,该平面垂直于过 P 点的平面,而不是倾斜于在 P 点的平面。

6.6.1 剪切应力的计算

在图 6-10 中,边长为 dx 和 dy 的小四边形 $abcd$,沿 ad 和 bc 边承受单位长度为 f 的剪切力。这些力产生力偶 $fdydx$,试图使四边形进行顺时针旋转。为了平衡需要一个反方向的力偶。如果在边 ab 和 cd 上的剪切力也具有强度 f,所产生的力偶为 $fdxdy$,试图使四边形产生反方向的旋转。这是为平衡剪切力偶尔需要的力偶。为满足该平衡条件,在蒙皮任意点上纵横向的剪切力强度必须相同。因此,需要考虑纵向或横向的剪切,研究在飞艇蒙皮上的剪切力强度。

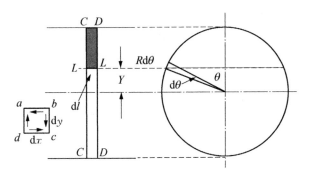

图 6-10 软式飞艇的纵向剪切力

6.6.2 纵向剪切应力

设在图 6-10 中的横截面 CC 上的总横向剪切力为 F,假设单位长度上的剪切力为 f。需要得到在横截面 CC 和纵向截面 LL 相交点处的剪切力 f。

在织物中,在横截面 CC 上,位于 LL 截面和该横截面顶部之间,根据弯曲方程,由于弯曲力矩产生的总纵向应力为

$$\frac{M}{I}\int_0^\theta yR\,d\theta,\text{但 } y = R\cos\theta$$

故将 $y = R\cos\theta$ 代入,并进行积分可得

$$\frac{M}{I}\int_0^\theta yR\,d\theta = \frac{M}{I}\int_0^\theta R\cos\theta R\,d\theta = \frac{MR^2}{I}\int_0^\theta \cos\theta\,d\theta = \frac{MR^2}{I}\sin\theta$$

类似地,沿纵轴方向在距 CC 一段小距离 dl 的横截面 DD 上,位于 LL 和该横截面顶部之间的织物中的总纵向应力为

$$\frac{(M-\mathrm{d}M)R^2}{I}\sin\theta$$

其中：$\mathrm{d}M$ 为 CC 和 DD 之间弯曲力矩的变化量。

通过剪切力和弯曲力矩理论，两个横截面之间的弯曲力矩的变化等于这两个截面之间的剪切力积分，所以

$$\mathrm{d}M = F\mathrm{d}l$$

LL 和蒙皮顶部之间，在 CC 和 DD 上的总纵向力差为

$$\frac{R^2\sin\theta\mathrm{d}M}{I} = \frac{R^2\sin\theta}{I}F\mathrm{d}l$$

在 CC 和 DD 上的纵向力之差必须等于在 CC 和 DD 之间沿 LL 的总的剪切力，即

$$f\mathrm{d}l = \frac{R^2}{I}\sin\theta F\mathrm{d}l$$

对于圆形横截面 $I = \pi R^3$，所以有

$$f = \frac{R^2}{I}\sin\theta F = \frac{R^2}{\pi R^3}\sin\theta F = \frac{F\sin\theta}{\pi R} \qquad (6-13)$$

6.6.3 横向剪切应力

通过考虑如图 6-11 所示的软式飞艇的横向剪切，也可得到式(6-13)。

假设横截面 DD 相对于 CC 向下移动一个小距离 $\mathrm{d}y$。这使得在 LL 上有一个切向分量 $\mathrm{d}y\sin\theta$ 和一个径向分量 $\mathrm{d}y\cos\theta$。径向分量对织物中的应力无影响，但切向分量产生剪切应变和应力。

剪切应力正比于 $\mathrm{d}y\sin\theta$，且如果 f_m 是剪切应力在横截面 CC 上的最大强度，在 CC 上任一点的剪切强度如下：

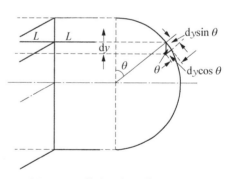

图 6-11 软式飞艇的横向剪切力

$$f = f_\mathrm{m}\sin\theta$$

剪切应力的垂直分量是 $f\sin\theta$，且总的垂直剪切力必须等于垂直分量沿整个横截面的积分，所以

$$F = \int_0^{2\pi} f\sin\theta R\,\mathrm{d}\theta = Rf_\mathrm{m}\int_0^{2\pi}\sin^2\theta\mathrm{d}\theta = Rf_\mathrm{m}\pi$$

或

$$f_m = \frac{F}{R\pi} \tag{6-14}$$

得

$$f_m = \frac{f}{\sin\theta} = \frac{F}{R\pi} \Rightarrow f = \frac{F\sin\theta}{R\pi} \tag{6-15}$$

这与纵向剪切式(6-13)具有相同的结果。但这种一致性仅在横截面为圆形时存在,这表明一般的弯曲力矩公式仅可严格应用于圆形截面。也即当横截面不是圆形时,弯曲会产生横截面的扭曲,因此这时 Navier 假设不能完全得到满足。

如果考虑在蒙皮锥形部分的一个横截面,剪切的切向分量仍然等于 dy$\sin\theta$,而且剪切应力的积分也保持不变,因此 f 的值与在圆柱情况下相同。锥形和圆柱带来的唯一差别是在平行于纵轴,与其相距 dl 处,对应于织物的幅宽为 d$l/\cos\alpha$,而不是 dl,其中 α 为 LL 与纵轴之间的倾斜角。所以,锥形相比于圆柱形,在给定的剪切力下会产生一个更大的位移值 dy,其比率为 $1:\cos\alpha$。

6.6.4 应力椭圆

计算在蒙皮织物内任一点纵向和横向的张力和剪切强度,已进行了叙述。然而,最大的剪切强度不可能位于这两个方向其中之一,通常期望得到最大和最小张力的方向和大小。这个问题通常存在于蒙皮增强设计时,例如轨迹带子(trajectory bands)。在任意方向张力和剪切力的大小,可以通过几何分析得到,称为"应力椭圆"。

在图 6-12 中,Ox 和 Oy 为两个互相垂直的坐标轴。在织物上的一个矩形单元 $ABCD$,该矩形的边平行于这两个坐标轴,张力平行于 Ox 和 Oy,织物上单位宽度的力分别为 T_x 和 T_y。在 Ox 和 Oy 方向上剪切力为零。在矩形单元 $ABCD$ 中,AC 与 Ox 轴的倾斜角度为 θ,AC 为单位长度。然后,由于单位张力 T_x 和 T_y,作用在 AC 上的力分别为 $T_x\sin\theta$ 和 $T_y\cos\theta$。设 T_x 和 T_y 这两个力的合力为 S,与 Ox 的倾斜角度为 ϕ。则对于合力有(见图 6-12)

$$S\cos\phi = T_x\sin\theta, \quad S\sin\phi = T_y\cos\theta$$

因此

$$\frac{S^2\cos^2\phi}{T_x^2} = \sin^2\theta, \quad \frac{S^2\sin^2\phi}{T_y^2} = \cos^2\theta$$

由于

$$\sin^2\theta + \cos^2\theta = 1$$

所以

$$\frac{S^2 \cos^2\phi}{T_x^2} + \frac{S^2 \sin^2\phi}{T_y^2} = 1 \qquad (6-16)$$

该方程即为椭圆方程,S 为径向矢量,T_x 和 T_y 为椭圆的轴。

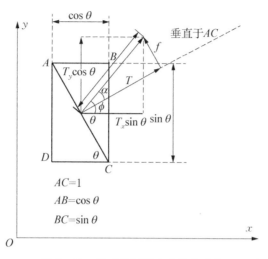

图 6 - 12　软式飞艇蒙皮内的主应力

任意线上单位长度的合应力 S 可分解为两个分量,垂直于该线的张力 T 和平行于该线的剪切力 f。在图 6 - 12 中,角度 α 为垂直于 AC 的法向与合应力 S 之间的夹角。然后有

$$\alpha = \theta + \phi - 90°$$
$$T = S\cos\alpha$$
$$f = S\sin\alpha$$

从图 6 - 12 可得

$$\tan\phi = \frac{T_y\cos\theta}{T_x\sin\theta}$$

例题 6 - 2　给定 $T_x = 7\,\text{lbf/in}$ 和 $T_y = 11\,\text{lbf/in}$,计算作用在与 Ox 成 25° 倾斜的线上的 S、T 和 f。

$$\theta = 25°,\ \sin\theta = 0.422\,6,\ \cos\theta = 0.906\,3$$
$$\tan\phi = \frac{T_y\cos\theta}{T_x\sin\theta} = \frac{11 \times 0.906\,3}{7 \times 0.422\,6} = 3.37$$
$$\phi = 73°28',\ \cos\phi = 0.284\,5$$

$$S = \frac{T_x \sin \theta}{\cos \phi} = \frac{7 \times 0.422\,6}{0.284\,5} = 10.4 \text{ lbf/in}$$

$$\alpha = \theta + \phi - 90° = 25° + 73°28' - 90° = 8°28'$$

$$T = S\cos \alpha = 10.4 \times 0.989 = 10.28 \text{ lbf/in}$$

$$f = S\sin \alpha = 10.4 \times 0.147\,2 = 1.53 \text{ lbf/in}$$

结果仅在应力椭圆轴的方向,合应力是无剪切力的单纯张力,对于仅当 $\alpha = 0°$,认为应力作用在平行于其中一个坐标轴的线上。

前述的研究,假设椭圆轴的方向是已知的;但在实际情况下,对于飞艇蒙皮,更一般的情况是纵向和横向张力以及剪切力是已知的,但应力椭圆轴的方向是未知的。纵向和横向剪切力的影响是旋转椭圆轴到无剪切力的方向。新的轴给出织物中需要考虑的点的最大和最小张力的方向和大小。

假设已知的单位张力 T_x 和 T_y,以及单位剪切力 f 平行于坐标轴 Ox 和 Oy,则图 6-13 所示为任意方向的张力和剪切力。

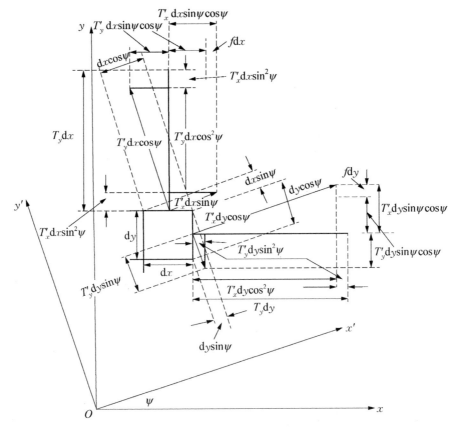

图 6-13　任意方向的张力和剪切力

假设应力椭圆轴为 Ox' 和 Oy'，相对于 Ox 和 Oy 的倾斜角度均为 ψ。平行于 Ox' 和 Oy' 的张力在 Ox 和 Oy 上有分量，且等于在那些方向已知的张力和剪切力。假设平行于 Ox' 和 Oy' 的张力分别为 T_x' 和 T_y'，通过在 Ox 和 Oy 方向的 T_x' 和 T_y' 分量等于 T_x 和 T_y 的值，可得到关系（见图 6-13）：

$$T_x\mathrm{d}y = T_x'\mathrm{d}y\cos^2\psi + T_y'\mathrm{d}y\sin^2\psi$$
$$T_y\mathrm{d}x = T_y'\mathrm{d}x\cos^2\psi + T_x'\mathrm{d}x\sin^2\psi$$

进一步可得

$$T_x = T_x'\cos^2\psi + T_y'\sin^2\psi \tag{6-17}$$

$$T_y = T_y'\cos^2\psi + T_x'\sin^2\psi \tag{6-18}$$

剪切力与张力通过下式关联：

$$f\mathrm{d}y = -T_x'\mathrm{d}y\cos\psi\sin\psi + T_y'\mathrm{d}y\sin\psi\cos\psi$$

或

$$f = (T_y' - T_x')\sin\psi\cos\psi \tag{6-19}$$

未知的 T_x'、T_y' 和 ψ 可通过式(6-17)、式(6-18)和式(6-19)得到。

通过采用 $1-\sin^2\psi$ 代替式(6-17)中的 $\cos^2\psi$，可得

$$\sin^2\psi = \frac{T_x - T_x'}{T_y' - T_x'} \tag{6-20}$$

采取同样的替换，式(6-19)可得

$$\sin^2\psi = \frac{T_y - T_y'}{T_y' - T_x'} \tag{6-21}$$

从式(6-20)和式(6-21)得到

$$T_x + T_y = T_x' + T_y' \tag{6-22}$$

从式(6-19)和式(6-20)得到

$$f^2 = (T_y' - T_x')^2\left[\frac{T_x - T_x'}{T_y' - T_x'} - \left(\frac{T_x - T_x'}{T_y' - T_x'}\right)^2\right] = (T_x - T_x')(T_y' - T_x)$$

从式(6-22)中代替 T_y'，可得

$$f^2 = (T_x')^2 - (T_x + T_y)T_x' + T_xT_y$$

或代替 T_x' 可得

$$f^2 = (T_y')^2 - (T_x + T_y)T_y' + T_xT_y$$

根据这两个方程得到

$$T'_x 或 T'_y = \frac{T_x + T_y \pm \sqrt{(T_x + T_y)^2 - 4T_x T_y + 4f^2}}{2} \qquad (6-23)$$

该方程的两个根分别对应于 T'_x 和 T'_y。

例题 6-3 给定 $T_x = 7\,\mathrm{lbf/in}$ 和 $T_y = 11\,\mathrm{lbf/in}$，$f = 4\,\mathrm{lbf/in}$，计算在织物中最大和最小张力的大小和方向（注意：通过前述的分析，这些是无剪切力的方向）。

应力椭圆轴的长度通过式(6-23)可得

$$\begin{aligned}
T'_x 或 T'_y &= \frac{T_x + T_y \pm \sqrt{(T_x + T_y)^2 - 4T_x T_y + 4f^2}}{2} \\
&= \frac{7 + 11 \pm \sqrt{(7+11)^2 - 4 \times 7 \times 11 + 4 \times 4^2}}{2}\,\mathrm{lbf/in} \\
&= 9 \pm \frac{\sqrt{80}}{2} = 9 + \frac{\sqrt{80}}{2} 或 9 - \frac{\sqrt{80}}{2}\,\mathrm{lbf/in}
\end{aligned}$$

这即是所考虑点处的最大和最小张力。

假设新的坐标轴为 Ox' 和 Oy'。假设最小张力对应于轴 Ox'，则

$$\sin^2\psi = \frac{T_x - T'_x}{T'_y - T'_x} = \frac{7 - 4.53}{7 + 11 - 9.06} = 0.276$$

$$\sin\psi = 0.525，且 \psi = 31°42'$$

也就是，新坐标轴 Ox' 和 Oy'，需要以 T_x 和 T_y 的方向逆时针旋转 $\psi = 31°42'$。

6.6.5 临界剪切应力

既然织物没有承受压缩力的能力，当在任意方向的张力降为零时，在蒙皮上会出现褶皱。从上面最后的算例可以看出，当剪切应力增加到已知的 T_x 和 T_y 上时，其影响是旋转应力椭圆的轴，且改变它们的相对长度。显然，如果避免织物上的褶皱，剪切应力的极限值是当一个轴的长度为零时。这对应于式(6-23)中可得

$$T_x + T_y = \sqrt{(T_x + T_y)^2 - 4T_x T_y + 4f^2}$$

求解得到

$$f = \sqrt{T_x T_y} \qquad (6-24)$$

这即是剪切应力 f 的极限或临界值。

6.7 蒙皮的变形

软式飞艇的蒙皮受到两种不同的扭曲。应力使织物产生伸展或应变，正如任意

其他的弹性材料,且蒙皮在伸展下不可避免或多或少发生变形。独立于织物的伸展,通过悬挂载荷和横截面上从上到下的气体压力变化,也可使横截面从正圆形发生扭曲。

对于织物,其应力和应变关系取决于很多因素,计算由于织物伸展所引起的变形是很困难的,并且准确性的不可预测。实际情况下,大概的长度变化、蒙皮的弯曲以及由于织物永久伸展引起的横截面周长的增加可通过类似飞艇的经验进行估算,或通过水模型试验测得。对于永久伸展的弯曲可采用"裁剪(tailoring)"来修正。插入织物的锥形环,软式飞艇蒙皮的裁剪如图6-14所示(放大),可给蒙皮一个与期望弯曲相反的预设值。

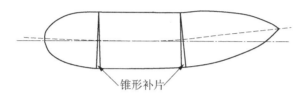

锥形补片

图6-14 软式飞艇蒙皮的裁剪

已有经验表明,通过在艇库内对其进行适当维护,可使蒙皮的永久弯曲大大减轻。例如,对于软式飞艇最严重的弯曲是"尾垂(tail droop)",这是由于靠近艇身尾部的尾翼和控制面重量以及该处的浮力较小所致。同时也发现,如果尾部的重量在艇库内进行适当支撑,相比于不进行支撑的尾垂会减缓。

另外,由于悬挂载荷和浮升气体压力变化引起的横向变形计算更敏感,这方面相比于伸展所引起的变形更重要。

6.7.1 水模型及相似准则

为了对软式和半硬式飞艇蒙皮的变形和应力进行试验研究,可采用称为水模型的装置。水模型概念的提出是在1911年。一个缩比的飞艇蒙皮模型,包括悬挂吊舱,其采用与实际飞艇相同的织物进行制作。

因为

$$T \approx pR$$

很显然,模型在承受与真实飞艇相同的应力下,p 与 R 成反比。

假设模型采用空气膨胀,浸没在一个水罐中,通过在线上施加力代表吊舱悬挂。在浸没的模型中,囊体中的空气、周围的水分别类似于实际飞艇囊体中的浮升气体和周围的大气环境。为了使模型和实际飞艇具有相似性,需要满足飞艇和模型上的对应点处织物的张力相等。这需要得出两者之间的相似缩比系数 n,就可使模型和实际飞艇织物上的张力相等的条件得到满足。

假设：q_1 和 q_2 为实际飞艇上的两点，其垂向间隔距离为 h。q_1' 和 q_2' 为模型上的点，分别与 q_1 和 q_2 对应。p_1 和 p_2 分别为点 q_1 和 q_2 上的单位面积的压力。p_1' 和 p_2' 分别为点 q_1' 和 q_2' 上的单位面积的压力。k 为单位体积浮升气体质量和周围大气质量之差，即单位体积浮升气体的浮力。k' 为模型单位体积空气，周围为水的浮力。

然后，根据流体静压力可得

$$p_1' = p_2' + k'h' \tag{6-25}$$

$$p_1 = p_2 + kh \tag{6-26}$$

但是，$h = nh'$，且需要选择缩比 n，满足

$$p_1' = np_1, \quad p_2' = np_2$$

通过式(6-26)除以式(6-25)，并代替主要的值，可得

$$\frac{np_1}{p_1} = \frac{np_2 + k'\dfrac{h}{n}}{p_2 + kh}$$

因此

$$n = \frac{k'}{k}$$

对于淡水 $k' = 62.4 \text{ lbf/ft}^3$。取 $k = 0.068 \text{ lbf/ft}^3$。

这样可得

$$n = \sqrt{\frac{k'}{k}} = \sqrt{\frac{62.4}{0.068}} = \sqrt{918} = 30.3$$

为方便，通常取 n 为 30.0，对应的 $k' = 62.4 \text{ lbf/ft}^3$，$k = 0.069\,4 \text{ lbf/ft}^3$。

通过制造一个模型，其缩比为 1/30、压力为 30 倍的飞艇压力。这样由压力所产生的织物张力可准确地得到复现，而且由于压力引起的变形也能得到复现（缩比为 1/30）。但由于蒙皮总变形是内部压力和载荷分布综合作用的结果，故描述的水模型不能复现包含载荷分布情况下的全尺寸飞艇的综合变形。

水模型和真实飞艇具有如下关系：

尺度　$1/n$；

体积　$1/n^3$；

单位浮力　$\dfrac{k'}{k} = n^2$；

总浮力　体积乘以单位浮力 $= 1/n$；

织物的重量 $1/n^2$。

可以看出,真实飞艇织物重量和总浮力的比为模型的 n 倍,这样模型悬挂施加的载荷会大于真实飞艇。这可以通过近似增加模型的重量到其自身织物重量的 $1/n-1/n^2$ 进行补偿。类似地,为了尽可能地复现真实飞艇的条件,等于 $1/n$ 的尾翼面和其他安装部件的重量需要悬挂在模型上。

将模型浸没在水中,通常是不方便的。通过悬挂模型在空气中,并在其内部充满水,也可得到相同的压力分布。向上的力必须施加到反向模型,其等于模型蒙皮的重量加上真实飞艇上蒙皮和附属部件重量的 $1/n$ 倍。向上的力通常采用一个纵向平衡带子包围模型。一个可替代的方法是放置一个空气袋(air-sack)在模型内,但这通常更复杂且很难满足。

水模型不能复现在真实飞艇补片悬挂处的局部应变。如果模型中补片按比例缩比真实的补片,得到的面积为全尺寸的 $1/n^2$,但会承受真实飞艇在该处载荷的 $1/n$。在蒙皮和补片之间的剪切应力将是真实飞艇的 n 倍,这样补片不能支撑模型;为克服该困难,补片相对会增大,附带地会给模型带来一个相当可观的局部增强,这在实际飞艇上是不会出现的。

6.7.2 织物伸展引起的变形计算

只要材料的弹性模量已知,而且材料变形不超过其弹性范围,在载荷作用下,通过材料伸展引起的结构或机械变形可以进行计算。

对于均质材料,例如金属,求解一般弹性变形问题,仅需要一个特性参数,E 称为杨氏模量。这时假设 Hook 定律(胡克定律)始终有效,这样应力/应变为常数。

对于一些需要求解由于剪切引起变形问题,计算中需要采用剪切模量 E_s。剪切模量定义为单位面积的剪切应力与扭曲角之比。

对于每种金属,E 是一个非常确定的量,因此在载荷作用下金属结构的变形可以计算得非常准确。对于木材,弹性模量 E 就不是一个确定的量,已发现其大小有些依赖时间,因此在载荷作用下的一个木结构变形,在一定程度上会随时间而增加。一个比较熟知的例子,如木船,由于在船身上负的弯曲力矩,当随时间推移,通常会变为中拱,即船头和船尾下垂。

对于织物,其特性甚至比木材复杂,织物在载荷作用下的变形具有随时间渐近流动的性质,但逐渐趋近于某极限值,可认为是在载荷下永久的变形,其在飞艇服务期内几乎是常数。

当织物承受简单的张力时,发现应力/应变比随应力大小和方向而变化,其中张力与织物中的弯曲方向和填充线相关。如果在织物中存在两个方向成直角的张力,在任一方向上的应力/应变率均会依赖于另一方向的应力。

　　Darrow 教授采用"法向特征（normal characteristic）"表示在张力下织物的应力/应变率，由于涉及许多变量，这看起来是比弹性模量更加适合的术语。类似地，剪切应力/扭曲角之比称为"剪切特征"。

　　一般关于飞艇蒙皮变形问题，织物在两个主要方向的法向特征是需要的，即纵向和横向，分别对应于平行于纤维弯曲方向和填充线方向。由于在一个方向的法向特征依赖于与其成直角的张力，这样每个方向的特性需采用一组曲线表示。对于特定材料，这些曲线必须通过试验获得。由于对于单一试验，需要通过持续一定时间得到其永久值，故绘制曲线组是时间很长且单调乏味的过程。

　　织物的剪切特征比法向特征还要复杂。已发现由于剪切变化的扭曲，与两个主要方向的剪切力和张力大小无明显规律。如果剪切特性仅依赖于剪切大小和一个主张力，剪切特性可形成一组曲线；但既然其依赖于两个方向的张力，其必须采用一组曲面进行表示。

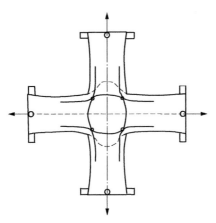

图 6 - 15　测量织物法向特征的方法

　　Hass 和 Dietzius 的报告包含了试验方法的详细描述，这是他们得到飞艇蒙皮织物的法向和剪切特征的方法。

　　在确定法向特征时，织物需要在两个平行于织物的主方向进行加载，这样测量在这两个方向上的长度变化。最简单的过程是将重量施加在一个平的十字织物上，测量织物法向特征的方法如图 6 - 15 所示。

　　另外一种测力方法是采用静压作用在织物形成的圆柱内，然后与采用重量在轴向施加载荷相结合，形成不同的纵横向载荷。这种方法可方便地得到纵向和横向载荷的比率。织物十字方法存在的缺点是，织物扭曲会使张力不均匀。Hass 和 Dietzius 采用了辅助夹具牵拉拐角处，但是即使这样，织物的扭曲和不相等的张力分布还是不能完全消除。

　　在圆柱织物上通过静压法确定法向特征，或许比十字方法更准确，但需要的仪器相对更复杂，而且对于斜织物会带来一些困难。由于随着压力和纵向张力的变化圆柱的直径会发生变化，横向张力不能假设直接随静压而变化，使得最终的计算很费力。

　　既然织物的法向特征是由一组曲线构成，其随两个主方向的应力而变化。故需要得到大量的试验点。每次观测应力/应变关系只能给出一个点。试验时织物的时间效应必须消除，这样需要在加载下给织物几天的时间伸展。Hass 和 Dietzius 发现最满意的过程是从一个单独的十字织物确定一个单独的点，而不是所有的点通过一个十字织物得到,或每条曲线通过一个十字织物得到。

剪切特征通过在施加静压的圆柱形织物上进行扭转测试得到。

给定法向和剪切特征,对于在弯曲力矩和剪切力下蒙皮扭曲的计算,原理上正如加载的梁。在弯曲力矩下纵轴弯曲,通过计算弹性梁的方程可得出

$$\frac{\mathrm{d}y^2}{\mathrm{d}x^2} = \frac{M}{EI}$$

由于 M、E 和 I 都是沿蒙皮变化,弯曲精确的求解相当费力。E 为通过试验确定的蒙皮的法向特征。事实上,织物伸展和横截面形状扭曲,I 也会增加超过所设计的圆形截面,这使得计算更加复杂。给定纵向和横向张力,横截面周长的增加可以通过法向特征确定。下面对这些形状扭曲进行分析。

蒙皮也会通过拉伸在长度方向发生变化。Hass 和 Dietzius 发现由于横向张力近似为纵向张力的 2 倍,其长度会减小。而美国软式飞艇发现长度也会增加。

通常由于剪切所引起的梁的扭曲被忽略;但对于飞艇,剪切与弯曲力矩引起的扭曲具有相同的数量级。通过剪切引起的纵轴弯曲如下:

$$\frac{\mathrm{d}y}{\mathrm{d}x} = \gamma \tag{6-27}$$

式中:γ 为轴上任意点的扭曲角。

对于剪切特征,E_s 定义为单位长度剪切应力与角扭曲之比,从定义可看出:

$$E_s = \frac{f_m}{\gamma}$$

代入式(6-14)给出的 f_m,可得

$$\gamma = \frac{F}{\pi R E_s} \tag{6-28}$$

蒙皮纵轴总的变形是弯曲力矩变形和剪切变形之和。

由于在确定飞艇织物材料法向和剪切特征上的困难和不确定性,即使当这些特性已知,轴弯曲计算也涉及很大的工作。故在新设计飞艇上纵向扭曲的实际确定几乎总是通过水模型的测量得到。

6.7.3　横截面变形的计算

在考虑软式飞艇的横向变形时,仅对圆柱或锥形进行研究,因此会使问题相对简单,得到的结果也很准确,这是由于纵向曲率半径始终远大于横向曲率半径,而且这部分变形是可感知的,且在织物中的横向张力实际上独立于纵向张力和曲率。施加在横截面上的横向力为浮升气体压力、织物重量、剪切力以及悬挂载荷在横向截面的分量。

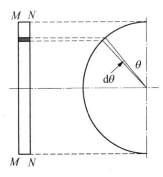

图6-16　剪切对横截面形状的影响

在图 6-16 中,假设 MM 和 NN 是相距单位长度的两个横截面。假设织物上的阴影条带对应于纵轴上的横向角为 $d\theta$。

假设:R 为横向半径;p 为作用在阴影部分单位面积的浮升气压大小;w 为单位面积的织物重量;k 为单位体积的浮升气体浮力;W 为在 MM 和 NN 之间的悬挂载荷;F_1 和 F_2 分别为在 MM 和 NN 的总的横向剪切力;T_1 和 T_2 为织物单位宽度的横向应力,分别对应于阴影部分的上下。

$$S = F_2 - F_1$$
$$dT = T_2 - T_1$$

阴影部分的面积为 $Rd\theta$,织物的重量为 $wRd\theta$。这个重量有切向和径向分量,分别为

$$wR \sin\theta d\theta \text{ 和 } wR \cos\theta d\theta$$

径向部分在横截面的下半部分与浮升气体压力的方向一致,在上半部分与浮升气体压力的方向相反。

根据式(6-12),当纵向曲率忽略后,在织物上的横向张力为

$$p = T/R$$

如果考虑织物的重量,另一部分必须添加,考虑重量(与压力 p 的方向正或反)的影响,修改式(6-10),得

$$pRd\theta \pm wR\cos\theta d\theta = Td\theta$$

则

$$p \pm w\cos\theta = T/R \tag{6-29}$$

阴影片条(见图 6-16)在切向力的作用下必处于平衡。在该片条上下的这些切向力是不同的,织物重量的切向分量与在 MM 和 NN 上沿边的剪切力也是不同的。横向张力的差别为 dT;织物重量的切向部分为

$$wR \sin\theta d\theta$$

剪切力的差别可通过式(6-13)在 MM 和 NN 上总剪切力计算得到。假设 s 为从 MM 到 NN 单位宽度上剪切的变化,从式(6-13)得到

$$s = \frac{(F_2 - F_1)\sin\theta}{\pi R} = \frac{S\sin\theta}{\pi R}$$

作用在阴影面积两端的剪切力切向分量之差为

$$sR\mathrm{d}\theta$$

作用在该面积上的切向力平衡方程为

$$\begin{aligned}
\mathrm{d}T &= sR\mathrm{d}\theta + wR\sin\theta\mathrm{d}\theta \\
&= \frac{S\sin\theta\mathrm{d}\theta}{\pi} + wR\sin\theta\mathrm{d}\theta \\
&= \left(\frac{S}{\pi} + wR\right)\sin\theta\mathrm{d}\theta
\end{aligned}$$

如果 T_t 为在横截面顶部的横向张力,沿着蒙皮距离顶部 $R\theta$ 点处的横向张力为

$$\begin{aligned}
T &= T_t - \int_0^\theta \left(\frac{S}{\pi} + wR\right)\sin\theta\mathrm{d}\theta \\
&= T_t - \left(\frac{S}{\pi} + wR\right)(1 - \cos\theta)
\end{aligned} \qquad (6-30)$$

如果 p_t 为在横截面顶部的浮升气体压力,沿着蒙皮距离顶部 $R\theta$ 点处的气体压力为

$$p = p_t - kR(1 - \cos\theta)$$

考虑 MM 和 NN 之间的悬挂载荷为零的情况,即 $W = 0$,则

$$S + 2w\pi R = k\pi R^2$$

即在 MM 和 NN 之间的浮升气体体积产生的总浮力,通过剪切力和织物的重量进行平衡。

假设 R_t 为在横截面顶部的横向半径。

假设该横截面为圆形,且在该假设下,计算任意点的压力和张力值,然后根据这些值计算 R。如果 $R = R_t$ 则说明假设圆形截面是正确的。

从式(6-29)和式(6-30),给出的方程式为

$$R_t = \frac{T_t}{p_t - w\cos\theta} = \frac{T_t}{p_t - w},或 p_t = \frac{T_t}{R_t} + w$$

$$R = \frac{T}{p - w\cos\theta}$$

$$T = T_t - \left(\frac{S}{\pi} + wR_t\right)(1 - \cos\theta)$$

$$p = p_t - kR_t(1 - \cos\theta)$$

$$S + 2w\pi R = k\pi R^2 \text{ 或 } \frac{S}{\pi} + wR_t = kR_t^2 - wR_t$$

从这些方程,得出

$$R = \frac{T_t - \left(\dfrac{S}{\pi} + wR_t\right)(1 - \cos\theta)}{p_t - kR_t(1 - \cos\theta) - w\cos\theta}$$

$$= \frac{T_t - (kR_t^2 - wR_t)(1 - \cos\theta)}{\dfrac{T_t}{R_t} + w - kR_t(1 - \cos\theta) - w\cos\theta}$$

$$= \frac{R_t\left[T_t - (kR_t^2 - wR_t)(1 - \cos\theta)\right]}{T_t + (wR_t - kR_t^2)(1 - \cos\theta)} = R_t$$

这证明了,当蒙皮的一段长度内无集中重量或悬挂力,而且总浮力通过围绕横截面一致的重量分布和剪切力吸收时,横截面仍保持圆形。

另外一种特殊情况是,横向张力除在附件悬挂点悬索处发生变化外,织物中绕横截面的横向张力始终为常数。当总浮力等于悬挂载荷时会出现这种情况。织物的重量被剪切承担,且在图 6-16 中阴影部分面积处于平衡时上下的力 T 必须相等。这种特殊情况最有可能发生在半硬式飞艇上,特别是若织物的重量忽略,由于在悬挂索上的张力被调整,则使得龙骨承担按照沿蒙皮长度与浮力成比例的分布载荷。然后,在悬挂点上方的整个横截面乘积 $Rp = T$ 为常数,或半硬式飞艇的龙骨和蒙皮相连的位置,既然 p 与高度成正比,则横截面的曲线为

$$R = \frac{C}{y} \text{ 或 } R = \frac{T}{p}$$

常数 T 的值可通过试凑方式得到,以假设的 T 和 p_t 绘制曲线,直至得到曲线具有已知的周长和实现必须满足的条件。

对于软式飞艇,无内部索具,这些条件是曲线的端点垂直于垂直的中心线;且在吊舱悬挂线附着在蒙皮上的点,T 值随必须平衡的悬挂力的大小而变化。对于半硬式飞艇,终止在龙骨上曲线的下端点是已知条件。这种情况的数学求解已被 W. Watters Pagon 得出。他通过大量的简化,通过一系列有独创性的曲线绘制了横截面形状,其能用于求解几乎任意的半硬式飞艇。

作为该问题数学求解方法的替代,可以采用意大利设计者 Colonel Crocco 提出的机械方法。这是基于采用均匀材料制成的一致横截面的木条或样条,在没有初始弯曲下,该样条的曲率半径与弯曲力矩成反比的原理,基本方程为

$$\frac{M}{EI} = \frac{1}{R}$$

如果在图 6-17 中,这样的板条通过别针控制在点 A、B 和 C、A 点位于水平轴 Ox,B 点位于垂直轴 Oy,在 A 和 B 之间的板条上的点的弯曲力矩,直接与到 B 点的

垂直距离成正比,且板条的曲率半径与该距离成反比。在点 A 处弯曲力矩为零,曲率半径为无穷大。所以,在 A 和 B 之间的板条曲线与方程 $R=\dfrac{C}{y}$ 一致。

假设期望绘制无内部索具的半硬式飞艇蒙皮的横截面。假设横截面周长、蒙皮与龙骨交叉点为位置 D 以及在蒙皮底部浮升气体压力是已知的。坐标轴 Ox,布置在蒙皮下面,代表零压力线,也即如果通向蒙皮的附属开口(通气管)向下延伸,内外压力在 Ox 处相等。如果 p_b 为蒙皮底部的压力,y_1 为从 Ox 到蒙皮底部的距离,$p_b=ky_1$ 或 $y_1=p_b/k$。如果蒙皮延伸到 Ox,在 Ox 处的曲率半径会无限大,正如在板条中一样。横截面的曲线通过 D 点,且顶部垂直于 Oy;然而顶部的位置未知,但假设在 B 点(见图 6-17)。在 A 点的别针沿着 Ox 轴移动到达 A',且在 C 点的别针到达

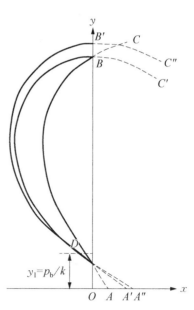

图 6-17 机械方法绘制在浮升气体压力作用下的横截面分布

C',板条通过 D 点且在 B 点垂直于 Ox。这样得到的曲线必满足所有的条件,除了周长外。对周长进行测量,如果发现其正确,该曲线即是所期望的曲线。如果周长太长或太短,点 B 沿着 Oy 轴上下移动到达 B',点 A 和 C 重新调整保持在 D 和 B' 所需要满足的条件,测量新的周长。通过这种连续近似的方法,即可得到横截面的真实曲线。

这样针对两个重要的特殊情况已经进行了研究。需要对这两种情况引起特别注意,是因为当 Rp 为常数时,这种情况作为一般情况,经常会发生错误;从那个公式得到的横截面,有时称为"自然截面",且在建造硬式飞艇时提出采用这样的截面。实际上,第一种特殊情况,当浮力被沿圆周的剪切力和载荷分布抵消时,很可能应用到除横向框架外的硬式飞艇上。

6.8 横截面形状的一般情形

当两种特殊情况均不满足的一般情况下,通过假设等价的浮升气体浮力,可应用第二种特殊情况通过如下方式确定。

假设:已知量为 w、p_t、悬挂索上下的截面周长,以及在所考虑横截面上的蒙皮单位长度拉悬挂索的力和方向。根据第一种特殊情况建立的原理,剪切和蒙皮的重量对于横截面不产生扭曲。等价的浮升气体单位浮力等于每单位蒙皮长度悬索力的垂直分量除以横截面面积。

然后,横截面的形状可类似于第二种特殊情况进行处理,即采用等价的浮力而不是浮升气体的实际浮力。当悬索力达到零,那么等价的浮力和零等价浮升气体压力水平面位于蒙皮下一无限远处(既然 p_t 假设为一个给定的量);但实际情况下,当该水平面距离蒙皮下部太远以至于不能方便处理时,横截面的曲线近似为圆弧,因此将其画成圆弧可无严重误差。

对于一般情况或特殊情况得到横截面形状的这些方法,都是以每一个横截面被认为独立于与其相邻的横截面,因此,载荷在纵向不连续分布,理论上会引起连续的横截面出现形状的突然改变。这对于纵向应力明显是不可能产生的。该困难可通过假设蒙皮单位长度的悬索力是所考虑截面前后一定距离处力的平均值,以便在实际计算中避免该问题。

实际情况下,除了最大直径外的横截面形状均很难计算,除非对于简单特殊情况可进行计算。

6.9 呼吸应力

飞艇囊体内部压力越大,横截面越趋于圆形;因此软式飞艇或半硬式飞艇的横截面形状和垂向子午平面形状会随浮升气体压力而变化。压力越低,横截面越高且细长,垂直子午线会很弯。对于软式飞艇,这种可变的形状不会引入特殊的应力;但对于半硬式飞艇,其中织物与刚性龙骨相连,使底部蒙皮的形状受到限制,随压力变化其会趋向于使纵向轮廓变化,这会在龙骨上产生重要的应力。在 RS-1 半硬式飞艇上安装应变仪研究发现,浮升气体压力出现半英寸水柱变化时相比于在扰动空气中所受到的气动力,其在龙骨上会产生较大的应力。

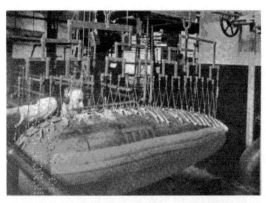

图 6-18 半硬式飞艇 RS-1 的水模型

这种类型的应力由 W. Watters Pagon 首次发现,他取名为"**呼吸应力**"。通过数学的方法确定呼吸应力的大小非常困难,因此在设计半硬式飞艇时采用水模型进行研究是必须的。图 6-18 给出半硬式飞艇 RS-1 的水模型,其中给出了悬挂模型的方法和测量龙骨弯曲的设备。

半硬式飞艇的横截面如图 6-19 所示,其会引起大的呼吸应力。3 个圆形突出外形可几乎完全消除这些呼吸应力。

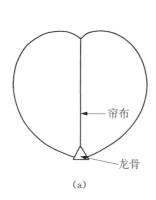 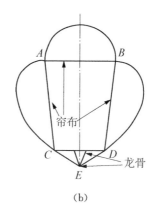

(a)　　　　　　　　　　　(b)

图 6‑19　半硬式飞艇的横截面

(a) RS‑1 飞艇的中截面　(b) 建议的半硬式飞艇截面

从背脊 A 和 B 点的垂直帘布,以及它们之间的水平帘布,可固定这些点相对于龙骨的位置,由此导致的呼吸应力仅引起横截面 AC 和 BD 处相对较小的变化。刚性龙骨通过三角形 CDE 表示,其布置在蒙皮外部,而不是像 RS‑1 飞艇所布置的在蒙皮内部。

6.10　软式飞艇头锥设计

为了避免非常高的压差的必要性,软式飞艇一般需要通过在头部设计局部强加部件,即头锥。若没有头锥,需要始终保持气囊内部的压力大于外部的动压。当飞艇的飞行速度为 60 mph(1 mph＝1.609 344 km/h, 60 mph＝26.82 m/s),在其头部处的动压为 1.75 inH$_2$O[①](435.6 Pa)。对于一个长度为 200 ft 的飞艇下俯 30°时,必须具有 3.1 inH$_2$O 的压差。这个压差没有考虑突风、飞艇加速以及飞艇高度变化引起的压力波动,这会引起飞艇头部的变形。

通过刚性头锥可实现飞艇头部保持外形。这就需要确定头锥合适的压条长度和强度,以使作用在头锥上的外界动压和囊体压差沿艇身纵向的分量的代数和方向向前,也即囊体内部压差产生的纵向分量大于外部动压的纵向分量。且外部动压在压条端部产生的力矩等于内部压差或支撑力在该处所产生的力矩。软式飞艇的头锥及压条如图 6‑20 所示。

图 6‑20　软式飞艇的头锥及压条

---

① inH$_2$O 为压力单位英寸水柱,指高度以英寸为单位的水柱所产生的压力。

下面以一个例子说明头锥压条的设计方法。

例题 6 - 4 确定一体积为 80 000 ft³ 软式飞艇的头锥压条长度和尺寸,使其满足如下条件。

(1) 最大飞行速度:45 mph。

(2) 软式飞艇的头锥外形及载荷数据如图 6 - 21 所示。

(3) 在 0°迎角下的压力系数分布如表 6 - 1 所示。

(4) 在 9°迎角下 C - 2 外形的压力系数分布如表 6 - 2 所示。

(5) 囊体内外压差 1.1 inH₂O(5.7 lbf/ft²)。

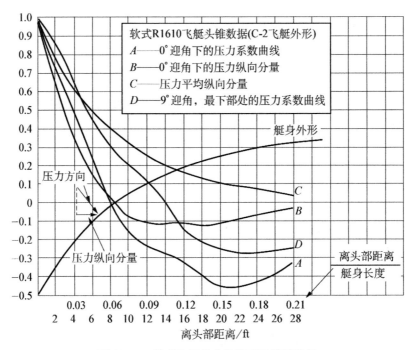

图 6 - 21 软式飞艇的头锥外形及载荷数据

表 6 - 1 C - 2 外形的压力系数分布(迎角 0°)

p/q	x/l	p/q	x/l	p/q	x/l	p/q	x/l
1.00	0	−0.21	0.371 3	−0.45	0.163 0	−0.08	0.775 2
0.63	0.021 5	−0.17	0.443 0	−0.33	0.205 2	−0.02	0.857 4
0.15	0.049 8	−0.14	0.526 5	−0.25	0.287 8	0.03	0.938 0
−0.22	0.084 4	−0.10	0.609 2			0.17	1.0
−0.35	0.123 1	−0.09	0.692 0				

表6-2 C-2外形的压力系数分布（迎角9°）

x/l	ϕ						
	0°	30°	60°	90°	120°	150°	180°
0.0	0.882	0.854	0.792	0.833	0.869	0.847	0.893
0.021 5	0.803	0.844	0.574	0.514	0.364	0.331	0.332
0.049 8	0.401	0.435	0.166	0.085	−0.112	−0.160	−0.223
0.084 4	0.016	0.036	−0.229	−0.278	−0.461	−0.479	−0.516
0.123 1	−0.153	−0.099	−0.334	−0.368	−0.503	−0.508	−0.519
0.163 0	−0.249	−0.216	−0.416	−0.418	−0.509	−0.499	−0.467
0.205 2	−0.237	−0.202	−0.364	−0.383	−0.449	−0.417	−0.389
0.287 8	−0.214	−0.168	−0.325	−0.321	−0.368	−0.291	−0.285
0.371 3	−0.178	−0.146	−0.319	−0.277	−0.270	−0.204	−0.200
0.443 0	−0.220	−0.157	−0.281	−0.254	−0.252	−0.196	−0.138
0.526 5	−0.213	−0.167	−0.249	−0.226	−0.251	−0.129	−0.098
0.609 2	−0.182	−0.132	−0.255	−0.203	−0.197	−0.120	−0.082
0.692 0	−0.168	−0.129	−0.255	−0.171	−0.168	−0.071	−0.037
0.775 2	−0.185	−0.154	−0.245	−0.145	−0.122	−0.070	−0.036
0.857 4	−0.148	−0.093	−0.178	−0.075	−0.066	−0.012	+0.014
0.938 0	−0.143	−0.068	−0.058	0.066	0.024	0.022	−0.021
0.975 0	0.093	0.138	0.038	0.116	0.075	0.097	0.068
1.0	0.114	0.155	0.074	0.122	0.081	0.098	0.126

注：p为在模型上各点的压力；q为参考动压；x为离头部的距离；l为模型长度；ϕ为相对于纵垂面的偏转角，$\phi = 0$对应于模型最下部母线，$\phi = 180$对应于模型最上部母线。

第1步，根据表6-1画出压力系数曲线（范围约为飞艇长度的20%）。

第2步，假设压条的个数为12根，确定压条的间隔L，将其乘以站位宽度W，得到压条支撑的面积。

第3步，确定外载荷，根据每一站位处的压力系数乘以上述的在该站位处的面积得到在站位处的动压为1时的载荷。进而得到各站位点处的力矩。最终乘以动压得到真实的载荷量。该处的动压应考虑到突风情况，假设风速超过飞艇最大风速15 mph。基于这一假设得出的动压为9.7 lbf/ft²。站位的个数选择为10。

第4步，内部载荷，根据第2步已得出各站位处的面积，乘以压差5.7 lbf/ft²（1.1 inH₂O）。该载荷为支撑载荷，用于确定关于0站位点的力矩。这些力矩的积分可给出在最终站位点10处的力矩，其近似等于外载荷在该处所产生的力矩（见表6-3）。

表 6 - 3　头锥强度数据（内外载荷）

站位	站位之间的距离/ft	沿压条的距离/ft	R/ft	L/ft	W/ft	压力系数	站位载荷/lbf (lbf/ft²)	关于站位0的力矩 lbf.ft (lbf/ft²)	力矩和 lbf.ft (lbf/ft²)	力矩和×9.7 (lbf.ft)	支撑载荷/lbf	关于站位0的力矩 (lbf.ft)	力矩和 (lbf.ft)
							外载荷					内部载荷	
0	1	0	0.75	0.79	0.5	0.880	0.35	0	0	0.0	2.25	0	—
1	1	1	1.58	1.65	1	0.875	1.44	1.44	1.44	13.96	9.40	9.40	9.40
2	1	2	2.42	1.26	1	0.865	1.09	2.18	3.62	35.12	7.18	14.36	23.76
3	1	3	3.33	1.74	1	0.850	1.48	4.44	8.06	78.18	9.91	29.73	53.49
4	1	4	4.08	2.13	1	0.815	1.73	6.92	14.98	145.40	12.14	48.56	102.05
5	1	5	4.92	2.57	1	0.755	1.94	9.70	24.68	239.40	14.65	73.25	175.30
6	1	6	5.75	3.01	1	0.685	2.06	12.36	37.04	359.29	17.16	102.96	278.26
7	1	7	6.50	3.40	1	0.610	2.07	14.49	51.53	500.84	19.40	135.80	414.00
8	1	8	7.17	3.75	1	0.545	2.04	16.32	67.85	658.15	21.38	171.04	585.04
9	1	9	7.88	4.12	1	0.485	2.00	18.00	85.85	832.75	23.48	211.32	796.36
10	1	10	8.54	4.47	0.5	0.405	0.90	9.00	94.85	920.05	12.70	127.00	923.36

第 5 步，因此，压条的长度可近似取为 10 ft。该长度需要进行校核，即作用在头锥上的外部动压和内部压差产生的载荷纵向分量的平均值需要向前。外部压力的平均纵向分量曲线，通过 0°压力系数曲线进行确定。该曲线在站位 10 处的值乘以动压（9.7 lbf/ft²）得到垂直于蒙皮的外界压力不可以超过内部的气体压差 5.7 lbf/ft²，以防止头锥凹陷。

第 6 步，压条强度，可进一步得出压条上的合力载荷、剪切力、弯矩以及总力矩分布。再根据选取的负载系数，一般不超过 3，可得出任意选择的特殊类型横截面的应力。头锥强度数据（剪力和弯矩）如表 6 - 4 所示。

表 6 - 4　头锥强度数据（剪力和弯矩）

站位	（一）外载荷/lbf	（＋）内部载荷/lbf	合载荷	剪力	弯矩	总弯矩
0	3.40	2.25	+15.27	+15.27	∞	∞
1	13.97	9.40	−4.57	+10.70	+15.27	+15.27
2	10.57	7.18	−3.39	+7.31	+10.70	+25.97
3	14.56	9.91	−4.65	+2.66	+7.31	+33.28
4	16.78	12.14	−4.64	−1.98	+2.66	+35.94
5	18.82	14.65	−4.17	−6.15	−1.98	+33.96

（续表）

站位	（一）外载荷/lbf	（十）内部载荷/lbf	合载荷	剪力	弯矩	总弯矩
6	19.98	17.16	−2.82	−8.97	−6.15	＋27.81
7	20.08	19.40	−0.68	−9.65	−8.97	＋18.84
8	19.78	21.38	＋1.60	−8.05	−9.65	＋9.19
9	19.40	23.48	＋4.08	−3.97	−8.05	＋1.14
10	8.73	12.70	＋3.97	−0.0	−3.97	−2.83

7 硬式飞艇的纵向强度

7.1 计算方法

在设计硬式飞艇时,相比于其他方面,在给定主要剪切力和弯曲力矩下应力的计算是大多数文献讨论研究的主要内容。对这些应力的确切计算正是所期望的,但由于艇身结构格外地高度冗余,这样的计算必须基于最少工作原理,或一些等价的涉及整个结构弹性属性的变形方法。总体上,由于涉及大量未知项和方程,这些方法应用到艇身是不现实的,甚至对于在长度方向上仅包括 5 个框架的六边形刚性结构,在承受对称载荷下的简单情况的准确计算,也需要 10 个方程同时求解。相比于六边形的拉牢管这样相对简单的情况,飞艇结构应力的确切计算会产生更多的困难,哪怕是忽略在连接点上的为提高刚度而添加的局部增强。既然一些准确的计算是不实际的,必须寻找近似求解方法以及对近似求解方法准确性的验证。

通常对于硬式飞艇艇身主要的结构部分包括纵向桁架、横向桁架和对角拉索(称为剪切索)。第 1 个 Schutte Lanz 飞艇(见图 7-1)采用围绕艇身成螺旋形的桁架,代替通常的纵向桁架和剪切索。后来由于螺旋结构的高度复杂性,没有再使用。通常,艇身上弯曲力矩所产生的纵向力主要是通过纵向桁架抵抗。剪切力通过剪切索抵抗。但剪切索对于抵抗纵向力也会起一定的作用。同时,纵向桁架采用连续穿

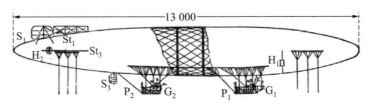

图 7-1 Schutte Lanz 飞艇结构(体积 19 000 m³)

G_1—前部吊舱;G_2—后部吊舱;P_1、P_2—螺旋桨;H_1—前部升降舵;H_2—后部升降舵;St_1、St_3—稳定翼面;S_1、S_3—方向舵

过横向框架的方式也可对剪切力提供明显的抵抗。

对于纵向桁架和剪切索中应力计算的一般方法是基于近似正确的假设,即横向截面仍保持在一平面内,纵向桁架承担所有纵向力,剪切索承担所有剪切力。这样可分别采用弯曲力矩方法和剪切力方法进行计算。这类似于计算软式飞艇剪切应力的方法。在采用弯曲力矩的计算方法时,织物应力和纵向桁架的总力通过弯曲方程得到:

$$\frac{M}{I} = \frac{f}{y} \tag{7-1}$$

在剪切索中的力通过纵向桁架之间的纵向剪切得到。

通过剪切方法,首先,对由于艇身横向剪切力所引起的剪切索中的力进行计算,然后,作用在纵向桁架内的力可通过在连接点上所有剪切索上的力叠加得到。

下面描述这两种方法的计算过程。在图 7-2 中,AB 和 CD 为硬式飞艇艇身中两个相邻的主横向框架。

假设:L 为剪切索的长度;ϕ 为剪切索与纵轴之间的倾斜角;l 为两个主横向框架之间的距离;β 为 AB 和 CD 之间的纵向桁架与艇身纵轴之间的夹角;A 为纵向桁架的横截面面积;M_1 和 M_2 分别为在艇身上框架 AB 和 CD 上的弯曲力矩;F 为横向剪切,在 AB 和 CD 之间假设为常数;I_1 和 I_2 分别为在艇身上框架 AB 和 CD 处的惯性矩;y_1 和 y_2 分别为在艇身上框架 AB 和 CD 重心到横向中性轴的距离;T 为剪切索中的张力。

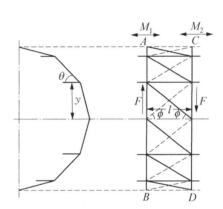

图 7-2　硬式飞艇剪切和弯曲应力计算

根据弯曲力矩理论,任一纵向桁架在 AB 和 CD 上的力分别为

$$M_1 A y_1 / I_1 \text{ 和 } M_2 A y_2 / I_2$$

在图 7-2 中,在这些框架上面 $ABCD$ 的纵向力分别为

$$M_1 \sum A y_1 / I_1 \text{ 和 } M_2 \sum A y_2 / I_2$$

其中:求和包括在 $ABCD$ 之上的所有纵向桁架。这两组力大小的差别是纵向剪切,这些力作用在剪切索 AD 和在艇身对面与其相对应的索上。

在剪切索中张力的纵向分量为 $T\cos\phi \cos\beta$,等于纵向剪切力,可得

$$2T\cos\phi \cos\beta = \frac{M_1 \sum A y_1}{I_1} - \frac{M_2 \sum A y_2}{I_2} \tag{7-2}$$

式中:求和也是包括在 $ABDC$ 之上的所有纵向桁架。

如果横向框架之间,纵向桁架的横截面面积 A 为常数:

$$\frac{I_2}{I_1} = \frac{y_2^2}{y_1^2} \text{ 且} \frac{\sum Ay_2}{\sum Ay_1} = \frac{y_2}{y_1}$$

得到

$$\frac{M_1 \sum Ay_1}{I_1} - \frac{M_2 \sum Ay_2}{I_2} = \left(M_1 - M_2 \frac{y_1}{y_2}\right) \frac{\sum Ay_1}{I_1}$$

这样剪切索中的张力为

$$T = \frac{\left(M_1 - M_2 \dfrac{y_1}{y_2}\right) \sum Ay_1}{2I_1 \cos\phi \cos\beta} \qquad (7-3)$$

通过弯曲力矩理论,沿艇身的横向剪切积分给出弯曲力矩的大小,因此有

$$M_1 - M_2 = Fl$$

对于艇身的等截面部分,$y_2/y_1 = 1$,且 $\cos\beta = 1$,因此式(7-3)可变为

$$T = \frac{(M_1 - M_2) \sum Ay}{2I\cos\phi} = \frac{Fl \sum Ay}{2I\cos\phi} \qquad (7-4)$$

这是通过弯曲力矩方法得到的剪切索中张力的表达式。

对于横向剪切方法,在图 7-2 中需增加如下符号:Δy 为由于剪切力 F 的作用,框架 CD 平行于框架 AB 的小位移量;ΔL 为由于小位移 Δy 引起的 L 的增量;θ 为一个面板与水平面的横向倾斜角;a 为剪切索的横截面面积;E 为剪切索材料的弹性模量。

位移 Δy 存在一个垂直于平面的分量 $\Delta y\cos\theta$ 和一个平行于平面的分量 $\Delta y\sin\theta$。仅分量 $\Delta y\sin\theta$ 将张力施加在剪切索上。根据材料的弹性属性,有

$$T = \frac{Ea\Delta L}{L}$$

通过几何关系

$$\Delta L = \Delta y\sin\theta \sin\phi \qquad (7-5)$$

得到

$$T = \frac{Ea\Delta y\sin\theta \sin\phi}{L} \qquad (7-6)$$

假设位移量 Δy 完全是由于剪切索屈服产生的,因此剪切力所做的功等于索内所做的功:

$$F\Delta y = \sum T\Delta L \tag{7-7}$$

式中:求和包括在框架之间(AB 和 CD 之间)的所有的剪切索。

从式(7-5)、式(7-6)和式(7-7)可得

$$F = E\Delta y \sum \frac{a}{L} \sin^2\theta \sin^2\phi$$

或

$$\Delta y = \frac{F}{E \sum \dfrac{a}{L} \sin^2\theta \sin^2\phi} \tag{7-8}$$

从式(7-6)和式(7-8)得到

$$T = \frac{Fa\sin\theta \sin\phi}{L \sum \dfrac{a}{L} \sin^2\theta \sin^2\phi} \tag{7-9}$$

如果在所考虑的框架之间,所有的面板上 L 和 ϕ 是相同的,式(7-9)可简化为

$$T = \frac{Fa\sin\theta}{\sin\phi \sum a\sin^2\theta} \tag{7-10}$$

且如果剪切索的横截面积 a 也是常数,表达式可进一步简化为

$$T = \frac{F\sin\theta}{\sin\phi \sum \sin^2\theta} \tag{7-11}$$

这即是采用横向剪切进行剪切索张力的计算方法。为了得到在纵向桁架中的应力,需要通过单调乏味地将剪切索的力叠加,然后将其作用到索与纵向桁架连接点上。

对于剪切索中张力的式(7-4)和式(7-11),依赖于不同的变量,通常不能给出同样的应力值 T。

剪切方法和弯曲方法均有不同的使用者。

7.2　弯曲理论的修正

Wm Hovgaard 教授建议,作用在坚固基础的刚性飞艇纵向强度理论可采用剪切和弯曲这两种不同的理论。他赞成弯曲理论;但指出在假设纵向桁架承担所有的弯曲力矩时存在一个基本的错误。他指出由于艇身弯曲会引起框架形成的面板出

现伸长或缩短,会将力转移到剪切索上,而且这些力的纵向分量可为艇身抵抗弯曲提供强度。他建议剪切索所给予的纵向桁架辅助功能,可通过将其假想为与纵向桁架重合的杆进行计算,并且具有相同的材料,且被包括在艇身横截面的惯性力矩的计算中。他指出假想杆的面积可采用下式进行计算:

$$A_f = qa\cos^3\phi \qquad\qquad (7-12)$$

式中:A_f 为假想杆的横截面积;q 为索弹性模量与桁架弹性模量的比率;a 为连接点一侧的索横截面积(或多个索总的横截面积);ϕ 为索相对于纵向桁架的倾斜角。

如果弯曲力矩允许被索承担,则可得出在纵向桁架和索内的实际应力大小将处于采用剪切方法和弯曲方法计算得到的数值之间。

既然在纵向桁架上的力是由于作用在连接点上的剪切索引起的,可通过选择剪切索使其与任意的纵向桁架系统成比例,这样在索中的张力会加载到纵向桁架上,从而使得框架保持平面。

当框架无扭曲的条件得到满足,可通过弯曲理论正确给出纵向桁架上的应力以及由于弯曲引起的索上的应力。由于横向剪切引起的在索中应力也可以通过剪切理论正确给出,既然在连接点上的力必须平衡,在这种情况下,在索中的应力也与通过弯曲理论确定的纵向剪切一致。在桁架中的应力也与通过剪切理论确定的索作用在连接点上的力一致。也就是说,当桁架和索的尺寸相互成比例时,框架保持平面,应力能够通过剪切或弯曲理论正确地给出。

现在假设纵向桁架被一个新的具有不同横截面积的桁架替换,结构方面的其他条件不变。在通过剪切索所施加力下,根据其是否大于或小于原桁架,新的纵向桁架相比于原桁架会产生或多或少的变化。如果其是增大的,会产生小的单位应力,且通过弯曲理论得到的总力会减小;反之,如果其是减小的,会产生大的单位应力,且通过弯曲理论得到的总力会增大。同时,大的纵向桁架引起的较小的变化会通过剪切索引起的力增加,因此通过剪切理论得到的在纵向桁架的总力会增大。

显然,如果新的纵向桁架大于原来的,并且无其他结构上的变化,通过弯曲理论得到的在其上的力会减小,通过剪切理论得到的会增大。

通过类似的分析,可得出在索中的张力的大小位于剪切理论和弯曲理论之间。无准确的规则可确定哪些位置的应力会位于这两个极限值之间;但通常,在相同的框架空间没有发现大的弯曲和剪切力。当弯曲力矩相对更加重要时,会使在纵向桁架中的应力与弯曲理论更加一致。剪切力相对重要的位置,在剪切索中的张力会近似更接近剪切理论。正如我们最关心的桁架应力,其弯曲是较大的,对于索应力其剪切是较大的,在实际计算时桁架应力可通过弯曲理论计算,索应力可通过剪切理论计算,但这样可能会导致对最大应力的高估。

通过剪切理论得到一个框架间隔在索中张力的一个典型计算。表 7-1 所示为飞艇 USS Shenandoah 艇身中段剪切索中的张力,张力采用总的横向剪切力 F 表示。采用弯曲理论,根据作用的弯曲力矩计算纵向桁架应力的计算结果。表 7-2 所示为飞艇 USS Shenandoah 艇身中段截面的惯性矩,表 7-3 所示为飞艇 USS Shenandoah 艇身中段在纵向桁架中的应力。

表 7-1　飞艇 USS Shenandoah 艇身中段剪切索中的张力(采用剪切力 F 表示)

面板	a/in^2	$\theta/(°)$	L/in	$\sin\theta$	$\sin\phi$	Q/in	T/F
			主剪切索				
AC	0.008 17	14.25	229	0.246 2	0.507 5	0.56	0.030 8
CE	0.008 17	42.75	229	0.678 8	0.507 5	4.35	0.085 0
EG	0.010 21	71.25	229	0.946 9	0.507 5	10.32	0.148 2
GI	0.010 21	80.25	229	0.985 5	0.507 5	11.20	0.154 2
IK	0.010 21	51.75	229	0.785 4	0.507 5	7.10	0.122 8
KM	0.008 17	23.25	229	0.394 7	0.507 5	1.44	0.049 4
MN	0.010 22	57.3	362	0.841 5	0.848 0	14.05	0.135 4
			次剪切索				
AC	0.005 15	14.25	305	0.246 2	0.763 8	0.60	0.022 0
CE	0.005 15	42.75	305	0.678 8	0.763 8	4.54	0.060 4
EG	0.005 15	71.25	305	0.946 9	0.763 8	8.83	0.084 2
GI	0.005 15	80.25	305	0.985 5	0.763 8	9.56	0.087 8

$$\sum Q = 2 \times 72.55 = 145.1$$

注:$Q = 1\,000\,000 \times (a/L)\sin^2\theta \sin^2\phi$,$\dfrac{T}{F} = \dfrac{a\sin\theta \sin\phi}{L\sum Q/1\,000\,000}$。

表 7-2　飞艇 USS Shenandoah 艇身中段截面的惯性矩

纵向	类型编号	面积/in^2	高度/m	H^2/m^2	$AH/$($\text{m} \cdot \text{in}^2$)	$AH^2/$($\text{m}^2 \cdot \text{in}^2$)
A	56	0.166	11.82	139.71	1.96	23.19
B	21	0.211	11.53	132.94	2.43	28.04
C	54	0.287	10.39	107.95	2.98	30.98
D	21	0.211	8.74	76.39	1.84	16.12
E	54	0.287	6.44	41.47	1.85	11.90
F	21	0.211	3.83	14.67	0.808	3.095
G	54	0.287	0.93	0.86	0.267	0.247

（续表）

纵向	类型编号	面积/in²	高度/m	H^2/m^2	$AH/$ (m·in²)	$AH^2/$ (m²·in²)
H	91	0.211	−2.02	4.08	0.426	0.861
I	54	0.287	−4.81	23.14	−1.380	6.641
J	91	0.211	−7.34	53.88	−1.55	11.37
K	54	0.287	−9.38	87.98	−2.69	25.25
L	92	0.258	−10.83	117.29	−2.79	30.26
M	55	0.305	−11.67	136.19	−3.56	41.54
N	43	0.161	−8.76	76.74	−1.41	12.36
O	31	0.111	−11.64	135.49	−1.29	15.04
P	72	0.336	−9.66	93.32	−3.25	31.36
		3.827			−5.36	288.25

注：中性轴为 5.36/3.827 = 1.40 m，位于几何轴的下方。关于中性轴的转动惯量为 $I = 2[288.25 − (1.40^2 × 3.827)] = 561.50 \, m^2 \cdot in^2$。主要的线尺寸单位为 m，桁架的面积单位为 in²。弯曲力矩单位为 m·lbf，应力的单位为 lbf/in²。

表 7-3　飞艇 USS Shenandoah 艇身中段在纵向桁架中的应力（根据弯曲力矩 M）

纵向	面积/in²	距离中性轴的高度/m	单位应力/(lbf/in²)	总载荷/lbf
A	0.333	13.22	0.023 5	0.007 83
B	0.211	12.93	0.023 0	0.004 85
C	0.287	11.79	0.021 0	0.006 03
D	0.211	10.14	0.018 1	0.003 82
E	0.287	7.84	0.014 0	0.004 01
F	0.211	5.23	0.009 3	0.001 96
G	0.287	2.33	0.004 1	0.001 18
H	0.211	−0.62	−0.001 1	−0.000 23
I	0.287	−3.41	−0.006 1	−0.001 75
J	0.211	−5.94	−0.010 6	−0.002 24
K	0.287	−7.98	−0.014 2	−0.004 08
L	0.258	−9.43	−0.016 8	−0.004 34
M	0.305	−10.27	−0.018 3	−0.005 58
N	0.323	−7.36	−0.013 1	−0.004 23
O	0.222	−10.24	−0.018 2	−0.004 04
P	0.336	−8.26	−0.014 7	−0.004 94

注：单位应力 (lbf/in²) = 弯曲力矩(m·lbf)×距离中性轴的高度(m)÷转动惯量(m²·in²)，在该表中，$M = 1 \, m \cdot lbf$。

7.3 试验确定纵向桁架中的应力

美国航空局通过光测弹性方法测试了一个 Shenandoah 飞艇赛璐珞模型的应力。该方法中，白色偏振光通过施加载荷的部分，赛璐珞中各部分根据应力的大小将白光转换为不同的颜色。这项确定应力的试验技术可获很高的准确性。将模型结果应用到全尺寸实际结构上时，依赖于模型与实际结构的相似性。

Shenandoah 飞艇的赛璐珞模型，制作时其结构主要代表等直中体的几个主要骨架间隔。试验发现，在纵向桁架中的应力近似满足剪切理论。模型的一端完全近似飞艇的尾部，且类似于气动载荷施加在尾翼上。研究发现，增加的长度，通过锥形尾强加约束引起的框架上的扭曲所产生的应力与弯曲理论基本一致。

在 Shenandoah 和 Los Angeles 飞艇纵向桁架上安装应变仪进行试验表明，在飞行中由于气动力所产生的应力近似与弯曲理论结果一致。

7.4 反比率法

一种称为"反比率法"的方法可用于飞艇结构分析。该方法相比于前述的其他方法，可以更好地考虑纵向部件和剪切索之间的相互作用。该方法是基于当一给定的外载荷通过 n 个系统承担时，每个系统均是静态确定的，载荷在这些系统之间按照反比率进行分配。反比率法的数学描述为

$$q_1 Q_1 = q_2 Q_2 = \cdots = q_n Q_n \qquad (7-13)$$

且

$$q_1 + q_2 + \cdots + q_n = 1 \qquad (7-14)$$

式中：Q 为单独承担给定载荷时任意系统的内功；q 为给定载荷被任意系统承担的比例分数；下标用于指定不同的系统。

显然，q 的总和为 1。下面证明 $q_1 Q_1 = q_2 Q_2$。

在一结构中，应变不超过比例限制，即应用载荷的平方。所以在每个静态系统中的功为 $q_1^2 Q_1$、$q_2^2 Q_2$ 等，每个系统中的功为 $q_1 Fx/2$、$q_2 Fx/2$ 等，其中 F 为总的应用载荷，x 为应用载荷点处的变形。联合这两种表达式得到

$$q_1^2 Q_1 = q_1 Fx/2$$
$$q_2^2 Q_2 = q_2 Fx/2$$
$$\cdots = \cdots$$

这样可得

$$q_1 Q_1 = q_2 Q_2 \qquad (7-15)$$

7.4.1 反比率法在纵向桁架强度计算中的应用

反比率法严格应用的条件为无任一部件包含在任意的两个独立的静态系统中，这样系统之间除了分享外载荷外无其他相互作用。若在两个或多个系统中存在共用部件，可假设这个部件的总应力是其所属每个系统应力的叠加。

在应用该方法计算硬式飞艇纵向桁架强度时，结构可划分为不同的系统，每个系统包括一对纵向桁架，延伸一个或多个框架空间，然后通过与其相连的横向和对角部件，以使其成为一个静态确定系统。

有一个典型的情况，发现如果一个载荷应用在一个主框架空间，其远离正在研究的横截面，产生内功的 78% 是在剪切索上，19% 在纵向桁架上，3% 在横向桁架上；但当一个载荷应用在 4 个主框架空间时，产生内功的 21% 是作用在剪切索上，78% 在纵向桁架上，1% 在横向桁架上。从这些情况可得出，在从载荷施加点的短距离面板内确定载荷分布时，剪切索的尺寸相比于纵向桁架的尺寸更重要，因此采用剪切理论可得到较高的准确性；但当离载荷施加点的距离增大，纵向桁架的尺寸变得非常重要，且最终是决定因素，其中的应力与弯曲理论较一致。

7.4.2 具有规则多边形横截面飞艇的 $\sum \sin^2\theta$ 计算及使用

对于硬式飞艇具有相等尺寸的直线桁架，布置在规则的多边形顶点，任意截面的惯性矩为

$$I = \sum ay^2 = a\sum y^2 = aR^2 \sum \sin^2\theta \qquad (7-16)$$

式中：I 为惯性矩；a 为每个纵向桁架的横截面积（假设为常数）；y 为任意纵向桁架重心的距离；R 为通过纵向桁架重心的艇身横截面的半径；θ 为通过任意纵向桁架与所考虑直径的径向线之间的夹角。

$\sum \sin^2\theta$ 也用于计算具有规则多边形横截面和相同尺寸的剪切索的飞艇，在由横向剪切力引起的剪切索内张力时使用。在这种简单情况（所有面板上的 L 和 ϕ 相同，且剪切索的横截面积 a 为常数）下的剪切索的张力为式（7-11），则有

$$S = \frac{F\sin\theta}{\sin\phi \sum \sin^2\theta} \qquad (7-17)$$

式中：S 为任意剪切索内的张力；F 为总的横向剪切力；ϕ 为剪切索相对于纵向桁架的倾斜角；θ 为任意剪切索面板相对于剪切和弯曲法向平面的角度（即对于纵向桁架沿垂直面弯曲情况下，为面板相对于水平面的倾斜角）。

具有规则结构的这种简单情况在实际中一般不会出现，这是由于底部龙骨引起的不规则情况是需要特别考虑的；但由于主要剪切和弯曲，为对索和桁架中的应力进行一阶近似，这些表达式也是常用的。

对于一具有 n 条边的规则多边形结构,有

$$\sum \sin^2\theta = n/2 \qquad (7-18)$$

对于 n 为偶数的这类结构,面板或通过纵向桁架的径向面板可以划分为 $n/2$ 对,且每对面板的角度互补,或换句话说,相对于弯曲平面一个倾斜角为 θ 的面板,具有另一个倾斜角为 $\pi/2-\theta$ 的面板与其对应,则有

$$\sin^2\theta + \sin^2(\pi/2-\theta) = 1$$

所以,对于这些 $n/2$ 对的 $\sin^2\theta$ 叠加,等于 $n/2 \times 1$,或

$$\sum \sin^2\theta = n/2$$

当 n 为奇数时,面板无法成对,但当边数 n 为 17 或更大(这是实际常满足的条件),上式的误差将很小。

这样可以得到

$$I = \sum ay^2 = a\sum y^2 = aR^2 \sum \sin^2\theta = aR^2 n/2 = AR^2/2 \qquad (7-19)$$

式中:A 为所有纵向桁架横截面积的总和。

从式(7-19)可得当纵向桁架的总横截面积为常数时,惯性矩与侧边个数无关。

假设由于主要弯曲,在纵向桁架上的端点载荷分布满足简单的弯曲理论,考虑这类简单结构,在任意纵向桁架的应力为

$$f = \frac{My}{I} = \frac{2M\sin\theta}{aRn} = \frac{2M\sin\theta}{AR} \qquad (7-20)$$

最严重的纵向载荷发生在 $\sin\theta = 1$,可得

$$f = \frac{My}{I} = \frac{2M}{aRn} = \frac{2M}{AR} \qquad (7-21)$$

任意纵向桁架端点总载荷为

$$fa = \frac{2M\sin\theta}{Rn} = \frac{2M}{Rn} \text{(最严重的纵向载荷)}$$

类似地,在任意剪切索内的张力为

$$S = \frac{2F\sin\theta}{n\sin\phi} \qquad (7-22)$$

对于飞艇承受给定的主要剪切和弯曲力矩,这些表达式可非常方便快速地近似计算在纵向桁架和剪切索内的力。

7.5 由主要剪切力引起的次应力

硬式飞艇的纵向桁架连续穿过横向框架,它们之间采用刚性节点连接,因此,当横向框架出现弯曲,纵向桁架也会轻微出现弯曲。基于弯曲理论,假设主框架仍为平面,但在主要弯曲力矩下会出现旋转。通过刚性连接点,通过主框架的旋转,这会在纵向桁架引起附加的应力(或次应力),可以在计算主要应力时考虑。这时使用距离飞艇中性轴的每一个桁架槽型杆件单元,而不是采用桁架的平均距离。然而,靠近飞艇顶部和底部的任意桁架的深度相对于其距离中性轴的距离是小的,而且,此处仅关心这些较高应力的桁架,通过考虑次应力可获得重要的且不可忽略的精确值。

由于在主要剪切力下的主横向框架相对运动引起的次应力仍然需要考虑。W. W. Pagon已经给出对于次应力的一个非常完整的处理。他假设横向桁架对扭曲无阻力,但通过一种纵向和横向桁架交叉的门户作用,可阻止连接点的旋转。为了准确确定次应力,必须考虑贯穿整个飞艇艇身的横向框架的剪切运动。Pagon通过考虑纵向桁架垂直于主框架,得到一种近似方法。

下面的分析将纵向桁架的次弯曲分为两部分。一部分是艇身的径向平面,包括飞艇的纵轴和纵向桁架;另一部分在一个纵向平面,称为切向平面,包括一个纵向桁架且垂直于径向平面。在飞艇艇身的顶部和底部(当主弯曲是在垂直面内),次弯曲完全是径向的,且仅在艇身的中等高度完全相切。所以,径向次弯曲产生在主应力最大且切向弯曲最小的位置。而且,纵向桁架的深度比宽度大,因此在径向平面的最大次应力是远大于在切向平面的最大值。基于这些原因,在切向平面的次应力可以忽略。

既然横向桁架对于扭曲无阻力,纵向桁架可认为其穿过连接点且在径向平面是连续的,但是没有被固定。次应力在连接点两侧是相同的。假设纵向桁架垂直于主横向框架,次应力为

$$s = 3Ey(\Delta_1 + \Delta_2)/b^2 \qquad (7-23)$$

式中:s 为在桁架槽型杆件上的次应力;y 为槽型杆件离桁架中性轴的距离;b 为两个主框架之间的距离;Δ_1 和 Δ_2 分别为在下一主框架上桁架的向前和向后的径向移动量。

根据主应力的横向剪切理论,两个相邻主框架之间的相对移动量为

$$d = \frac{Sb}{E \sum a \sin^2 \phi \cos\phi \sin^2 \theta}$$

可得

$$\Delta_1 + \Delta_2 = \frac{(S_1 - S_2)b\cos\mu}{E\sum a\sin^2\phi\,\cos\phi\,\sin^2\theta}$$

式中：S_1 和 S_2 分别为所考虑框架前和后的横向剪切力；μ 为通过纵向桁架的垂直平面和径向平面之间的夹角。

次应力为

$$s = 3y(S_1 - S_2)\cos\mu/qb\sum a\sin^2\phi\,\cos\phi\,\sin^2\theta \tag{7-24}$$

式中：q 为钢的弹性模量与硬铝（合金）弹性模量之比。

下面给出在 ZR-1 飞艇上，由于剪切引起的最大次应力，该情况对应于全部载荷，在 80 和 90 框架处伴随一个收缩浮升气囊。在这种条件下，在 90 框架横向剪切变化从 6 754 lbf 到 -6 457 lbf。给定的相关量为

$$S_1 = -6\,457\text{ lbf},\ S_2 = 6\,754\text{ lbf}$$
$$q = 2.86,\ b = 394\text{ in}$$
$$\sum a\sin^2\phi\,\cos\phi\,\sin^2\theta = 0.057\,1\text{ in}^2$$

对于 A 纵向桁架，有

$$y = 8.14\text{ in（顶点槽型杆件）}$$
$$\cos\mu = 1.0$$

A 纵向桁架在槽型杆件顶点的次应力为

$$
\begin{aligned}
s &= 3y(S_1 - S_2)\cos\mu/qb\sum a\sin^2\phi\,\cos\phi\,\sin^2\theta \\
&= 3\times 8.14(-6\,457 - 6\,754)/2.86\times 394\times 0.057\,1 \\
&= 5\,000\text{ lbf/in}^2
\end{aligned}
$$

7.6　纵向桁架和横向框架的间距

7.6.1　桁架与框架间距

硬式飞艇主横向框架的间距取决于浮升气体空间划分的需要。浮升气体空间划分得越多，越安全，但会带来更大的结构和浮升气囊重量。实践表明，一般取 12～20 个主框架和浮升气囊。相比于常规的硬式飞艇，对于较小长细比的硬式飞艇，除了通过主框架分离浮升气囊外，也可通过在浮升气囊内布置纵向横隔膜，划分浮升气体空间，这样可使主横向框架的数量减少。

纵向桁架间隔和中间的过渡横向桁架间隔是相关的，通常，纵向桁架越多，单个就越轻和细长，因此，需支撑的框架就越靠近。通常倾向于采用这样的间隔，这样面

板内的剪切索可以与纵向和横向倾斜45°,这是剪切索最有效的角度。该剪切索的最佳倾斜可以通过采用相等的纵向和横向间隔获得,或纵向间隔为横向的一半,在框架之间的剪切索中途会穿过纵向桁架。

在一定强度下可得到代价最小且最轻的结构,这可通过少量结实的纵向桁架,并完全取消中间框架。另一方面,为了使蒙皮可进行最好的支撑,需通过合理的大量的不太可能嵌入浮升气囊的纵向桁架,而且这样也可得到最大的浮升气体体积。

表7-4给出了规则的内接多边形的面积与圆形面积之比,可看出当超过21条边时,面积增量非常小。但另一方面,当小于13条边时,横截面面积损失会变得非常严重,而且会使更多的纵向桁架嵌入浮升气体空间内。

表7-4　规则的内接多边形面积

n	$\pi/n/(°)$	$\sin\pi/n$	$\cos\pi/n$	A/ft^2	$A/\pi R^2$
5	36.0	0.587 8	0.809 0	$2.36R^2$	0.752
9	20.0	0.342 0	0.939 7	$2.88R^2$	0.916
13	13.84	0.239 2	0.970 9	$3.02R^2$	0.962
17	10.6	0.184 0	0.982 9	$3.07R^2$	0.977
19	9.48	0.164 6	0.985 2	$3.08R^2$	0.980
21	8.57	0.149 0	0.988 8	$3.09R^2$	0.983
23	7.83	0.136 2	0.990 7	$3.10R^2$	0.986
25	7.20	0.125 3	0.992 1	$3.11R^2$	0.989
30	6.0	0.104 5	0.994 5	$3.12R^2$	0.993

作为飞艇的例子,纵向和横向桁架具有封闭和开放间隔的是美国海军的 Los Angeles 飞艇和英国的 5 000 000 ft³ 的飞艇。Los Angeles 飞艇是齐柏林公司设计制造的,其纵向桁架有24条,在飞艇中部间隔为11.9 ft,主框架在49.2 ft,中间框架在16.4 ft。英国的飞艇纵向桁架有17条,分离间隔约24 ft,每60 ft是主框架,无中间框架。而且,Los Angeles 飞艇的纵向桁架仅约为10 in深,外蒙皮和纵向桁架之间的浮升气囊网允许在约为4 in的空间膨胀。而英国飞艇,纵向桁架深度约为3 ft,为了解决它们的大跨度而无支撑,辅助网保护横向框架不接触纵向桁架,浮升气压的载荷以及浮升气体的浮力直接通过网施加到主框架上。英国建造的飞艇节省了中间框架的重量,通过消除浮升气体压力载荷和应力,使纵向桁架具有较小的重量。

值得相信的是,英国建造的飞艇在桁架重量上的节省被所需的较重的辅助网和浮升气体浮力的损失近似抵销。但保持了更大的开放间距,而仅需较少的成本和简易的建造。但最终根据建造尺度会比齐柏林类型有利,它具有可提供给蒙皮较好支撑的特点。

7.6.2　主桁架和辅助纵向桁架

　　一些硬式飞艇具有两种类型的纵向桁架,即主桁架和辅助桁架。这种设计是齐柏林公司在 1916 年提出的,对于一个具有 25 个侧边的飞艇,仅有 13 个主纵向桁架,承担结构的主要载荷。除了底部的桁架外,主纵向桁架之间布置较轻的辅助桁架,协助承受外部蒙皮和浮升气体的压力载荷。使辅助桁架重量约小于主桁架重量的 2/3,但发现并不实际;而且作为一个自然过程,通过剪切索去增强辅助桁架结构,它们可与主桁架一起承担飞艇的主载荷,这样这两类纵向桁架尽管尺寸不同,但在功能上变得较为一致。

　　在 Los Angeles 飞艇中,所有的纵向桁架具有相同的尺寸,而且主桁架和辅助桁架无差别。而在齐柏林飞艇中,有 13 个主桁架和 12 个辅助桁架,主横向框架是具有中柱和对角支柱的 13 侧面结构,如图 7 - 3 所示为 ZR - 1(USS Shenandoah)飞艇的主横向框架。通过横向框架的主结构和辅助纵向桁架,中柱被支撑住。横向索与主桁架仅在连接点相连。而在 Los Angeles 飞艇中主桁架和辅助桁架无差别,认为可避免复杂的和过多的冗余,以及避免来自主框架数量较多的侧面,因此在这个飞艇中,这些框架是 12 侧面结构,每一侧或单元包括菱形桁架杆,Los Angeles 飞艇结构如图 7 - 4 所示。在两个单元的连接点上采用纵向桁架,而且在每个单元的中部,两侧菱形交叉。横向索仅布置在两单元之间的连接点上。

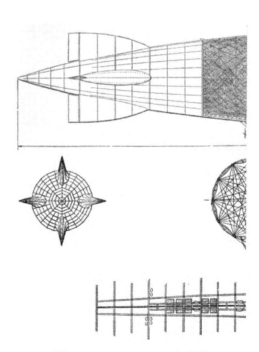

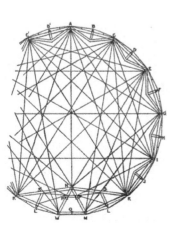

图 7 - 3　ZR - 1(USS Shenandoah)
　　　　　飞艇的主横向框架　　　　　　　　　　图 7 - 4　Los Angeles 飞艇结构

7.7　硬式飞艇的索

在硬式飞艇中的索系统包括布置在由纵向和横向桁架所形成的四边形的侧面面板的剪切索、在主横向框架内的横向索以及浮升气囊辅助网。高拉伸强度的钢是索最好的材料。钢的拉伸强度约为 240 000 lbf/in²。而硬铝合金的强度为 55 000 lbf/in²。钢的极限强度和重量比为 31 000，而铝为 20 000。相等重量钢具有较小的横截面积是其作为张力部件的优点，尽管当其作为受压部件时会有劣势。铝膨胀的温度系数是钢的 1.78 倍，因此索的张力和作用在铝桁架上的压缩力在一定程度上会受温度的影响。这方面 E. H. Lewitt 进行了研究，表明温度增加 50°F，在钢索中增加的张力约为 2 000～3 000 lbf/in²，在纵向桁架增加的压缩力为 310 lbf/in²，而且在主横向桁架增加约为 770 lbf/in²。但这些温度应力根本不严重，在强度计算时可以忽略，尽管建议在飞艇设计时考虑它们，特别是在气候温度变化明显的时候。

7.7.1　剪切索的最佳倾斜

飞艇设计者对于剪切索相对于纵向和横向桁架的倾斜角，已经开展了大范围的选择。研究发现，剪切索最高效的倾斜角度是 45°。

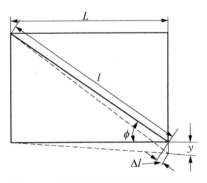

图 7-5　由于相邻横向框架相对移动引起剪切索中的张力

由于相邻横向框架相对移动引起剪切索中的张力如图 7-5 所示，一矩形平面长度为 L，承受一给定的横向剪切力 F，分析索的倾斜角度，以使平面产生最小的剪切变形以及最小的索重量。

假设：T 为索的总张力；t 为单位面积的张力；a 为索的横截面积；l 为索长度；ϕ 为索相对于纵向桁架的倾斜角；Δl 为索的伸长量；y 为平面外边节点的横向变形；E 为索材料的弹性模量。

实际上由于面板节点载荷所引起的长度变化相比于由于剪切引起的横向变形要小。故可忽略面板的长度变化，可得

$$\Delta l = y\sin\phi$$

$$\Delta l = \frac{Tl}{Ea} = \frac{tl}{E}$$

因此有

$$y = \frac{tl}{E\sin\phi} = \frac{tL}{E\sin\phi\cos\phi} \tag{7-25}$$

所以，对于给定的单位面积张力 t，最小化 y，则需 $\sin\phi\cos\phi$ 最大。

假设 $x = \sin\phi\cos\phi$，对 ϕ 求导并令其等于 0：

$$\frac{\mathrm{d}x}{\mathrm{d}\phi} = \cos^2\phi - \sin^2\phi = 0$$

得到

$$\cos\phi = \sin\phi, \quad \phi = 45°$$

所以，45°的倾斜角将产生最小的变形。

假设：k 为索的单位体积的重量，索的重量为 kal。

$$T = F/\sin\phi$$
$$a = F/t\sin\phi$$
$$kal = kFL/t\sin\phi\cos\phi$$

所以给定索单位面积张力 t 下的索最小重量也需要 45°的倾斜角。

7.7.2 在索中的初始张力

索一般具有初始张力并可以传递气体压力，这可使其变得稍微张紧，可担当压杆，并且当其失效时也无损害。这样，通过艇身中的对角索产生初始张力，反剪切索担当压杆，艇身的剪切变形会减小，从而具有辅助减小纵向桁架应力的优点，这些力由艇身中的主剪切产生。存在初始应力的缺点是使结构冗余增加，且在大多数情况下，会使纵向和横向桁架内的总压力增加。而且，通常得到一致的初始应力是困难的，从而会使一些索和桁架很可能过载。基于这些原因，通常在剪切索中的初始应力一般不超过 200 lbf。

在横向索中，一般不期望有初始张力，这是由于局部膨胀的浮升气囊会增加总的张力。然而，为防止框架由于其自身重量而引起的扭曲，必须具有足够的初始张力。当飞艇搁置于支架上，这时内部无浮升气囊，艇身自身重量趋向于使框架变平，需将张力作用在水平横向索上。另一方面，当飞艇膨胀时，横向框架趋向于向垂直方向发生变化，使垂直索产生张力。

在建造飞艇时，为防止艇身结构扭曲，索需获得足够的初始张力。具有长期经验和技能的工人能够感觉索内的张力，通过他们的操作从而使索的初始张力得以很好地实现。

8 浮升气体压力和横向强度

8.1 浮升气体的功能

飞艇包含在蒙皮或浮升气囊中的浮升气体通常是浮力产生的根源。对于一般目的，这一概念是足够准确的，但对于飞艇设计者来说，对浮升气体功能的更准确的理解是必要的。

浮力的真正来源是周围的空气，而不是囊体中的浮升气体。如果囊体中的浮升气体可以移除，并能保留容积而不被压扁，这时飞艇的浮力会有所增加，增加量等于所排出浮升气体的重量。尽管空气的浮力是较小的，在海平面标准大气下仅为 0.076 35 lbf/ft³。但其绝对压力是很大的，在海平面标准大气下为 2 120 lbf/ft²。没有一种结构，其质量小于所排开空气的质量而能承受这样大的绝对压力。故为了排开空气，气囊或容器必须填充与周围空气绝对压力近似相等的浮升气体，而且浮升气体要尽可能轻，因为浮升气体的重量会抵消一部分有用的浮力。

严格来说，浮升气体真正的功能是维持内部压力。

8.1.1 浮升气体压差的定义

一般情况下，浮升气体压差是指囊体内部气体绝对压力和外界环境空气绝对压力之间的压力差。

8.1.2 浮升气体压差变化率

由于外界环境空气和囊体内浮升气体密度的差别，在浮升气囊内压差随高度增加而增加。压差随高度增长率为

$$\frac{\mathrm{d}p}{\mathrm{d}h} = k = \rho_a - \rho_{He} \tag{8-1}$$

式中：p 为单位面积浮升气体压力；h 为高度；k 为单位体积浮力，即空气和浮升气体单位体积的质量差。

在飞艇从底部到顶部的高度范围内，k 可看作常数，尽管严格来说，k 在飞艇内

是与其他地方一样会以相同的速率变化。

8.1.3 超压量和总压差

在气囊内最低点浮升气体压差称为"超压量",在气囊内任一点的压差为

$$p = p_0 + kh \tag{8-2}$$

式中：p_0 为超压量；h 为距离气囊底部的高度。

硬式飞艇中的浮升气囊一般无超压量,除非当气囊处于完全膨胀状态。在软式和半硬式飞艇中,通过将空气鼓入副气囊获得超压量,这样遍及整个副气囊会产生一致的空气压力,这时浮升气体的超压量就等于副气囊压差。另外,副气囊自身重量或副气囊横隔膜的张力会使超压量轻微减小,这样浮升气囊中的超压量就会低于副气囊内的空气压力。

8.1.4 浮升气体压差大小

浮升气体的压差通常以 inH_2O 表示；但为了设计计算,也经常采用磅力每平方英尺(lbf/ft^2)。

$$1\, inH_2O = 5.2\, lbf/ft^2 \tag{8-3}$$

对于飞艇所涉及的压力相比于其他工程领域来说要小。对于软式和半硬式飞艇,超压 $2\, inH_2O$ 已被认为是比较大的。气体自动泄压阀的阈值通常比超压要小约 $0.5\, inH_2O$。

例题 8-1 计算高于浮升气囊最低点 70 ft 的压力,浮力为 $0.068\, lbf/ft^3$,且具有 $1.5\, inH_2O$ 的超压。

根据式(8-3)得

$$p_0 = 1.5 \times 5.2 = 7.8\, lbf/ft^2$$

根据式(8-2)得

$$p = p_0 + kh = 7.8 + (70 \times 0.068) = 12.56\, lbf/ft^2,\text{或 }2.42\, inH_2O$$

8.1.5 纵向倾斜的影响

对于软式和半硬式飞艇,浮升气体空间没有被横隔膜完全分割,横隔膜两侧的浮升气体压力几乎相等。气囊在最低点和最高点之间的垂直距离会随飞艇纵向倾斜而增加,既然最低点必须始终具有足够的压差以防止被压扁(软式飞艇通常约为 $1\, inH_2O$),这样最高的浮升气体压力会发生在倾斜状态。通常蒙皮设计需要满足 $30°$ 的倾斜角度。

对于硬式飞艇,浮升气囊宽度比其直径小,且被包含交叉索的横向框架分割,因此飞艇倾斜对于气囊中最高浮升气体压力具有非常小的影响,但是它会在相邻的气

囊之间产生压差,从而将载荷施加在横隔膜上。这些载荷相比来源于一个收缩气囊邻近的一个完全充满气囊时所产生的载荷要小。

8.1.6 浮升气体压差的利弊

对于压力飞艇,为了防止压扁需保持一定的浮升气体压差;而且在硬式飞艇中,通常浮升气体压差在帮助艇身结构抵抗压缩力方面也是有用的。对于所有类型的飞艇,不允许产生过分的压差。当快速爬升或通过强上升气流使飞艇迅速上升时,例如在雷暴中,可通过放气阀释放浮升气体来减缓压差。

对于至今所建造的硬式飞艇,浮升气体压差往往是不利的,因其会将不希望的横向弯曲力作用在纵向桁架上。这看似可通过改进设计,将浮升气囊嵌入在索系统里,这样就不会将横向载荷施加到纵向桁架上,但会产生不易处理的张力,而且实际上浮升气体压力在抵抗压缩力方面是有利的,而压缩力单纯通过结构系统是非常难抵抗的。

也有建议在硬式飞艇中为减小浮升气体压差应力,可采用所谓的"自然外形(natural shape)"横截面,其是在第6章所考虑的第2种特殊情况的横截面外形。但这对于给出横截面外形随压差改变而发生的变化是非常难的;实际上,对于浮力仅通过剪切和一致分布重量平衡的框架外,在主框架之间的自然形状是圆形。

由于浮升气体压差所引起的纵向弯曲力矩已在第6章进行了讨论。

8.1.7 作用在纵向结构上的浮升气体压力载荷

对于常规硬式飞艇,浮升气体压力载荷所产生的在纵向桁架上的应力,与艇身主要弯曲所产生的应力在同一量级上。

浮升气体压力作用在纵向桁架的底面和用于保护桁架的辅助网上,同时浮升气囊织物也被施加了压力(见图8-1)。有时认为浮升气体作用在每个面板上的全部压力,必使纵向桁架作为径向载荷承担,但实际上,仅当辅助网凸出在一个完整的半圆内(假设剪切索和外蒙皮允许这一形状)这种情况才是正确的,如图8-1左侧图所示。在这种情况下,辅助网不会将载荷施加到与艇身横截面相切的纵向桁架上。

另外一种特殊情况是当辅助网具有与艇身横截面同样的曲率,如图8-1右侧图所示。辅助网处处与艇身相切,因此张力无分量将径向载荷作用在桁架上。然而,会有切向载荷作用在纵向桁架上,该载荷来源于浮升气体压力随高度的增加,从而使面板到面板的辅助网具

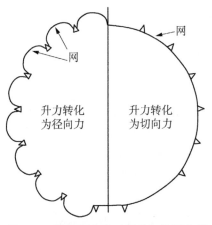

图8-1 辅助网曲率对浮升气体压力载荷分布的影响

有向上的张力。

浮升气体浮力转换到艇身上的这两种情况具有非常大的差别。第 1 种情况,浮力是通过向外的径向载荷作用在其上部的纵向桁架上;而第 2 种情况,浮力所产生的切向力载荷主要集中在艇身中等高度的纵向桁架上。

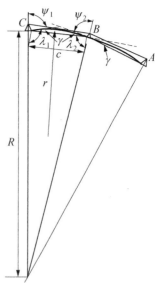

辅助网曲率变化对于载荷分布具有非常重要的影响,另外还有一个类似的问题,即由内外压力差(外压大于内压)产生的载荷可通过外蒙皮施加到纵向桁架上。这一点值得强调,主要是由于往往会认为辅助网的弯曲不会引起作用在纵向桁架上的载荷出现差别,例如悬索桥缆索曲率不会使作用在塔上的载荷发生变化一样。这一差别可通过参考如图 8 - 2 所示的由辅助网上的气压产生的纵向桁架上的径向载荷进行解释。辅助网每个面板作用在其所附属的纵向桁架上的径向载荷为

图 8 - 2 由辅助网上的气压产生的纵向桁架上的径向载荷

$$w = t\cos\psi \qquad (8 - 4)$$

式中:w 为辅助网作用在单位长度纵向桁架上的径向载荷;t 为单位宽度辅助网上的张力;ψ 为辅助网切线与通过纵向桁架的径向平面之间的夹角。

从图 8 - 2 可得

$$\psi = \pi - \gamma - \lambda \qquad (8 - 5)$$

$$t = pr$$

式中:p 为单位面积的气体压差,对于面板可假设其为常数;r 为辅助网弯曲的横向半径。所以有

$$w = pr\cos(\pi - \gamma - \lambda)$$

对于 $\lambda = \pi/2$ 时这一特殊情况,有

$$w = pr\cos(\pi - \gamma - \lambda) = pr\cos(\pi/2 - \gamma) = pr\sin\gamma$$

且 $\sin\gamma = c/2r$,其中 c 为面板的宽度,所以有

$$w = pc/2$$

这种特殊情况可用于分析作用在悬索桥塔上的载荷。但显然,一般不能用于确定作用在飞艇纵向桁架上的径向载荷。

另一特殊情况是当辅助网弯曲的横向半径 $r = R$ 时,可得

$$\gamma + \lambda = \pi/2 = \psi$$

所以径向载荷为

$$w = 0$$

对于飞艇,例如 Shenandoah,主纵向桁架和辅助纵向桁架具有不同的深度,在主纵向桁架上的 λ 大于辅助桁架的,故在主纵向桁架上向外的径向载荷是较大的。

辅助网的曲率通常可将浮升气体的浮力转换而作用到艇身上,通常是在纵向桁架上产生径向和切向载荷,而在切向撑牢纵向桁架相比于径向更加有效;实际上,由面板内的对角索构成的网其自身就具有切向撑牢的功能。故总是期望辅助网应凸出,但不超过纵向桁架底面形成的内接圆。可惜建立且确保网具有理论上所期望的确切张力是不实际的;所以,习惯上允许网膨胀到距离外蒙皮约 4～6 in 之内。另外,一定量的径向向外的浮升气体压力载荷可帮助纵向桁架抵抗来自于外蒙皮向内的载荷,而作用在纵向桁架底面上的直接的浮升气体压力就可提供这方面的载荷。

8.1.8　作用在网和纵向桁架上的浮升气体压力载荷算例

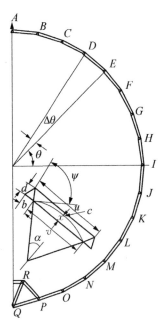

图8-3　具有 32 条侧边的硬式飞艇的横截面

下面的算例是针对具有 32 个侧面的飞艇(见图 8-3)。已知条件如下:

R 为通过纵向桁架顶点的艇身横截面半径,为 61 ft;$\Delta\theta$ 为一个面板所对应的横截面中心角度,为 11°15′;d 为纵向桁架的高度,为 1.18 ft;b 为纵向桁架的宽度,为 0.885 ft;c 为辅助网和外部蒙皮之间的最小间隙,为 0.5 ft;r 为辅助网的曲率半径;u 为纵向桁架顶点之间的距离;v 为纵向桁架底面之间的距离;x 为网曲线的最大深度;θ 为通过任意纵向桁架的径向平面与水平面之间的夹角;H 为任意纵向距离浮升气囊底部的高度;k 为浮升气体单位浮力,为 0.064 lbf/ft³;t 为网上的横向张力;p 为在任意纵向桁架处单位浮升气体压力;p_0 为在气囊底部单位浮升气体压力,0.5 inH$_2$O=2.6 lbf/ft²;α 为网的半弧角;ψ 为在任意纵向位置网切向与径向平面的夹角;R_1 为以艇身横截面中心为原点的浮升气体空间的平均半径。

根据给定的参数值,具体计算如下:

$$u = 2R\sin(\Delta\theta/2) = 2 \times 61 \times 0.098 = 11.95 \text{ ft}$$

$$v = u - 2d\sin(\Delta\theta/2) - b\cos(\Delta\theta/2)$$
$$= 11.95 - (2.36 \times 0.098) - (0.885 \times 0.995) = 10.84 \text{ ft}$$

$$x = d\cos(\Delta\theta/2) - \frac{b}{2}\sin(\Delta\theta/2) - c$$

$$= (1.18 \times 0.995) - (0.442 \times 0.098) - 0.5 = 0.63 \text{ ft}$$

$$r = \frac{v^2}{8x} = (10.84)^2/(8 \times 0.63) = 23.4 \text{ ft}$$

$$\psi = 90° + \frac{\Delta\theta}{2} - \alpha$$

$$\alpha = \sin^{-1}(v/2r) = \sin^{-1}0.232 = 13°25'$$

$$\psi = 90° + \frac{\Delta\theta}{2} - \alpha = 90° + 5°371/2' - 13°25' = 82°121/2'$$

$$\sin\psi = 0.9907$$

$$\cos\psi = 0.1356$$

$$H = R_1(1 + \sin\theta) = 60.2(1 + \sin\theta)$$

$$p = p_0 + kH$$

$$= 2.6 + (0.064 \times 60.2)(1 + \sin\theta)$$

$$= 6.46 + 3.86\sin\theta$$

$$t = rp = 23.4 \times (6.46 + 3.86\sin\theta) = 151 + 90.4\sin\theta$$

直接径向载荷为

$$bp = 0.885 \times (6.46 + 3.86\sin\theta) = 5.72 + 3.42\sin\theta$$

从网传来的径向载荷为

$$2t\cos\psi = 22 \times 0.1356 \times (151 + 90.4\sin\theta) = 41.08 + 24.45\sin\theta$$

总的径向载荷为

$$46.8 + 27.9\sin\theta \text{ lbf/ft}$$

切向载荷为

$$\sin\psi \cdot \Delta t = \sin\psi \cdot r\Delta p = \sin\psi \cdot rk\Delta H, \quad \Delta H = R_1\cos\theta \sin\Delta\theta$$

计算得切向载荷为

$$R_1 rk \sin\psi\sin\Delta\theta \cos\theta$$

$$= 60.2 \times 23.4 \times 0.064 \times 0.195 \times 0.9907\cos\theta \text{ lbf/ft}$$

$$= 17.45\cos\theta$$

通过计算可得作用在纵向桁架上的径向和切向载荷以及网中的平均横向张力。具有 32 条侧边的飞艇(直径为 122 ft)的浮升气体压力、辅助网张力以及作用在纵向桁架上的切向和径向载荷如表 8-1 所示。

表 8-1　具有 32 条侧边的飞艇的载荷
（网的曲率半径 $r = 23.4$ ft）

纵向	θ	$\sin\theta$	$\cos\theta$	$p/(\text{lbf/ft}^2)$	$t/(\text{lbf/ft})$	径向载荷/ (lbf/ft)	切向载荷/ (lbf/ft)
A	90°0′	1.0	0	10.32	242	74.7	0
B	78°45′	0.980 8	0.195 0	10.24	240	74.1	3.40
C	67°30′	0.923 9	0.382 7	10.03	236	72.6	6.68
D	56°15′	0.831 5	0.555 5	9.67	226	70.0	9.70
E	45°0′	0.707 1	0.707 1	9.19	215	66.5	12.33
F	33°45′	0.555 5	0.831 5	8.60	201	62.3	14.5
G	22°30′	0.382 7	0.923 9	7.94	186	57.5	16.1
H	11°15′	0.195 0	0.980 8	7.21	169	52.2	17.1
I	0	0	1.0	6.46	151	46.8	17.45
J	−11°15′	−0.195 0	0.980 8	5.71	134	41.4	17.1
K	−22°30′	−0.382 7	0.923 9	4.98	117	36.1	16.1
L	−33°45′	−0.555 5	0.831 5	4.32	101	31.3	14.5
M	−45°0′	−0.707 1	0.707 1	3.73	87	27.1	12.33
N	−56°15′	−0.831 5	0.555 5	3.25	76	23.6	9.7
O	−67°30′	−0.923 0	0.382 7	2.89	68	21.0	6.68
P	−78°45′	−0.980 8					

在任意面板的真正的网张力可看作表中张力的平均值，其计算是对于相邻面板之间的位置。

当网的曲率或纵向桁架的深度发生变化时，ψ 也会发生变化，在纵向桁架上的载荷计算更加复杂，但原理与上述算例一致。

在另外章节，将阐述如何计算在辅助网上必须给定的初始张力或松弛，以便于在任意给定压差下产生所期望的凸出或曲率。

8.2　浮升气囊网

在纵向桁架之间浮升气囊应该通过具有不超过 18 in 网格的网进行支撑。这类网格必须由非常细的线组成，且由于每个网格内含有大量的线，会使得到一致的初始应力存在困难。如果将浮升气体压力载荷作用到纵向桁架上，且载荷限制在一定的设计范围内，则线内必须保持一致的初始应力。基于这一原因，通常采用具有约 3～4 ft 的平均网格的钢索网和约 1/3 到一半网格大小的苎麻纤维绳索网相结合的方式。在计算浮升气体压力载荷时纤维绳索网可不考虑，假设其直接作用在钢索网上。

一般钢索网有两种主要类型,包括对角网格和圆周系统。早先的齐柏林飞艇 Los Angeles 采用由简单的对角线网格组成的网。在 R‑38 飞艇中,英国采用了具有独创性的横向围绕艇身的圆周钢索系统,其穿过纵向桁架底面槽型杆件的孔,并采用悬链线环进行保护,类似于反向悬索桥的缆绳。钢索布置在主纵向桁架的两个相邻连接的面板平面内,面板以主框架和辅助框架作为边。这些悬链线环承受切向力,该力来自于由于浮升气体上部压力增加而产生的周向索应力的变化。这样可减轻纵向桁架的切向载荷。

USS Los Angeles 飞艇浮升气囊网的两个典型的相邻面板如图 8‑4 所示。网的布置是对角网格和周向系统的折衷。索通过纵向桁架底面槽型杆件内的孔(如周向系统),因此无切向载荷作用在纵向桁架上。几条索聚合在每个连接点上,以便于将径向浮升压力的大部分直接作用在连接点上,而不是纵向桁架上。

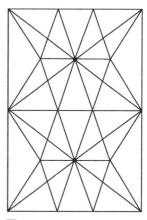

图 8‑4　USS Los Angeles 飞艇浮升气囊网的两个典型的相邻面板

飞艇中设计浮升气囊网的主要目的如下:①作用在纵向桁架上小的径向和切向载荷;②产生尽可能大的浮升气囊空间;③索张力小的纵向部件;④轻量简单且易调整的索系统。这些需求在某种程度上相互冲突,设计者必须进行折衷。

作用在纵向桁架上的切向载荷是容易避免的,即允许网自由穿过位于纵向桁架底部槽型杆件的孔,并且使所有的索汇聚到与框架相连的连接点上。通过使网的横向曲率半径等于飞艇纵向桁架底部的横截面半径,径向载荷也可以消除;但这与需要尽可能大的浮升气囊体积相冲突,因为若这样会在浮升气囊和外蒙皮之间留下相当大的空气空间。而且由于浮升压力变化不可避免地会引起曲率变化,这也是在实际情况下可近似满足的条件。唯一的完全消除作用在纵向桁架上的径向和切向浮升气体压力载荷的方式,是将索仅与横向框架相连,并使其足够紧,以致在任何情况下都不会接触到纵向桁架。由于这样会引起浮升气体空间的损失,而且如何使索具有正确的张力也很困难,故对这种方式是否实用值得怀疑。

浮升气体压力作用在艇身纵向的张力是有用的,可辅助纵向桁架抵抗来自艇身主要弯曲引起的压缩力;但是,很难避免吸收纵向浮升气体压力引起的浮升气囊网中张力纵向分量的大部分。基于这一原因,总期望大部分索尽可能地沿周向方向布置;尽管这样会使索的长度很长,从而使其保持合适的张力和曲率存在困难。

8.2.1　横向载荷作用在初始张紧索上的张力

飞艇设计中,需要频繁计算来自浮升气体或空气压力横向载荷作用下在初始张紧索上的张力。这个问题在其他工程领域很少出现,对其处理过程工程师知之甚少。基于这些原因,下面给出受到不同分布横向载荷作用下初始张紧索张力的推导和公式。

初始张紧索由于横向载荷引起的张力如图 8-5 所示,给出在两个固定点之间初始被拉伸张紧的索,以及施加的横向载荷。

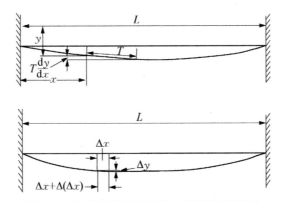

图 8-5 初始张紧索由于横向载荷引起的张力

假设:L 为初始索长度;ΔL 为由于横向载荷而引起的索长度增加量;a 为索的横截面积;E 为索材料的弹性模量;y 为距离固定端 x 处的索的偏移量;p 为索单位长度的横向载荷;P 为作用在索上的总的横向载荷,$P = pL$;T_0 为索的初始张力;T 为索的最终张力;R 为索的曲率半径。

由于在飞艇上索自身重量相比于需考虑的横向载荷要小,故忽略索自身重量的影响。既然来自流体压力的横向力沿索无切向分量,故沿整个索的张力为常数。

已知索的曲率半径 R,压差 p 和 T 满足的基本关系为

$$Rp = T$$

既然 dy/dx(索对于初始位置的倾斜)始终是小的,则有

$$\frac{1}{R} = \frac{d^2 y}{d x^2}$$

因此有

$$T \frac{d^2 y}{d x^2} = p \qquad (8-6)$$

索从 Δx 到 $\Delta(\Delta x)$ 增加一个短长度,所引起的偏移量为(见图 8-5)

$$[\Delta x + \Delta(\Delta x)]^2 = (\Delta x)^2 + (\Delta y)^2$$

因此有

$$\Delta(\Delta x) = 1/2\left(\frac{\Delta y}{\Delta x}\right)^2 \Delta x$$

且

$$\Delta L = \int_0^L 1/2\left(\frac{dy}{dx}\right)^2 dx \tag{8-7}$$

而索材料在其线性范围内应力应变关系为

$$\Delta L = \frac{(T-T_0)L}{Ea} \tag{8-8}$$

通过积分式(8-6)，T 可表示为 p、x 和 y 的函数外加一个积分常数，该积分常数可以根据边界条件 $x = L$ 时，$y = 0$ 进行确定。

根据式(8-6)、式(8-7)和式(8-8)，当在载荷作用下索端点无相对位移时，张力和变形能够完全确定。如果索的两个端点位移已知，通过对初始张力进行修改，最终张力也可以计算。初始张力的修改量为在作用横向载荷前所产生的位移所引起的量，而不是施加载荷后。

8.2.2 均匀分布横向载荷所产生的张力

通过积分式(8-6)得到

$$T\frac{dy}{dx} = \int_0^x p dx + C = px + C$$

$$Ty = \frac{px^2}{2} + Cx$$

当 $x = L$ 时，$y = 0$，得到

$$\frac{pL^2}{2} + CL = 0, \ -C = \frac{pL}{2}$$

$$\frac{dy}{dx} = \frac{px}{T} - \frac{pL}{2T}$$

$$\Delta L = \frac{(T-T_0)L}{Ea} = \int_0^L 1/2\left(\frac{dy}{dx}\right)^2$$

$$= \frac{p^2}{2T^2}\int_0^L\left(x^2 - Lx + \frac{L^2}{4}\right)dx$$

$$= \frac{p^2 L^3}{24T^2}$$

因此，代入式(8-8)可得

$$24T^3 - 24T_0 T^2 - EaP^2 = 0 \tag{8-9}$$

当 $T_0 = 0$，T 为

$$T^3 = \frac{EaP^2}{24} \qquad (8-10)$$

对于均匀横向载荷，且 $T_0 = 0$ 时可容易推导出另一个有用的关系：

$$R^3 = \frac{EaL^3}{24P} \qquad (8-11)$$

$$y_{\max} = \frac{L^2}{8R} \qquad (8-12)$$

$$y_{\max}^3 = \frac{3L^3 P}{64Ea} \qquad (8-13)$$

假设 $T/a = t$，得到

$$t = E\frac{\Delta L}{L} \qquad (8-14)$$

$$T^2 = \frac{EP^2}{24t} \qquad (8-15)$$

$$y_{\max}^2 = \frac{3L^2 t}{8E} \qquad (8-16)$$

$$R^2 = \frac{L^2 E}{24t} \qquad (8-17)$$

8.2.3 非均匀分布横向载荷所产生的张力

对于单独的集中横向载荷作用在初始张紧索的中心点，有

$$T^3 = \frac{EaP^2}{8} \qquad (8-18)$$

实际中，频繁涉及的是分布载荷满足 $p = kx$（横向框架内的径向索），其中 k 为常数，在这种情况下，索中的张力满足

$$\frac{45T^3}{2} - \frac{45T_0 T^2}{2} - EaP^2 = 0 \qquad (8-19)$$

这一表达式和类似的对于其他非均匀分布载荷下的表达式可采用与上述均匀分布载荷类似的推导过程较容易地推导得出。

8.2.4 确定索的初始张力或松弛

在飞艇设计中经常遇到的问题是，分析当一个索承受给定横向载荷时，其所需要的初始张力或松弛，以使其产生指定的最终张力或曲率。

这个问题即是根据最终需要的张力 T，计算其初始张力 T_0。

下面的例子展示了不同横向载荷作用的情况下索张力的求解问题。

例题 8 - 2 在均匀横向载荷 18 lbf/ft 下凸出 6 in(0.5 ft)，且应力 t 为 50 000 lbf/in²，索长度 L＝13 ft，弹性模量 E＝30 000 000 lbf/in²，计算索的初始张力和需要的横截面积。

从前述的数据，可得

$$P = pL = 18 \times 13 = 234 \text{ lbf}$$

$$R = \frac{L^2}{8y} = \frac{13 \times 13}{8 \times 0.5} = 42.25 \text{ ft}$$

$$T = Rp = 42.25 \times 18 = 760 \text{ lbf}$$

$$a = \frac{T}{t} = \frac{760}{50\,000} = 0.015\,2 \text{ in}^2$$

根据表达式

$$24T^3 - 24T_0 T^2 - EaP^2 = 0$$

得到

$$T_0 = \frac{24T^3 - EaP^2}{24T^2}$$

$$= \frac{(24 \times 760^3) - (30\,000\,000 \times 0.015\,2 \times 234^2)}{24 \times 760^2}$$

$$= -1\,040 \text{ lbf}$$

负值表示该索不能具有初始张力，因此负的初始张力 T_0 必须转换为初始松弛量，具体如下：

$$\Delta L = \frac{T_0 L}{Ea} = \frac{-1\,040 \times 156}{30\,000\,000 \times 0.015\,2} = -0.356 \text{ in}$$

即在两个端点之间的索必须具有比 13 ft 多 0.356 in 的初始长度。

8.2.5 浮升压力下初始网张力对纵向桁架的影响

下面研究浮升气囊网在不同的初始张力下，径向气体压力载荷所产生的最终张力对纵向桁架的影响。本处考虑一特殊情况，即在直径为 135 ft 的硬式飞艇艇身横截面上，纵向桁架具有一致的深度，且周向分割角的度数为 11°15′(32 等份)。

而对于计算径向载荷的特性无通用的表达式，故每一种情况必须单独处理。然而，对于一般应用，这些推导过程是可使用的。

具体的分析方法如下(可参考图 8 - 3 中的放大图)：

假设：v 为相邻纵向桁架底面的净距；x 为纵向桁架之间网曲线的最大深度；

r 为网的曲率半径;α 为网的半弧所对应的曲率中心角;$\Delta\theta$ 为飞艇相邻侧面面板之间的夹角;ψ 为通过纵向的径向线与在纵向底面处网切线之间的夹角;p 为作用在网面板上的平均单位浮升气体压力;t_0 为网单位宽度的初始张力;t 为由于压力 p 所产生的网的最终张力;w 为网的一侧作用在纵向桁架的径向载荷(单侧径向载荷);E 为索所用材料的弹性模量;a 为索的横截面积,假设沿横向,相距单位距离。

通过前面的讨论,下面建立上述各量之间的关系:

$$w = t\cos\psi$$
$$\psi = 90° + \Delta\theta/2 - \alpha$$
$$\sin\alpha = v/2r$$
$$x = v^2/8r$$
$$r = t/p$$
$$t^3 - t_0 t^2 = Ea(vp)^2$$

假设给定 $v = 12.5$ ft, $E = 20\,000\,000$ lbf/in^2,对于横向索在相距 1 ft, $a = 0.01$ in^2。

将压力从 0~20 lbf/ft^2(3.85 inH$_2$O)时,t、w、x 等结果绘制在图 8 - 6 和图 8 - 7 中,其中考虑 5 个不同的初始张力 t_0 值:−200 lbf、−100 lbf、0 lbf、100 lbf、200 lbf。

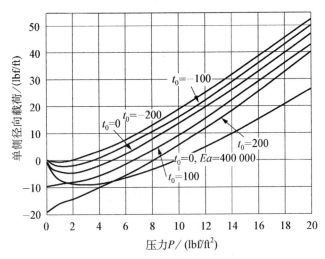

图 8 - 6　不同网初始张力和压差下的桁架单侧径向载荷

负的初始张力(即受压)对于柔性索来说是不可能的。这里采用的条件表明索初始是松弛的,即具有剩余长度。若假设它们在无弯曲下可承受压力可产生指定负的张力。例如,v 为索两个端点之间的距离,Δv 为索附加的长度,通过弹性理论,可

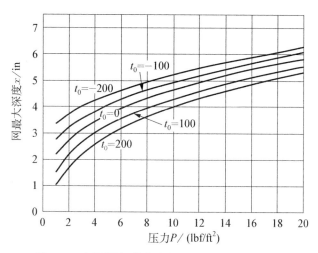

图 8-7　不同网初始张力和压差下网的最大深度

得索剩余长度与初始张力的关系为

$$-\Delta v = \frac{v t_0}{Ea}$$

网的初始横向偏移 x_0 是通过把索张紧而没有产生张力时的偏移量，为

$$x_0^2 = v \Delta v / 2$$

在所研究的情况下：

当 $t_0 = -200$ lbf 时，有

$$\Delta v = 150 \times 200 / 200\,000 = 0.150 \text{ in}$$
$$x_0^2 = 150 \times 0.150 / 2 = 11.25 \text{ in}^2$$
$$x_0 = 3.36 \text{ in}$$

当 $t_0 = -100$ lbf 时，有

$$\Delta v = 150 \times 100 / 200\,000 = 0.075 \text{ in}$$
$$x_0^2 = 150 \times 0.075 / 2 = 5.625 \text{ in}^2$$
$$x_0 = 2.37 \text{ in}$$

8.2.6　实际应用

图 8-6 中的曲线给出了在网初始应力 t_0 为常数时 w 随 p 的变化；当取某一垂线可得出在 p 为常数时，w 随 t_0 的变化。

设计者的目的是保持小的纵向桁架径向载荷 w，尽管有时为抵销从外蒙皮引入的向内径向载荷,某一正值也是所期望的。对于任一特定的浮升气体压力 p,会存在一个初始张力 t_0,使 $w=0$;但通常 p 会随浮升气囊填充量和超压而变化;而实际中也无法任意准确地去调整 t_0。或许对于实际飞艇尺寸下的面板,t_0 的范围可以设置为 100 lbf。图 8-6 给出,在 $t_0=\pm 50$ lbf 范围内,对于整个浮升气体压力变化范围,径向载荷 w 的变化保持在约 4 lbf/ft。既然通常网固定在纵向桁架的两侧,故对于任意给定的浮升气体压力,w 的范围约为单侧的 2 倍,即 8 lbf/ft。

作为典型情况,考虑长度为 18 ft 两端固定的纵向桁架,该桁架具有截面模数 $Z=2.5$ in^3(抗弯截面系数 $Z=I/y_{max}$),最大弯曲力矩为

$$M = wL^2/12$$

对于 8 lbf/ft 载荷,则有

$$M = wL^2/12 = 8 \times 18^2/12 = 216 \text{ ft} \cdot \text{lbf} = 2\,592 \text{ in} \cdot \text{lbf}$$
$$f = M/Z = 2\,592/2.5 = 1\,037 \text{ lbf/in}^2$$

也就是说,由于 t_0 不可控的变化,在纵向桁架内存在约 1 000 lbf/in^2 不确定的应力变化。

在图 8-6 中的浮升气体压力曲线达到 20 lbf/ft^2。但实际上,即使对于大尺寸飞艇在其顶部,浮升气体的压力也不会超过 12 lbf/ft^2。

当 $p=12$ lbf/ft^2 时,$Ea=200\,000$ lbf,且 $t_0=0$;$w=19.4$ lbf/ft,$t=570$ lbf,$t/a=57\,000$ lbf/in^2,这时的径向载荷 w 是较高的;索中的应力达到 57 000 lbf/in^2,这对于高强度的钢索是处于中等水平。当 $t_0=200$ lbf 时,$w=11.8$ lbf/ft,$t=647$ lbf,$t/a=64\,700$ lbf/in^2。这时对于 w 有一个相当大的改善,可得到比较好的结果。当 $t_0=0$ 时,应力不高。这样大的初始张力的缺陷是当无浮升气体压力,会有施加在纵向桁架上向内的径向载荷。

实际中总是期望在浮升气体压力发生变化时 w 变化尽可能小,这可以通过增加索的横截面积达到。当 $t_0=0$ 且 $Ea=400\,000$ lbf 时,w 随 p 的变化曲线在图8-6中,可发现相比于 $Ea=200\,000$ lbf 该曲线非常平坦。当 $p=12$ lbf/ft^2,$w=4.40$ lbf/ft 时,仅 $t=720$ lbf,且 $t/a=36\,000$ lbf/in^2。为得到更加平坦的 w 值,需要付出更大的浮升气囊索的重量。

需注意的是,通过增加 t_0 或 a 可使 w 减少,但会减少纵向桁架之间的浮升气囊鼓包,进而减少浮升气体体积。

对于轻质浮升气囊网的最大浮升气囊体积和纵向桁架载荷最小化之间的最佳折中,必须针对不同的情况进行研究,没有普遍的规律。

对于钢索 E 的估算,为考虑索端点处的伸展,一般取为 20 000 000 lbf/in^2,而不是 30 000 000 lbf/in^2。

8.3 主横向框架

硬式飞艇的横向强度和刚度几乎完全来源于具有交叉索的主横向框架。由于浮升囊体的存在,中间横向框架不可有交叉索,所以其非常柔软。除了为飞艇提供横向刚度,主横向框架也作为相邻两个浮升气囊之间横隔膜的作用,这些横向框架受到的最严重的载荷是来源于一收缩气囊和与其相邻的完全充满气囊之间所产生的浮升气体压力(纵向力)。其他由主横向框架承担的重要载荷来自龙骨上的集中载荷,这些载荷通过浮力进行平衡。而浮力通过纵向桁架和剪切索作用在这些框架上。

一般主横向框架结构的冗余较大,以致很难计算在框架上的浮力和重量载荷作用下,桁架和横向索内所产生的应力。通过将很大部分的索划分为 3 个或 4 个静态可确定的系统,然后根据第 7 章的反比率法(inverse ratio method)在这些系统间进行载荷分配,可以对该问题得到较好的近似。

在主横向框架上,由浮力和重量所产生的应力一般很少超过浮升气囊收缩所产生应力的 30%。

另外,通常硬式飞艇横向框架的数目是从尾翼后缘十字形的框架开始以 m 为单位进行计数。一般以 5 m 为单位对框架进行计数是非常方便的。十字形框架以后的框架,通过在它们数值前加负号表示。

8.3.1 主横向框架中的应力计算算例

对于一个直径为 79 ft 的主横向框架,在龙骨上承载 6 500 lbf 的重量。这个载荷通过作用在框架连接点上的浮力平衡,其中一部分为纵向桁架的径向载荷,但很大部分为通过纵向桁架、辅助网、剪切索传递到连接点上的切向力。为计算框架中的应力可进行一定的简化,即假设在连接点上的浮力完全是切向的;这样所产生的小误差是处于安全范围内,因为在连接点上的实际径向力会在桁架上产生张力,其会在一定程度上减轻由于其他载荷所产生的压缩力。根据剪切理论假设在连接点上的切向力正比于 $\sin\theta$,且垂向力正比于 $\sin^2\theta$,这一假设是足够准确的。这样在任意连接点上的切向力为

$$6\,500\sin\theta / \sum \sin^2\theta \qquad (8-20)$$

在连接点上的切向力和在龙骨上 6 500 lbf 的垂向载荷假设分配在两个静态可确定系统中。系统 1 包括横向桁架和径向索(见图 8-8)。系统 2 包括横向桁架和汇聚于龙骨底部连接点的弦向索。每一个系统可采用常规分

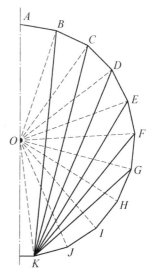

**图 8-8 简化的主横向框架
(可参考图 7-3)**

析或作图法进行求解。对于这两个系统应力 S 和内功 $S^2L/2EA$（见表 8-2），根据这些数据，可得到总功 Q_1 和 Q_2。

$$Q_1 = 10\,327 \text{ in} \cdot \text{lbf}, \quad Q_2 = 6\,610 \text{ in} \cdot \text{lbf}$$

$$q_1 = \frac{Q_2}{Q_1 + Q_2} = 0.39, \quad q_2 = 1 - q_1 = 0.61$$

在系统 1 和系统 2 中共有部件的总应力为

$$q_1 S_1 + q_2 S_2$$

表 8-2　主框架中应力的计算

部分	L/in	A/in²	E/(lbf/in²)	系统 1		系统 2		$q_1 S_1$/ lbf	$q_2 S_2$/ lbf	$S=q_1 S_1 + q_2 S_2$/ lbf
				S_1/lbf	$\dfrac{S_1^2 L}{2EA}$/ (in·lbf)	S_2/lbf	$\dfrac{S_2^2 L}{2EA}$/ (in·lbf)			
AC	236	0.40	10 500 000	−2 944	244	−1 775	89	−1 150	−1 082	−2 232
CE	236	0.40	10 500 000	−2 436	167	−1 570	69	−950	−958	−1 908
EG	236	0.40	10 500 000	−1 545	67	−1 110	35	−603	−677	−1 280
GI	236	0.40	10 500 000	−485	7	−485	7	−189	−296	−485
IK	236	0.40	10 500 000	+485	7	+485	7	+189	+296	+485
OA	475	0.008 17	30 000 000	1 451	4 080			566		566
OC	475	0.008 17	30 000 000	1 326	3 410			517		517
OE	475	0.008 17	30 000 000	980	1 860			382		382
OG	475	0.008 17	30 000 000	500	485			195		195
MA	945	0.008 17	30 000 000			400	618		244	244
MC	900	0.008 17	30 000 000			920	3 120		561	561
ME	790	0.008 17	30 000 000			750	1 820		458	458
MG	635	0.008 17	30 000 000			750	845		348	348
					10 327		6 610			

8.3.2　浮升气囊收缩引起的应力

当一个充满或部分充满的浮升气囊与一空的气囊相邻，或两个压力不等的膨胀气囊之间会产生横向载荷作用在横向框架的索上，在这些索内会产生张力，且压缩框架上的桁架边界。由于在硬式飞艇上采用了非常复杂的横向索系统（见图 7-3），计算得到气体压力分布作用在索上的准确应力解是不实际的。引入一定的假设可得到框架中载荷的一个非常好的近似解，即通过假设整个横向索结构被一个简单的径向索系统代替，其中索的横截面积假设为实际飞艇上半径或直径索的 2 倍。采用这一简化后的索系统计算在主框架节点上的力，已发现与所有气囊测试中得到的在横向索上的张力与使用该简化模型计算所得到的节点上的力非常一致。

在施加横向载荷下,初始张紧索上张力的计算已在前面进行了叙述;应用该方法计算在空的气囊和完全充满气囊之间的径向索系统的张力,在无超压情况下,发现在上部的垂直索上的张力为

$$\frac{TR}{Ea} = \frac{33}{280}\frac{k^2 R^7 \tan^2\alpha}{T^2} + \frac{\delta^2}{2R} \tag{8-21}$$

式中:T 为在索中的张力;R 为横向框架的半径;E 为索所采用材料的弹性模量;a 为索的横截面积;k 为浮升气体单位体积浮力;α 为连续径向索之间的半夹角;δ 为径向索附属的环中心的纵向移动量。

对于其他径向索也可以得出类似的表达。对于水平和下部垂直索,系数 33/280 分别替换为 2/45 和 17/2 520。表达式(8-21)推导时假设中心环无垂向移动。实际上,环的这一位移所改变的所有径向索的张力近似为所计算的水平索张力。另外,中心环的垂直移动对水平索张力没有明显的影响。

根据轴向缆的拉伸,中心环的纵向移动可通过下式计算:

$$\delta = \frac{TL}{Ea}$$

式中:T 为轴向缆的张力,假设为作用在横向框架上的总浮升气体压力载荷的 1/3;L 为与收缩气囊相对的框架一侧,从框架到飞艇末端(艇头或艇尾)的距离。既然轴向缆是钢绞线,E 取为 17 100 000 lbf/in^2,或固体钢索弹性模量的 57%。

当无轴向缆,在水平径向索中的张力为

$$10T^3 = EaR^6 k^2 \tan^2\alpha \tag{8-22}$$

这可以看作在无轴向缆情况下,简化的径向或直径索系统中所有索中的近似张力。

由于在径向索中相等的张力 T 下,索引起的横向框架的桁架中的压缩力为

$$S = \frac{T}{2\sin\alpha} \tag{8-23}$$

采用这一方法计算被横向框架分割的收缩浮升气囊和完全充满气囊所产生的应力,其中作用在框架龙骨上的垂直载荷为 6 500 lbf,可得

$$R = 38.2 \text{ ft}$$
$$a = 2 \times 0.008\ 17 = 0.016\ 34 \text{ in}^2$$
$$E = 30\ 000\ 000 \text{ lbf/in}^2$$
$$k = 0.068 \text{ lbf/ft}^3$$
$$\alpha = 14°15', \tan\alpha = 0.254$$

作用在气囊一端的平均压力为 2.7 lbf/ft²,气囊该端的面积为 4 510 ft²,这样在轴向缆上的载荷为 2.7×4 510/3 = 4 060 lbf。缆的横截面积为 0.110 5 in²,在框架充满气囊一侧到飞艇末端的距离为 600 ft,则有

$$\delta = \frac{TL}{Ea} = \frac{4\,060 \times 600}{17\,100\,000 \times 0.110\,5} = 1.285 \text{ ft}$$

根据式(8-21)得到

$$\frac{38.2T}{30\,000\,000 \times 0.016\,34} = \frac{2}{45}\left(\frac{0.068^2 \times 38.2^7 \times 0.254^2}{T^2}\right) + \frac{1.285^2}{2 \times 38.2}$$

$$(8-24)$$

可得 $T = 2\,820$ lbf,这样在每个横向桁架中的压缩力为

$$S = \frac{T}{2\sin\alpha} = \frac{2\,820}{2\sin14°15'} = 5\,730 \text{ lbf} \qquad (8-25)$$

8.3.3 无索主框架

在体积约为 4 000 000 ft³ 或更大的飞艇上,主框架可采用无横向索的深环建造,Goodyear 齐柏林公司提出的具有深横向框架和侧向走廊结构的硬式飞艇如图 8-9 所示。

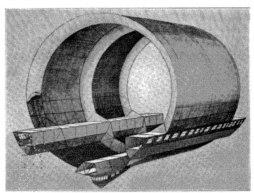

图 8-9 Goodyear 齐柏林公司提出的具有深横向框架和侧向走廊结构的硬式飞艇

不考虑侧面的个数,这样的结构仅有两个多余的部分,因此可采用常规的方法进行分析。最小功(least work)相比于反比率法(inverse ratio)更准确,但两者的难易程度几乎相同。没有张紧的索穿过框架,当两个相邻的气囊处于不同的压差,或一个比另一个更收缩时,仅有宽松的网承担浮升气囊的端部压力。这种相对宽松的网允许气囊端部产生较大的膨胀,因此收缩气囊所产生的应力相比于常规的交叉索横向框架要小很多。

在抵抗扭曲力方面,深环框架不如索框架有效,例如围绕轴向在连接点上的浮

升气体浮力,抵抗集中在走廊上的重量。这一问题是可以避免的,即通过将主要的重量从主框架自身的中心线移开,而不布置在走廊上,或者通过布置两个走廊如图 8-9 所示。上述的任一方法均可相当多地减少在框架中的应力;但即使这样,由于浮力和重量引起的应力相比于收缩气囊所产生的应力仍然大很多。

这类结构具有很多桁架,其中的一些承担相对较小的载荷,因此由于桁架尺寸成本最小化限制,该类结构对于框架直径小于 100 ft 是无优势的。这类结构的最大优点是当飞艇在飞行中其上结构存在更多部分可方便出入。深环框架也认为是飞行器设计的一个发展趋势,其可避免易变且张力分布不确定的复杂索系统。

8.4 中间横向框架

中间横向框架(过渡横向框架)作为纵向桁架之间的支撑,帮助它们与剪切索相连,保持飞艇的纵向刚度。它们也使纵向桁架得到增强,以抵抗浮升气囊压力以及来自外部蒙皮的载荷。

由于缺少横向索,中间框架非常可塑(易变形)。浮升气体压力通过纵向桁架和浮升气囊网施加在中间框架上使它们扭曲。由于它们易变形,中间框架通过其扭曲可释放应力;但这种扭曲是非常重要的,这是因为这时应力又被施加在纵向桁架上。在中间框架每一个连接点上的力可分为 3 个方面。

(1) 通过纵向桁架和浮升气囊网传递到连接点上的径向和切向气囊压力的合力载荷。

(2) 连接点之上沿横向桁架的端点载荷。

(3) 连接点之下沿横向桁架的端点载荷,并在相同方向上,连接点下面面板上的剪切索中应力的横向平面分量。

对于一个具有 32 个侧面的飞艇,其直径为 122 ft,简单计算浮升气体压力作用在纵向桁架的载荷,在前面已给出。当中间桁架间隔为 20 ft,作用在中间框架连接点上的径向和切向浮升气体压力假设为计算得到的纵向桁架上每英尺承受载荷的 20 倍。连接点之上中间横向桁架的张力等于连接点上的径向力除以 $2\sin\Delta\theta/2$,且可通过切向载荷除以 $2\cos\Delta\theta/2$ 减小。

基于表 8-1 计算得到的径向和切向载荷,表 8-3 给出由于浮升气体压力产生的中间横向框架的张力。

表 8-3 由于浮升气体压力产生的中间横向框架的张力

中间横向框架	径向载荷/ $2\sin\Delta\theta/2$/lbf	切向载荷/ $2\cos\Delta\theta/2$/lbf	桁架中的 张力/lbf
AB	7 560	34	7 526
BC	7 410	67	7 343

中间横向框架	径向载荷/ $2\sin\Delta\theta/2$/lbf	切向载荷/ $2\cos\Delta\theta/2$/lbf	桁架中的 张力/lbf
CD	7 150	97	7 053
DE	6 780	123	6 657
EF	6 350	145	6 205
FG	5 861	161	5 700
GH	5 326	171	5 155
HI	4 775	175	4 600
IJ	4 221	171	4 050
JK	3 681	161	3 520
KL	3 190	145	3 045
LM	2 763	123	2 640
MN	2 410	97	2 313
NO	2 140	67	2 073

注：$\Delta\theta = 11°15'$；$2\sin\Delta\theta/2 = 0.196$；$2\cos\Delta\theta/2 = 1.990\,4$。

　　这里会引起一些混淆，来源于这里所强调的是侧重于浮升气体压力引起的中间框架的扭曲，既然在第 6 章已经给出，在不考虑浮升气体压力，且在无集中载荷下飞艇的横截面保持为圆形。这一解释是由于桁架中的张力所引起的扭曲主要是原始圆直径的增加，而框架底部点相对于主框架保持相对固定；由于剪切索和框架中桁架尺寸变化，以及气囊网曲率变化引起的气体压力载荷的不规则性，会使外形相对于形成的圆外形发生偏离。当然，虽存在索的抑制作用，也会有中间框架的绝对扭曲，并伴随着主框架的轻微扭曲，但这里我们所关心的是中间框架相对于主框架的相对移动。

　　为计算中间框架连接点的移动，需要知道框架中桁架的应力和剪切索中的张力，同时剪切索会将浮力从中间框架传递到主框架上。

8.4.1　中间框架上浮力引起的剪切索张力的计算

　　在这方面的计算中，首先确定张力在横向平面的分量。其值为 $S\sin\phi$，其中：S 为索中总张力；ϕ 为索与纵向之间的夹角。

　　从中间框架的顶部节点开始，剪切索中张力的横向分量进行叠加，其产生的连接点向下和向上的张力必须等于顶部中间框架桁架的张力，该张力去平衡顶部连接点处的径向载荷。

　　类似地，在任意的其他节点上，在横向平面内剪切索张力的分量为总的张力，其必须通过径向和切向力，以及桁架中的张力给以平衡。或更简单，在连接点下面面板的横向平面内索张力分量等于在节点上的径向力除以 $2\sin\Delta\theta/2$，加同样节点上切

向载荷除以 $2\cos\Delta\theta/2$，小于同样面板在横向桁架内的张力。所有这些力计算得到在横向桁架内的力(见表 8 - 3)。

当对于辅助网在所有面板内具有同样曲率，且纵向桁架位于规则多边形顶点的情况，计算剪切索应力的一个相对简单的方法，可应用剪切理论(详见第 7 章)。

假设: S_w 为在任一面板剪切索内张力和; ϕ 为剪切索与纵向桁架之间的夹角; F 为作用在中间框架上的总浮力; θ 为面板相对于水平面的倾角。然后，根据剪切理论，在忽略中间框架重量的条件下，可得

$$S_w\sin\phi = \frac{F\sin\theta}{\sum\sin^2\theta}$$

式中: $\sum\sin^2\theta = n/2$，其中 n 为飞艇侧边的个数，因此有

$$S_w\sin\phi = \frac{2F\sin\theta}{n}$$

当飞艇处于完全膨胀时，$F = k\pi R_1^2 l$，其中 l 是中间框架的间距。

对于某一特定问题，则有

$$F = k\pi R_1^2 l = 0.064 \times \pi \times 60.2^2 \times 20 = 14\,600 \text{ lbf}$$

$$S_w\sin\phi = \frac{2F\sin\theta}{n} = 912\,\sin\theta$$

由于作用在中间框架的浮力引起的剪切索中张力的横向分量如表 8 - 4 所示。

表 8 - 4　由于作用在中间框架的浮力引起的剪切索中张力的横向分量

面板	θ	$\sin\theta$	$S_w\sin\phi = 912\sin\theta/\text{lbf}$	面板	θ	$\sin\theta$	$S_w\sin\phi = 912\sin\theta/\text{lbf}$
AB	$84°22.5'$	0.098 0	89.5	HI	$5°37.5'$	0.995 2	908
BC	$73°7.5'$	0.290 3	265	IJ	$-5°37.5'$	0.995 2	908
CD	$61°52.5'$	0.471 4	431	JK	$-16°52.5'$	0.956 9	874
DE	$50°37.5'$	0.634 4	579	KL	$-28°7.5'$	0.881 9	805
EF	$39°22.5'$	0.773 0	705	LM	$-39°22.5'$	0.773 0	705
FG	$28°7.5'$	0.881 9	805	MN	$-50°37.5'$	0.634 4	579
GH	$16°52.5'$	0.956 9	874	NO	$-61°52.5'$	0.471 4	431

8.4.2　中间框架的扭曲

为计算中间框架连接点的位移，结构假设为铰接和无弹性的纵向桁架，正如纵向强度分析中的剪切理论。然后，通过在结构中的应力，确定每个连接点的位移。

结构包括节点之上的横向桁架和节点上下面板中的剪切索。

分别考虑径向和切向位移,径向位移为

$$\Delta_{\mathrm{r}} = \frac{SL}{2EA\sin\dfrac{\Delta\theta}{2}}(桁架) + \sum \frac{(S\sin\theta)L}{2EA\sin^2\phi\,\sin\dfrac{\Delta\theta}{2}}(索) \qquad (8-26)$$

类似地,切向位移为

$$\Delta_{\mathrm{t}} = \frac{SL}{2EA\cos\dfrac{\Delta\theta}{2}}(桁架) + \sum \frac{(S\sin\theta)L}{2EA\sin^2\phi\,\cos\dfrac{\Delta\theta}{2}}(索) \qquad (8-27)$$

这些表达式是 Maxwell 的互等定理(reciprocal displacement)在三维上的应用。

事实上,桁架是连续的,而不是铰接的;浮升气囊网、外蒙皮和结构重量会抑制连接点的位移,因此实际的移动仅约为计算值的 1/2~2/3。基于安全方面的考虑,通常计算值乘以 2/3,或假设弹性模量 E 增加 50%。

8.4.3 中间框架计算的算例

下面的算例计算中间框架的扭曲,基于表 8-1 所计算的纵向桁架载荷。计算过程如下:

$$L(桁架) = 135 \text{ in}, \ L(索) = 375 \text{ in}$$
$$E(桁架) = 1.5 \times 10\,500\,000 = 15\,750\,000 \text{ lbf/in}^2$$
$$E(索) = 1.5 \times 30\,000\,000 = 45\,000\,000 \text{ lbf/in}^2$$
$$A(桁架) = 0.40 \text{ in}^2, \ A(索) = 0.032 \text{ in}^2$$
$$\sin(\Delta\theta/2) = 0.098, \ \cos(\Delta\theta/2) = 0.995\,2, \ \sin^2\phi = 0.590$$

$S_{\mathrm{w}}\sin\phi$ 的大小如表 8-4 所示。根据这些数据,任意连接点的位移如下:

径向位移为

$$0.000\,109 \times (连接点上桁架的张力) +$$
$$0.002\,25 \times (连接点下索内张力 - 连接点上索内张力) \times \sin\phi$$

切向位移为

$$0.000\,222 \times (连接点上下索的张力之和) \times \sin\phi - 0.000\,010\,7 \times$$
$$(连接点上桁架张力)$$

顶部连接点的位移是单纯的径向位移,剪切索的圆面积是 2 倍的,这是考虑在飞艇节点两侧的索,限制这个连接点的移动。

关于位移正负号的定义,径向位移向外为正,切向位移向上为正。

中间横向框架连接点的位移如表 8-5 所示。

表 8 - 5　中间横向框架连接点的位移

节点	在节点上方桁架应力/lbf	在节点上方索应力×sinϕ/lbf（切向）	在节点上方索应力×sinϕ/lbf（径向）	径向移动/in	切向移动/in
A	0	0	89.5	−0.404	0
B	7 526	89.5	265	1.214	−0.002
C	7 343	265	431	1.174	0.076
D	7 053	431	579	1.103	0.148
E	6 657	579	705	1.009	0.214
F	6 205	705	805	0.901	0.269
G	5 700	805	874	0.776	0.311
H	5 155	874	908	0.638	0.341
I	4 600	908	908	0.501	0.354
J	4 050	908	874	0.364	0.353
K	3 520	874	805	0.229	0.334
L	3 045	805	705	0.107	0.302
M	2 640	705	579	0.004	0.257
N	2 313	579	431	−0.081	0.199

8.4.4　中间横向桁架的扭曲引起的纵向桁架的应力

一般认为纵向桁架其位置和方向固定在主横向框架之上,而且是连续的,但在方向上并没有固定,其一般位于中间横向框架之上。当布置有中间横向框架时,由于中间横向框架的扭曲,位于主横向框架和中间横向框架之间的纵向桁架上的弯曲力矩为

$$M = \frac{24EI\Delta}{L^2} \tag{8-28}$$

式中:M 为所产生的弯曲力矩;E 为桁架在弯曲时的弹性模量;I 为桁架横截面关于垂直于弯曲平面轴的惯性矩;Δ 为纵向桁架与中间横向框架连接点处,偏离主框架节点直线的偏斜量;L 为两个主框架之间的纵向桁架长度。

当在主框架间有两个中间框架,由于两个中间框架相等的偏移 Δ,在主框架上的弯曲力矩为

$$M = \frac{36EI\Delta}{L^2} \tag{8-29}$$

在这种情况下,在中间框架上的弯曲力矩为

$$M = \frac{18EI\Delta}{L^2} \tag{8-30}$$

由于弯曲力矩引起的截面上的应力分布为

$$f = \frac{My}{I} \qquad (8-31)$$

当在主框架之间有一个中间框架,将上面的 M 代入得到

$$f = \frac{My}{I} = \frac{24EI\Delta}{L^2}\frac{y}{I} = \frac{24E\Delta y}{L^2} \qquad (8-32)$$

当有两个中间框架时,则有

$$f = \frac{36E\Delta y}{L^2}(在主框架上) \qquad (8-33)$$

$$f = \frac{18E\Delta y}{L^2}(在中间框架上) \qquad (8-34)$$

对于齐柏林类型的桁架,近似 $E = 9\,000\,000\ \text{lbf/in}^2$。

作为一个例子,给出在前面例子中纵向桁架 C 上,通过中间框架的扭曲在纵向桁架上产生的应力,在计算中间框架扭曲时截面为二等边的三角截面;y 从三角的中性轴到槽型杆件顶点是 8.5 in,到槽型杆件底面是 5.7 in;y 从径向中性轴到任意槽型杆件底面是 5.3 in;主框架是 60 ft,在其中采用两个中间框架进行分割。在表 8-5 中,中间框架在纵向桁架 C 上的径向移动和切向移动分别是 1.174 in 和 0.076 in。在主框架槽型杆件顶点产生的压缩应力为

$$f = \frac{36E\Delta y}{L^2} = \frac{36 \times 9\,000\,000 \times 1.174 \times 8.5}{720^2} = 6.250\ \text{lbf/in}^2$$

槽型杆件较低的底面承受最大的压应力,在与中间框架之间,它是从径向和切向偏移产生的弯曲压缩,应力为

$$f = \frac{18E\Delta y}{L^2} = \frac{18 \times 9\,000\,000}{720^2}[1.174 \times 5.7 + 0.076 \times 5.3] = 2\,220\ \text{lbf/in}^2$$

需注意的是,径向偏移在槽型杆件顶点产生的应力是非常大的量。切向偏移仅在槽型杆件底面产生应力。

既然中间框架的扭曲主要是由于作用在纵向桁架的浮升气体压力的径向载荷,这些载荷来源于浮升气囊网的凸出。通过中间框架的移动会在纵向桁架上产生较大的应力,这说明需要保持浮升气囊网的凸出尽可能地小。

9 桁架设计

9.1 结构材料

飞艇的桁架结构一般采用木材、铝合金以及高强度的钢(现在常用的有碳纤维材料)。木制桁架曾经由 Schutte Lanz 飞艇公司发展得高度完美。在硬铝合金得到发展前,木材是最合适的材料。铝合金的发展为飞艇设计者达到其目的提供了一种非常完美的材料。起初,这种材料除一些优秀性能外,还具有几乎完全不被腐蚀的特性。近年来,已发现,铝合金也像其他材料一样,必须通过涂层(电镀)进行防护。铝合金腐蚀最严重的不是其表面腐蚀,而是从外至内的晶(粒)间的腐蚀,而且很难探测到。

对于铝合金,正如其他金属材料,当材料的厚度增加后,腐蚀会变得不严重。当厚度超过约 0.06 in(1.524 mm),通过合理的防护,由于腐蚀引起的强度损失在整个飞艇的使用期内是不严重的。

铝合金的一个优点是未加工处理前其相当软,在老化过程前其可以方便地制造成各种形状的构件,通过两三天就可形成具有一定硬度的铝合金构件。一些研究者发现,当进行了热处理后,可使材料更加易受腐蚀,但这一论断的机理并未确定,故值得怀疑。

铝合金典型的化学成分如下:

铜	4.23%
镁	0.54%
锰	0.54%
铁	0.45%
硅	0.26%
铝	94.00%

铝合金的物理特性如下:

破坏强度	55 000 lbf/in²
弹性范围内的强度	55 000 lbf/in²

破坏强度下的伸长量(2 in)　18%

比重　　　　　　　　　　　2.81

铝合金通过冷轧屈服点和破坏强度会增加约 10 000 lbf/in²,伸长量减小约 15%。

9.1.1　高强度钢

对于飞行器来说,高强度钢相比于铝合金具有一些优点。它具有较大的强度重量比,因此总是用于飞艇上的索。对于硬式飞艇上的桁架应力不是很大,一般不采用一定厚度的钢;当飞艇的尺寸增加或采用较少且尺寸很大的桁架时可能会采用钢。对于半硬式飞艇的龙骨,在其单个部件上的力足够大时可采用钢。

9.1.2　齐柏林桁架类型

在硬式飞艇上采用的桁架类型是通过齐柏林公司发展起来的。通常的桁架是三角截面,尽管有时为了特殊目的也采用矩形和"W"形截面。对于三角截面桁架,其具有 3 个纵向杆件,这些杆件采用开口的槽形断面,每个桁架沿着三角形的顶点。对于矩形桁架,其包括 4 个开口角断面的纵向杆件;对于"W"形桁架采用开口的槽形断面和角断面匹配。槽形杆件和角断面杆件的尺寸及属性如图 9 - 1 所示。为了相互支撑,桁架的侧面采用具有波形断面的格子,格子成对且在其中心相互交叉,并且在交叉处采用铆钉固定。

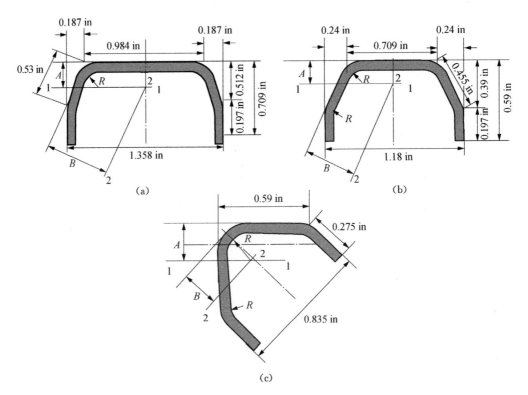

	A1	A2	A3		A1	A2	A3
厚度/in	0.039	0.047	0.058	B(从内部)/in	0.541	0.542	0.543
截面积/in²	0.093 09	0.110 9	0.128 92	I(关于 1-1)/in	0.004 78	0.005 72	0.006 89
R(内部弧)	0.12	0.10	0.10	I(关于 2-2)/in	0.020 64	0.024 33	0.027 63
A(从顶部)/in	0.230	0.231	0.232				

	B1	B2	B3	B4	B5	B6
厚度/in	0.031	0.039	0.047	0.055	0.063	0.079
截面积/in²	0.061 21	0.076 04	0.090 66	0.104 93	0.119 33	0.144 57
R(内部弧)	0.120	0.120	0.140	0.160	0.175	0.175
A(从顶部)/in	0.207 0	0.208 8	0.210 6	0.212 4	0.214 2	0.216 0
B(从内部)/in	0.413 0	0.413 8	0.414 6	0.415 4	0.416 2	0.417 0
I(关于 1-1)/in	0.002 18	0.002 5	0.003 13	0.003 57	0.003 86	0.004 70
I(关于 2-2)/in	0.008 30	0.010 3	0.012 42	0.014 25	0.016 03	0.019 08

	N1	N2	N3	N4
厚度/in	0.039	0.047	0.055	0.063
截面积/in²	0.063 364	0.075 45	0.087 35	0.099 04
R(内部弧)	0.120	0.160	0.160	0.175
A(从顶部)/in	0.238	0.242	0.246	0.250
B(从内部)/in	0.275	0.261	0.260	0.256
I(关于 1-1)/in	0.003 77	0.004 32	0.004 97	0.005 65
I(关于 2-2)/in	0.002 14	0.002 30	0.002 57	0.002 90

图 9-1　槽型杆件和角断面杆件的尺寸及其属性

(a) A1～A3　(b) B1～B6　(c) N1～N4

对于飞艇设计者看来,齐柏林桁架与其他结构桁架的直观差别是格子的非对称布置。在设计桁架时一个基本的通用规则是格子的中心线应该与纵向杆件的中心线交叉。齐柏林桁架违背了这个规则。其中的原因是由于相反格子间隙所产生的在纵向杆件的横向剪切力仅可在槽形断面中产生可忽略的应力;但另一方面,齐柏林公司采用的格子布置方式,在一定的支撑格子数量下可减小槽形断面无支撑的长度,这无支撑长度的减小可大大增加槽形对压缩力的抵抗能力。这种类型的桁架如图 9-2～图 9-6 所示。

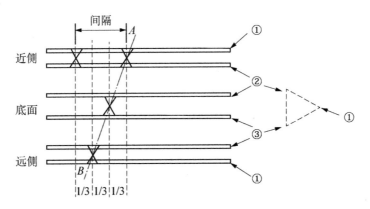

线 AB 表示标准的螺旋方向。

螺旋线方向始终东北(N-EAST)和南西(S-WEST)。

给出了围绕桁架的格子中心的螺旋线。

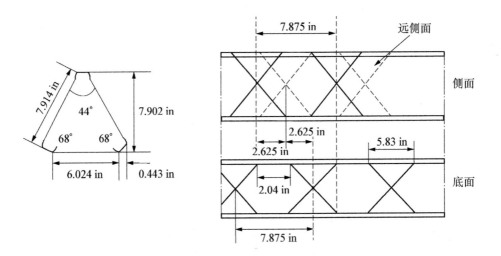

桁架编号 23 在侧面具有双格子,斜度 7.875 的 1/2

桁架 21 和 23

桁架编号	顶点杆件	厚度	底部杆件	厚度	格子厚度	
					侧面	底面
21	A1	0.039	B1	0.031	0.019	0.019
23	A1	0.039	B1	0.031	0.019	0.018

图 9-2 齐柏林类型桁架的尺寸及其属性(桁架编号 23)

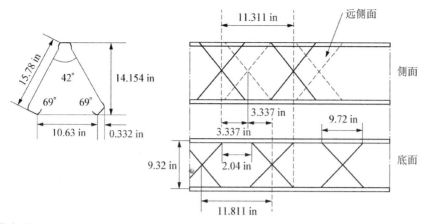

桁架编号 52、53、54、55、55A

桁架编号	顶点杆件	厚度	底部杆件	厚度	格子厚度	
					侧面	底面
52	A1	0.039	B2	0.039	0.019	0.019
53	A2	0.047	B2	0.039	0.019	0.019
54	A2	0.047	B3	0.047	0.019	0.019
55	A3	0.055	B3	0.047	0.023	0.019
55A	A3	0.055	B3	0.047	0.023	0.019

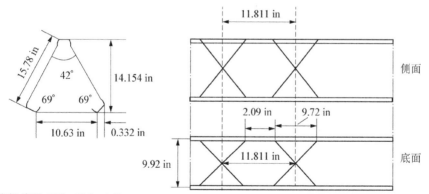

桁架编号 55B、55C、55D

桁架 55D 在侧面具有双格子,斜度 11.811 的 1/2

桁架编号	顶点杆件	厚度	底部杆件	厚度	格子厚度	
					侧面	底面
55B	A3	0.055	B3	0.047	0.023	0.019
55C	A3	0.055	B3	0.047	0.019	0.019
55D	A3	0.055	B3	0.047	0.019	0.019

图 9 - 3　齐柏林类型桁架的尺寸及其属性(桁架编号 52、53、54、55、55A、55B、55C、55D)

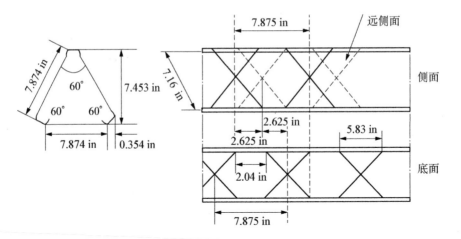

桁架编号 31B、32B

桁架编号	顶点杆件	厚度	底部杆件	厚度	格子厚度	
					侧面	底面
31B	B2	0.039	B2	0.019	0.019	0.019
32B	B3	0.047	B2	0.039	0.023	0.023

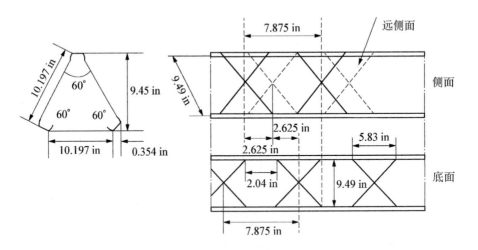

桁架编号 42

桁架编号	顶点杆件	厚度	底部杆件	厚度	格子厚度	
					侧面	底面
42	B3	0.047	B3	0.047	0.019	0.019

图 9 - 4 齐柏林类型桁架的尺寸及其属性(31B、32B、42)

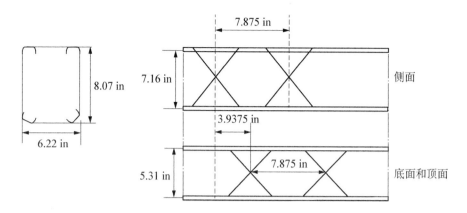

桁架编号 71、72

桁架 72 在侧面具有特殊的间隔 5.748 in

桁架编号	杆件	厚度	格子厚度	
			侧面	底面
71	N3	0.055	0.019	0.019
72	N3	0.055	0.019	0.019

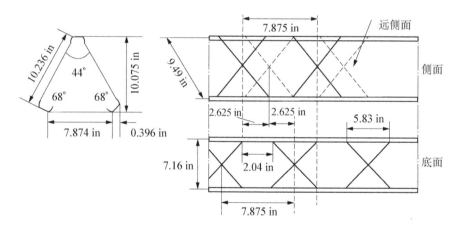

桁架编号 91、92

桁架编号	顶点杆件	厚度	底部杆件	厚度	格子厚度	
					侧面	底面
91	A1	0.39	B1	0.031	0.019	0.019
92	A2	0.47	B2	0.039	0.019	0.019

图 9-5　齐柏林类型桁架的尺寸及其属性(71、72、91、92)

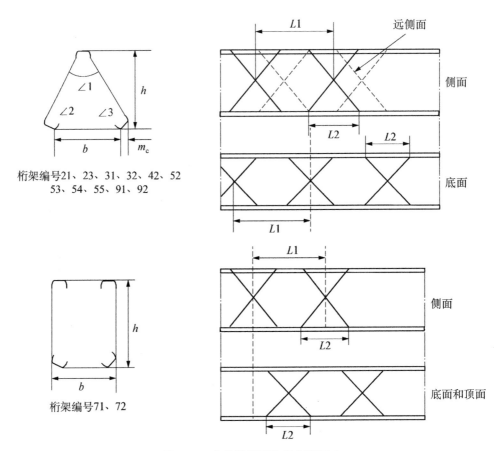

图 9-6　齐柏林类型桁架主要尺寸

对于单纯压缩载荷作用下的桁架设计,其横截面通常采用等边三角形。对于承担梁载荷或梁载荷和柱载荷的组合,正如在飞艇的纵向桁架中,等腰三角形截面是合适的,这时其高度远大于底边的宽度,且布置在主横向载荷方向,即飞艇横截面的径向。

9.1.3　格子

在齐柏林桁架中采用的格子由铝合金薄片冲压而成,通常厚度为 0.02 in。这约是最小的材料厚度,其具有抵抗来源于操作和在桁架上爬行而不被破坏的强度。

张力仪测量显示在加载的桁架中的格子上的应力相当小。测试中得到的最大值范围为 2 000~3 000 lbf/in²。在对 150 个桁架的测试中,唯一的破坏发生在试验最薄的格子上,这时在桁架中施加剪切力远超过实际中可能遇到的载荷大小。对于新格子的设计很好地遵循了齐柏林的类型以及肋骨的深度。根据桁架的深度,格子采用合适的斜度,这样可分解整个纵向杆件的长度达到期望的比率 l/r(长度与回转半径之比)。格子应尽量采用高中心肋骨。这样可以增加槽型件的刚度,有助于承载大的压缩载荷。已发现任意格子确切的形式,主要受到提供某一必要半径的影响。

9.1.4 铝合金槽型和角型杆件的压缩强度

飞艇桁架通常设计其长度与回转半径($r = \sqrt{I/A}$,I 为断面的惯性矩,A 为横截面积)之比小于 50,因此在单独柱载荷下屈曲引起的失效可不考虑;最主要的强度准则是在格子间的纵向槽型或角型杆件将作为支柱进行支撑。这是对于梁和柱载荷的限制因素。John G. Lee 针对这种类型的杆件进行了一系列的试验。

针对热处理铝合金杆件的 4 个系列进行了压缩测试。这些系列的杆件具有不同的横截面、厚度以及不同的 l/r。试验样件截成不同长度,其两端加工成正方形,并安装在测试机的半球形的轴承盖内(精度为 20 lb)。在安装试件时,采用模板以确保中心的准确确定。载荷采用手动加载。每个测试工况的结果分别通过测试 3 个试件取平均值得到(见图 9-7 和图 9-10)。

在试验中得出的最有趣的结果是杆件在低的 l/r 下的特性。当 l/r 为较高值时($l/r = 80$ 或更大),测试数据点与欧拉(Euler)曲线接近,但在稍微较低的 l/r 下,也没脱离所期望的抛物线形式。而试验曲线脱离 Euler 曲线相当早,且在某些情况下会出现向上凸的特性。对于自由边远离中性轴的薄剖面,这种趋势最明显。这样的截面往往是通过起皱而较易出现二次失效。进一步推测,如果这类截面在其 l/r 低于 20 后,曲线会变得更加陡,直至达到最终的压缩强度(在 $l/r=0$ 时的 55 000 lbf/in²)。当截面增厚,在低的 l/r 时试验曲线更接近直线而不是 Euler 曲线。故可假设继续增加厚度,曲线最终会变为向上凸起,且以更加类似的形式,最终达到最大值 $l/r=0$ 时的 55 000 lbf/in²。对于 A 和 B 两组截面,曲线会出现反向。

相比于常规的杆件,这一特殊偏离是由于杆件较长的无支撑边缘的局部失效所引起。这种失效会以不同的方式出现。对于较短的杆,局部会出现直接翘曲。对于较长的杆存在两个边缘在同样方向上出现的偶然弯曲,其相对于端点会给杆中心一个角位移,且失效是通过扭曲实现的。而且,如果边缘以相反的方向弯曲,也会产生变形,这也不罕见,杆是关于其原先具有最大的惯性矩轴失效。对于普通的角截面,突出的角无任何支撑,其外部可看作单独的杆,而且会单独变弯曲。

通常对于飞艇设计者来说,希望有一个可适用于不同截面的关于杆件外形与应力的近似表达式。下面的表达式可用于不同截面的铰接杆,直线表达式为

$$f_c = 35\,000 - 250 l/r, \quad l/r = 0 \sim 90 \tag{9-1}$$

$$f_c = 100\,000\,000/(l/r)^2, \quad l/r > 90 \tag{9-2}$$

式(9-1)是一个完全经验的直线表达式,其实际上在 $l/r = 90$ 处与式(9-2)相

切。第 2 种为欧拉公式：

$$f_c = (\pi)^2 E/(l/r)^2 \qquad (9-3)$$

式中：E 为弹性模量，对于铝合金其为 10 130 000 lbf/in² 。

另外一种表达式是

$$f_c = 0.8[47\,000 - 400(l/r)], \quad l/r = 0 \sim l/r = 80 \qquad (9-4)$$

式(9-4)对于管和棒，系数 0.8 变为 1.0。该式也可用于其他截面。对于两端固支，式中的系数 400 变为 280，且该式可扩展到 $l/r = 110$。该式的主要差别是它不与欧拉公式相切。而与前面的表达式几乎一致。

采用上式得到的曲线如图 9-7～图 9-10 所示。需要注意的是，在图 9-8 和图 9-9 中，槽型 B-1 和 N-1 在曲线之下。这两个截面很薄以致它们是不经济的

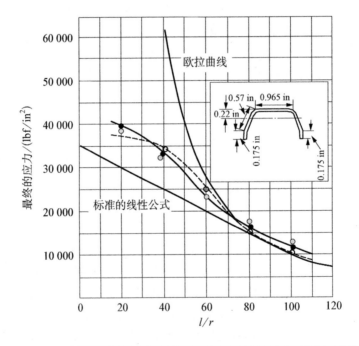

标记	曲线上的点	标准厚度/in	实际面积/in²	最小回转半径/in
A-1	○	0.035	0.081 6	0.232
A-2	●	0.050	0.116 7	0.230
A-3	◐	0.055	0.125 9	0.212

压缩测试标记 A 为热处理的铝柱。柱测试为端点铰接。最小回转半径是关于非对称轴。

图 9-7　铝合金槽型和角形杆件测试结果比较

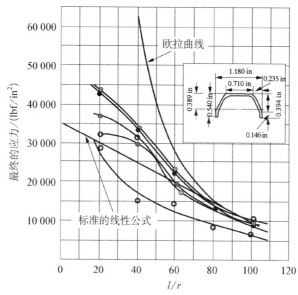

标记	曲线上的点	标准厚度/in	实际面积/in²	最小回转半径/in
B-1	○	0.031 0	0.059 5	0.194
B-2	●	0.039 4	0.061 8	0.192
B-3	◐	0.047 3	0.094 9	0.188
B-4	◑	0.055 1	0.113 2	0.188
B-5	◔	0.063 0	0.128 2	0.187

压缩测试标记 B 为热处理的铝柱。柱测试为端点铰接。最小回转半径是关于非对称轴。

图 9-8　铝合金槽型和角形杆件测试结果比较

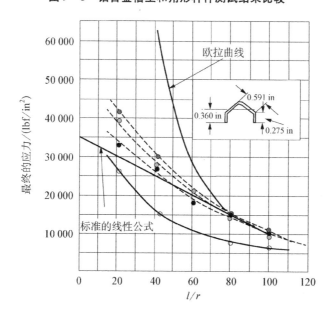

标记	曲线上的点	标准厚度/in	实际面积/in²	最小回转半径/in
N-1	○	0.039 4	0.068	0.180
N-2	●	0.047 3	0.079	0.178
N-3	●	0.054 5	0.084	0.175
N-4	●	0.067 5	0.099	0.172

压缩测试标记 N 为热处理的铝柱。柱测试为端点铰接。最小回转半径是关于非对称轴。

图 9-9　铝合金槽型和角形杆件测试结果比较

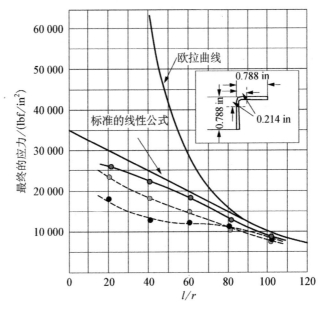

图 9-10　铝合金角形杆件测试结果比较

标记	曲线上的点	标准厚度/in	实际面积/in²	最小回转半径/in
S-1	●	0.039 4	0.061	0.157
S-2	●	0.047 3	0.076	0.156
S-3	●	0.055 2	0.085	0.156

截面;它们的厚度与周长的比率分别为 1/60 和 1/40。对于图 9-10 中的"S"截面也有类似的情况。但所有测试样件都在曲线之下。然而,如果通过试验数据外推,可得出结论,直线表达式适用于角型截面的厚度至少为其腿长度的 1/10。图 9-10 非常清晰地给出角截面是一种相对无效的杆件。

9.2　飞艇桁架结构测试

在飞艇建造期间,在标准局进行了约 150 个类似于使用在 Schenandoah 艇身上的桁架样件的破坏测试。不同类型的桁架其主要尺寸如图 9-2～图 9-6 所示。在这些图中桁架类型的编号对应于飞艇上的以下部位:

类型编号	在飞艇上所处位置
21、23	上部的次要纵向桁架
52、53、54、55	主纵向桁架
71、72	龙骨上的盒式桁架
91、92	下部的次要纵向桁架

为了获得设计可用数据,在针对桁架样件的测试中,将 l/r 扩展到超出实际飞艇所使用的范围。故在测试中包括了 10 m 长的纵向桁架,其采用球状端点且无任何中间支撑;而在实际使用中,一般桁架会以 5 m 间隔在方向和位置上均进行固定。

桁架作为柱状物和梁进行测试,并且柱载荷和梁载荷同时施加。在桁架作为梁进行测试时,桁架在两端进行简支,将均匀分布的载荷作用在其底面上。在每种情况下,失效通过压缩弯曲槽型底面产生。在这些槽型杆件中的应力可通过下式计算:

$$f = \frac{Wly}{8I} = \frac{W}{8I/y} \tag{9-5}$$

式中:W 为总载荷;l 为桁架的长度;I 为关于副主轴的惯性矩,计算时假设每个槽型的面积集中在其重心;y 为从中性轴到槽型底面重心线的距离。

在大多数测试中,每种情况均采用 3 个样本进行测试。

纵向桁架底面槽型杆件中失效应力的测试如表 9-1 所示。从表中可以看出,正常的主要和次要纵向桁架(类型 21、91 和 52～55)以相当一致的应力失效,其值约 20 500 lbf/in²。龙骨上盒式桁架类型(71 和 72)的失效应力约有 25%的增量。

表 9-1　纵向桁架底面槽型杆件中失效应力的测试(作为铰接梁)

类型	长度/in	I/y/in²	平均失效载荷/lbf	在底间槽型杆件中的应力/(lbf/in²)
21	197	0.837	697	20 500
23	197	0.837	732	21 500
52	197	2.006	1 636	20 050
53	197	2.019	1 664	20 300

（续表）

类型	长度/in	$I/y/\mathrm{in}^2$	平均失效载荷/lbf	在底间槽型杆件中的应力/（lbf/in²）
54	197	2.314	1 866	19 850
55	197	2.377	2 042	21 200
71	197	1.289	1 355	25 900
72	197	1.289	1 410	26 950
91	197	1.139	988	21 400
92	197	1.404	1 273	22 400
55c	197	2.377	1 747	18 100
55d	197	2.377	2 540	26 350
23	394	0.837	349	20 550
55	394	2.377	1 024	21 250
72	394	1.289	670	25 650
92	394	1.404	622	21 800

对于一般类型的桁架在测试中,格子内具有非常小的应力;从槽型的失效方式上看,所采用的布置格子的方法即位于槽型的两侧面不是直接相对,而是一种螺旋形的布置方式,会使槽型通过扭转失效。所以决定制作几个试验桁架,即两个特殊的桁架 55c 和 55d。55c 桁架,其格子的厚度为 0.5 mm,而不是通常在 55 类型桁架上所采用的 0.6 mm,且格子被铆在槽型的边缘,根据更通用的实际结构形式,使格子相互之间直接相对。对于 55c 得到了较低的失效应力,这表明,格子对称布置无法弥补两个支撑之间所增加的距离带来的影响。

类型 55d 与 55c 相比,格子的间距减半。与 55 类型相比这样可以增加槽型失效应力约为 24%,与 55c 相比可增加约 45%。排除端部装配,55d 的重量相比于 55 增加 35%,相比于 55c 增加 43%。这表明,一般的 55 类型是最有效的桁架,而 55c 是最无效的。

需要注意的是,桁架截面顶点处的槽型杆件相比底面槽型杆件距离中性轴远约 50%,因此当底面槽型在载荷下失效,在顶点槽型杆件会产生超过 3 000 lbf/in² 的应力;但这也低于铝合金在拉伸下的失效应力。既然失效总是在压缩下发生在底面槽型杆件,故在这些部件上的应力是桁架的临界值,而不是在顶点槽型上。

9.2.1　桁架弯曲时的弹性模量

通过随机选择 10 个典型桁架的变形测试得出这些桁架在弯曲时的弹性模量。下式将作用均匀载荷下的简支梁在其中心点处的位移与作用载荷及梁自身属性联系起来,则有

$$d = \frac{5Wl^2}{384EI}, \text{或} E = \frac{5Wl^2}{384\,Id} \tag{9-6}$$

式中:d 为桁架在其中心点处的位移量。

桁架弯曲弹性模量 E 的计算结果如表 9-2 所示。

表 9-2　桁架弯曲弹性模量 E 的计算

类型	l/in	I/in^4	W/lbf	d/in	$E = \dfrac{5Wl^2}{384\,Id}/$ (lbf/in^2)
54	197	12.08	1 000	1.075	7 670 000
54	197	12.08	1 429	1.774	6 640 000
54	197	12.08	869	0.927	7 720 000
54	197	12.08	1 300	1.500	7 150 000
55	197	13.23	1 000	0.990	7 600 000
55	197	13.23	1 600	1.502	8 000 000
55	394	13.23	750	4.90	9 200 000
55	394	13.23	680	4.50	9 100 000
21	197	2.725	425	1.53	10 150 000
23	394	2.725	235	7.30	9 400 000

对于 5 m(197 in)长的桁架(类型 54 和 55),弹性模量 E 具有相对较低的值。这是由于对于超过一定细长的深桁架,通过剪切所引起的在这样的短梁上的偏移是相对重要的,而式(9-6)并未考虑剪切变形。

9.2.2　作为球状端点柱的测试

对于 5 m 长的主要桁架,其长度与回转半径的比 l/r 仅约为 48,这一值远小于欧拉公式的适用范围。下面给出 J. B. Johnson 的公式:

$$p_j = C\Big[1 - \Big\{\frac{C}{4N\pi^2E}\Big(\frac{l}{r}^2\Big)\Big\}\Big] \tag{9-7}$$

式中:p_j 为失效载荷,lbf/in^2;C 为材料的压缩强度,lbf/in^2(见表 9-1 中的最后一列应力值);对于球状端点的柱 $N=1$。

对于每个类型的桁架,C 和 E 的平均值来源于将其作为简支梁的测试结果(见表 9-1 和表 9-2)。通过公式计算得到的 p_j 与实际测试值 P/a(总端点载荷除以桁架的横截面积)进行了比较,桁架作为球端柱的测试结果如表 9-3 所示。通过欧拉公式计算的失效应力 p_e 也列入该表中。

表 9-3　桁架作为球端柱的测试结果

类型	l/r	$(l/r)^2$	a/in^2	$C/$ (lbf/in^2)	$E/$ (lbf/in^2)	P/lbf	$P/a/$ (lbf/in^2)	$p_i/$ (lbf/in^2)	$p_e/$ (lbf/in^2)
					5 m 长				
21	85.6	7 350	0.211 5	20 500	9 000 000	2 460	11 610	11 850	12 100
23	85.6	7 350	0.211 5	21 500	9 000 000	2 500	11 820	12 170	12 100
52	47.0	2 210	0.241 2	20 050	7 500 000	4 427	18 390	17 100	
53	48.7	2 370	0.258 4	20 300	7 500 000	4 535	17 550	17 000	
54	47.1	2 220	0.286 6	19 850	7 500 000	4 928	17 200	16 900	
55	48.5	2 350	0.304 3	21 200	7 500 000	5 553	18 250	17 650	
71	71.4	5 100	0.336 0	25 900	9 000 000	5 530	16 450	16 350	17 500
72	71.4	5 100	0.336 0	26 950	9 000 000	5 640	16 800	16 600	17 500
91	66.5	4 420	0.211 5	21 400	8 000 000	3 767	17 830	15 000	17 900
92	65.7	4 320	0.258 4	22 400	8 000 000	4 537	17 500	15 600	18 300
55a	48.5	2 350	0.304 3	21 200	7 500 000	5 200	17 050	17 650	
55b	48.5	2 350	0.304 3	18 100	7 500 000	4 843	15 900	15 500	
55d	48.5	2 350	0.304 3	26 350	7 500 000	6 970	22 900	21 050	
					10 m 长				
23	171.2	29 400	0.211 5	20 550	9 400 000	733	3 470		3 160
55	97.0	9 400	0.304 3	21 250	9 150 000	3 137	10 300	9 580	9 460
72	142.8	20 400	0.336 0	25 650	9 500 000	1 697	5 570		4 600
92	131.4	17 280	0.258 4	21 800	9 000 000	1 463	5 650		5 160

p_e 的计算式如下:

$$p_e = \pi^2 E \Big/ \left(\frac{l}{r}\right)^2 \qquad (9-8)$$

实测的 P/a 值如图 9-11 所示,且在均匀弹性模量 $E=10\,000\,000$ lbf/in² 下的 p_c 曲线较好地符合柱测试的结果,要好于通过梁测试所得到的较低的 E 值。

9.2.3　梁和柱载荷组合下的测试

桁架保持在测试过程中不变且连续均匀分布的载荷,这时施加端点载荷,并逐渐增大直至桁架失效。桁架的端部采用球支撑,在所有测试中,失效总是发生在两格子间的底面弯曲。

在分析这些测试结果时,端部和横向载荷组合下的弯曲力矩采用 Morley 公式:

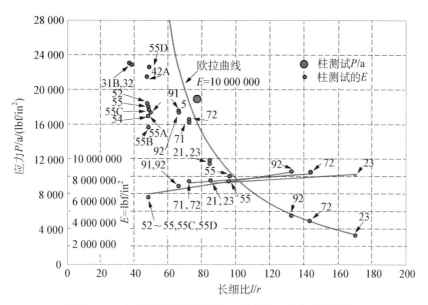

图 9 - 11　在根据梁测试得到的 E 值条件下桁架的柱强度

$$M = \frac{wEI}{P}\left(\sec\frac{\pi}{2}\sqrt{\frac{P}{P_e}} - 1\right) \tag{9-9}$$

式中:M 为弯曲力矩;w 为连续均匀分布载荷;E 为弹性模量;I 为关于副主轴的惯性矩;P 为实际的端部失效载荷;P_e 为关于副主轴的欧拉失效载荷,而不是关于单纯柱载荷测试时的主轴。

失效应力如下:

$$f = \frac{M}{Z} + \frac{P}{a} \tag{9-10}$$

端部和横向载荷组合作用下的失效应力如表 9 - 4 所示。

表 9 - 4　端部和横向载荷组合作用下的失效应力

类型	试件长度/in	a/in²	I/in⁴	Z/in³	w/(lbf/in)	P/lbf	P_e/lbf	q	M/(in·lbf)	M/Z/(lbf/in²)	P/a/(lbf/in²)	f/(lbf/in²)
21	197	0.211 5	2.725	0.837	2.00	1 167	6 250	0.288	12 100	14 430	5 510	19 940
23	197	0.211 5	2.725	0.837	2.00	1 242	6 250	0.310	12 250	14 620	5 880	20 500
52	197	0.241 2	10.035	2.006	5.00	2 447	20 450	0.164	26 850	13 380	10 170	23 550
53	197	0.258 4	11.288	2.019	5.00	2 467	23 000	0.149	26 350	13 060	9 550	22 610
54	197	0.286 6	12.082	2.314	5.00	2 733	24 600	0.153	27 050	11 700	9 525	21 225

（续表）

类型	试件长度/in	a/in^2	I/in^4	Z/in^3	w/(lbf/in)	P/lbf	P_e/lbf	q	M/(in·lbf)	M/Z/(lbf/in^2)	P/a/(lbf/in^2)	f/(lbf/in^2)
55	197	0.304 3	13.233	2.377	5.00	3 440	27 000	0.180	27 700	11 670	11 300	22 970
71	197	0.336 0	4.896	1.289	3.00	3 240	11 220	0.506	20 650	16 050	9 650	26 700
72	197	0.336 0	4.896	1.289	3.00	3 190	11 220	0.495	20 500	15 900	9 500	25 400
91	197	0.211 5	4.617	1.139	2.00	2 090	10 600	0.306	12 180	10 700	9 900	20 600
92	197	0.258 4	5.598	1.404	2.00	3 140	12 850	0.400	12 830	9 140	12 130	21 270
23	394	0.211 5	2.725	0.837	0.54	180	1 562	0.160	11 800	14 100	850	14 950
55	394	0.304 3	13.233	2.377	1.31	1 563	7 600	0.322	32 000	13 500	5 135	18 635
72	394	0.336 0	4.896	1.289	0.81	973	2 805	0.660	24 200	18 800	2 900	21 700
92	394	0.258 4	5.598	1.404	0.55	947	3 212	0.520	14 800	10 530	3 660	14 190

其中量 $\sec\dfrac{\pi}{2}\sqrt{\dfrac{P}{P_e}}-1$ 在表中采用 q 表示。假设对于 5 m 长的主纵向桁架（类型 52 ～ 54），$E = 8\,000\,000$ lbf/in^2，而在其他的情况下 $E = 9\,000\,000$ lbf/in^2。

在对于 10 m 长的桁架，w 包括了桁架的质量，约为 0.04～0.06 lbf/in；但是即使考虑这点，f 的值也低于其他测试所得到的值。

通过这些测试结果，可得出桁架存在 4 种不同类型的临界不稳定性，会使其发生失效，具体如下：

（1）整体上是弯曲失效，其依赖于桁架关于主轴和副主轴的长细比，以及连接和载荷类型。

（2）在格子之间出现弯曲和扭转，依赖于槽型的长细比、扭转刚度以及格子的刚度和它们连接到槽型上的连接形式。

（3）由于剪切引起的格子端点的弯曲。这种情况仅发生在作用极端的梁载荷时，这在实际条件下不可能发生。

（4）槽型压皱。

在失效时最终的破坏形式并不是由这 4 种因素确定的。破坏可以有不同的形式，例如格子的压皱和撕开，或槽型，或铆钉的剪切，这依赖于屈服点以及最终各部分的强度，但不影响初始失效的原因。

9.2.4　桁架应用于飞艇设计

已提出各种用于确定桁架强度的表达式。在设计桁架时，纵向桁架的失效强度，例如在齐柏林桁架上采用的槽型和角型，是一个非常重要的桁架强度标准，且对应于两格子间长度的较短部分的测试是相对便宜的。对于大多数截面，强度可通过计算 l/r 和采用一般的柱表达式非常近似的计算。通常为了避免压皱而对材料厚度与宽度比率的限制需要在计算中考虑。在纵向桁架上应用理论或测试的强度的弱点是,在没有对实际桁架进行测试前,其不可能非常准确确定在纵向桁架上应布置多少格子进行支撑。测试结果或基于一个自由长的纵向桁架(其长度等于格子间的长度)的计算结果,通常是偏安全的,但也不总是这样,特别是当格子软且没有很好地连接在纵向桁架。飞艇的设计不可采用没有经过测试的将在真实飞艇上采用的桁架。

9.2.5 德国的桁架测试

Schutte Lanz 公司针对木制和铝合金的不同类型的桁架进行过测试(见图9-12和图9-13)。表9-5给出该公司针对图9-13的各类铝合金桁架的测试结果。作为比较标准,对于在 Shenandoah 飞艇上使用的典型桁架的测试结果如表9-6所示。在这些表中的最后一列给出了破坏长度(breaking length),其为失效载荷除以每英尺桁架的重量。

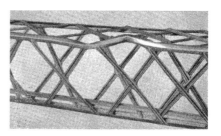

图 9 - 12 在梁测试中典型的压缩失效

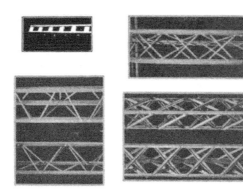

图 9 - 13 Schutte Lanz 公司试验的铝合金桁架

表 9 - 5 各类铝合金桁架的特性

类型	桁架编号	高度/in	宽度/in	长度/ft	格子间距/in	横截面积/in²	长度/回转半径	总失效载荷/lbf	最大单位应力/(lbf/in²)	每英尺质量/lb	总质量/纵桁架质量	破坏长度/ft
						柱						
1	2	1.65	0.71	1.02	3.5	0.068	39	1 940	28 500	0.10	1.22	19 400
2	4	2.76	2.76	3.94	3.94	0.260	40	8 800	33 800	0.52	1.65	16 900

（续表）

类型	桁架编号	高度/in	宽度/in	长度/ft	格子间距/in	横截面积/in²	长度回转半径	总失效载荷/lbf	最大单位应力/(lbf/in²)	每英尺质量/lb	总质量/纵桁架质量	破坏长度/ft
2a	4	9.85	9.85	13.95	13.8	3.260	40	114 500	35 100	6.7	1.69	17 100
3	2	9.45	2.36	7.87	14.6	0.136	22	3 080	22 600	0.35	2.12	8 800
4	3	8.66	9.85	8.52	22.8	0.418	22	6 600	15 800	0.65	1.28	10 150
5	3	9.20	10.60	8.40	10.6	0.412	21	9 900	24 000	0.78	1.56	12 700
6	3	8.85	7.88	8.40	16.5	0.423	22	13 650	32 300	0.75	1.46	18 200
7	3	8.66	9.85	13.90	22.8	0.688	36	19 800	28 800	1.15	1.38	17 200
8	3	8.66	9.85	8.30	22.8	0.688	21	26 400	38 400	1.18	1.41	22 400
梁　　长度/深度												
9	2	9.45	1.97	8.20		0.136	10.4	1 035		0.44		2 360
10	4	3.94	2.76	3.28		0.130	10.0	1 320		0.54		2 440
11	3	8.66	9.85	13.90		0.465	18.5	2 860		1.20		2 380

表 9‑6　在 Shenandoah 飞艇上使用的桁架特性

类型	桁架编号	高度/in	宽度/in	长度/ft	格子间距/in	横截面积/in²	长度回转半径	失效载荷/lbf	单位应力/(lbf/in²)	每英尺质量/lb	总质量/纵桁架质量	破坏长度/ft
柱												
21	3	7.87	6.10	16.4	5.83	0.211 5	85.6	2 460	11 610	0.446	1.76	5 500
54	3	14.17	10.63	16.4	9.73	0.286 6	47.1	4 928	17 200	0.625	1.79	7 900
91	3	10.04	7.87	16.4	5.83	0.211 5	66.5	3 767	17 830	0.491	1.93	7 660
72	4	8.07	6.10	16.4	5.83	0.336 0	71.4	5 640	16 800	0.674	1.66	8 360
31B	3	7.48	7.87	9.84	5.83	0.222 6	36.6	5 110	22 000	0.470	1.76	10 900
42	3	9.45	10.24	16.4	5.83	0.267 0	47.3	5 880	22 000	0.580	1.77	10 130
梁　　长度/深度												
21	3	7.87	6.10	16.4	5.83	0.211 5	25.0	697	20 500	0.446	1.76	1 560
54	3	14.17	10.63	16.4	9.73	0.286 6	13.9	1 866	19 850	0.625	1.79	2 980
91	3	10.04	7.87	16.4	5.83	0.211 5	19.6	988	21 400	0.491	1.93	2 010
72	4	8.07	6.10	16.4	5.83	0.336 0	24.4	1 410	26 950	0.674	1.66	2 090

　　这仅仅是一个大致的桁架效率的估计。大多数 Schutte Lanz 桁架，特别是管状的桁架相比于 Shenandoah 桁架具有较好的特性；差别主要是由于 Schutte Lanz 公司的桁架的 4 个特点：①较小的 l/r；②较厚的材料；③分配在格子上相对少的重量；

④采用管状纵向杆件而不是开口的槽型截面。分析 Schutte Lanz 公司的桁架这 4 个特点的每一个,显然,①在测试中仅有偶然的差别;②大飞艇需要采用大桁架的固有特性;③在于较大的桁架,由于在 Shenandoah 上采用的桁架很轻以至于不可能采用理论计算得到很薄的格子;④Schutte Lanz 主张的管状纵向桁架优于开口桁架。这一特点的真实性是有争议的;但实际上对于铝合金的管状截面,在合理的 l/r 下,具有非常高的失效应力,约为 38 000 lbf/in²。齐柏林公司也报道了 34 000 lbf/in² 的失效应力,桁架具有双格子,几乎与 Shenandoah 上的 91 和 92 类型一致,另外其中的槽型厚度增加到 1.8 mm(0.071 in)并且格子也增厚和增强。

Schutte Lanz 管状桁架拥有的在强度重量比方面的优点的同时也带来桁架之间以及格子和桁架之间的定位连接上的困难。而且也不能检查管子内部的腐蚀或其他缺陷。

9.2.6 齐柏林的 4 平面盒式桁架

在 Los Angeles 飞艇上,齐柏林公司采用了一种新的盒式桁架,用在吊舱、尾翼,还有少量用于飞艇的其他位置;齐柏林公司更加广泛地采用这类新桁架是在预期的下一代飞艇上。齐柏林的 4 平面盒式桁架如图 9-14 所示。其主要的特点是采用 4 个打孔的平面,而不是 3 个槽型组件加多个格子的形式。4 个平面中的 2 个称为"侧平面",其是沿边进行弯折,其他 2 个平面称为"覆盖面",通过铆钉安装在"侧平面"上。所有这 4 个平面都有冲孔,包括一行大的圆孔和两行较小的近似三角形的孔(见图 9-14)。

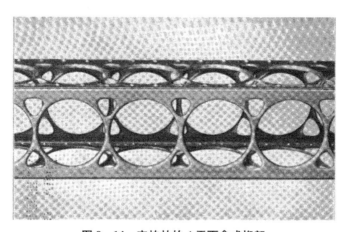

图 9-14　齐柏林的 4 平面盒式桁架

所有孔的边均向内弯,这样可给平面提供更大的硬度。这类结构可大量减少部件的个数以及需要的铆钉个数,并可大量节省结构成本;而且连接也简单,即通过三角片便可在桁架之间连接,4 个平面的厚度可根据各自承受的应力而变化,而且往往在开口槽型连接点之间出现的压皱和变形也会减小。

相比于老的齐柏林桁架,一个实用的特点是与老式的格子相比,这样的平面很少由于人员在其上行走而损坏。另外,一个明显的缺点是冲压平面会带来大量废料。这可通过废料的重复利用降低成本。这类桁架的有效横截面积随位置会变化,关于其强度以及强度重量比均无测试数据。

9.2.7 桁架最经济尺寸

如果采用铝合金纵向桁架,其厚度小于约 $0.04\sim0.05$ in,由于人员搬动或其他轻微的移动会使局部损伤的机会增大;而且材料抵抗腐蚀的能力也降低。如果桁架的总横截面积小于 0.3 in^2,通常需要保持最小厚度 0.04 in,减小主横截面尺寸甚至采用较小的长细比,并且减少临界应力。当总横截面积低于约 0.3 in^2 时铝合金桁架的功效会降低。

对于经济桁架的另外一个极限是比率 $L/\sqrt{A}$ 不应超过约 350,其中 L 为桁架的长度,A 为横截面积。如果超过这个极限,采用现在的桁架类型要得到一个满意的长细比,将在格子或腹板上无额外的重量。

9.2.8 桁架重量的初步估算

通过初步的强度计算,可选择桁架的横截面积,包括格子、连接点以及装配的一个非常近似的桁架总重量,可以在单独纵向桁架的基础上增加 75%。

例题 9-1 计算长度为 18.5 ft,横截面积为 0.65 in^2 的铝合金桁架包括格子、连接点、装配件的总重量。

长度为 1 ft,截面积为 1 in^2 的铝合金棒的重量为 1.21 lbf。

故桁架的总重量为

$(1+75\%)\times1.21\times18.5\times0.65 = 25.5$ lbf,其中 0.65 为材料的横截面积。

9.3 桁架连接点的设计

设计桁架的交叉点涉及非常复杂的几何描述问题,连接点要求在满足强度的情况下尽量轻,通常不能给出一个通用的规则。往往是在这方面具有专门研究的制图人员给出连接点的图。但常常最满意且经济的设计方法是构造一个全尺寸模型,在桁架截面外采用锡加固板,其可以根据需要非常容易地裁剪和弯曲,然后根据全尺寸模型画图制造真实的连接点。

在设计连接点时,保持强度是非常重要的,但这通常会受到布置大量铆钉的鱼尾板的影响。在制造槽型组件间粗大的连接点时,最有效的鱼尾板是一个较小的槽型装配在待连接槽型的内部。当在桁架的连接点之间为大角度时,该处通常具有较小的应力趋向于使连接破坏,因此几乎任意合理的加固板和铆钉布置均可以满足要求。这样的连接点通常会用于连接对角拉索。在加固板上安装一个套管可形成一个可固定拉索端的合适的点。需要注意的是拉索需要位于加固板的平面内,并且不使节点产生弯曲或旋转的趋向。在主框架的连接点,许多拉索集中在一起,为了提供一个安全的锚点,通常在加固板间插入一个小的铝合金铸件,这样可避免横向拉索端点弯曲。

齐柏林类型桁架的典型连接点如图 9-15 所示。通过这些图可看出该问题的复杂性,以及设计者是如何解决的。一个值得注意的点是,该处没有考虑将所有桁架中性轴的交叉点均位于连接点上,已有经验表明由于中性轴的稍微偏移所引起的应力是不重要的。

图 9-15 齐柏林类型桁架的典型连接点

对于齐柏林所采用的开口槽型和三角截面的桁架,非常容易采用适当的简单连接点。齐柏林公司的新盒式桁架,由 4 个穿孔的平面组成,非常适合简单的三角片连接。

对于采用管状单元组成的桁架,一个明显的缺陷是如何得到满意的连接点。图 9-16给出 Schutte Lanz 公司的管状桁架的连接点,这是对于这一问题的解决方式。

通常在纵向桁架与主框架和中间框架相交的位置采用对接接头。这样具有一些优点,即能使纵向槽型部件连续通过框架的连接点,又可使得对接接头位于变形点处,约位于面板长度或框架的侧面的1/4。采用这样的布置,对接接头会处于桁架中很小或无弯曲应力的点,这样可以在桁架的那个截面上采用较重的槽型,其通过连接点横穿框架,那里会产生最大的弯曲。这种结构是

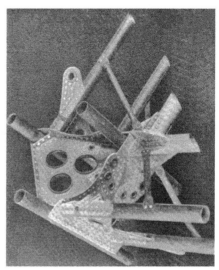

图 9-16 Schutte Lanz 公司的管状桁架的连接点

Schutte Lanz 公司为了他们的管状桁架而提出的。该结构的缺陷是当处于艇身锥形部分,纵向桁架在框架之间是完全笔直的,其只能在框架处改变相对于飞艇纵轴的倾斜;很显然,在对接接头处相比于桁架中部较易实现这样的变化。

9.3.1　球和套接

已有频繁建议在桁架之间通过球和套接,减少在硬式飞艇中的二次应力,如意大利半硬式飞艇的龙骨结构。无疑球和套接相比于简单的三角形和鱼尾板铆接要重而且成本高,而且为了获得高效,桁架应变为锥形,这样会大大增加它们的成本。此外,铆接(pin point)结构会导致中间框架出现不稳定的危险。

9.3.2　铆接节点的强度

在设计铆接节点时,需要预防会引起失效发生的这 3 个主要方面:

(1) 孔之间板的撕开。

(2) 压垮平面和铆钉。

(3) 剪切铆钉。

为了获得最大的效率,这 3 方面需要综合考虑权衡,以使每一个因素均有相当的可能性。如下的描述和测试结果可指导薄铝上铆接连接点的设计。

测试中最惊奇的结果是,存在不同寻常的压垮和剪切的高强度值。这些值几乎是一般剪切或压缩试验值的 2 倍,其显然是由于铆接平面之间的摩擦以及铆钉头的加固。既然这样的摩擦和加固对于铆接是有利的,可以在设计中适当地采用高强度值。

下面是对于热处理的铝合金薄片铆接测试数据,如表 9 - 7 所示。

表 9 - 7　热处理的铝合金薄片铆接测试数据

	工业取值/$(\mathrm{lbf/in^2})$	根据 Rettew 和 Thumin 的值/$(\mathrm{lbf/in^2})$	铆接点设计的建议值/$(\mathrm{lbf/in^2})$
撕裂 f_t	55 000	54 000	50 000
压垮 f_c	45 000	105 000	100 000
剪切 f_s	25 000	43 000	40 000

对于撕裂和剪切所推荐的值低于 Rettew 和 Thumin 所有单个测试的值,但某些压垮样件的测试值低于推荐值 $100\ 000\ \mathrm{lbf/in^2}$ 的 5%。然而,$100\ 000\ \mathrm{lbf/in^2}$ 是一个合理安全的平均值。

根据推荐的结果,基于下面的铆钉失效表达式,可形成如图 9 - 17 所示的铝合金板单铆钉重叠连接的强度。

(1) 铆钉剪切:

$$F = \pi d^2 f_s / 4 = 31\ 400 d^2 \text{(对于单剪切)}$$

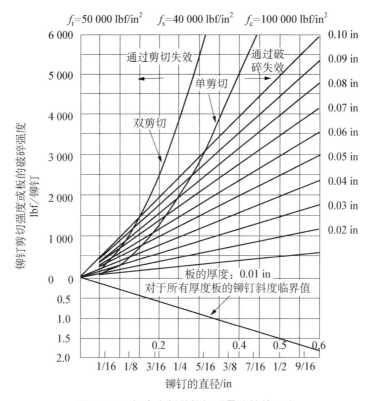

图 9 - 17　铝合金板单铆钉重叠连接的强度

$$F = \pi d^2 f_s / 2 = 62\,800 d^2 \text{（对于双剪切）}$$

（2）板压垮：

$$F = t d f_c = 100\,000 t d$$

（3）孔之间撕裂：

$$F = (p - d) t f_t = 50\,000 t (p - d)$$

（4）临界铆钉直径：

$$100\,000 t d = 31\,400 d^2 , \quad d = 3.2 t \text{（双剪切 } d = 1.6 t\text{）}$$

（5）临界倾斜：

$$50\,000 t (p - d) = 100\,000 t d , \quad p = 3 d$$
$$\text{对于双铆接，} 50\,000 t (p - d) = 2 \times 100\,000 t d , \quad p = 5 d$$

类似地，对于 3 倍铆接，$p = 7 d$

式中：d 为铆钉的受压直径；t 为板的厚度；p 为在铆钉中心点处的斜度。

在实际情况下,搭接量为$(2.5\sim3)d$,在双铆接时行与行之间的距离为$(1\sim1.5)p$。

在使用图表时,一般以平板厚度开始,沿着那条线直达其交叉一个或其他的剪切曲线。这给出临界的铆钉直径。选择最接近的稍大铆钉直径,其强度可对应于左边的坐标。如果铆钉直径在临界值之上,平板厚度线的坐标被采用,而若铆钉直径低于临界值,则选择剪切抛物线坐标。为了得到斜度,从选择的直径向下读,选择最靠近的斜度。

拉伸测试给出了不同工艺下的拉伸测试数据,如表9-8所示。

表9-8　不同工艺下的拉伸测试数据

	热处理		退火
厚度/in	0.020	0.040	0.095
在8 in 的伸长量/%	12.67	19.53	12.55
在2 in 的伸长量/%	14.83	24.25	17.75
屈服点/(lbf/in²)	27 800	26 100	13 750
抗张强度/(lbf/in²)	56 530	56 625	31 750
弹性模量/(lbf/in²)	11 310 000	11 020 000	9 773 000
面积缩小量/%	15.33	19.97	34.48
P/T.S	0.491	0.456	0.437

在0.095 in 厚的退火铝片的铆接节点给出了下面的结果:

$$f_t = 32\,700, \quad f_s = 42\,800, \quad f_e = 62\,300$$

所有的拉伸失效位于铆接连接点和样本沿45°平面剪切。压垮失效出现在平面失效而不是铆钉,这时尽管平面已被热处理,且具有较高的理论强度。剪切失效是瞬间的,其不像压垮或撕裂是逐渐扭曲的过程。

对于连接点的滑移,测试中唯一需要特别注意的是在所有的情况中载荷的重新分布发生在较低的应力。一般来说,滑移很小且不重要。

10   飞艇设计步骤

10.1   主要特性

飞艇通过设计完成某些性能需求,这其中飞艇的尺寸一般未指定。对于给定的特定任务,通过第 2 章描述的方法,设计者可对所需的飞艇尺寸进行初步估算。

也可以通过考虑一些其他类似飞艇来确定飞艇的近似尺寸,或考虑成本或艇库的限制。在这些情况下,设计者或许已有预先确定的体积,或许也有长度和直径,设计者努力达到最佳的性能,特别是最期望的性能。

10.2   硬式飞艇初步设计算例

硬式飞艇设计首先是结构问题。初步设计的计算在很大程度上是在满足强度需求下尺寸的选择和部件的布置,以使其具有尽可能轻的结构。下面针对一个保守设计的大型硬式飞艇,给出其估算性能的方法和主要特性。

具体要求是,设计一个浮升气体体积约为 6 000 000 ft³ 的硬式飞艇,服务于海军的侦察,具有全速度为 70 kn,以及其不携带军事载荷时飞行的极限范围。

为了在浮升气囊周围预留充足的空气空间,整个飞艇的空气体积需要 64 000 000 ft³。若可用的飞艇艇库尺寸对最大长度和直径无任何限制,则长细比的选择是首先要确定的。这时,在设计一开始,便会处于非常有争议的境地。影响设计者确定飞艇长细比的主要因素是阻力和重量。关于得到最小阻力的长细比无确定的结论。一般飞艇设计者推荐的长细比为 2.8~8.0。风洞试验指出最佳长细比约为 4.5,但关于从风洞模型数据与真实飞艇之间存在的大范围尺度效应仍然存在许多疑问。

飞艇的长细比越小,纵向结构的重量越小,但横向框架的重量越大。总重量最小的长细比依赖于许多变量。例如,所需要的纵向强度很大部分依赖于飞艇的飞行速度和高度,因此飞艇飞行速度越快,高度越低,最小重量下的长细比越小。增加浮升气囊空间的分割会增加横向结构的重量,因此需要的浮升气囊数越多,最小重量所对应的长细比越大。

建造容易且经济,并且易于地面操作的飞艇,大的长细比最佳;但这些方面的需求相比于最小阻力和重量的要求来说是相对次要的。

对于硬式飞艇,设计者保守选择倾向于长细比约为 6。对于任意给定的需求,设计者应得到两个或三个具有不同长细比的初步设计,并对每个方案进行近似的重量估算。

基于一个初步设计,选取其长细比为 6.4,可进行下面的设计过程。接下来的问题是艇身等截面中体长度的确定以及头部和尾部轮廓线的选择。显然,除考虑阻力外,实际情况非常倾向于采用等截面中体,而不是一个连续的轮廓曲线。采用大段的等截面中体可减少建造的时间和成本,且对于给定体积可减少飞艇总长度和直径。

空气动力特性方面的考虑也指出,尽管该问题存在争议,当长细比超过 4.5,所附加长度更适宜采用等截面中体。通常以一个椭圆前体和抛物线后体可获得好的气动效果;但是对于一个有经验的设计者,可通过直觉得到轮廓线而获得最佳外形,不需要借助数学公式。

在初步设计阶段,假设前体沿 x 轴旋成,采用半个椭圆,方程如下:

$$\frac{x^2}{a^2} + \frac{4y^2}{D^2} = 1 \qquad (10-1)$$

式中:D 为艇身的最大直径;a 为艇身前体的长度。

假设后体也沿 x 轴旋成,采用半抛物线方程:

$$y = \frac{D}{2} - \frac{Dx^2}{4a^2} \qquad (10-2)$$

式中:D 和 a 仍然分别是最大直径和前体长度。当 $x = 1.41a$ 时,由式(10-2)可得 $y = 0$,因此,后体长度是前体的 1.41 倍。如无等截面中体,前体和后体可光滑连接,在连接点上亦可保证曲率一致。

通过积分这两个方程得到的体积是同样长度和最大直径圆柱的 0.59 倍(即棱柱系数为 0.59)。

这里假设 $a = 2D$,艇身外形头尾锥形部分的长度为

$$2D + 1.41(2D) = 4.82D$$

等截面中体长度为

$$(6.4 - 4.82)D = 1.58D$$

得到

$$(1.58D + 0.59 \times 4.82D) \times \frac{\pi D^2}{4} = 6\,400\,000$$

$$D = 122 \text{ ft}$$

$$L = 6.4 \times 122 = 780 \text{ ft}$$

10.3 飞行速度与功率

假设需要 70 kn 或 118 ft/s 的飞行速度,为安全起见,在低于 3 000 ft 高度飞行会减小速度。3 000 ft 高度的空气密度 $\rho = 0.002\,16$ slug/ft³。飞行性能和强度计算所采用的动压头为

$$q = \rho v^2 / 2$$
$$= 0.002\,16 \times 118^2 / 2 = 15 \text{ lb/ft}^2$$

在 3 000 ft 高度需要的最大马力为

$$H_\text{p} = \frac{\rho v^2 Vol^{2/3}}{550K} \tag{10-3}$$

假设: $K = 60$

$$H_\text{p} = \frac{\rho v^2 Vol^{2/3}}{550K} = \frac{0.002\,16 \times 118^2 \times 6\,400\,000^{2/3}}{550 \times 60} = 3\,700$$

在海平面对应的马力为

$$3\,700 \times 0.002\,37 / 0.002\,16 = 4\,060 \text{ hp}$$

10.4 桁架间距的估算

依照惯例,为了有效支撑外蒙皮,原则上在飞艇艇身中部采用的纵向桁架间距约为 12 ft,横向桁架间隔约为 16~20 ft。这样纵向桁架和横向框架的数目依赖于飞艇的尺寸;但主横向框架的数目是很少变化的,实际情况下认为采用约 12~15 个浮升气囊是较好的做法。

飞艇中段的周长为 $122\pi = 383$ ft,32 个纵向桁架可形成满意的 12 ft 间距。通常纵向桁架的数目选取 4 的倍数,可使其中一个布置在垂直和水平面内以形成对称布置,有利于结构强度的计算。横向框架以 20 ft 为间隔,每 3 个框架布置一个主框架(间隔 60 ft),这样可提供比例合适的侧面面板,且包含 13 个浮升气囊。

10.5 静态弯曲力矩

对于大型飞艇,可任意分布的载荷应该通过合理设计,达到在完全加载条件下初步估算时,可忽略静态弯曲力矩。在轻载条件下,头尾重量产生一个不可避免的

使艇身拱起的弯曲力矩。根据以前的设计,发现这个力矩可采用下式进行估算:

$$M = C\rho g VolL \tag{10-4}$$

式中:M 为弯曲力矩;C 为系数,取值 0.005;ρg 为海平面标准大气的空气单位重量,取值0.076 35 lbf/ft³;Vol 为空气体积,取值 6 400 000 ft³;L 为飞艇长度,取值 780 ft。

因此有

$$\begin{aligned}
M &= C\rho g VolL \\
&= 0.005 \times 0.076\ 35 \times 6\ 400\ 000 \times 780 \\
&= 1\ 900\ 000 \text{ ft} \cdot \text{lbf}
\end{aligned}$$

10.6　气动弯曲力矩

H. Naatz 建议通过下面的经验公式,估算最大气动弯曲力矩:

$$M = 0.01q Vol^{2/3} L \tag{10-5}$$

计算该公式的最大弯曲力矩,其产生于估算尾翼面上的最大气动载荷仅受到飞艇惯性力的抑制。Naatz 发现其与大型飞艇 PL-27 在波罗的海存在风暴的天气下为防止压扁所需压力下计算的弯曲力矩非常一致;并且该公式通过在 Shenandoah 和 Los Angeles 飞艇上采用应变仪观测估算的弯曲力矩进行了很好的验证和校核(见第 5 章)。

既然弯曲力矩可由方向舵和升降舵组合动作下导致,其最大值发生在相对于垂直和水平面倾斜约 45°的平面。对于任一垂直或水平面,Naatz 系数应该从 0.01 减小到 $0.01/\sqrt{2} = 0.007$。将该方法应用到该处所考虑的问题中,则在垂直或水平面的最大气动弯曲力矩为

$$\begin{aligned}
M &= 0.007q Vol^{2/3} L \\
&= 0.007 \times 15 \times 6\ 400\ 000^{2/3} \times 780 = 2\ 800\ 000 \text{ ft} \cdot \text{lbf}
\end{aligned}$$

10.7　限制条件

对于飞艇上部的纵向桁架,限制或最恶劣的条件发生在下述情况:
(1) 飞艇处于完全加载。
(2) 承受最大头尾上翘的气动弯曲力矩。
(3) 最大浮升气体压力。
(4) 在外蒙皮上具有最小的张力。
对于艇身下部的纵向桁架限制条件发生在下述情况:

(1) 飞艇处于最小加载。

(2) 静载荷和气动力引起的最大弯曲力矩。

(3) 飞艇底部无浮升气囊压力。

(4) 外蒙皮上具有最大张力。

这两个条件均应与在水平面的最大气动弯曲力矩相结合。

需要注意的是,这些限制条件是针对压缩力,是最难处理的。最大张力发生时也是最大压缩力出现时,它位于飞艇上两个相对面上。

故对于本例,限制的弯曲条件为

艇身拱起:$M = 2\,800\,000 + 1\,900\,000 = 4\,700\,000$ ft·lbf

艇身下凹:$M = 2\,800\,000$ ft·lbf

这两个条件必须与水平面的弯曲力矩 $2\,800\,000$ ft·lbf 结合。

10.8 在纵向桁架的最大压缩力

对于一级近似,在纵向桁架端点的载荷可以采用第 7 章给出的简单公式计算:

$$S = \frac{2M\sin\theta}{Rn} \qquad (10-6)$$

对于艇身顶部纵向桁架,有

$$M = 2\,800\,000 \text{ ft·lbf}$$
$$\sin\theta = 1.0$$
$$R = 60.5 \text{ ft}$$
$$n = 32$$

因此有

$$S = 2\,890 \text{ lbf(压缩力)}$$

对于艇身底部纵向桁架,承受的弯曲力矩 $M = 4\,700\,000$ ft·lbf,其他参数与上面的顶部桁架相同,则可得

$$S = 4\,850 \text{ lbf(压缩力)}$$

中部位置的纵向桁架仅受到水平弯曲力矩的影响,其与最大下垂弯曲力矩相同,所以,对于中部纵向桁架,有

$$S = 2\,890 \text{ lbf(压缩力)}$$

对于所有的纵向桁架,除位于垂直和水平直径处的桁架外,S 必须同时考虑垂直和水平弯矩的影响。例如,在最大直径以下与垂直面倾斜 30° 的下方的纵向桁架,极限端点载荷为

$$S = \sum \frac{2M\sin\theta}{Rn} = \frac{2 \times 4\,700\,000\sin60°}{60.5 \times 32} + \frac{2 \times 2\,800\,000\sin30°}{60.5 \times 32}$$
$$= 5\,650\,\text{lbf}$$

10.9　浮升气体压力和外蒙皮应力

第8章已包含了在该处初步设计得到的飞艇浮升气体压力应力的简单计算。这些应力来源于通过框架之间浮升气体压力载荷而引起的纵向桁架弯曲,以及中间横向框架相对于主横向框架的上升和扭曲。

外部蒙皮张力的影响必须附加在飞艇弯曲力矩及浮升气压所产生的纵向桁架应力上。

飞艇设计者应在典型的中央艇体框架空间,准备几种不同的浮升气囊索系统。仅通过这种方式,可针对与辅助网需求相冲突的方面进行最佳的折衷,即一个张紧的辅助网可减小在纵向桁架的载荷与相对松弛的网通过在纵向桁架之间产生鼓包可获得最大的浮升气体空间之间的矛盾。这一阶段也应包括不同深度和结构类型的纵向桁架的影响。在合理的限制内,增加纵向桁架深度的同时,在以浮升气体空间作为代价下可节省结构重量。每种方案中所节省的重量必须能抵消所带来的重量损失。

10.10　横向框架

横向框架几乎不受气动力的影响。所以横向桁架的尺寸可通过计算其上受到的静力进行确定,正如在第8章所描述的。

10.11　设计顺序

为逐步形成一个飞艇设计方案,通常是以一个几乎无任何细节的总体计划安排开始;然后,进入艇体中央的框架分隔区的详细设计,选择对于分隔区的特性特征以确定整个设计的性质;这方面的设计问题在没有完全解决就进入下一步是轻率的。这些问题主要关心的是结构强度,可以通过上述章节描述的方法进行处理。然后,设计者的工作从艇体中央转向艇头和艇尾。

大型飞艇的完整设计涉及准备几千张图纸,覆盖大量详细的工作,这些可以通过实际经验得到认识,最好有一本指导书。本章我们仅处理设计时的主要方面,以及飞艇各部分的安排。

10.11.1　龙骨或走廊

硬式和半硬式飞艇包括龙骨或纵向走廊,它可作为穿过艇身以及进入不同吊舱的通道。而且可布置全体船员的住处、燃料和压舱物,另外,有用载荷的其他部分可在龙骨内运输。在早期的齐柏林飞艇上龙骨是主要的纵向刚度部件;对于半硬式飞艇龙骨也提供非常大的强度。对于后期的硬式飞艇,龙骨在强度方面的重要性减少,但其可作为在主框架间运送有用载荷桥梁。

在早期的硬式飞艇中,龙骨布置在艇身下方的外部。龙骨的横截面为等腰三角形,其顶点在下。这一类型的龙骨也出现在半硬式飞艇上(Norge 飞艇,见图 6 - 4),但在龙骨和艇身之间没有凹角,这会使早期的齐柏林飞艇变丑。

Schutte-Lanz 公司提出等腰三角形龙骨,其顶点向上,龙骨布置在艇身内部。后来这样的构造也被其他设计者采用,且变为通用设计方案使用了好多年。Schenandoah 的龙骨(见图 7 - 2)是一个典型的例子。Los Angeles 采用一个五边的龙骨(见图 7 - 3),其底部凸出稍微低于外接圆。这个龙骨相比于 Schenandoah 的三角形龙骨,非常宽敞和方便,但其涉及一个不必要的空间,造成很大的浪费,而这些空间可用于浮升气体。Los Angeles 龙骨的优点是人行道桁架,而不是如 Schenandoah 飞艇特殊且相当易变形纵向桁架,人行道桁架是飞艇艇身最大的、最结实的且最重要的纵向桁架。龙骨平的顶面允许有足够的距离分布放置燃料箱和压舱物,另外沿着龙骨提供充足的过道。

为了减小龙骨中的局部应力,重物如燃料箱和压舱物,需要尽量靠近主横向框架进行悬挂。当在连续的主框架之间有两个中间框架时,重物不应悬挂于两个中间框架之间。

为了使龙骨剪切索获得最有效的斜度(45°),在龙骨中提供附加的框架称为 1/4框架,它布置在常规主框架和中间横向框架之间,是艇身和龙骨共有的。龙骨除携带局部载荷外,也为艇身提供主要的强度,而且龙骨中的部件也要包括在主要强度的计算中。

10.11.2　龙骨设计未来的发展

如果通常布置在龙骨上的载荷远离其中心线,可使主横向框架中的应力得到减轻。特别是对于无索的框架,减轻其上的横向应力是非常重要的。所以在未来很可能将有用的载荷布置在主框架上,而不是龙骨上,或将单中心线的龙骨变为两个龙骨,分布在艇身两侧,或许布置在艇身下部45°角的位置。

沿艇身顶部中心线布置的小尺寸轻结构走廊会给飞行过程中进入结构和浮升气囊表面带来便利。另外,若在飞艇顶部采用了自动和操纵阀相结合的系统,这样的走廊是必须的。

10.11.3　动力舱的设计

硬式飞艇的动力舱应小、轻且具有好的流线外形,并可为发动机提供结实的基础,以及为工程师和发动机附件提供足够的空间。关于工程师需要多大的空间可有效地完成相应任务或许存在争议。通常他们会要求比飞艇设计者所能给予的空间还要大的空间。Shenandoah 飞艇的动力舱的整个尺寸是长 16 ft2 in,深 6 ft8 in,宽

5 ft10 in；每个设计安装 300 hp 直列六缸发动机。动力舱的最大横截面积约为 34 ft²，通过对 1/10 缩比模型进行风洞试验得到其阻力系数 C 为 0.15，其中阻力系数定义为

$$C = \frac{2R}{A\rho v^2}$$

式中：A 为动力舱的最大横截面积。

这个系数是在封闭的吊舱外形下得到的，如果存在开口，阻力会进一步增加。

若动力舱布置在飞艇艇身中部靠前的位置会增加飞艇总阻力，阻力增加量大大超过其自身的阻力，这是由于它破坏了空气绕飞艇的光滑流动。所以，前部的动力舱尽量小且光滑是非常重要的，或最好整体完全消除阻力。

动力舱的底部是发动机安装的基础，必须采用牢固的结构，通常采用硬铝合金金属板、角和槽型杆件。在发动机之后，动力舱牢固的底部必须为螺旋桨轴承以及在发动机和螺旋桨之间的减速和反向齿轮提供支撑。在发动机之前，提供安装散热器支撑。建议在飞艇上采用径流式空气冷却发动机，而不是常规的水冷推进器；如果这方面得到改进，动力舱就可在很大程度上缩短长度且节省重量。

动力舱的侧面和顶部可以采用非常轻的框架，采用织物或薄铝合金板覆盖。经验表明铝合金板会在振荡下严重趋于破裂，因此织物是较合适的选择，但需要通过防火涂料的保护。靠近动力舱的前部和后部，支柱从坚固的底部延伸，与动力舱悬吊部件连接。

图 10 - 1 给出 USS Los Angeles 飞艇在制造中的动力舱。不包括发动机和其他设备的每个吊舱重量约为 600 lbf。

图 10 - 1　飞艇在制造中的动力舱（USS Los Angeles 飞艇）

在动力舱上减少重量和阻力的一个可能的发展方向,是使得每个动力舱实际不超过覆盖在发动机上的一个流线形引擎罩,并为便于进入发动机悬挂系统,将舱移入艇身内部。

10.11.4 动力舱悬挂系统

安装在飞艇侧面的动力舱通过 3 个支杆形成三脚架,作为安装吊舱的基础,且它的最高点在艇身横向主框架的连接点上。这个三脚架不承担吊舱的重量,而只作为一个获取间隔的部件,帮助动力舱和艇身之间对齐。动力舱的重量主要由两个钢缆承担,连接到动力舱重心上部的主框架的连接点上。从动力舱到框架的向前和向后的附加索,承担由于螺旋桨推力和飞艇倾斜所产生的纵向力。这些倾斜索或绳也与三脚架一起抵抗螺旋桨产生的力矩或飞艇旋转而产生的类似旋转力。

后部位于中心线的发动机舱,其通过 4~6 个支杆安装到艇身的主框架龙骨上。这些支杆的设计主要为承担着陆冲击,使其即使在冲击下发生损坏,而决不能损坏飞艇的艇身结构。使在动力舱下布置的缓冲器袋子和其支撑在载荷作用下失效,而决不损坏动力舱的支杆。中心线动力舱具有较大重量会有一定好处,因为当动力舱撞击到地面时,飞艇会减轻这部分重量,其对飞艇浮力的影响相当于作用在艇身上一个向上的推力,其大小等于吊舱的重量,这样实际上没有将这个力作用到结构上。基于这个原因,通常在后部的动力舱布置两个发动机匹配一个螺旋桨,而其他动力舱仅布置一个单独的发动机。

通常在动力舱中有火并不罕见;用氢气作为浮升气体的飞艇在动力舱和艇身之间无封闭的管或通道,否则火会通过它进行传递。如采用氦气这方面就不必要考虑;将来可能的发展是消除外部悬挂的动力舱。这样动力舱可与艇身刚性连接,通过流线型覆盖连接结构;或发动机布置在艇身内,采用轴驱动螺旋桨。

10.11.5 控制舱和乘客舱

硬式飞艇的控制舱位于中心线上,其安装位置距离艇头约为整个艇身长度的 15%。有时将控制舱悬挂在艇身下几英尺处,各种控制通过相关设备传入艇身。若将控制舱靠近艇身下部,可提供较大的强度和安全性,且产生最小的阻力。在载客飞艇 Los Angeles 上,控制舱和乘客舱靠近艇身集成建造,从距艇头整个艇身长度的 15%延伸到 25%。对于一个大型客舱的最佳布置位置是存在争议的。从节省重量和减小阻力方面考虑,是使控制舱和客舱集成。显然,对于控制舱的最佳位置是要向前靠,这也是客舱所需要的最佳位置,因其可避免发动机的噪声。如果着陆点是位于中心线前部和后部吊舱上的缓冲器,无中间位置接触不平坦地面,这样在地面操作飞艇是便利的。齐柏林飞艇实际上是将一个大的缓冲袋放置在控制舱下面,而另一个放置在中心线后部的动力舱下。

将客舱布置在艇身中部是因为其重量的可变性,例如携带的乘客数应关于浮心平衡。从气动方面考虑,拥有大的吊舱应布置在艇中部而不是靠前的位置,因布置在艇身靠前位置相比于将其布置在靠后位置会产生所不期望的前尾翼效果,而且也会增加飞艇的总阻力。在德国小飞艇 Bodensee 和 Nordstern 上,客舱和控制舱与飞艇的方向控制存在干扰,从而引起飞艇过多的滚转。这两个飞艇的客舱和控制舱较大且布置在靠前的位置,另外这两个吊舱的侧面是垂直的,从而提供了非常明显的尾翼效果。

通常飞艇上单独吊舱结构重量为 $1 \sim 1.5$ lbf/ft³。其中约一半的重量是用于在地板上获得牢固的基础。

10.11.6 尾锥

硬式飞艇的尾部在十字桁架之后,所采用的轻结构称为尾锥,有 $6 \sim 8$ 个侧面,往往在尾锥处无浮升气囊;但在 Los Angeles 飞艇上,在该部分布置有一个浮升气囊。通常尾锥尖部集中在一个圆滑的点上,有时在艇尾顶会布置一个监视哨。细微的尾部外形偏差对飞艇气动特性无明显的影响,但其微小的重量变化可改进整艇外貌。另外,设计者通过尾锥圆滑处理可节省一些重量。在 Schenandoah 飞艇上尾锥总重量和其外蒙皮约为 350 lbf。尾锥长度为 34 ft,在十字桁架处的直径为 18 ft。

10.11.7 外蒙皮

为满足硬式飞艇的性能,外蒙皮必须是光滑且张紧的。当蒙皮在飞艇上初次使用时,使其张紧相对简单,但这种张紧度在使用中会非常迅速地消失。据估算,蒙皮松弛问题仅在飞艇 6 个月的服务后就会频繁发生,从而会引起飞行速度产生约 10% 的损失,或在给定速度下几乎增加 30% 的燃料消耗。

对于飞艇设计者来说,当纵向桁架离开太远而无法给予蒙皮充分支撑时,如何张紧蒙皮是一个较难的技术问题。这可在纵向桁架之间采用索作为外蒙皮的辅助支撑,但索在防止蒙皮颤振方面并不十分有效,且它们会在桁架上产生不期望的压缩载荷。针对这个问题的一种解决方法是为单纯支撑外蒙皮而采用次要的轻质纵向桁架,且可能会承担一些浮升气体压力。这些次要的纵向桁架有相当的回弹力,因此它们可以在一定程度上看作弹簧,吸收蒙皮中产生的松弛。

在飞行中,维持张紧的无颤振外蒙皮的另一种方法是在艇身内保持稍微高的内部空气压力,这可通过在艇头高压区布置通气口或孔洞实现。这种方案在某些方面是吸引人的;但对于该方案的缺陷在于高压空气压力保持在一个狭小的区域内。若在蒙皮中的横向张力的最大和最小限制可分别取在 150 lbf/ft 和 30 lbf/ft 处,取最小曲率半径为 80 ft,对应的空气压差需要 2.0 lbf/ft² 和 0.4 lbf/ft²,或 0.385 inH₂O 和 0.077 inH₂O,这样给定了压差为 0.308 inH₂O。近海平面,绝对空气压力要达到该范围,约需高度为 21 ft,这样狭窄的压差限制仅可通过大的空气通气口与用于空气排出的充足开口相结合来实现。空气出口通过一些非常轻的阀门控制,其中的弹簧可准确调整;但这些阀门仅需要有一定的气密性即可。

10.11.8　外蒙皮的重量

外蒙皮若采用单层布,重量范围为 $2.7 \sim 4.5 oz/yd^2$[①],涂料和附属物增加总重约75%。相比于艇身其他区域,在飞艇顶部、头部和尾翼采用强度较大的布是切合实际的。

10.11.9　外蒙皮张力所引起的纵向桁架上的载荷

由外蒙皮张力引起的纵向桁架径向向内载荷的计算,是类似于浮升气囊作用在辅助网上载荷的计算问题。也可采用前述同样的方法进行计算。外蒙皮假设围绕横截面的周向张力为常数,因此不考虑切向载荷。

假设 β 为两个相连侧面之间的半夹角,外蒙皮张力引起的纵向桁架载荷如图 10-2 所示。

当艇身内外无压差,蒙皮以单位宽度的张力 t 张紧,在相邻两纵向桁架间为一直线,且作用在桁架上一致的连续径向载荷为

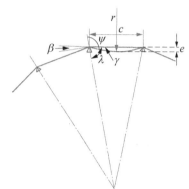

$$2t\sin\beta$$

在 ZR-1 飞艇中,$\beta = 7°7.5'$,$\sin\beta = 0.1240$。

由于缺少添加涂料后织物的应力-应变关系,在内外压差下外蒙皮上所产生的张力不能准确计算。假设压差为 $0.5\ inH_2O$ 产生凸出 e 为 3 in $(0.25\ ft)$,在外蒙皮上宽度 c 为 9.76 的面板上(见图 10-2)。

图 10-2　外蒙皮张力引起的纵向桁架载荷示意图

角度为

$$\gamma = 4e/c = (4 \times 0.25)/9.76 = 0.1024\ rad = 5°52'$$

$$\psi = \pi/2 + \beta \pm \gamma$$
$$= 90° + 7°7.5' \pm 5°52'$$

张力为

$$t = \frac{pc^2}{8e} = \frac{2.6 \times 9.76^2}{8 \times 0.25} = 124\ lbf/ft$$

如果外部超压,γ 是正值,$\psi = 103°0'$,径向载荷为

$$2 \times 124 \times \cos103° = 55.9\ lbf/ft$$

---

① 　yd 为长度单位码,1 yd=0.914 m。

载荷方向向内,在主纵向桁架上产生的最大压缩应力是 $6\,480\,\mathrm{lbf/in^2}$,位于与横向框架相连的连接点上的槽型杆件底面。如果内部超压,γ 是负值,$\phi = 91°15'$,径向载荷为

$$2 \times 124 \times \cos 91°15' = 5.4\,\mathrm{lbf/ft}(方向向内)$$

该算例表明了防止明显的内外空气压差的重要性,除了上面章节讨论的当内压用于保持外蒙皮避免颤振的特殊情况。在那种情况下必须设置蒙皮的初始张力或松弛,以致当在充满空气压力下会凸出,使角 ϕ 几乎为 $90°$。这个例子也表明,蒙皮外部超压相比于内部超压会在纵向桁架上产生较大的载荷,因此前者特别需要避免。在纵向桁架上的载荷始终是向内的,即使在内部超压下,除非蒙皮非常松弛,以致使其凸出超过通过纵向桁架顶点的轴向圆,但这种情况是非常不希望发生的。

10.11.10　在外蒙皮上的开口

一个添加涂料的外蒙皮对于空气具有一定的密封性,这样当飞艇以最大速率上升或下降时,为防止出现内部或外部超压,需要一个面积足够的开口。通过开口的流量可表达为

$$V = CA\sqrt{\frac{2\Delta p}{\rho}} \tag{10-7}$$

式中:V 为体积流量;A 为开口的总面积;Δp 为内外空气之间的压差;ρ 为空气的密度;C 为流量系数,可通过经验确定。

例题 10-1　作为一个例子,在体积为 $2\,000\,000\,\mathrm{ft^3}$ 的飞艇中,下降速率为 $20\,\mathrm{ft/s}$,计算防止超压 $0.5\,\mathrm{lbf/ft^2}$ 需要的开口面积,假设空气密度为 $0.072\,\mathrm{lb/ft^3}$,每 $1\,000\,\mathrm{ft}$ 高度空气密度的变化率为 3.3%。

假设 $C = 0.5$,则

$$V = 20/1\,000 \times 0.033 \times 2\,000\,000 = 1\,320\,\mathrm{ft^3/s}$$

$$V = CA\sqrt{\frac{2\Delta p}{\rho}} = 0.5A\sqrt{\frac{2 \times 32.2 \times 0.5}{0.072}} = 1\,320$$

$$A = 125\,\mathrm{ft^2}$$

这即是需要的开口面积。

为使空气从艇身内排出,排气主干线通常有足够大的开口,但其他附加的开口也是必须的。一般向内开盖的两个大的舱口布置在艇头下部的高压区;沿龙骨布置具有类似盖子的几个小开口。对于开口盖的可替换方式是在开口上采用具有细网格的网。

10.11.11 浮升气囊

硬式飞艇的浮升气囊通常采用单层棉布制造,采用 goldbeater's skin 提供气密性。这种皮是牛肠膜。一百万头牛的 3/4 才能贡献一个飞艇的气囊。由于 goldbeater's skin 的成本大,很多研究者试图研发满意的人工替代品,然而直到 1927 年也未能完全解决这一问题;自然产品的主要特点在于织物所带来的韧性,这一特点采用人工替代品不能很好复制。通过一种特殊的胶,或通过一个薄的纯胶胶料,皮粘贴到布上。浮升气囊有时采用橡胶布制造,这样可使有皱纹的气囊具有相当的气密性,但它很重。另外,由于橡胶固有的静电属性,橡胶布作为氢气容器是存在危险的。

实际制造浮升气囊时,相比于所设计的尺寸,一般在长度方向会增大 3%,在直径方向会增大 1.5%。这是考虑到气囊在飞艇桁架和索之间的凸出,也是为防止任意较大的张力作用在织物上。一个典型的 goldbeater's skin 浮升气囊规格如下:

棉布(cotton cloth,type HH)	2.00 oz/yd²	goldbeater's skin	0.70 oz/yd²
涂橡胶(spread rubber)	0.50 oz/yd²	清漆(varnish and chalk)	0.35 oz/yd²
橡胶接合剂(rubber cement)	1.00 oz/yd²	总重量(total weight)	4.55 oz/yd²

在进行重量估算时,需包括缝线、悬挂袢等的重量,故需要考虑 10% 的余量。

10.11.12 稳定尾翼翼面

飞艇尾翼面包括固定的垂直和水平尾翼,以及活动的水平升降舵和垂直方向舵。

早期的飞艇通常有多个稳定翼面,类似于盒式风筝。在意大利这种类型翼面的使用持续到战后。在早期有时也会采用头部方向舵,但很快发现它是产生飞艇不稳定的根源而被抛弃。除了特殊的盒式风筝翼面在意大利采用外,约从 1910 年后单翼类型的尾翼和舵得到普遍应用。起先,单翼面为一个木制或金属的平框架,上面铺设张紧并添加涂料的布。这些平的表面自身几乎没有强度,需要一些外部的拉索防止其塌陷。这些外部的索会产生大量的寄生阻力。在稳定翼面上一个需要注意的改进是采用内部拉牢的 V 形表面,它在 L - 70 类型的齐柏林飞艇上得到采用。这些尾翼的横截面是等腰三角形,其底部固定在飞艇艇身上(见图 10 - 3)。采用这种形

图 10 - 3　USS Los Angeles 飞艇的下尾翼和方向舵框架

状,非常容易实现尾翼前部的增强且变轻,不需要任何外部拉索,但其后部会逐渐变细,在舵前方成为一个薄的尾部。该处承受从舵传来的铰链力矩载荷,考虑其形状无法避免大量的外部支撑拉索。这种类型的尾翼在 R‑38、Bodensee 和 Shenandoah 上得到采用,并安装了各种类型的舵面。对于稳定翼面改进另一个需要注意的是 ZR‑3 飞艇上。在这个飞艇上,尾翼的后端在底面上宽约为 3 ft;尾翼的纵向线安装在方向舵上。艇尾柱是一个狭窄的 A 形框架而不是一个单独的盒式桁架,这是早期类型的内部拉牢的尾翼。这类尾翼除从艇尾柱到艇身一个单独的沿流线的索外,可省去所有外部的拉索。

尾翼自身强度和尾翼载荷传入艇身的方式同样重要。在这个问题上对于设计者来说存在两个主要的可供选择的办法:可以选择制造尾翼,将尾翼作为艇身结构的一个集成部分,帮助艇身抵抗剪切和弯曲;或尾翼作为一个单独的部件制造然后固定到艇身结构上。如果选择后者,需要注意的是尾翼载荷主要是通过主框架传递到艇身上,故其需要特殊加强以抵抗这类载荷。应特别注意的是,大的尾翼载荷不应通过中间横向框架作用到艇身上,因为中间横向框架无横向拉索来抵抗这种载荷。

在尾翼和舵面上的面积系数和气动载荷在前面已经进行了叙述。

飞艇尾翼的框架通常包括沿尾翼外边的近似纵向方向的桁架以及沿尾翼和艇身交叉位置的桁架,横向桁架间隔 8～16 ft。在桁架之间的织物蒙皮通过内部的尾翼结构的三角拉索以及间隔约为 3 ft 的纵向索支撑(见图 10‑3)。

飞艇的尾翼结构必须足够强,不仅能承受作用在翼面上的横向气动压力,而且可承受蒙皮上张力所产生的压缩载荷;一般蒙皮上张力不宜超过 100 lbf/ft。

10.11.13　十字形的桁架

十字形桁架协助将尾翼和舵上的载荷传递到艇身上。对于十字桁架最简单的形式,仅是尾翼垂直和水平艇尾柱的扩展,两个柱通过艇身相交在横截面的中心。当每个艇尾柱包括两个桁架时,正如在飞艇 Los Angeles 上,十字形变成了双交叉;在该飞艇上,十字桁架以更长的延伸部分通过另一个,且以更宽的双交叉桁架组通过艇身,在船尾柱向前延伸 10 m 用于支撑尾翼。

10.11.14　方向舵和升降舵

硬式飞艇的方向舵和升降舵采用结实的舵柱,其一般单独制造,通常为一盒式桁架,舵面绕其旋转。这个舵柱承受作用在舵上的主要弯曲和扭转载荷。舵结构完全通过纵向桁架固定在舵柱上并在艇身锥形后部形成一个光滑的尾缘,其上通常采用一些平行于舵柱的轻的辅助部件。整个结构采用拉索张紧并通过织物包覆。

飞艇的方向舵可分为三类,如图 10‑4 所示为不同类型的飞艇舵面:(A)内平衡舵、(B)外平衡舵和(C)无平衡舵。内平衡舵和老的平面类型尾翼结合使用,它具有舵柱仅能被支撑在其舷内的和向舷外的末端的缺点,且由于尾翼和舵之间的间隙,当倾斜时,尾翼相当于一个平面。对于外平衡和无平衡类型,舵轴装铰链连接到尾翼的艇尾柱,可以由 3 或 4 个铰链支撑。这些类型也具有一些优点,如方向舵和尾翼在一定程度上共同作为一个曲线翼型,因此相比于老的内平衡的类型,可采用一个非常狭窄的方向舵满足飞艇的操控。外平衡面积在平衡方向舵上非常有效,因为它的位置和作用在其上的压力较大。在对于 C-7 的实验中,在方向舵平衡部分的最大压力约为其他部分的 2 倍。外平衡具有结构上的缺点,由于其布置的位置会将大的扭转力作用在方向舵的艇尾柱。无平衡舵是结构上最好的,但会将大量的抵抗铰链力矩的工作让舵手承担。对于垂直的舵面这不是十分重要,因为舵面从来不会在一侧持续很长时间,对于现在的狭窄舵,舵铰链力矩不是非常大。但对于升降舵这方面就显得很严重,这是由于当飞艇静态不平衡时,需要长时间保证一个俯仰角,这样就需要在升降舵上始终作用一个力。所以较合理的是 Los Angeles 上采用的舵面布置,它采用平衡的升降舵和无平衡的方向舵。

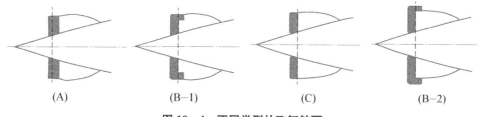

图 10 - 4　不同类型的飞艇舵面

　　Shenandoah 飞艇在方向舵和升降舵上采用 Breguet 类型的平衡。在这个设计中,控制面在结构上是无平衡类型,在方向舵和升降舵的每一侧的平衡面包括一个小的辅助表面,它位于铰链点前,采用方向舵扇形体和特殊的支柱支撑。这种类型的平衡似乎非常有效,但当舵处于大的角度时,其中一个平衡面与尾翼几乎接触,这可能会在空气流场中产生不希望有的扰动。

　　Flettner 类型的副翼控制方向舵还未在飞艇上尝试,但看来在将来一定会有应用的可能性。

10.11.15　方向舵和升降舵的控制

　　方向舵和升降舵通过长索引导操作,贯穿飞艇的走廊,从十字桁架到控制室。引导设计需要具有很大的安全系数,往往可基于第 5 章得到的压力系数计算作用在方向舵的最大气动力,然后采用 6 或更高的安全系数。为了消除在方向舵和控制轮之间的空转,这样大的安全系数是需要的。为了检查和修理,所设计的控制引导,一般的惯例是使人员容易到达遍及它们的整个长度,同时尽可能地避免急转弯。在走廊内引导是采用固体索遍及其长度的很大部分,但当通过滑轮或滚筒时,也必须采用额外的柔性缆。引导通过大的扇形（quadrants）连接到方向舵和升降舵，该扇形半径通常约为 3～4 ft。其放置在方向舵向舷外和舷内末端的中部。这些 quadrants 在增强移动表面的刚度方面也是重要的。

当将偏转舵从一边移动到另一边时，方向舵和升降舵控制轮转动的数目存在大范围的变化。实践中转数变化范围为 4～12 转。关于舵手是否应该施加更大的力"感觉"对舵面的操作，或是否他应该被给予一个有力的传动装置，使舵运动减慢速度，仍然有非常大的争议。通过实践表明，若采用这样的传动装置，必须给控制轮很多转数才能获得大的舵面偏转。通过液压或其他方式构成的复杂控制系统已被提出，这些延时元件会影响控制面的偏转，使其不可能转动太快。如果发展这样的系统，往往是基于两个目的，减轻舵手的高强度劳动，同时防止舵面偏转太快和对舵面的用力操作。

除在控制舱内控制舵面位置外，方向舵和升降舵位置的紧急控制也布置在飞艇的后部，其位于艇身的走廊内或在底部尾翼内。

10.11.16　排气总管

排气总管即通风道，布置在交替的主横向框架上，从飞艇的底部延伸到顶部然后伸出。排气总管设计主要目的是使自动浮升气阀排出的浮升气体，尽可能直接且快速引导出飞艇。浮升气阀布置在靠近浮升气囊的底部，且走廊容易靠近的位置。对于采用氢气作为浮升气体的飞艇，为防止在艇身内形成爆炸（性）的氢气和空气的混合气体，排气总管至关重要。如采用氦气，排气总管就不那么重要，但仍然是值得保留的，其主要是为防止大量浮升气体突然排放到走廊而使人员产生窒息的影响。管道也用于防止艇身内汽油蒸气的积聚，尽管相比于排气管线，其可采用一个非常小的管路就能满足这方面的要求。在将来有可能将布置在靠近气囊底部的自动浮升气体阀系统和顶部的手动操作阀抛弃，而采用安装在气囊顶部的集成自动可控阀；这样排气总管将不再需要，除非在维修时，为防止汽油蒸气，而作为通风道。

一个排气总管包括一个靠在自动阀之上较低的矩形部分，其往往通过半圆或椭圆截面的杆进行支撑。若截面为半圆，平侧面靠在飞艇主框架的索支撑上。较低的矩形部分通常包括一个包覆绳索网的竹子框架；杆包括水平木制圈，采用垂直绳索和网连接。排气总管必须足够强，以抵制气囊内的最大浮升气体压力，且需特殊注意的是垂直绳索要足够强并且很好地进行固定，以防止水平圈旋转到垂直位置引起的总管倒塌。

在 Shenandoah 飞艇的等截面中体，每个总管服务两个浮升气囊，每个气囊体积约为 150 000 ft³；支撑杆是半圆横截面，半径为 16 in。每个总管的总重量约为 47 lbf。

每个总管将一个轻的向后开的层板罩放置在总管顶端，以将雨和雪阻挡在外，且在飞艇飞行时在总管上产生气流（draft）。

10.11.17　排气阀

硬式飞艇一般安装两类具有不同功能的排气阀。一类是靠近气囊底部,从龙骨可以到达的位置,安装一个或多个排气阀,它们可在预设气压下自动打开,通常预设气压为 0.4～0.6 inH₂O。由于这些阀上操作压力低,故它们必须采用较大的尺寸,通常直径为 3 ft 或更大,开度为 1～2 in。排气阀上有圆形铝框架和采用橡胶处理的织物圆锥形座。阀盘包括一个圆形环和框架,并采用橡胶处理的织物包覆。阀通过围绕转柄布置的螺旋弹簧闭合。采用这种简单机械结构,打开阀门每英寸开度需要的力会增加约 25%。另一类是在每个浮升气囊的顶部,布置一个内开的手动操作阀,尽管这种阀门可从某些气囊上省略,特别是那些携带大的安装重量的气囊,例如动力舱。由于飞艇气囊上部较大的压力差,操作阀直径仅为自动阀的 2/3,其结构更加结实。

通过考虑每种阀的功能,可对采用这两种阀的原因进行很好的理解。自动阀的目的是释放气囊的超压,应用在飞艇升限超过压力高度,浮升气体将气囊完全膨胀,这时飞艇高度再增加或浮升气体加热会引起危险的压力差。为了使这些阀门避免冻结而无法工作,往往这些阀安装在飞艇内靠近气囊的底部,这样如果阀门丧失功能,可以快速得知并进行处理。操作排气阀主要是在飞艇降落时用于减少飞艇的浮力;在降落时既然气囊没有完全膨胀,操作阀必须布置在气囊一定的高度,最好的位置是在其顶部。

自动和手动阀已经进行了集成设计,用于代替现在单独的自动阀和手动阀,布置在气囊顶部现在手动操作阀的位置。采用这种阀会节省很多重量,这不仅是由于少了一个阀门,而且是由于位于飞艇顶部较大压差处,阀门尺寸可比现在布置在最小压差位置的自动阀小;而且排气总管可以去掉或至少其尺寸可减少很多。这类阀另一个重要的特点是通过杠杆系统、弹簧连接到盘上,这样设计可使开阀的力独立于阀的开度。顶部阀的缺陷是不易接近和存在被冻结的危险。为了避免这些危险,阀盘和其底座必须采用橡胶唇缘;但不能确定采用该预防措施,就能确保阀有能力防止冻结。这样的阀还处在发展阶段。

10.11.18　排气阀的尺寸和重量

自动排气阀必须具有足够的面积以防止可感知的气压上升,即超过阀的排泄压力。当飞艇以最大上升速率爬升,通常约 1 200 ft/min。通过阀门浮升气体的流率为

$$V = CA\sqrt{\frac{2\Delta p}{\rho}} \qquad (10-8)$$

式中:V 为单位时间排出浮升气体的体积;A 为阀门的面积;Δp 为阀门安装处的压

差;ρ 为浮升气体的密度;C 为阀的流量系数。

例题 10 - 2 浮升气囊体积为 150 000 ft³,允许上升率为 1 200 ft/min。最大浮升气体压力为 0.4 inH₂O,使用氢气重量为 0.014 lbf/ft³,假设每 1 000 ft 高度大气密度的变化率为 3.3%,计算所需要的阀门面积。

假设:$C = 0.5$,则

$$V = \frac{1\,200 \times 0.033 \times 150\,000}{60 \times 1\,000} = 99 \text{ ft}^3/\text{s}$$

$$p = 0.4 \times 5.2 = 2.08 \text{ lbf/ft}^3$$

$$\rho = 0.14/32.2 = 0.000\,435 \text{ slug/ft}^3$$

$$A = \frac{V}{0.5\sqrt{2p/\rho}} = \frac{2 \times 99}{\sqrt{4.16/0.000\,435}} = 2.02 \text{ ft}^2$$

手动操作阀通常设计成与自动阀具有相同的放气流率。

在 Shenandoah 飞艇上的自动浮升气体阀的盘直径为 31.5 in;每个阀的总重量为 14 lbf。手动操作阀盘的直径为 19.7 in,包括支撑和保护罩每个阀的总重量为 22 lbf。

10.11.19　排气阀控制机械装置

操作排气阀采用连接到控制舱内的轻的索。操纵可同时打开所有的阀门或根据需要单独打开某个阀门。控制索应仔细调整,以使得所有气阀同时打开时,每个阀的开度是相同的。

10.11.20　压舱物系统

对于硬式飞艇,水是非常合适的压舱物。水一般装在悬挂在龙骨上的橡胶织物袋子内。这些袋子有两种类型,即常规和应急压舱物水袋。常规的压舱物水袋每个通常约为 1 吨重,沿龙骨分布布置。在每个袋子下方有排水阀,也是通过索连接到控制舱进行操作。每个紧急或着陆压舱物水袋包含约 500 lb 到半吨的水,布置在飞艇的头尾附近。每个袋子底部安装宽的排水软管,其通常折起到袋子内,并使其开口位于袋内水面之上,其通过连接到控制舱的索可操作的扳机进行固定。当释放压仓物时,这个扳机被拉开,使排水软管下落,形成一个大的开口,通过它所有袋子内的水几乎可同时排出。紧急压仓物应约为飞艇总浮力的 3%;所提供的总压仓物不超过总浮力的 15%。在现代硬式飞艇上,为了锚泊安全,在龙骨内提供一个压仓物管线,其具有足够的供水能力,即每小时可接受飞艇总浮力 10% 的水量。

为补偿发动机燃料消耗,需提供水回收系统,这样会出现引入一个新的物相到飞艇水袋内的问题。通常压仓物水袋必须满足压仓物的重量等于消耗的燃料,这时保持飞艇平衡,以及避免大的弯曲力矩的需要,这样需要提供泵以使压仓物沿龙骨分布。一般手动泵有能力满足这一需要。

为了防止水冻结必须采取相应的措施。在无水回收系统时,这是一个简单的问题,通过放置足够的氯化钙或其他防冻混合液到水中,便可防止水出现冻结;但有水回收系统后,在一个远距离航程结束时,使飞艇携带足够的氯化钙以满足所有的袋子不冻结,变成一个严重的问题,而没有得到很好解决。另外,桁架必须通过清漆或其他合适的涂层进行防护,以避免防冻液的腐蚀。采用无腐蚀的防冻液是较好的选择,但其非常昂贵。

10.11.21　锚泊和地面操作系统

在飞艇上存在两个主要的锚泊点:一个是在艇头端部,设计用于固定飞艇到锚泊塔或系留杆上;另一个是在牵引索与龙骨连接的位置,约在艇头下部距离其7%~8%的飞艇长度处。另外,其通常布置在飞艇前部和后部的中心线吊舱,当飞艇停止在地面时,有扶手可使操作人员容易抓紧。在吊舱上的把手足够长,可为地面所有人员中的一小部分提供抓手的空间。当飞艇出入库时,为提供抓紧飞艇的附加点,通过拉索的轻管把手可提供地面操作的一部分,且在飞艇放飞时或进入艇库后将其在龙骨下面进行固定。

10.11.22　桅杆停泊传动装置

通过一个锥形部件,可实现飞艇和锚泊塔之间的有效连接。凹形锥隐蔽地安装在锚泊塔上部。飞艇的锥形部件是钢铸件,高度为21 in,极限直径为15 in,采用3/8 in厚的壁面。锥的形状和尺寸是标准的,这样飞艇可以锚泊到所有的锚泊塔上。这个锥的上部是通过一个水平横向针固定在通过艇身纵轴的艇头长度在4~5 ft的钢管上。飞艇在水平面内的摆动通过锚泊塔上的锥转动实现。在垂直方向的自由度,通过一个连接锥到轴的横向针实现。滚转的自由度通过在飞艇结构内的强的轴承轴实现。1924年1月Shenandoah飞艇从锚泊塔上的脱离,主要是由于轴在轴承上堵塞,因此飞艇丧失了在滚转方向的自由度,所引起的部分大扭曲力是来源于顶部尾翼的倒塌,导致纵向桁架从携带轴承的艇头帽分裂。Shenandoah的艇头锚泊线是一个柔性钢缆,直径为9/16 in,长度为500 ft,具有最小破坏强度21 000 lbf。这个缆绳穿过轴和锚泊锥转动,其有坚固的反转制动,安装在锚泊锥的一个固定环上。

为将缆拉回到飞艇内,在龙骨上提供一个卷扬机。另外,除了锚泊缆通过锥外,还有两个稳固的部件连接在轴上。这些部件也是钢缆,每个长度约为550 ft,约为艇头缆强度的2/3。卷扬机也可将这些缆绳卷入飞艇内。

10.11.23　锚泊点

在艇头转动部件后,第1个主框架采用了特殊索进行加强,这样可在龙骨内形成一个强的锚泊点。两个软的辫成麻花状的牵引索卷起固定在这个框架上,其可以通过舱口下垂。在Shenandoah飞艇上,这些牵引索长度约为500 ft,周长为

4.25 in。飞艇也可通过这 3 个索系统进行锚泊。

10.11.24　锚泊和操作系统的强度

然而关于锚泊飞艇实际承受力没有任何数据；但近似的在艇头上的最大横向力可采用下式计算：

$$F = CqVol^{2/3} \qquad (10-9)$$

式中：F 为横向力；C 为系数，$C = 0.12$；q 为动压，$q = \rho v^2/2$；Vol 为飞艇排开空气的体积。

例题 10-3　计算当 Shenandoah 飞艇固定在锚泊塔上，在靠近海平面，风速为 60 mph 时在艇头上的最大横向力。

$$Vol^{2/3} = 2\,290\,000^{2/3} = 17\,400 \text{ ft}^2$$

$$q = \frac{0.002\,36 \times 88^2}{2} = 9.15 \text{ lbf/ft}^2$$

$$F = CqVol^{2/3} = 0.12 \times 9.15 \times 17\,400$$
$$= 19\,200 \text{ lbf}$$

在艇头横向力产生的最大的弯曲力矩约位于艇头后 25％的长度，其大小近似估算如下：

$$M = 0.075FL \qquad (10-10)$$

式中：L 为飞艇的长度。

当在锚泊点而不是在艇头端点固定时，由于这样可出现大的偏航角，这会使横向力约增加 25％；但由于载荷作用在更为合适的位置，这时的最大弯曲力矩是相当小的。

在艇头或锚泊点上最大的纵向力仅约为相应横向力的一半，既然飞艇纵向结构强度很大，这方面几乎可不考虑。通常设计艇头锚泊强度，可在 60 mph 风速下固定飞艇，锚泊点对应的风速约为 40 mph，在这两种情况下取安全系数为 2。

当飞艇出入艇库时，沿龙骨操纵点设计需要克服横向力，横向风速不超过 15 mph。飞艇在横向风速下的总力为

$$F = 0.2\,LD\rho v^2 \qquad (10-11)$$

式中：L 为飞艇的长度；D 为飞艇的直径；ρ 为空气密度；v 为风速。

11　飞艇中常见错误

下面这 6 个发明经常重现,已经被积极的发明者提交给 Navy Department 很多次。下面针对这些发明的错误之处进行解释。这 6 项发明如下所述:

(1) 真空飞艇。

(2) 可压缩的浮升气体或空气作为压舱物。

(3) 人工超热控制。

(4) 重于与轻于空气的飞行器组合方案。

(5) 通道减阻。

(6) 在锚泊时设置挡风屏。

11.1　真空飞艇的应力

为了不使用浮升气体,发明者频繁提出制造真空球或飞艇来产生浮力。Dr. Zahm 针对该问题进行了分析。

对于一个薄且空的球形物体,在承受均匀的静压力下,为防止变形,其表面的单位应力可通过壳直径截面的总应力等于总的静压力得到

$$2\pi r t S = \pi r^2 p \tag{11-1}$$

式中:S 为应力;p 为静压差;r 为球的半径;t 为壁面厚度。

球体允许的最大质量为其排开空气的质量:

$$4\pi r^2 t \rho_s = \frac{4\pi r^3 \rho_{air}}{3} \tag{11-2}$$

$$t = \frac{r \rho_{air}}{3 \rho_s} \tag{11-3}$$

式中:ρ_s 为球体表面所用材料的面密度;ρ_{air} 为周围大气的密度。

球体表面的应力为

$$S = \frac{\pi r^2 p}{2\pi rt} = \frac{rp}{2t} = \frac{rp}{2 \dfrac{r\rho_{\text{air}}}{3\rho_{\text{s}}}} = \frac{3p\rho_{\text{s}}}{2\rho_{\text{air}}} \tag{11-4}$$

现在假设 $p = 15$，$\rho_{\text{s}}/\rho_{\text{air}} = 6\,000$，这对应于钢和空气的密度比，可得

$$S = 3p\rho_{\text{s}}/2\rho_{\text{air}} = 45 \times 6\,000/2 = 135\,000 \text{ lbf/in}^2$$

这是在真空的钢球上的应力。

对于铝材密度减小，形成的应力约按照同样的比例也减小。

最后的式(11-4)表明，对于给定的材料和大气环境，在圆球壁面或壳上的应力与表面的半径无关。而球体的应力是所有外形中最小的。因此，没有这样的表面可以建造，而壳中的 S 会小于 $3p\rho_{\text{s}}/2\rho_{\text{air}}$。这里所争论的是可采用局部的真空球，既然球含 $1/n$ 真空会浮起，但同时也对应了 $1/n$ 的质量和强度。

上述的结果是基于壳不变形的假设得出的。实际上，它会在确定性的应力形成前就出现弯曲变形。所以可得出结论，当出现一个真空球诱惑的想法时，没有足够强的工程材料支持这样的结构。或许，更接近真理地说，基于现在的材料这样的方案只能是幻想。

11.2　压缩空气或浮升气体

发明者对于减少飞艇浮力一个非常普通的观点是，通过压缩一些气囊中的浮升气体到高压容器中以减少浮力，或通过压缩大气中的空气到长颈瓶中，从而增加飞艇的重量，以获得与浮力减少同样的效果。这些方案与真空飞艇类似，其带来的应力是非常大的，以至于在允许重量下无法实现。下面的分析表明，通过压力控制浮力是绝对不现实的，即使忽略压缩机的重量。

例如通常所使用的用于运输气体的钢瓶重量为 $115 \sim 130$ lbf，包含压缩到 $1\,800$ lbf/in^2 和 $2\,000$ lbf/in^2 下的 $180 \sim 200$ ft^3 自由气体。200 ft^3 氢气最大的浮力仅约为14.4 lbf，实际上很少超过 13.6 lbf。这样气体的浮力仅约为容器重量的 $10\% \sim 12\%$。改变承压能力对于这一问题的结果无差别。如果压力减半，必须增加的容器尺寸会几乎平衡掉由于减小壁厚而节省的重量。

压缩空气到高压瓶和压缩浮升气体一样的无用。$180 \sim 200$ ft^3 的自由空气压缩到上述压缩浮升气体所考虑的钢瓶中，会重 $14 \sim 16$ lbf，或仅为容器重量的 $11\% \sim 13\%$。

11.3　浮力与高度无关

提出控制飞艇浮力方式的发明者经常没有意识到，只要飞艇低于压力高度（浮升气囊空间完全膨胀的高度），净浮力与高度无关。反而，存在一个非常一般的认

识,当飞艇上升,由于其周围空气密度的减小,它的净浮力会减小。实际上,空气密度的变化会被浮升气囊体积的变化所平衡,因此,只要空气和浮升气体的压力和温度相同,净浮力是不变的。

由于飞艇结构强度的限制,空气和浮升气体的绝对压力几乎始终是相等的;当无浮升气体排出,仅通过造成暂时的浮升气体和大气相对温度差别,高度改变会产生浮力变化。但浮力的这些干扰很容易被飞艇运动所产生的动升力所抵消。

当飞艇上升超过压力高度,为防止压差增大引起结构破坏,浮升气体需要排出。这时,空气密度的减小与浮升气体排开体积的增加不再平衡,会存在浮力损失。显然,这是一个永久的浮力损失,其无法通过下降到一个较低的高度而恢复,因为在飞行中被排出的浮升气体无法再被替换。

一个净轻飞艇着陆的难点已使很多建议者提出压缩浮升气体或空气。这一难点不是由于飞艇下降浮力增加的结果,而是来源于当飞艇慢速下降着陆时动升力控制的损失。净轻飞艇(存在多余浮力)通常是由于在飞行过程中燃油的消耗,而这可以较容易得到补偿,即通过在一个合适的速率下使飞艇艇头处于低头状态。这种补偿称为"动升力控制",随着速度减小其会消失。

下面给出以上描述的浮力的相关表达式。

(1) 飞艇低于压力高度时的净浮力为

$$B = (\rho_a - \rho_{He})gV_{He} = \left(\frac{\rho_a}{\rho_{He}} - 1\right)\rho_{He}V_{He}g = \left(\frac{\rho_a}{\rho_{He}} - 1\right)m_{He}g \quad (11-5)$$

认为环境空气压力和囊体内部的氦气压力相同可得

$$B = \left(\frac{\rho_a}{\rho_{He}} - 1\right)m_{He}g = \left(\frac{p/(R_aT_a)}{p/(R_{He}T_{He})} - 1\right)m_{He}g = \left(\frac{R_{He}T_{He}}{R_aT_a} - 1\right)m_{He}g$$
$$(11-6)$$

若内部氦气温度和外部空气温度也相同,得到

$$B = \left(\frac{R_{He}T_{He}}{R_aT_a} - 1\right)m_{He}g = \left(\frac{R_{He}}{R_a} - 1\right)m_{He}g \quad (11-7)$$

因此,只要空气和浮升气体的压力和温度相同,净浮力可看作常数。

(2) 飞艇高于压力高度或超压时的浮力为

$$\begin{aligned}
B &= (\rho_a - \rho_{He})gV_{He} = \left(\frac{\rho_a}{\rho_{He}} - 1\right)m_{He}g \\
&= \left(\frac{p_aR_{He}T_{He}}{p_{He}R_aT_a} - 1\right)m_{He}g \\
&= \left(\frac{R_{He}p_aT_{He}}{R_aT_ap_{He}} - 1\right)m_{He}g
\end{aligned} \quad (11-8)$$

这时浮升气体的体积基本保持不变,即 V_{He} 为常数。这样囊体内的氦气密度也不发生变化,外部空气密度也处于不变的状态下,从而整个飞行器的净浮力可保持不变。

(3) 浮升气体升温($T_{He1} > T_{He0}$)引起的超压为

$$p_0 = \frac{m_{He}}{V_{He0}} R_{He} T_{He0}, \quad p_1 = \frac{m_{He}}{V_{He1}} R_{He} T_{He1}$$

$$\Delta p = p_1 - p_0 = \frac{m_{He}}{V_{He1}} R_{He} T_{He1} - \frac{m_{He}}{V_{He0}} R_{He} T_{He0}$$

$$= m_{He} R_{He} \left(\frac{T_{He1}}{V_{He1}} - \frac{T_{He0}}{V_{He0}} \right) = \frac{m_{He} R_{He}}{V_{He0}} \left(\frac{V_{He0} T_{He1}}{V_{He1}} - T_{He0} \right) \tag{11-9}$$

若囊体体积不变,则

$$\Delta p = \frac{m_{He} R_{He}}{V_{He0}} (T_{He1} - T_{He0}) = \frac{m_{He} R_{He}}{V_{He0}} \Delta T = \rho_{He} R_{He} \Delta T \tag{11-10}$$

对于 20 km 高度,大气压为 5 529.31 Pa,温度为 216.65 K,氦气气体常数为 2 078.6,可得氦气的密度为 0.012 278 kg/m³。计算可得温度升高 1℃,带来的超压为

$$\Delta p_{1\text{deg}} = \rho_{He} R_{He} \Delta T = 0.012\,278 \times 2\,078.6 \times 1 = 25.52 \text{ Pa}$$

(4) 浮升气体降温($T_{He1} < T_{He0}$)引起的体积和浮力损失为

$$V_{He0} = \frac{m_{He}}{p_0} R_{He} T_{He0}, \quad V_{He1} = \frac{m_{He}}{p_1} R_{He} T_{He1}$$

$$\Delta V = V_{He0} - V_{He1} = \frac{m_{He}}{p_0} R_{He} T_{He0} - \frac{m_{He}}{p_1} R_{He} T_{He1} = m_{He} R_{He} \left(\frac{T_{He0}}{p_0} - \frac{T_{He1}}{p_1} \right)$$

$$\tag{11-11}$$

在 20 km 高度,假设压力为大气压,即 $p_0 = p_1 = 5\,529.31$ Pa,单位温度下降下的体积减小为

$$\Delta V = \frac{m_{He} R_{He}}{p_0} (T_{He0} - T_{He1}) = \frac{m_{He} R_{He}}{p_0}$$

$$\Delta V = \frac{m_{He} R_{He}}{p_0} = \frac{\rho_{He} V_{He} R_{He}}{p_0} \Rightarrow \frac{\Delta V}{V_{He}} = \frac{\rho_{He} R_{He}}{p_0} = \frac{0.012\,278 \times 2\,078.6}{5\,529.3} = 0.46\%$$

体积的变化与氦气的质量直接相关。体积变化乘以大气密度即为浮力损失。

11.4 人工控制浮升气体温度

当空气的温度和压力不变时,给定质量的浮升气体产生的浮力直接与其绝对温

度相关。既然空气的正常温度是约52℉,浮升气体的温度必须增加约26℉,才能增加5％的浮力。

在一个具有2 000 000 ft³ 体积的飞艇,约需要36 000 Btu[①]增加1℉,5％的浮力增加将会需要约935 000 Btu。飞艇蒙皮上热流损失没有非常可用的数据,但当飞艇在云下穿过时,热量损失迅速,表明在飞艇中空气和浮升气体的温度交换,以及与外部大气温度交换是迅速的。很可能以25℉超热开始,如果没有热源通过辐射弥补损失,23 min 就会损失一半。换句话说,每分钟约36 000 Btu 能量需要补充。这相当于850 hp,且还有设备的重量,使得该方案不可行。针对对流损失大幅减少的一个新型的浮升气囊结构,会是一个可行的解决方案。

11.5　升力面增加飞艇的升力

过去对于发明者来说,采用升力面给飞艇提供动升力是自然的想法。而且一些早期的飞艇,特别是建造于1903年的Santos-Dumont的No10,就安装了这样的翼面。如图11-1所示为Santos-Dumont飞艇。

图11-1　Santos-Dumont飞艇

一个具有升力面的飞艇可以看作飞艇和飞机的组合,这样的飞行器从特性方面分析表明,它结合了各自的缺点,失去了这两类飞行器的优点。

组合的飞行器重于空气,所以,依靠功率保持浮空。它必须以较高的速度离开地面和降落,由于翼面的升力与速度的平方成正比,在低速下,它们无法提供可用升力。所有这些缺点由组合飞行器和飞机共同承担;但另外,由于充满浮升气体的艇身体积大,它不是像飞机一样的敏捷且易操纵的飞行器。实际中不可能考虑一个大飞艇以高速飞行;而且很难建造飞艇能够支撑在高速着陆时,与地面的撞击震动。

即使组合飞行器起飞和着陆的困难可以克服,其在飞行中仍然也是无效的。对于翼面每产生1 000 lbf升力,近似60 lbf阻力需要通过螺旋桨的推力克服。另外,

---

① Btu 为热量单位,1 Btu＝1.056×10³ J。

一个 5 000 000 ft³ 的飞艇在以 60 mph 的速度飞行,产生约每 1 000 lbf 浮力 20 lbf 阻力。随尺寸增加和速度减小,相对阻力减小。所以显然在飞艇上通过翼面增加升力会使在发动机功率和燃油消耗上出现不成比例的增加。

最终,还存在缺陷,即翼面的升力相比于浮力,其通常作用在局部区域,因此艇身必须强度很大且重以便于抵抗集中力。

综上所述,结构、发动机和燃油增加的重量,会相当大地超过翼面产生的升力;且对于组合飞行器起飞和着陆,始终存在难以克服的困难。

11.6　通道减阻

数不清的发明者提出,通过采用排泄管或通道允许一些空气或水从船首流向船尾,这样通过一个更直接的通道,而不是绕流,对空气飞行器或水中运载器进行减阻。想法听起来很吸引人,但测试证明,这样的通道实际上会增加阻力,或许是由于增加了产生摩擦阻力的表面积,以及当空气或水进入或离开通道时产生了涡旋损失。故从头到尾一个非常流线的艇身外侧是最有效的流动。

飞艇流体通道的建议经常与布置在其中的推进螺旋桨或风扇组合。这些附加决不会改变这类布置方式基本上的无效性。

11.7　系留装置的挡风板

1924 年 1 月 Shenandoah 飞艇在 Lakehurst 从系留装置上脱离之后,提出许多保护飞艇的建议,其一为当飞艇固定在系留装置上,可在艇头周围布置一些挡风板实现。到目前为止,在飞艇上接近桅杆最重要的应力,来源于作用在飞艇上的横向风力,实际上纵向应力通常是令人满意的,因为它们可减少来源于横向空气动力所产生的横向弯曲压缩力。在艇头周围布置一个挡风板无疑会减少纵向应力,但由于湍流的增强,其会增加而不是减小沿飞艇大部分区域的横向力。

12 飞艇空间运动模型

设计定型飞艇的操纵性是其空间运动特性,也即飞行性能优劣的具体体现。

本处借鉴潜艇中对于操纵性的定义。飞艇操纵性是指飞艇借助其操纵装置(螺旋桨、舵面、充放气囊等)来改变或保持艇的飞行速度、姿态、方向和高度的性能。它包含以下几方面性能。

运动稳定性:飞艇保持一定飞行状态(如航向、纵倾及高度等)的性能。

机动性:飞艇改变飞行状态(如航向、纵倾及高度等)的性能。

惯性(或制动)特性:推进器工况发生改变(停车或倒车)、舵保持零舵角时的飞艇飞行特性。

故当飞艇具有良好的操纵性时,能根据操艇者的要求,既能方便、稳定地保持航向、高度和航速,又能迅速地改变航向、高度和航速,进而准确地执行各种机动动作,完成相应的任务。

为研究飞艇的操纵性需要建立相应的空间运动模型。本章针对飞艇(刚性和柔性)及常用的系留艇的空间运动模型进行描述。

12.1 刚性飞艇空间动力学方程

12.1.1 常用坐标系及其关系

当把飞艇看作一个可控的刚体在空间运动时,它的运动规律是通过动力学和运动学方程来描述的。为此,必须建立合适的坐标系,以方便描述飞艇在空间的运动状态。

1) 惯性坐标系 $Ax_dy_dz_d$

惯性坐标系与地面固连。原点 A 取在飞艇放飞点。

Ax_d 轴——水平面内任意方向,如正东或正北方向。

Ay_d 轴——过 A 点位于 Ax_d 所在水平面内,且与 Ax_d 轴相垂直,正向满足右手法则。

Az_d 轴——过 A 点与 Ax_dy_d 平面垂直,正向指向地心。$Ax_dy_dz_d$ 构成右手坐标系。

2) 艇体坐标系 $Oxyz$

艇体坐标系与飞艇艇体固连。原点 O 取在飞艇的浮心(体积中心)。

Ox 轴——与飞艇的纵轴方向一致,指向飞艇头部为正。

Oy 轴——平行艇体基面,当顺着 Ox 看去时,正向指向右侧。

Oz 轴——过 O 点,与 Ox 和 Oy 轴构成右手坐标系。

3) 速度坐标系 $Ox_vy_vz_v$

原点 O 取在飞艇的浮心(体积中心)。

Ox_v 轴——与飞艇空速方向一致,向前为正。

Oy_v 轴——与 Ox_v,Oz_v 轴组成右手坐标系。

Oz_v 轴——在飞艇纵向对称平面内,垂直于 Ox_v 轴,向下为正。

4) 艇体坐标系 $Oxyz$ 和惯性坐标系 $Ax_dy_dz_d$ 之间的关系

艇体坐标系 $Oxyz$ 可认为是飞艇相对惯性坐标系 $Ax_dy_dz_d$ 进行了俯仰、偏航和滚转三次转动而获得(不考虑原点移动)。这三个角分别称为俯仰角 ϑ、偏航角 ψ 和滚转角 ϕ。

这三个角的定义如下:

俯仰角 ϑ——飞艇纵轴 Ox 和水平面 Ax_dy_d 之间的夹角,由水平面向上逆时针旋转至 Ox 为正。

偏航角 ψ——飞艇的纵轴 Ox,在水平面 Ax_dy_d 上的投影与惯性坐标系中的 Ax_d 轴之间的夹角,由 Ax_d 轴顺时针方向旋转到飞艇纵轴 Ox 在水平面 Ax_dy_d 上的投影为正。

滚转角 ϕ——飞艇的 Oz 轴与通过 Ox 轴的铅垂面之间的夹角。当逆着 Ox 轴看去时,旋转方向为逆时针时 ϕ 为正。

这样,从惯性坐标系到艇体坐标系的坐标转换关系为

$$
\begin{aligned}
\boldsymbol{S} &= \begin{bmatrix} a_x & a_y & a_z \\ b_x & b_y & b_z \\ c_x & c_y & c_z \end{bmatrix} \\
&= \begin{bmatrix} 1 & 0 & 0 \\ 0 & \cos\phi & \sin\phi \\ 0 & -\sin\phi & \cos\phi \end{bmatrix} \begin{bmatrix} \cos\vartheta & 0 & -\sin\vartheta \\ 0 & 1 & 0 \\ \sin\vartheta & 0 & \cos\vartheta \end{bmatrix} \begin{bmatrix} \cos\psi & \sin\psi & 0 \\ -\sin\psi & \cos\psi & 0 \\ 0 & 0 & 1 \end{bmatrix} \\
&= \begin{bmatrix} \cos\psi\cos\vartheta & \sin\psi\cos\vartheta & -\sin\vartheta \\ \cos\psi\sin\vartheta\sin\phi - \sin\psi\cos\phi & \sin\psi\sin\vartheta\sin\phi + \cos\psi\cos\phi & \cos\vartheta\sin\phi \\ \cos\psi\sin\vartheta\cos\phi + \sin\psi\sin\phi & \sin\psi\sin\vartheta\cos\phi - \cos\psi\sin\phi & \cos\vartheta\cos\phi \end{bmatrix}
\end{aligned}
$$

另外,从艇体坐标系到惯性坐标系的坐标转换关系为矩阵 S 的转置。

5) 艇体坐标系 $Oxyz$ 和速度坐标系 $Ox_vy_vz_v$ 之间的关系

艇体坐标系 $Oxyz$ 可将速度坐标系经过迎角 α 和侧滑角 β 两次旋转得到。显然,速度坐标系 $Ox_vy_vz_v$ 和艇体坐标系 $Oxyz$ 之间的关系取决于这两个角度。

迎角 α——飞艇速度向量 S_k 在飞艇纵对称平面内的投影线,与艇体坐标的 Ox 轴之间的夹角,由飞艇速度向量 S_k 在飞艇纵对称平面内的投影线绕 Oy 轴逆时针转向 Ox 轴为正。

侧滑角 β——飞艇速度向量 S_k 与飞艇纵对称面之间的夹角,若 S_k 绕 Oz 轴以顺时针方向转向飞艇速度向量 S_k 在飞艇纵对称平面内的投影线为正。不同的飞行器对于侧滑角正方向的定义存在差别。

从速度坐标系到艇体坐标系的坐标转换关系为

$$DCM_2 = \begin{bmatrix} \cos\alpha\cos\beta & \cos\alpha\sin\beta & -\sin\alpha \\ -\sin\beta & \cos\beta & 0 \\ \sin\alpha\cos\beta & \sin\alpha\sin\beta & \cos\alpha \end{bmatrix}$$

6) 主要姿态参数及符号

表示飞艇运动变量的参数称为姿态参数。

(1) 相对于艇体坐标系。

飞艇浮心相对于地面的速度为 V,在艇体坐标系 $Oxyz$ 中,速度 V 沿 3 个坐标轴的分量分别为纵向速度 u、横向速度 v 和垂向速度 w;绕飞艇浮心转动的角速度 Ω 在 $Oxyz$ 中,绕 3 个轴的分量分别为滚转角速度 p、俯仰角速度 q 和偏航角速度 r。

环境风场的速度相对于地面的速度为 V_w,在艇体坐标系 $Oxyz$ 中,速度 V_w 沿 3 个坐标轴的分量分别为纵向速度 u_w、横向速度 v_w 和垂向速度 w_w;绕飞艇浮心转动的角速度 Ω_w 在 $Oxyz$ 中,分别为滚转角速度 p_w、俯仰角速度 q_w 和偏航角速度 r_w。

作用在飞艇上的外力 F 在 $Oxyz$ 坐标系中,沿 3 个轴的分量分别为纵向力 X、横向力 Y 和垂向力(法向力)Z;关于浮心的力矩为 M,在 $Oxyz$ 坐标系中,绕 3 个轴的分量分别为滚动力矩 L、俯仰力矩 M 和偏航力矩 N。

(2) 相对于惯性坐标系。

飞艇浮心(艇体坐标系的原点)的位移 S 在惯性坐标系 $Ax_dy_dz_d$ 中用纵向位移 x、横向位移 y 和垂向位移 z(高度)来表示;角位移(姿态角)π 则用俯仰角 ϑ、偏航角 ψ 和滚转角 ϕ 来表示。

注意速度和力的分量均以指向坐标轴的正向为正,角速度和力矩的正方向按右手规则确定。

惯性坐标系和艇体坐标系如图 12-1 所示,速度坐标系和艇体坐标系如图 12-2 所示,飞艇平台状态参数和力(矩)符号如表 12-1 所示。

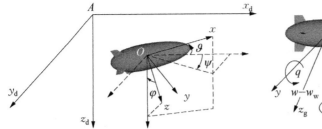

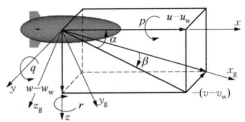

图 12-1　惯性坐标系和艇体坐标系　　　　图 12-2　速度坐标系和艇体坐标系

表 12-1　飞艇平台状态参数和力（矩）符号

参考系	艇体坐标系 $Oxyz$		
	Ox	Oy	Oz
速度 V	u（纵荡）	v（横荡）	w（垂荡）
角速度 Ω	p（横摇）	q（纵摇）	r（首摇）
力 F	X（轴向力）	Y（侧向力）	Z（法向力）
力矩 M	L（滚转力矩）	M（俯仰力矩）	N（偏航力矩）
参考系	惯性坐标系 $Ax_\mathrm{d}y_\mathrm{d}z_\mathrm{d}$		
	Ax_d	Ay_d	Az_d
位移 S	x	y	z
姿态角 π	ϑ	ψ	ϕ

12.1.2　刚性飞艇动力学方程

在一定的情况下，飞艇的变形很小，可看作刚体，即不考虑其结构的变形影响。对于浮力体，其排开周围流体的质量不可忽略，故飞艇的空间动力学方程常采用拉格朗日方法（从能量的角度）推导得出。

飞艇的运动采用其在艇体系的速度描述，即

$$\boldsymbol{X} = [\boldsymbol{V}^\mathrm{T},\ \boldsymbol{\Omega}^\mathrm{T}]^\mathrm{T}$$

式中：$\boldsymbol{V} = \begin{bmatrix} u & v & w \end{bmatrix}^\mathrm{T}$ 为线速度；$\boldsymbol{\Omega} = \begin{bmatrix} p & q & r \end{bmatrix}^\mathrm{T}$ 为角速度。

飞艇周围的空气也采用艇体系的速度描述，即

$$\boldsymbol{X}_\mathrm{w} = [\boldsymbol{V}_\mathrm{w}^\mathrm{T},\ \boldsymbol{\Omega}_\mathrm{w}^\mathrm{T}]^\mathrm{T}$$

这样，飞艇与空气之间的相对速度为

$$\boldsymbol{X}_\mathrm{a} = \boldsymbol{X} - \boldsymbol{X}_\mathrm{w}$$

飞艇系统的总动能可写为

$$W = W^c + W_B^o + W_v^o \qquad (12-1)$$

式中：W^c 为飞艇自身的动能（相对于重心）；W_B^o 为飞艇所排开空气增加的动能（参考点在飞艇的体积中心，也即所排开空气的重心）；W_v^o 为附加质量的动能（参考点在飞艇的体积中心）。飞艇系统总动能划分如图 12-3 所示。

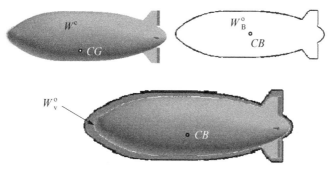

图 12-3 飞艇系统总动能划分

飞艇自身的动能（相对于重心 CG）：

$$W^c = \frac{1}{2} \boldsymbol{X}^{cT} \overline{\boldsymbol{M}}_c \boldsymbol{X}^c, \ \overline{\boldsymbol{M}}_c = \begin{bmatrix} m\boldsymbol{E}_3 & 0_3 \\ 0_3 & \boldsymbol{I}_{CG} \end{bmatrix}$$

对于飞艇所排开空气的动能，忽略空气质量运动动能，惯性动能需要从系统中去除，并添加外部的动能，即

$$W_B^o = -\frac{1}{2} \boldsymbol{X}^T \overline{\boldsymbol{M}}_B \boldsymbol{X} + \frac{1}{2} \boldsymbol{X}_a^T \overline{\boldsymbol{M}}_B \boldsymbol{X}_a, \ \overline{\boldsymbol{M}}_B = \begin{bmatrix} m_B\boldsymbol{E}_3 & 0_3 \\ 0_3 & \boldsymbol{I}_B \end{bmatrix}$$

式中：m_B 为排开空气的质量；$\boldsymbol{I}_B$ 为排开空气的转动惯量矩阵；$\boldsymbol{E}_3$ 为单位矩阵，即

$$\boldsymbol{E}_3 = \begin{bmatrix} 1 & 0 & 0 \\ 0 & 1 & 0 \\ 0 & 0 & 1 \end{bmatrix}$$

在无风速时，即 $\boldsymbol{V}_w = 0$ 的条件下，该部分的动能为零。

由于飞艇与周围空气之间存在相对运动速度，会产生飞艇周围空气与其一起运动的动能，即附加质量动能为

$$W_v^o = \frac{1}{2} \boldsymbol{X}_a^T \overline{\boldsymbol{M}}_v \boldsymbol{X}_a$$

最终得到整个系统的总动能为

$$W = W^c + W_B^o + W_v^o$$
$$= \frac{1}{2}\boldsymbol{X}^{cT}\overline{\boldsymbol{M}}_c\boldsymbol{X}^c - \frac{1}{2}\boldsymbol{X}^T\overline{\boldsymbol{M}}_B\boldsymbol{X} + \frac{1}{2}\boldsymbol{X}_a^T\overline{\boldsymbol{M}}_B\boldsymbol{X}_a + \frac{1}{2}\boldsymbol{X}_a^T\overline{\boldsymbol{M}}_v\boldsymbol{X}_a$$

式中:附加质量矩阵$\overline{\boldsymbol{M}}_v$为

$$\overline{\boldsymbol{M}}_v = \begin{bmatrix} m_{11} & m_{12} & m_{13} & m_{14} & m_{15} & m_{16} \\ m_{21} & m_{22} & m_{23} & m_{24} & m_{25} & m_{26} \\ m_{31} & m_{32} & m_{33} & m_{34} & m_{35} & m_{36} \\ m_{41} & m_{42} & m_{43} & m_{44} & m_{45} & m_{46} \\ m_{51} & m_{52} & m_{53} & m_{54} & m_{55} & m_{56} \\ m_{61} & m_{62} & m_{63} & m_{64} & m_{65} & m_{66} \end{bmatrix}$$

假设$\boldsymbol{r}_{CG} = \begin{bmatrix} x_G & y_G & z_G \end{bmatrix}^T$为艇体坐标系下飞艇重心的坐标,这样线速度在两个坐标系下具有如下关系:

$$\boldsymbol{V}_{CG} = \boldsymbol{V} + \boldsymbol{\Omega} \times (\boldsymbol{r}_{CG}) = \boldsymbol{V} - \boldsymbol{r}_{CG} \times \boldsymbol{\Omega}$$
$$\boldsymbol{\Omega}_{CG} = \boldsymbol{\Omega}$$

则得到

$$\boldsymbol{X}^c = \begin{bmatrix} \boldsymbol{V}_{CG} \\ \boldsymbol{\Omega}_{CG} \end{bmatrix} = \begin{bmatrix} \boldsymbol{E}_3 & -\boldsymbol{r}_{CG}^\times \\ 0_3 & \boldsymbol{E}_3 \end{bmatrix}\begin{bmatrix} \boldsymbol{V} \\ \boldsymbol{\Omega} \end{bmatrix} = \begin{bmatrix} \boldsymbol{E}_3 & -\boldsymbol{r}_{CG}^\times \\ 0_3 & \boldsymbol{E}_3 \end{bmatrix}\boldsymbol{X}$$

式中:对于一般矢量$\boldsymbol{a} = \begin{bmatrix} a_x & a_y & a_z \end{bmatrix}^T$的反对称叉积矩阵定义为

$$\boldsymbol{a}^\times = \begin{bmatrix} 0 & -a_z & a_y \\ a_z & 0 & -a_x \\ -a_y & a_x & 0 \end{bmatrix}$$

最终得到在艇体坐标系下,整个系统的动能为

$$W = W^c + W_B^o + W_v^o$$
$$= \frac{1}{2}\boldsymbol{X}^T\overline{\boldsymbol{M}}_o\boldsymbol{X} - \frac{1}{2}\boldsymbol{X}^T\overline{\boldsymbol{M}}_B\boldsymbol{X} + \frac{1}{2}\boldsymbol{X}_a^T\overline{\boldsymbol{M}}_B\boldsymbol{X}_a + \frac{1}{2}\boldsymbol{X}_a^T\overline{\boldsymbol{M}}_v\boldsymbol{X}_a \qquad (12-2)$$

式中:

$$\overline{\boldsymbol{M}}_o = \begin{bmatrix} \boldsymbol{E}_3 & 0_3 \\ \boldsymbol{r}_{CG}^\times & \boldsymbol{E}_3 \end{bmatrix}\overline{\boldsymbol{M}}_c\begin{bmatrix} \boldsymbol{E}_3 & -\boldsymbol{r}_{CG}^\times \\ 0_3 & \boldsymbol{E}_3 \end{bmatrix}$$

$$= \begin{bmatrix} \boldsymbol{E}_3 & 0_3 \\ \boldsymbol{r}_{CG}^\times & \boldsymbol{E}_3 \end{bmatrix}\begin{bmatrix} m\boldsymbol{E}_3 & 0_3 \\ 0_3 & I_{CG} \end{bmatrix}\begin{bmatrix} \boldsymbol{E}_3 & -\boldsymbol{r}_{CG}^\times \\ 0_3 & \boldsymbol{E}_3 \end{bmatrix}$$

$$= \begin{bmatrix} m\boldsymbol{E}_3 & 0_3 \\ m\boldsymbol{r}_{CG}^\times & I_{CG} \end{bmatrix}\begin{bmatrix} \boldsymbol{E}_3 & -\boldsymbol{r}_{CG}^\times \\ 0_3 & \boldsymbol{E}_3 \end{bmatrix} = \begin{bmatrix} m\boldsymbol{E}_3 & -m\boldsymbol{r}_{CG}^\times \\ m\boldsymbol{r}_{CG}^\times & I_{CG} - m\boldsymbol{r}_{CG}^\times\boldsymbol{r}_{CG}^\times \end{bmatrix}$$

将速度关系 $\boldsymbol{X}_a = \boldsymbol{X} - \boldsymbol{X}_w$ 代入式(12-2),得到

$$
\begin{aligned}
W &= W^c + W_B^o + W_v^o \\
&= \frac{1}{2}\boldsymbol{X}^T \overline{\boldsymbol{M}}_o \boldsymbol{X} - \frac{1}{2}\boldsymbol{X}^T \overline{\boldsymbol{M}}_B \boldsymbol{X} + \frac{1}{2}\boldsymbol{X}_a^T \overline{\boldsymbol{M}}_B \boldsymbol{X}_a + \frac{1}{2}\boldsymbol{X}_a^T \overline{\boldsymbol{M}}_v \boldsymbol{X}_a \\
&= \frac{1}{2}\boldsymbol{X}^T (\overline{\boldsymbol{M}}_o - \overline{\boldsymbol{M}}_B) \boldsymbol{X} + \frac{1}{2}(\boldsymbol{X} - \boldsymbol{X}_w)^T (\overline{\boldsymbol{M}}_B + \overline{\boldsymbol{M}}_v)(\boldsymbol{X} - \boldsymbol{X}_w) \\
&= \frac{1}{2}\boldsymbol{X}^T (\overline{\boldsymbol{M}}_o - \overline{\boldsymbol{M}}_B) \boldsymbol{X} + \frac{1}{2}\{\boldsymbol{X}^T (\overline{\boldsymbol{M}}_B + \overline{\boldsymbol{M}}_v)(\boldsymbol{X} - \boldsymbol{X}_w) - \boldsymbol{X}_w^T(\overline{\boldsymbol{M}}_B + \overline{\boldsymbol{M}}_v)(\boldsymbol{X} - \boldsymbol{X}_w)\} \\
&= \frac{1}{2}\boldsymbol{X}^T (\overline{\boldsymbol{M}}_o - \overline{\boldsymbol{M}}_B) \boldsymbol{X} + \frac{1}{2}\{\boldsymbol{X}^T (\overline{\boldsymbol{M}}_B + \overline{\boldsymbol{M}}_v)\boldsymbol{X} - \boldsymbol{X}^T (\overline{\boldsymbol{M}}_B + \overline{\boldsymbol{M}}_v)\boldsymbol{X}_w - \\
&\quad \boldsymbol{X}_w^T(\overline{\boldsymbol{M}}_B + \overline{\boldsymbol{M}}_v)\boldsymbol{X} + \boldsymbol{X}_w^T(\overline{\boldsymbol{M}}_B + \overline{\boldsymbol{M}}_v)\boldsymbol{X}_w\} \\
&= \frac{1}{2}\boldsymbol{X}^T (\overline{\boldsymbol{M}}_o - \overline{\boldsymbol{M}}_B) \boldsymbol{X} + \frac{1}{2}\boldsymbol{X}^T (\overline{\boldsymbol{M}}_B + \overline{\boldsymbol{M}}_v)\boldsymbol{X} + \frac{1}{2}\{- \boldsymbol{X}^T (\overline{\boldsymbol{M}}_B + \overline{\boldsymbol{M}}_v)\boldsymbol{X}_w - \\
&\quad \boldsymbol{X}_w^T(\overline{\boldsymbol{M}}_B + \overline{\boldsymbol{M}}_v)\boldsymbol{X} + \boldsymbol{X}_w^T(\overline{\boldsymbol{M}}_B + \overline{\boldsymbol{M}}_v)\boldsymbol{X}_w\} \\
&= \frac{1}{2}\boldsymbol{X}^T (\overline{\boldsymbol{M}}_o + \overline{\boldsymbol{M}}_v) \boldsymbol{X} + \frac{1}{2}\{- \boldsymbol{X}^T (\overline{\boldsymbol{M}}_B + \overline{\boldsymbol{M}}_v)\boldsymbol{X}_w - \boldsymbol{X}_w^T(\overline{\boldsymbol{M}}_B + \overline{\boldsymbol{M}}_v)\boldsymbol{X} + \\
&\quad \boldsymbol{X}_w^T(\overline{\boldsymbol{M}}_B + \overline{\boldsymbol{M}}_v)\boldsymbol{X}_w\} \\
&= \frac{1}{2}\boldsymbol{X}^T (\overline{\boldsymbol{M}}_o + \overline{\boldsymbol{M}}_v) \boldsymbol{X} - \boldsymbol{X}^T (\overline{\boldsymbol{M}}_B + \overline{\boldsymbol{M}}_v)\boldsymbol{X}_w + \frac{1}{2}\boldsymbol{X}_w^T(\overline{\boldsymbol{M}}_B + \overline{\boldsymbol{M}}_v)\boldsymbol{X}_w
\end{aligned}
$$

这样可将整个系统的动能表达为3部分,

$$
\begin{aligned}
W &= W_1 + W_3 + W_2 \\
&= \frac{1}{2}\boldsymbol{X}^T (\overline{\boldsymbol{M}}_o + \overline{\boldsymbol{M}}_v) \boldsymbol{X} - \boldsymbol{X}^T (\overline{\boldsymbol{M}}_B + \overline{\boldsymbol{M}}_v)\boldsymbol{X}_w + \frac{1}{2}\boldsymbol{X}_w^T(\overline{\boldsymbol{M}}_B + \overline{\boldsymbol{M}}_v)\boldsymbol{X}_w
\end{aligned} \quad (12-3)
$$

式中:W_1 为与飞艇自身运动状态相关的动能项,W_2 为风场与飞艇运动状态耦合动能项,W_3 为风场运动引起的动能项。若无风速,则 W_2 和 W_3 均为零。

一个系统的拉格朗日或欧拉-拉格朗日方程为

$$
\frac{\mathrm{d}}{\mathrm{d}t}\left(\frac{\partial W(\dot{\boldsymbol{q}}, \boldsymbol{q})}{\partial \dot{\boldsymbol{q}}}\right) - \frac{\partial W(\dot{\boldsymbol{q}}, \boldsymbol{q})}{\partial \boldsymbol{q}} = \overline{\boldsymbol{F}}(\dot{\boldsymbol{q}}, \boldsymbol{q}) \quad (12-4)
$$

式中:$\boldsymbol{q}$ 为广义坐标矢量;$\dot{\boldsymbol{q}}$ 为广义坐标矢量的时间导数;$\overline{\boldsymbol{F}}(\dot{\boldsymbol{q}}, \boldsymbol{q})$ 为广义力矢量。

分别将式(12-4)应用到已得到的总动能方程式(12-3)的每一项,可得

1)第1项 W_1

$$
W_1 = \frac{1}{2}\boldsymbol{X}^T (\overline{\boldsymbol{M}}_o + \overline{\boldsymbol{M}}_v) \boldsymbol{X}
$$

定义广义坐标矢量为

$$q = [x, y, z, \phi, \vartheta, \psi]^{\mathrm{T}} = [\boldsymbol{p}^{\mathrm{T}}, \boldsymbol{\Phi}^{\mathrm{T}}]^{\mathrm{T}}$$

式中：x, y, z 为空间位置坐标；ϕ, ϑ, ψ 为三个姿态角。

广义坐标矢量对时间的导数为

$$\dot{q} = \begin{bmatrix} \dot{\boldsymbol{p}} \\ \dot{\boldsymbol{\Phi}} \end{bmatrix} = \begin{bmatrix} \boldsymbol{S}^{\mathrm{T}} & \boldsymbol{0}_3 \\ \boldsymbol{0}_3 & \boldsymbol{R} \end{bmatrix} \begin{bmatrix} \boldsymbol{V} \\ \boldsymbol{\Omega} \end{bmatrix} \Leftrightarrow \dot{q} = \boldsymbol{J}_{\Phi} \boldsymbol{X} \Rightarrow \boldsymbol{X} = \boldsymbol{J}_{\Phi}^{-1} \dot{q} \tag{12-5}$$

式中：$\boldsymbol{J}_{\Phi}$ 为艇体到惯性坐标系的总转换矩阵；$\boldsymbol{S}$ 为从惯性坐标系到艇体坐标系的坐标转换关系；系数矩阵 $\boldsymbol{R}$ 为

$$\boldsymbol{R} = \begin{bmatrix} 1 & \sin\phi\tan\vartheta & \cos\phi\tan\vartheta \\ 0 & \cos\phi & -\sin\phi \\ 0 & \dfrac{\sin\phi}{\cos\vartheta} & \dfrac{\cos\phi}{\cos\vartheta} \end{bmatrix}$$

通过式(12-5)得到动能 W_1 采用广义坐标矢量的表达形式为

$$W_1 = \frac{1}{2} \boldsymbol{X}^{\mathrm{T}} (\overline{\boldsymbol{M}}_o + \overline{\boldsymbol{M}}_v) \boldsymbol{X}$$

$$= \frac{1}{2} (\boldsymbol{J}_{\Phi}^{-1} \dot{q})^{\mathrm{T}} (\overline{\boldsymbol{M}}_o + \overline{\boldsymbol{M}}_v) (\boldsymbol{J}_{\Phi}^{-1} \dot{q}) = \frac{1}{2} \dot{q}^{\mathrm{T}} \boldsymbol{J}_{\Phi}^{-\mathrm{T}} (\overline{\boldsymbol{M}}_o + \overline{\boldsymbol{M}}_v) \boldsymbol{J}_{\Phi}^{-1} \dot{q}$$

动能 W_1 对 $\dot{q}$ 求偏导，

$$\frac{\partial W_1}{\partial \dot{q}} = \frac{\partial}{\partial \dot{q}} \left(\frac{1}{2} \dot{q}^{\mathrm{T}} \boldsymbol{J}_{\Phi}^{-\mathrm{T}} (\overline{\boldsymbol{M}}_o + \overline{\boldsymbol{M}}_v) \boldsymbol{J}_{\Phi}^{-1} \dot{q} \right)$$

$$= \frac{1}{2} \left[(\boldsymbol{J}_{\Phi}^{-\mathrm{T}} (\overline{\boldsymbol{M}}_o + \overline{\boldsymbol{M}}_v) \boldsymbol{J}_{\Phi}^{-1})^{\mathrm{T}} + (\boldsymbol{J}_{\Phi}^{-\mathrm{T}} (\overline{\boldsymbol{M}}_o + \overline{\boldsymbol{M}}_v) \boldsymbol{J}_{\Phi}^{-1}) \right] \dot{q}$$

$$= \boldsymbol{J}_{\Phi}^{-\mathrm{T}} (\overline{\boldsymbol{M}}_o + \overline{\boldsymbol{M}}_v) \boldsymbol{J}_{\Phi}^{-1} \dot{q}$$

由于质量矩阵满足：$(\overline{\boldsymbol{M}}_o + \overline{\boldsymbol{M}}_v)^{\mathrm{T}} = (\overline{\boldsymbol{M}}_o + \overline{\boldsymbol{M}}_v)$，则

$$\frac{\mathrm{d}}{\mathrm{d}t} \left(\frac{\partial W_1}{\partial \dot{q}} \right) = \frac{\mathrm{d}}{\mathrm{d}t} (\boldsymbol{J}_{\Phi}^{-\mathrm{T}} (\overline{\boldsymbol{M}}_o + \overline{\boldsymbol{M}}_v) \boldsymbol{J}_{\Phi}^{-1} \dot{q})$$

$$= \dot{\boldsymbol{J}}_{\Phi}^{-\mathrm{T}} (\overline{\boldsymbol{M}}_o + \overline{\boldsymbol{M}}_v) \boldsymbol{J}_{\Phi}^{-1} \dot{q} + \boldsymbol{J}_{\Phi}^{-\mathrm{T}} (\overline{\boldsymbol{M}}_o + \overline{\boldsymbol{M}}_v) (\boldsymbol{J}_{\Phi}^{-1} \dot{q})^{\cdot}$$

$$= \dot{\boldsymbol{J}}_{\Phi}^{-\mathrm{T}} (\overline{\boldsymbol{M}}_o + \overline{\boldsymbol{M}}_v) \boldsymbol{X} + \boldsymbol{J}_{\Phi}^{-\mathrm{T}} (\overline{\boldsymbol{M}}_o + \overline{\boldsymbol{M}}_v) \dot{\boldsymbol{X}}$$

另外，

$$\frac{\partial W_1}{\partial q} = \frac{1}{2} \frac{\partial}{\partial q} (\dot{q}^{\mathrm{T}} \boldsymbol{J}_{\Phi}^{-\mathrm{T}} (\overline{\boldsymbol{M}}_o + \overline{\boldsymbol{M}}_v) \boldsymbol{J}_{\Phi}^{-1} \dot{q})$$

$$= \boldsymbol{K} (\overline{\boldsymbol{M}}_o + \overline{\boldsymbol{M}}_v) \boldsymbol{X}$$

式中：

$$\boldsymbol{K} = \frac{\partial}{\partial \boldsymbol{q}}(\boldsymbol{J}_{\Phi}^{-1}\dot{\boldsymbol{q}}) \Leftrightarrow \begin{bmatrix} 0_3 & 0_3 \\ \boldsymbol{K}_1 & \boldsymbol{K}_2 \end{bmatrix} = \begin{bmatrix} \dfrac{\partial}{\partial \boldsymbol{p}}(\boldsymbol{J}_{\Phi}^{-1}\dot{\boldsymbol{q}}) \\[2mm] \dfrac{\partial}{\partial \boldsymbol{\Phi}}(\boldsymbol{J}_{\Phi}^{-1}\dot{\boldsymbol{q}}) \end{bmatrix}$$

最终得到

$$\boldsymbol{F}_1(\boldsymbol{q}, \dot{\boldsymbol{q}}) = \frac{\mathrm{d}}{\mathrm{d}t}\left(\frac{\partial W_1}{\partial \dot{\boldsymbol{q}}}\right) - \frac{\partial W_1}{\partial \boldsymbol{q}} \tag{12-6}$$

$$= \dot{\boldsymbol{J}}_{\Phi}^{-\mathrm{T}}(\overline{\boldsymbol{M}}_{\mathrm{o}} + \overline{\boldsymbol{M}}_{\mathrm{v}})\boldsymbol{X} + \boldsymbol{J}_{\Phi}^{-\mathrm{T}}(\overline{\boldsymbol{M}}_{\mathrm{o}} + \overline{\boldsymbol{M}}_{\mathrm{v}})\dot{\boldsymbol{X}} - \boldsymbol{K}(\overline{\boldsymbol{M}}_{\mathrm{o}} + \overline{\boldsymbol{M}}_{\mathrm{v}})\boldsymbol{X}$$

2）第 2 项 W_2

$$W_2 = \frac{1}{2}\boldsymbol{X}_{\mathrm{w}}^{\mathrm{T}}(\overline{\boldsymbol{M}}_{\mathrm{B}} + \overline{\boldsymbol{M}}_{\mathrm{v}})\boldsymbol{X}_{\mathrm{w}}$$

定义广义坐标矢量为

$$\boldsymbol{q}_{\mathrm{w}} = [x_{\mathrm{w}}, y_{\mathrm{w}}, z_{\mathrm{w}}, \phi_{\mathrm{w}}, \vartheta_{\mathrm{w}}, \psi_{\mathrm{w}}]^{\mathrm{T}} = [\boldsymbol{p}_{\mathrm{w}}^{\mathrm{T}}, \boldsymbol{\Phi}_{\mathrm{w}}^{\mathrm{T}}]^{\mathrm{T}}$$

$$\dot{\boldsymbol{q}}_{\mathrm{w}} = \begin{bmatrix} \dot{\boldsymbol{p}}_{\mathrm{w}} \\ \dot{\boldsymbol{\Phi}}_{\mathrm{w}} \end{bmatrix} = \begin{bmatrix} \boldsymbol{S}^{\mathrm{T}} & 0_3 \\ 0_3 & \boldsymbol{R} \end{bmatrix}\begin{bmatrix} \boldsymbol{V}_{\mathrm{w}} \\ \boldsymbol{\Omega}_{\mathrm{w}} \end{bmatrix} \Leftrightarrow \dot{\boldsymbol{q}}_{\mathrm{w}} = \boldsymbol{J}_{\Phi}\boldsymbol{X}_{\mathrm{w}} \Rightarrow \boldsymbol{X}_{\mathrm{w}} = \boldsymbol{J}_{\Phi}^{-1}\dot{\boldsymbol{q}}_{\mathrm{w}}$$

可得 W_2 采用广义坐标矢量的表达形式为

$$\boldsymbol{W}_2 = \frac{1}{2}\boldsymbol{X}_{\mathrm{w}}^{\mathrm{T}}(\overline{\boldsymbol{M}}_{\mathrm{B}} + \overline{\boldsymbol{M}}_{\mathrm{v}})\boldsymbol{X}_{\mathrm{w}}$$

$$= \frac{1}{2}(\boldsymbol{J}_{\Phi}^{-1}\dot{\boldsymbol{q}}_{\mathrm{w}})^{\mathrm{T}}(\overline{\boldsymbol{M}}_{\mathrm{B}} + \overline{\boldsymbol{M}}_{\mathrm{v}})(\boldsymbol{J}_{\Phi}^{-1}\dot{\boldsymbol{q}}_{\mathrm{w}}) = \frac{1}{2}\dot{\boldsymbol{q}}_{\mathrm{w}}^{\mathrm{T}}\boldsymbol{J}_{\Phi}^{-\mathrm{T}}(\overline{\boldsymbol{M}}_{\mathrm{B}} + \overline{\boldsymbol{M}}_{\mathrm{v}})(\boldsymbol{J}_{\Phi}^{-1}\dot{\boldsymbol{q}}_{\mathrm{w}})$$

进一步得到

$$\frac{\mathrm{d}}{\mathrm{d}t}\left(\frac{\partial W_2}{\partial \dot{\boldsymbol{q}}}\right) = 0$$

$$\frac{\partial W_2}{\partial \boldsymbol{q}} = \frac{1}{2}\frac{\partial}{\partial \boldsymbol{q}}(\dot{\boldsymbol{q}}_{\mathrm{w}}^{\mathrm{T}}\boldsymbol{J}_{\Phi}^{-\mathrm{T}}(\overline{\boldsymbol{M}}_{\mathrm{B}} + \overline{\boldsymbol{M}}_{\mathrm{v}})(\boldsymbol{J}_{\Phi}^{-1}\dot{\boldsymbol{q}}_{\mathrm{w}}))$$

$$= \boldsymbol{K}_{\mathrm{w}}(\overline{\boldsymbol{M}}_{\mathrm{B}} + \overline{\boldsymbol{M}}_{\mathrm{v}})\boldsymbol{X}_{\mathrm{w}}$$

式中：

$$\boldsymbol{K}_{\mathrm{w}} = \frac{\partial}{\partial \boldsymbol{q}}(\boldsymbol{J}_{\Phi}^{-1}\dot{\boldsymbol{q}}_{\mathrm{w}}) \Leftrightarrow \begin{bmatrix} 0_3 & 0_3 \\ \boldsymbol{K}_{\mathrm{w}1} & \boldsymbol{K}_{\mathrm{w}2} \end{bmatrix} = \begin{bmatrix} \dfrac{\partial}{\partial \boldsymbol{p}}(\boldsymbol{J}_{\Phi}^{-1}\dot{\boldsymbol{q}}_{\mathrm{w}}) \\[2mm] \dfrac{\partial}{\partial \boldsymbol{\Phi}}(\boldsymbol{J}_{\Phi}^{-1}\dot{\boldsymbol{q}}_{\mathrm{w}}) \end{bmatrix}$$

得到

$$\boldsymbol{F}_2(\boldsymbol{q},\ \dot{\boldsymbol{q}}) = \frac{\mathrm{d}}{\mathrm{d}t}\Big(\frac{\partial W_2}{\partial \dot{\boldsymbol{q}}}\Big) - \frac{\partial W_2}{\partial \boldsymbol{q}} = -\boldsymbol{K}_\mathrm{w}(\overline{\boldsymbol{M}}_\mathrm{B} + \overline{\boldsymbol{M}}_\mathrm{v})\boldsymbol{X}_\mathrm{w} \qquad (12-7)$$

3）第 3 项 W_3

$$W_3 = -\boldsymbol{X}^\mathrm{T}(\overline{\boldsymbol{M}}_\mathrm{B} + \overline{\boldsymbol{M}}_\mathrm{v})\boldsymbol{X}_\mathrm{w}$$

采用广义坐标矢量表达且求导可得

$$
\begin{aligned}
\boldsymbol{F}_3(\boldsymbol{q},\ \dot{\boldsymbol{q}}) &= \frac{\mathrm{d}}{\mathrm{d}t}\Big(\frac{\partial W_3}{\partial \dot{\boldsymbol{q}}}\Big) - \frac{\partial W_3}{\partial \boldsymbol{q}} \\
&= -\boldsymbol{J}_\Phi^{-1}(\overline{\boldsymbol{M}}_\mathrm{B} + \overline{\boldsymbol{M}}_\mathrm{v})\dot{\boldsymbol{X}}_\mathrm{w} - [\dot{\boldsymbol{J}}_\Phi^{-1}]^\mathrm{T}(\overline{\boldsymbol{M}}_\mathrm{B} + \overline{\boldsymbol{M}}_\mathrm{v})\boldsymbol{X}_\mathrm{w} + \\
&\quad \boldsymbol{K}_\mathrm{w}(\overline{\boldsymbol{M}}_\mathrm{B} + \overline{\boldsymbol{M}}_\mathrm{v})\boldsymbol{X} + \boldsymbol{K}(\overline{\boldsymbol{M}}_\mathrm{B} + \overline{\boldsymbol{M}}_\mathrm{v})\boldsymbol{X}_\mathrm{w}
\end{aligned}
\qquad (12-8)
$$

将前面得到的三部分动能合并可得

$$
\begin{aligned}
\boldsymbol{F}(\boldsymbol{q},\ \dot{\boldsymbol{q}}) &= \boldsymbol{F}_1(\boldsymbol{q},\ \dot{\boldsymbol{q}}) + \boldsymbol{F}_2(\boldsymbol{q},\ \dot{\boldsymbol{q}}) + \boldsymbol{F}_3(\boldsymbol{q},\ \dot{\boldsymbol{q}}) \\
&= \dot{\boldsymbol{J}}_\Phi^\mathrm{T}(\overline{\boldsymbol{M}}_\mathrm{o} + \overline{\boldsymbol{M}}_\mathrm{v})\boldsymbol{X} + \boldsymbol{J}_\Phi^\mathrm{T}(\overline{\boldsymbol{M}}_\mathrm{o} + \overline{\boldsymbol{M}}_\mathrm{v})\dot{\boldsymbol{X}} - \boldsymbol{K}(\overline{\boldsymbol{M}}_\mathrm{o} + \overline{\boldsymbol{M}}_\mathrm{v})\boldsymbol{X} - \boldsymbol{K}_\mathrm{w}(\overline{\boldsymbol{M}}_\mathrm{B} + \overline{\boldsymbol{M}}_\mathrm{v})\boldsymbol{X}_\mathrm{w} \\
&\quad -\boldsymbol{J}_\Phi^{-1}(\overline{\boldsymbol{M}}_\mathrm{B} + \overline{\boldsymbol{M}}_\mathrm{v})\dot{\boldsymbol{X}}_\mathrm{w} - [\dot{\boldsymbol{J}}_\Phi^{-1}]^\mathrm{T}(\overline{\boldsymbol{M}}_\mathrm{B} + \overline{\boldsymbol{M}}_\mathrm{v})\boldsymbol{X}_\mathrm{w} + \boldsymbol{K}_\mathrm{w}(\overline{\boldsymbol{M}}_\mathrm{B} + \overline{\boldsymbol{M}}_\mathrm{v})\boldsymbol{X} + \\
&\quad \boldsymbol{K}(\overline{\boldsymbol{M}}_\mathrm{B} + \overline{\boldsymbol{M}}_\mathrm{v})\boldsymbol{X}_\mathrm{w}
\end{aligned}
$$

$$(12-9)$$

由于在艇体坐标系下的广义力矢量可表达为

$$\boldsymbol{F}(\boldsymbol{X}) = \boldsymbol{J}_\Phi^\mathrm{T}\boldsymbol{F}(\boldsymbol{q},\ \dot{\boldsymbol{q}})$$

式中：$\boldsymbol{J}_\Phi^\mathrm{T}$ 为惯性到艇体的总转换矩阵。

最终得到在艇体坐标系下的动力学方程为

$$
\begin{aligned}
\boldsymbol{F}(\boldsymbol{X}) &= \boldsymbol{J}_\Phi^\mathrm{T}[\boldsymbol{F}_1(\boldsymbol{q},\ \dot{\boldsymbol{q}}) + \boldsymbol{F}_2(\boldsymbol{q},\ \dot{\boldsymbol{q}}) + \boldsymbol{F}_3(\boldsymbol{q},\ \dot{\boldsymbol{q}})] \\
&= \boldsymbol{J}_\Phi^\mathrm{T}\{\dot{\boldsymbol{J}}_\Phi^\mathrm{T}(\overline{\boldsymbol{M}}_\mathrm{o} + \overline{\boldsymbol{M}}_\mathrm{v})\boldsymbol{X} + \boldsymbol{J}_\Phi^\mathrm{T}(\overline{\boldsymbol{M}}_\mathrm{o} + \overline{\boldsymbol{M}}_\mathrm{v})\dot{\boldsymbol{X}} - \boldsymbol{K}(\overline{\boldsymbol{M}}_\mathrm{o} + \overline{\boldsymbol{M}}_\mathrm{v})\boldsymbol{X} - \\
&\quad \boldsymbol{K}_\mathrm{w}(\overline{\boldsymbol{M}}_\mathrm{B} + \overline{\boldsymbol{M}}_\mathrm{v})\boldsymbol{X}_\mathrm{w} - \boldsymbol{J}_\Phi^{-1}(\overline{\boldsymbol{M}}_\mathrm{B} + \overline{\boldsymbol{M}}_\mathrm{v})\dot{\boldsymbol{X}}_\mathrm{w} - [\dot{\boldsymbol{J}}_\Phi^{-1}]^\mathrm{T}(\overline{\boldsymbol{M}}_\mathrm{B} + \overline{\boldsymbol{M}}_\mathrm{v})\boldsymbol{X}_\mathrm{w} + \\
&\quad \boldsymbol{K}_\mathrm{w}(\overline{\boldsymbol{M}}_\mathrm{B} + \overline{\boldsymbol{M}}_\mathrm{v})\boldsymbol{X} + \boldsymbol{K}(\overline{\boldsymbol{M}}_\mathrm{B} + \overline{\boldsymbol{M}}_\mathrm{v})\boldsymbol{X}_\mathrm{w}\} \\
&= (\overline{\boldsymbol{M}}_\mathrm{o} + \overline{\boldsymbol{M}}_\mathrm{v})\dot{\boldsymbol{X}} + [\boldsymbol{J}_\Phi^\mathrm{T}\dot{\boldsymbol{J}}_\Phi^\mathrm{T} - \boldsymbol{J}_\Phi^\mathrm{T}\boldsymbol{K}](\overline{\boldsymbol{M}}_\mathrm{o} + \overline{\boldsymbol{M}}_\mathrm{v})\boldsymbol{X} - \boldsymbol{J}_\Phi^\mathrm{T}\boldsymbol{K}_\mathrm{w}(\overline{\boldsymbol{M}}_\mathrm{B} + \overline{\boldsymbol{M}}_\mathrm{v})\boldsymbol{X}_\mathrm{w} \\
&\quad -(\overline{\boldsymbol{M}}_\mathrm{B} + \overline{\boldsymbol{M}}_\mathrm{v})\dot{\boldsymbol{X}}_\mathrm{w} - (\boldsymbol{J}_\Phi^\mathrm{T}[\dot{\boldsymbol{J}}_\Phi^{-1}]^\mathrm{T} - \boldsymbol{J}_\Phi^\mathrm{T}\boldsymbol{K})(\overline{\boldsymbol{M}}_\mathrm{B} + \overline{\boldsymbol{M}}_\mathrm{v})\boldsymbol{X}_\mathrm{w} + \boldsymbol{J}_\Phi^\mathrm{T}\boldsymbol{K}_\mathrm{w}(\overline{\boldsymbol{M}}_\mathrm{B} + \overline{\boldsymbol{M}}_\mathrm{v})\boldsymbol{X}
\end{aligned}
$$

$$(12-10)$$

然后，基于下面的关系：

$$\mathbf{V}^{\times} = -\mathbf{R}^{\mathrm{T}} \mathbf{K}_1, \ \mathbf{\Omega}^{\times} = \mathbf{R}^{\mathrm{T}} [(\dot{\mathbf{R}}^{-\mathrm{T}}) - \mathbf{K}_2], \ \mathbf{V}_{\mathrm{w}}^{\times} = -\mathbf{R}^{\mathrm{T}} \mathbf{K}_{\mathrm{w1}}, \ -\mathbf{R}^{\mathrm{T}} \mathbf{K}_{\mathrm{w2}} = \mathbf{0}$$

$$(\mathbf{J}_{\Phi}^{\mathrm{T}} [\dot{\mathbf{J}}_{\Phi}^{-1}]^{\mathrm{T}} - \mathbf{J}_{\Phi}^{\mathrm{T}} \mathbf{K}) = \begin{bmatrix} \mathbf{\Omega}^{\times} & 0_3 \\ 0_3 & \mathbf{\Omega}^{\times} \end{bmatrix} + \begin{bmatrix} 0_3 & 0_3 \\ \mathbf{V}^{\times} & 0_3 \end{bmatrix}, \ \mathbf{J}_{\Phi}^{\mathrm{T}} \mathbf{K}_{\mathrm{w}} = -\begin{bmatrix} 0_3 & 0_3 \\ \mathbf{V}_{\mathrm{w}}^{\times} & 0_3 \end{bmatrix}$$

进一步得到

$$\mathbf{F}(\mathbf{X}) = \mathbf{J}_{\Phi}^{\mathrm{T}} [\mathbf{F}_1(\mathbf{q}, \dot{\mathbf{q}}) + \mathbf{F}_2(\mathbf{q}, \dot{\mathbf{q}}) + \mathbf{F}_3(\mathbf{q}, \dot{\mathbf{q}})]$$

$$= (\overline{\mathbf{M}}_{\mathrm{o}} + \overline{\mathbf{M}}_{\mathrm{v}}) \dot{\mathbf{X}} + [\mathbf{J}_{\Phi}^{\mathrm{T}} \dot{\mathbf{J}}_{\Phi}^{-\mathrm{T}} - \mathbf{J}_{\Phi}^{\mathrm{T}} \mathbf{K}] (\overline{\mathbf{M}}_{\mathrm{o}} + \overline{\mathbf{M}}_{\mathrm{v}}) \mathbf{X} - \mathbf{J}_{\Phi}^{\mathrm{T}} \mathbf{K}_{\mathrm{w}} (\overline{\mathbf{M}}_{\mathrm{B}} + \overline{\mathbf{M}}_{\mathrm{v}}) \mathbf{X}_{\mathrm{w}}$$

$$- (\overline{\mathbf{M}}_{\mathrm{B}} + \overline{\mathbf{M}}_{\mathrm{v}}) \dot{\mathbf{X}}_{\mathrm{w}} - (\mathbf{J}_{\Phi}^{\mathrm{T}} [\dot{\mathbf{J}}_{\Phi}^{-1}]^{\mathrm{T}} - \mathbf{J}_{\Phi}^{\mathrm{T}} \mathbf{K}) (\overline{\mathbf{M}}_{\mathrm{B}} + \overline{\mathbf{M}}_{\mathrm{v}}) \mathbf{X}_{\mathrm{w}} + \mathbf{J}_{\Phi}^{\mathrm{T}} \mathbf{K}_{\mathrm{w}} (\overline{\mathbf{M}}_{\mathrm{B}} + \overline{\mathbf{M}}_{\mathrm{v}}) \mathbf{X}$$

$$= (\overline{\mathbf{M}}_{\mathrm{o}} + \overline{\mathbf{M}}_{\mathrm{v}}) \dot{\mathbf{X}} + \left(\begin{bmatrix} \mathbf{\Omega}^{\times} & 0_3 \\ 0_3 & \mathbf{\Omega}^{\times} \end{bmatrix} + \begin{bmatrix} 0_3 & 0_3 \\ \mathbf{V}^{\times} & 0_3 \end{bmatrix} \right) (\overline{\mathbf{M}}_{\mathrm{o}} + \overline{\mathbf{M}}_{\mathrm{v}}) \mathbf{X} - (\overline{\mathbf{M}}_{\mathrm{B}} + \overline{\mathbf{M}}_{\mathrm{v}}) \dot{\mathbf{X}}_{\mathrm{w}}$$

$$- \left(\begin{bmatrix} \mathbf{\Omega}^{\times} & 0_3 \\ 0_3 & \mathbf{\Omega}^{\times} \end{bmatrix} + \begin{bmatrix} 0_3 & 0_3 \\ \mathbf{V}^{\times} & 0_3 \end{bmatrix} \right) (\overline{\mathbf{M}}_{\mathrm{B}} + \overline{\mathbf{M}}_{\mathrm{v}}) \mathbf{X}_{\mathrm{w}}$$

$$- \left(\begin{bmatrix} 0_3 & 0_3 \\ \mathbf{V}_{\mathrm{w}}^{\times} & 0_3 \end{bmatrix} (\overline{\mathbf{M}}_{\mathrm{B}} + \overline{\mathbf{M}}_{\mathrm{v}}) (\mathbf{X} - \mathbf{X}_{\mathrm{w}}) \right)$$

$$(12-11)$$

将上式写成状态方程的形式:

$$(\overline{\mathbf{M}}_{\mathrm{o}} + \overline{\mathbf{M}}_{\mathrm{v}}) \dot{\mathbf{X}} = -\left(\begin{bmatrix} \mathbf{\Omega}^{\times} & 0_3 \\ 0_3 & \mathbf{\Omega}^{\times} \end{bmatrix} + \begin{bmatrix} 0_3 & 0_3 \\ \mathbf{V}^{\times} & 0_3 \end{bmatrix} \right) (\overline{\mathbf{M}}_{\mathrm{o}} + \overline{\mathbf{M}}_{\mathrm{v}}) \mathbf{X} + (\overline{\mathbf{M}}_{\mathrm{B}} + \overline{\mathbf{M}}_{\mathrm{v}}) \dot{\mathbf{X}}_{\mathrm{w}}$$

$$+ \left(\begin{bmatrix} \mathbf{\Omega}^{\times} & 0_3 \\ 0_3 & \mathbf{\Omega}^{\times} \end{bmatrix} + \begin{bmatrix} 0_3 & 0_3 \\ \mathbf{V}^{\times} & 0_3 \end{bmatrix} \right) (\overline{\mathbf{M}}_{\mathrm{B}} + \overline{\mathbf{M}}_{\mathrm{v}}) \mathbf{X}_{\mathrm{w}}$$

$$+ \left(\begin{bmatrix} 0_3 & 0_3 \\ \mathbf{V}_{\mathrm{w}}^{\times} & 0_3 \end{bmatrix} (\overline{\mathbf{M}}_{\mathrm{B}} + \overline{\mathbf{M}}_{\mathrm{v}}) (\mathbf{X} - \mathbf{X}_{\mathrm{w}}) \right) + \mathbf{F}(\mathbf{X}) \qquad (12-12)$$

最终得到的动力学方程为

$$\begin{bmatrix} m \mathbf{E}_3 & -m \mathbf{r}_{\mathrm{CG}}^{\times} \\ m \mathbf{r}_{\mathrm{CG}}^{\times} & \mathbf{I}_{\mathrm{CG}} - m \mathbf{r}_{\mathrm{CG}}^{\times} \mathbf{r}_{\mathrm{CG}}^{\times} \end{bmatrix} \begin{bmatrix} \dot{\mathbf{V}} \\ \dot{\mathbf{\Omega}} \end{bmatrix} =$$

$$\begin{bmatrix} -\mathbf{\Omega} \times (\mathbf{V} + \mathbf{\Omega} \times \mathbf{r}_{\mathrm{CG}}) m \\ -\mathbf{\Omega} \times \mathbf{I}\mathbf{\Omega} - m \mathbf{r}_{\mathrm{CG}} \times (\mathbf{\Omega} \times \mathbf{V}) \end{bmatrix} \qquad \text{坐标转化形成项}$$

$$+ \begin{bmatrix} m_{\mathrm{B}} \mathbf{E}_3 & 0_3 \\ 0_3 & \mathbf{I}_{\mathrm{B}} \end{bmatrix} \begin{bmatrix} \dot{\mathbf{V}}_{\mathrm{w}} \\ \dot{\mathbf{\Omega}}_{\mathrm{w}} \end{bmatrix} + \overline{\mathbf{M}}_{\mathrm{v}} \begin{bmatrix} \dot{\mathbf{V}}_{\mathrm{w}} \\ \dot{\mathbf{\Omega}}_{\mathrm{w}} \end{bmatrix} \left. \vphantom{\begin{bmatrix} a \\ b \\ c \end{bmatrix}} \right\} \text{风存在引起的项}$$

$$+ \begin{bmatrix} \mathbf{\Omega}^{\times} & 0_3 \\ 0_3 & \mathbf{\Omega}^{\times} \end{bmatrix} \begin{bmatrix} m_{\mathrm{B}} \mathbf{E}_3 & 0_3 \\ 0_3 & \mathbf{I}_{\mathrm{B}} \end{bmatrix} \begin{bmatrix} \mathbf{V}_{\mathrm{w}} \\ \mathbf{\Omega}_{\mathrm{w}} \end{bmatrix} + \begin{bmatrix} \mathbf{\Omega}^{\times} & 0_3 \\ 0_3 & \mathbf{\Omega}^{\times} \end{bmatrix} \overline{\mathbf{M}}_{\mathrm{v}} \begin{bmatrix} \mathbf{V}_{\mathrm{w}} \\ \mathbf{\Omega}_{\mathrm{w}} \end{bmatrix}$$

$$-\overline{M}_v\dot{X} - \begin{bmatrix} \boldsymbol{\Omega}\times & 0_3 \\ V\times & \boldsymbol{\Omega}\times \end{bmatrix}\overline{M}_v X \qquad 附加质量项 \qquad (12-13)$$

$$+ F(X) \qquad 外力项$$

关于重心的转动惯量转换到艇体体积中心的移轴定理为

$$I = \begin{bmatrix} I_x & -I_{xy} & -I_{xz} \\ -I_{xy} & I_y & -I_{yz} \\ -I_{xz} & -I_{yz} & I_z \end{bmatrix} = I_{CG} - m\,r_{CG}^{\times}\,r_{CG}^{\times}$$

$$= I_{CG} + m\begin{bmatrix} z_G^2 + y_G^2 & -x_G y_G & -x_G z_G \\ -x_G y_G & z_G^2 + x_G^2 & -y_G z_G \\ -x_G z_G & -y_G z_G & x_G^2 + y_G^2 \end{bmatrix} \qquad (12-14)$$

最终刚性飞艇空间动力学方程的展开形式为

$$\begin{bmatrix} m+m_{11} & 0 & 0 & 0 & mz_G & -my_G \\ 0 & m+m_{22} & 0 & -mz_G & 0 & mx_G+m_{26} \\ 0 & 0 & m+m_{33} & my_G & -mx_G+m_{35} & 0 \\ 0 & -mz_G & my_G & I_x+m_{44} & -I_{xy} & -I_{xz} \\ mz_G & 0 & -mx_G+m_{53} & -I_{xy} & I_y+m_{55} & -I_{yz} \\ -my_G & mx_G+m_{62} & 0 & -I_{xz} & -I_{yz} & I_z+m_{66} \end{bmatrix}\begin{bmatrix} \dot{u} \\ \dot{v} \\ \dot{w} \\ \dot{p} \\ \dot{q} \\ \dot{r} \end{bmatrix}$$

$$= \begin{bmatrix} -m\begin{bmatrix} -r(v+rx_G-pz_G)+q(w-qx_G+py_G) \\ r(u-ry_G+qz_G)-p(w-qx_G+py_G) \\ -q(u-ry_G+qz_G)+p(v+rx_G-pz_G) \end{bmatrix} \\ -\begin{bmatrix} -r(-I_{xy}p+I_yq-I_{yz}r)+q(-I_{xz}p-I_{yz}q+I_zr) \\ r(I_xp-I_{xy}q-I_{xz}r)-p(-I_{xz}p-I_{yz}q+I_zr) \\ -q(I_xp-I_{xy}q-I_{xz}r)+p(-I_{xy}p+I_yq-I_{yz}r) \end{bmatrix} -m\begin{bmatrix} z_G(ru-pw)+y_G(-qu+pv) \\ z_G(-rv+qw)-x_G(-qu+pv) \\ -y_G(-rv+qw)+x_G(ru-pw) \end{bmatrix} \end{bmatrix} +$$

$$\begin{bmatrix} m_B+m_{11} & 0 & 0 & 0 & 0 & 0 \\ 0 & m_B+m_{22} & 0 & 0 & 0 & m_{26} \\ 0 & 0 & m_B+m_{33} & 0 & m_{35} & 0 \\ 0 & 0 & 0 & I_{Bx}+m_{44} & -I_{Bxy} & -I_{Bxz} \\ 0 & 0 & m_{53} & -I_{Bxy} & I_{By}+m_{55} & -I_{Byz} \\ 0 & m_{62} & 0 & -I_{Bxz} & -I_{Byz} & I_{Bz}+m_{66} \end{bmatrix}\begin{bmatrix} \dot{u}_w \\ \dot{v}_w \\ \dot{w}_w \\ \dot{p}_w \\ \dot{q}_w \\ \dot{r}_w \end{bmatrix} +$$

$$
\begin{bmatrix}
0 & -r & q & 0 & 0 & 0 \\
r & 0 & -p & 0 & 0 & 0 \\
-q & p & 0 & 0 & 0 & 0 \\
0 & 0 & 0 & 0 & -r & q \\
0 & 0 & 0 & r & 0 & p \\
0 & 0 & 0 & -q & p & 0
\end{bmatrix}
\begin{bmatrix}
m_B + m_{11} & 0 & 0 & 0 & 0 & 0 \\
0 & m_B + m_{22} & 0 & 0 & 0 & m_{26} \\
0 & 0 & m_B + m_{33} & 0 & m_{35} & 0 \\
0 & 0 & 0 & I_{Bx} + m_{44} & -I_{Bxy} & -I_{Bxz} \\
0 & 0 & m_{53} & -I_{Bxy} & I_{By} + m_{55} & -I_{Byz} \\
0 & m_{62} & 0 & -I_{Bxz} & -I_{Byz} & I_{Bz} + m_{66}
\end{bmatrix}
\begin{bmatrix}
u_w \\ v_w \\ w_w \\ p_w \\ q_w \\ r_w
\end{bmatrix} -
$$

$$
\begin{bmatrix}
-r(m_{22}v + m_{26}r) + q(m_{33}w + m_{35}q) \\
r(m_{11}u) - p(m_{33}w + m_{35}q) \\
-q(m_{11}u) + p(m_{22}v + m_{26}r) \\
-w(m_{22}v + m_{26}r) + v(m_{33}w + m_{35}q) - r(m_{53}w + m_{55}q) + q(m_{62}v + m_{66}r) \\
w(m_{11}u) - u(m_{33}w + m_{35}q) + r(m_{44}p) - p(m_{62}v + m_{66}r) \\
-v(m_{11}u) + u(m_{22}v + m_{26}r) - q(m_{44}p) + p(m_{53}w + m_{55}q)
\end{bmatrix} + \boldsymbol{F(X)}
$$

$$(12-15)$$

式中：$\boldsymbol{F(X)} = \boldsymbol{F}_G + \boldsymbol{F}_{AS} + \boldsymbol{F}_{AD} + \boldsymbol{F}_C$，$\boldsymbol{F}_G$ 为重力及其力矩；$\boldsymbol{F}_{AS}$ 为浮力及其力矩；$\boldsymbol{F}_{AD}$ 为气动力及其力矩；$\boldsymbol{F}_C$ 为操控力及力矩。

上述空间动力学方程(12-15)中，对于线速度及其耦合运动项(u^2、v^2、w^2、uv、uw、vw)，根据达朗贝尔佯谬，物体在理想流体中做这样的运动时，将不存在流体惯性力而只存在流体惯性力矩(Munk 力矩)。显然物体在真实流体中做这类运动时，受到的流体动力全部是黏性力，流体动力矩中的黏性力力矩也是个较大的量。现在常采用的气动力系数，已将惯性成分(Munk 力矩)并入黏性力矩中，故方程中的与线速度乘积相关的项 $(m_{33} - m_{22})uv$、$(m_{11} - m_{33})wu$、$(m_{22} - m_{11})vu$ 可以忽略。

若飞艇在飞行中只改变高度而不改变航向，此时飞艇的重心始终保持在同一铅垂面内；若飞艇只改变航向而不改变高度，此时飞艇重心始终在同一水平面内。这样，上述运动是对飞艇在空间运动的简化，可反映飞艇操纵运动的主要本质特征，且可带来研究上的方便。

飞艇在空间的飞行，在弱机动时可以分解为两个平面运动，即飞艇的水平面运动和垂直面运动。水平面运动主要研究航向保持与改变而不涉及高度的变化；垂直面的运动主要研究俯仰和高度的保持与改变，而不涉及航向的变化。这相当于忽略了滚转运动以及两个平面运动的耦合。

但是，在通常情况下平面操纵运动，依然反映了飞艇操纵运动的基本问题——高度和航向的操控，可体现飞艇操纵性的基本特征。下面给出简化的水平面和垂直面的动力学方程。

12.1.3 水平面动力学方程

对于飞艇的水平面运动方程，在上述方程式(12-15)的基础上，假设：$w = 0$，

$p = 0$, $q = 0$,可得

$$
\begin{bmatrix}
m+m_{11} & 0 & -my_G \\
0 & m+m_{22} & mx_G+m_{26} \\
-my_G & mx_G+m_{62} & I_z+m_{66}
\end{bmatrix}
\begin{bmatrix}
\dot{u} \\
\dot{v} \\
\dot{r}
\end{bmatrix}
$$

$$
=
\begin{bmatrix}
-m[-r(v+rx_G-0)+0] \\
-m[r(u-ry_G+0)-0] \\
-m[-y_G(-rv+0)+x_G(ru-0)]
\end{bmatrix}
+
\begin{bmatrix}
m_B+m_{11} & 0 & 0 \\
0 & m_B+m_{22} & m_{26} \\
0 & m_{62} & I_{Bz}+m_{66}
\end{bmatrix}
\begin{bmatrix}
\dot{u}_w \\
\dot{v}_w \\
\dot{r}_w
\end{bmatrix}
+
$$

$$
\begin{bmatrix}
0 & -r & 0 \\
r & 0 & 0 \\
0 & 0 & 0
\end{bmatrix}
\left(
\begin{bmatrix}
m_B+m_{11} & 0 & 0 \\
0 & m_B+m_{22} & m_{26} \\
0 & m_{62} & I_{Bz}+m_{66}
\end{bmatrix}
\begin{bmatrix}
u_w \\
v_w \\
r_w
\end{bmatrix}
\right)
-
$$

$$
\begin{bmatrix}
-r(m_{22}v+m_{26}r)+0 \\
r(m_{11}u)-0 \\
-v(m_{11}u)+u(m_{22}v+m_{26}r)-0+0
\end{bmatrix}
+ \boldsymbol{F}_s(\boldsymbol{X})
$$

$$(12-16)$$

12.1.4　垂直面动力学方程

对于飞艇的垂直面运动方程,在上述方程式(12-15)基础上,假设:$v = 0$, $p = 0$, $r = 0$,可得

$$
\begin{bmatrix}
m+m_{11} & 0 & mz_G \\
0 & m+m_{33} & -mx_G+m_{35} \\
mz_G & -mx_G+m_{53} & I_y+m_{55}
\end{bmatrix}
\begin{bmatrix}
\dot{u} \\
\dot{w} \\
\dot{q}
\end{bmatrix}
$$

$$
=
\begin{bmatrix}
-m[0+q(w-qx_G+0)] \\
-m[-q(u-0+qz_G)+0] \\
-m[z_G(0+qw)-x_G(-qu+0)]
\end{bmatrix}
+
\begin{bmatrix}
m_B+m_{11} & 0 & 0 \\
0 & m_B+m_{33} & m_{35} \\
0 & m_{53} & I_{By}+m_{55}
\end{bmatrix}
\begin{bmatrix}
\dot{u}_w \\
\dot{w}_w \\
\dot{q}_w
\end{bmatrix}
+
$$

$$
\begin{bmatrix}
0 & q & 0 \\
-q & 0 & 0 \\
0 & 0 & 0
\end{bmatrix}
\left(
\begin{bmatrix}
m_B+m_{11} & 0 & 0 \\
0 & m_B+m_{33} & m_{35} \\
0 & m_{53} & I_{By}+m_{55}
\end{bmatrix}
\begin{bmatrix}
u_w \\
w_w \\
q_w
\end{bmatrix}
\right)
-
$$

$$
\begin{bmatrix}
0+q(m_{33}w+m_{35}q) \\
-q(m_{11}u)+0 \\
w(m_{11}u)-u(m_{33}w+m_{35}q)+0
\end{bmatrix}
+ \boldsymbol{F}_c(\boldsymbol{X})
$$

$$(12-17)$$

12.2 柔性飞艇空间动力学方程

软式和半硬式飞艇艇身主结构为柔性充气结构,其结构刚度完全依赖于囊体内外压差。随艇身尺寸的增大,在各类外载荷作用下艇身会发生变形,从而影响自身结构载荷的分布、飞艇的操纵及其控制。下面针对基于振型叠加方式近似考虑艇身弯曲变形的飞艇柔性空间动力学模型进行描述。

12.2.1 参考坐标系

类似于上述建立刚体飞艇空间动力学方程时所采用的坐标系,本处以未变形飞艇的坐标系作为参考系对飞艇变形进行描述,且推导柔性动力学模型。

艇体坐标系(见图 12 - 4)的定义与刚体部分一致,即坐标原点 O 建立在体积中心,x 轴沿艇身轴线指向艇头,z 轴垂直向下,y 轴正向由右手定则确定。柔性飞艇的运动包括艇体坐标系相对于惯性系 $Ax_{d}y_{d}z_{d}$ 的平动和转动,以及飞艇上的质量点相对艇体系的变形。

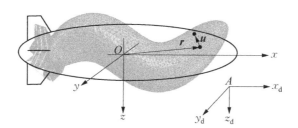

图 12 - 4 柔性飞艇的参考坐标系(艇体坐标系)

由于飞艇艇身为轴对称细长体,故对于飞艇艇身的变形可近似为两端自由梁的形变,可近似采用各阶模态叠加进行表示,即

$$\boldsymbol{u} = \begin{bmatrix} \Delta u_x \\ \Delta u_y \\ \Delta u_z \end{bmatrix} = \sum q_i(t)\boldsymbol{\Phi}_i(\boldsymbol{r}) = \sum q_i(t) \begin{bmatrix} \Phi_{xi}(\boldsymbol{r}) \\ \Phi_{yi}(\boldsymbol{r}) \\ \Phi_{zi}(\boldsymbol{r}) \end{bmatrix} \qquad (12 - 18)$$

式中:$q_i(t)$ 为与时间相关的广义坐标;$\boldsymbol{\Phi}_i(\boldsymbol{r})$ 为与结构特性相关而与时间无关的振型函数;$\boldsymbol{r}$ 为艇身上各点在未变形艇体坐标系下的位置矢量。

这样沿变形体的速度分布为

$$\begin{aligned} \boldsymbol{v} &= \boldsymbol{v}_0 + \boldsymbol{\Omega} \times \boldsymbol{r} + \boldsymbol{\Omega} \times \boldsymbol{u} + \dot{\boldsymbol{u}} \\ &= \boldsymbol{v}_0 + \boldsymbol{\Omega} \times \boldsymbol{r} + \boldsymbol{\Omega} \times \left(\sum q_i(t)\boldsymbol{\Phi}_i(\boldsymbol{r}) \right) + \sum \dot{q}_i(t)\boldsymbol{\Phi}_i(\boldsymbol{r}) \end{aligned} \qquad (12 - 19)$$

式中:前两项为刚体平动和转动所引起的速度;后面两项表示由于弹性变形而引起

的局部速度。

12.2.2 振型函数

将飞艇看作仅承受弯曲载荷的两端自由的欧拉-伯努利梁,采用 $2N$ 个振型描述飞艇艇身的变形。前 N 个振型描述飞艇在 Oxy 平面内的变形,即

$$\boldsymbol{\Phi}_i = \begin{bmatrix} 0 & \Phi_i(x) & 0 \end{bmatrix}^{\mathrm{T}}, i = 1, 2, \cdots, N$$

后 N 个振型描述在 Oxz 平面内的变形,即

$$\boldsymbol{\Phi}_{N+i} = \begin{bmatrix} 0 & 0 & \Phi_i(x) \end{bmatrix}^{\mathrm{T}}, i = 1, 2, \cdots, N$$

式中:Φ_i 为两端自由梁的第 i 个振型。

振型 Φ_i 满足如下的空间微分方程:

$$\frac{\mathrm{d}^2}{\mathrm{d}x^2}\left[EI(x) \frac{\mathrm{d}^2}{\mathrm{d}x^2} \Phi_i(x) \right] = \overline{\omega_i^2}\, \overline{m}(x) \Phi_i(x) \tag{12-20}$$

在两端点满足边界条件,有

$$\frac{\mathrm{d}}{\mathrm{d}x}\left[EI(x) \frac{\mathrm{d}^2}{\mathrm{d}x^2} \Phi_i \right] = 0, \ EI(x) \frac{\mathrm{d}^2}{\mathrm{d}x^2} \Phi_i = 0 \tag{12-21}$$

式中:$EI(x)$ 为弯曲刚度;$\overline{m}(x)$ 为单位长度的质量;$\overline{\omega}$ 为第 i 阶模态的自然频率。另外,自由的欧拉-伯努利梁的模态满足如下的正交条件:

$$\int_L \Phi_i \Phi_j\, \overline{m} \mathrm{d}x = \begin{cases} 0, \ i \neq j \\ 1, \ i = j \end{cases}, \ \int_L \Phi_i\, \overline{m} \mathrm{d}x = 0, \ \int_L x \Phi_i\, \overline{m} \mathrm{d}x = 0$$

式中:L 为梁的中心线长度。第一个等式表示两个弹性模态之间的正交性;其他两个等式表示弹性模态和刚体模态之间的正交性。

12.2.3 运动方程

根据柔性飞艇的速度 v,其动能为

$$T = \frac{1}{2} \int_m \boldsymbol{v}^{\mathrm{T}} \boldsymbol{v} \mathrm{d}m$$

在线弹性假设下,柔性变形的弹性势能为

$$V = \frac{1}{2} \boldsymbol{q}(t)^{\mathrm{T}} \boldsymbol{K} \boldsymbol{q}(t)$$

式中:$\boldsymbol{q}(t) = \begin{bmatrix} q_1(t), q_2(t), \cdots, q_{2N}(t) \end{bmatrix}^{\mathrm{T}}$; $\boldsymbol{K}$ 为刚度矩阵。

刚度矩阵中的非零元素为

$$\boldsymbol{K}_{i,\,j} = \boldsymbol{K}_{N+i,\,N+j} = \int_L EI\Phi''_i\Phi''_j \mathrm{d}x = \int_L EI\,\frac{\mathrm{d}^2\Phi_i}{\mathrm{d}x^2}\frac{\mathrm{d}^2\Phi_j}{\mathrm{d}x^2}\mathrm{d}x,\ i,\ j = 1,\ 2,\ \cdots,\ N$$

式中:EI 是弯曲刚度。

柔性飞艇的空间动力学方程也可通过拉格朗日方程得到,即

$$\frac{\mathrm{d}}{\mathrm{d}t}\frac{\partial T}{\partial \boldsymbol{v}_0} + \Omega^\times \frac{\partial T}{\partial \boldsymbol{v}_0} = \boldsymbol{F}$$

$$\frac{d}{dt}\frac{\partial T}{\partial \Omega} + \boldsymbol{v}_0^\times \frac{\partial T}{\partial \boldsymbol{v}_0} + \Omega^\times \frac{\partial T}{\partial \Omega} = \boldsymbol{M}$$

$$\frac{\mathrm{d}}{\mathrm{d}t}\frac{\partial T}{\partial \dot{\boldsymbol{q}}} - \frac{\partial T}{\partial \boldsymbol{q}} + \frac{\partial V}{\partial \boldsymbol{q}} = \boldsymbol{Q}$$

式中:$\boldsymbol{F}$ 和 $\boldsymbol{M}$ 分别是外部力和力矩,$\boldsymbol{Q}$ 为广义弹性力,

$$Q_i = \int_L \boldsymbol{f}^{\mathrm{T}}\boldsymbol{\Phi}_i(\boldsymbol{r})\mathrm{d}x = \int_L \begin{bmatrix} f_x & f_y & f_z \end{bmatrix}\begin{bmatrix} \Phi_{xi}(\boldsymbol{r}) \\ \Phi_{yi}(\boldsymbol{r}) \\ \Phi_{zi}(\boldsymbol{r}) \end{bmatrix}\mathrm{d}x,\ i = 1,\ 2,\ \cdots,\ 2N$$

式中:$\boldsymbol{f}$ 为艇身单位长度上的外力。

经过推导得出的柔性动力学方程如下:

$$\begin{bmatrix} \boldsymbol{M}_{11} & \boldsymbol{M}_{12} & \boldsymbol{M}_{13} \\ \boldsymbol{M}_{21} & \boldsymbol{M}_{22} & \boldsymbol{M}_{23} \\ \boldsymbol{M}_{31} & \boldsymbol{M}_{32} & \boldsymbol{M}_{33} \end{bmatrix}\begin{bmatrix} \dot{\boldsymbol{v}}_0 \\ \dot{\boldsymbol{\Omega}} \\ \ddot{\boldsymbol{q}} \end{bmatrix} = -\begin{bmatrix} 0 \\ 0 \\ \boldsymbol{S}_{\mathrm{E}} \end{bmatrix} + \begin{bmatrix} \boldsymbol{F}_{\mathrm{I}} \\ \boldsymbol{M}_{\mathrm{I}} \\ \boldsymbol{Q}_{\mathrm{I}} \end{bmatrix} + \begin{bmatrix} \boldsymbol{F}_{\mathrm{G}} \\ \boldsymbol{M}_{\mathrm{G}} \\ \boldsymbol{Q}_{\mathrm{G}} \end{bmatrix} + \begin{bmatrix} \boldsymbol{F}_{\mathrm{AS}} \\ \boldsymbol{M}_{\mathrm{AS}} \\ \boldsymbol{Q}_{\mathrm{AS}} \end{bmatrix} + \begin{bmatrix} \boldsymbol{F}_{\mathrm{AD}} \\ \boldsymbol{M}_{\mathrm{AD}} \\ \boldsymbol{Q}_{\mathrm{AD}} \end{bmatrix} + \begin{bmatrix} \boldsymbol{F}_{\mathrm{C}} \\ \boldsymbol{M}_{\mathrm{C}} \\ \boldsymbol{Q}_{\mathrm{C}} \end{bmatrix}$$

$$(12 - 22)$$

式中:

$$\boldsymbol{M}_{\mathrm{sys}} = \begin{bmatrix} \boldsymbol{M}_{11} & \boldsymbol{M}_{12} & \boldsymbol{M}_{13} \\ \boldsymbol{M}_{21} & \boldsymbol{M}_{22} & \boldsymbol{M}_{23} \\ \boldsymbol{M}_{31} & \boldsymbol{M}_{32} & \boldsymbol{M}_{33} \end{bmatrix} \qquad (12 - 23)$$

$\boldsymbol{M}_{\mathrm{sys}}$ 为柔性飞艇的对称质量矩阵(不包含附加质量);$\boldsymbol{S}_{\mathrm{E}}$ 为内部弹性力矢量,$\boldsymbol{S}_{\mathrm{E}} = \boldsymbol{K}q$;$\boldsymbol{F}_{\mathrm{I}}$,$\boldsymbol{M}_{\mathrm{I}}$,$\boldsymbol{Q}_{\mathrm{I}}$ 为惯性力、力矩和广义弹性力;$\boldsymbol{F}_{\mathrm{G}}$,$\boldsymbol{M}_{\mathrm{G}}$,$\boldsymbol{Q}_{\mathrm{G}}$ 为重力、重力矩和广义弹性力;$\boldsymbol{F}_{\mathrm{AS}}$,$\boldsymbol{M}_{\mathrm{AS}}$,$\boldsymbol{Q}_{\mathrm{AS}}$ 为浮力、浮力矩和广义弹性力;$\boldsymbol{F}_{\mathrm{AD}}$,$\boldsymbol{M}_{\mathrm{AD}}$,$\boldsymbol{Q}_{\mathrm{AD}}$ 为空气动力、力矩和广义弹性力;$\boldsymbol{F}_{\mathrm{C}}$,$\boldsymbol{M}_{\mathrm{C}}$,$\boldsymbol{Q}_{\mathrm{C}}$ 为操控力、力矩和广义弹性力。

为了求解上述形成的柔性飞艇的动力学方程,需要通过离散化近似处理,才能进行求解。下面再给出上述的式(12-22)和式(12-23)中各变量的表达式,同时也给出其离散化结果,以便于通过程序实现仿真。

12.2.4 对象的离散化

将柔性飞艇离散化,蒙皮表面离散为 N_g 个小的面元(见图 12-5),内部气体沿 x 轴离散为 N_{xg} 个圆台段。

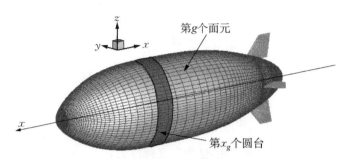

图 12-5 飞艇离散化示意图("致远一号")

这样飞艇的全部质量包括结构部件和内部气体等通过离散化可以更加详细地考虑质量分布,以及外形变化下对质量分布的改变。另外可将两端自由的梁采用有限元方法离散求解,从而可获得在真实质量分布情况下的结构模态。

1) 蒙皮

蒙皮表面每个面元的位置坐标、质量和单元编号为

$$\boldsymbol{r} = \begin{bmatrix} x(g) \\ y(g) \\ z(g) \end{bmatrix}, \ \Delta m(g), \ g = 1, 2, \cdots, N_g$$

蒙皮每阶振型(空间位置的函数)离散形式为

$$\boldsymbol{\Phi}_i(\boldsymbol{r}) = \begin{bmatrix} \boldsymbol{\Phi}_{xi}(\boldsymbol{r}) \\ \boldsymbol{\Phi}_{yi}(\boldsymbol{r}) \\ \boldsymbol{\Phi}_{zi}(\boldsymbol{r}) \end{bmatrix} = \begin{bmatrix} \Delta x_i(g) \\ \Delta y_i(g) \\ \Delta z_i(g) \end{bmatrix}, \ g = 1, 2, \cdots, N_g$$

2) 内部气体

内部气体通过沿纵轴 x 分布简化,沿 x 轴向离散圆台段的坐标、质量和单元编号为

$$\boldsymbol{r} = \begin{bmatrix} xq(xg) \\ yq(xg) \\ zq(xg) \end{bmatrix}, \ \Delta mq(xg), \ x_g = 1, 2, \cdots, N_{xg}$$

内部气体每阶振型(空间位置的函数)离散形式为

$$\boldsymbol{\Phi}_i(\boldsymbol{r}) = \begin{bmatrix} \boldsymbol{\Phi}_{xi}(\boldsymbol{r}) \\ \boldsymbol{\Phi}_{yi}(\boldsymbol{r}) \\ \boldsymbol{\Phi}_{zi}(\boldsymbol{r}) \end{bmatrix} = \begin{bmatrix} \Delta xq_i(x_g) \\ \Delta yq_i(x_g) \\ \Delta zq_i(x_g) \end{bmatrix}, \ x_g = 1, 2, \cdots, N_{xg}$$

12.2.5 质量矩阵及离散化

柔性飞艇动力学方程中对称质量矩阵式(12-23)中各元素的表达式及其离散

形式如下：$M_{11(3\times3)} = mI_{3\times3} = \begin{bmatrix} m & 0 & 0 \\ 0 & m & 0 \\ 0 & 0 & m \end{bmatrix}$，$m$ 为飞艇包括结构和内部气体的总质

量,则有

$$M_{12(3\times3)} = -M_{21(3\times3)} = -c_{\text{total}}^{\times} = -\left(\int_m (r+u)\,\mathrm{d}m\right)^{\times}$$

$$= -\sum_{g=1}^{N_g}\left(\left(\begin{bmatrix} x(g) \\ y(g) \\ z(g) \end{bmatrix} + \begin{bmatrix} \sum_{i=1}^{2N} q_i(t)\cdot\Delta x_i(g) \\ \sum_{i=1}^{2N} q_i(t)\cdot\Delta y_i(g) \\ \sum_{i=1}^{2N} q_i(t)\cdot\Delta z_i(g) \end{bmatrix}\right)\cdot\Delta m(g)\right) +$$

$$\sum_{xg=1}^{N_{xg}}\left(\left(\begin{bmatrix} x_q(x_g) \\ y_q(x_g) \\ z_q(x_g) \end{bmatrix} + \begin{bmatrix} \sum_{i=1}^{2N} q_i(t)\cdot\Delta xq_i(x_g) \\ \sum_{i=1}^{2N} q_i(t)\cdot\Delta yq_i(x_g) \\ \sum_{i=1}^{2N} q_i(t)\cdot\Delta zq_i(x_g) \end{bmatrix}\right)\cdot\Delta mq(x_g)\right)^{\times}$$

$$= -\begin{pmatrix} M_{12x} \\ M_{12y} \\ M_{12z} \end{pmatrix}^{\times} = -\begin{bmatrix} 0 & -M_{12z} & M_{12y} \\ M_{12z} & 0 & -M_{12x} \\ -M_{12y} & M_{12x} & 0 \end{bmatrix}$$

$$M_{13(3\times2N)} = P = \begin{bmatrix} p_1 & p_2 & \cdots & p_{2N} \end{bmatrix} = \begin{bmatrix} \int_m \boldsymbol{\Phi}_1(r)\,\mathrm{d}m & \int_m \boldsymbol{\Phi}_2(r)\,\mathrm{d}m & \cdots & \int_m \boldsymbol{\Phi}_{2N}(r)\,\mathrm{d}m \end{bmatrix}$$

$$p_{i(3\times1)} = \int_m (\boldsymbol{\Phi}_i(r))\,\mathrm{d}m$$

$$= \begin{bmatrix} \int_m \Phi_{xi}(r)\,\mathrm{d}m \\ \int_m \Phi_{yi}(r)\,\mathrm{d}m \\ \int_m \Phi_{zi}(r)\,\mathrm{d}m \end{bmatrix} = \begin{bmatrix} \sum_{g=1}^{N_g}\Delta x_i(g)\cdot\Delta m(g) \\ \sum_{g=1}^{N_g}\Delta y_i(g)\cdot\Delta m(g) \\ \sum_{g=1}^{N_g}\Delta z_i(g)\cdot\Delta m(g) \end{bmatrix} + \begin{bmatrix} \sum_{xg=1}^{N_{xg}}\Delta xq_i(xg)\cdot\Delta mq(x_g) \\ \sum_{xg=1}^{N_{xg}}\Delta yq_i(xg)\cdot\Delta mq(x_g) \\ \sum_{xg=1}^{N_{xg}}\Delta zq_i(xg)\cdot\Delta mq(x_g) \end{bmatrix}$$

$$M_{22(3\times3)} = J_{\text{total}} = -\int_m (r+u)^\times (r+u)^\times \, dm$$

$$= -\sum_{g=1}^{N_g} \left(\begin{bmatrix} x(g) + \sum_{i=1}^{2N}(q_i(t)\Delta x_i(g)) \\ y(g) + \sum_{i=1}^{2N}(q_i(t)\Delta y_i(g)) \\ z(g) + \sum_{i=1}^{2N}(q_i(t)\Delta z_i(g)) \end{bmatrix}^\times \begin{bmatrix} x(g) + \sum_{i=1}^{2N}(q_i(t)\Delta x_i(g)) \\ y(g) + \sum_{i=1}^{2N}(q_i(t)\Delta y_i(g)) \\ z(g) + \sum_{i=1}^{2N}(q_i(t)\Delta z_i(g)) \end{bmatrix}^\times \cdot \Delta m(g) \right)$$

$$- \sum_{x_g=1}^{N_{x_g}} \left(\begin{bmatrix} xq(x_g) + \sum_{i=1}^{2N}(q_i(t)\Delta xq_i(x_g)) \\ yq(x_g) + \sum_{i=1}^{2N}(q_i(t)\Delta yq_i(x_g)) \\ zq(x_g) + \sum_{i=1}^{2N}(q_i(t)\Delta zq_i(x_g)) \end{bmatrix}^\times \begin{bmatrix} xq(x_g) + \sum_{i=1}^{2N}(q_i(t)\Delta xq_i(x_g)) \\ yq(x_g) + \sum_{i=1}^{2N}(q_i(t)\Delta yq_i(x_g)) \\ zq(x_g) + \sum_{i=1}^{2N}(q_i(t)\Delta zq_i(x_g)) \end{bmatrix}^\times \cdot \Delta mq(x_g) \right)$$

$$= -\sum_{g=1}^{N_g} \left(\begin{bmatrix} M_{22x} \\ M_{22y} \\ M_{22z} \end{bmatrix}^\times \begin{bmatrix} M_{22x} \\ M_{22y} \\ M_{22z} \end{bmatrix}^\times \cdot \Delta m(g) \right) - \sum_{x_g=1}^{N_{x_g}} \left(\begin{bmatrix} M_{22xq} \\ M_{22yq} \\ M_{22zq} \end{bmatrix}^\times \begin{bmatrix} M_{22xq} \\ M_{22yq} \\ M_{22zq} \end{bmatrix}^\times \cdot \Delta mq(x_g) \right)$$

$$= -\sum_{g=1}^{N_g} \left(\begin{bmatrix} 0 & -M_{22z} & M_{22y} \\ M_{22z} & 0 & -M_{22x} \\ -M_{22y} & M_{22x} & 0 \end{bmatrix} \begin{bmatrix} 0 & -M_{22z} & M_{22y} \\ M_{22z} & 0 & -M_{22x} \\ -M_{22y} & M_{22x} & 0 \end{bmatrix} \cdot \Delta m(g) \right)$$

$$- \sum_{x_g=1}^{N_s} \left(\begin{bmatrix} 0 & -M_{22zq} & M_{22yq} \\ M_{22zq} & 0 & -M_{22xq} \\ -M_{22yq} & M_{22xq} & 0 \end{bmatrix} \begin{bmatrix} 0 & -M_{22zq} & M_{22yq} \\ M_{22zq} & 0 & -M_{22xq} \\ -M_{22yq} & M_{22xq} & 0 \end{bmatrix} \cdot \Delta mq(x_g) \right)$$

$$M_{23(3\times2N)} = H_{\text{total}} = H + H_u$$

$$H_{(3\times2N)} = \begin{bmatrix} h_1 & h_2 & \cdots & h_{2N} \end{bmatrix}, \quad h_i = \int_m r^\times \boldsymbol{\Phi}_i \, dm$$

$$h_{i(3\times1)} = \int_m r^\times \boldsymbol{\Phi}_i \, dm$$

$$= \int_m \begin{bmatrix} x(g) \\ y(g) \\ z(g) \end{bmatrix}^\times \begin{bmatrix} \Delta x_i(g) \\ \Delta y_i(g) \\ \Delta z_i(g) \end{bmatrix} dm + \int_m \begin{bmatrix} xq(x_g) \\ yq(x_g) \\ zq(x_g) \end{bmatrix}^\times \begin{bmatrix} \Delta x q_i(x_g) \\ \Delta y q_i(x_g) \\ \Delta z q_i(x_g) \end{bmatrix} dm$$

$$= \sum_{g=1}^{N_g} \left(\begin{bmatrix} 0 & -z(g) & y(g) \\ z(g) & 0 & -x(g) \\ -y(g) & x(g) & 0 \end{bmatrix} \begin{bmatrix} \Delta x_i(g) \\ \Delta y_i(g) \\ \Delta z_i(g) \end{bmatrix} \cdot \Delta m(g) \right)$$

$$+ \sum_{x_g=1}^{N_{x_g}} \left(\begin{bmatrix} 0 & -zq(x_g) & yq(x_g) \\ zq(x_g) & 0 & -xq(x_g) \\ -yq(x_g) & xq(x_g) & 0 \end{bmatrix} \begin{bmatrix} \Delta xq_i(x_g) \\ \Delta yq_i(x_g) \\ \Delta zq_i(x_g) \end{bmatrix} \cdot \Delta mq(x_g) \right)$$

式中,下标 q 表示内部气体;u 表示局部位移;e 表示结构弹性。

$$\boldsymbol{H}_{u(3 \times 2N)} = \sum q_i(t) \boldsymbol{H}'_{u, i}$$

$$\boldsymbol{H}'_{u, i} = \begin{bmatrix} \boldsymbol{h}'_{i1} & \boldsymbol{h}'_{i2} & \cdots & \boldsymbol{h}'_{i2N} \end{bmatrix}, \quad \boldsymbol{h}'_{ij} = \int_m \boldsymbol{\Phi}_i^\times \boldsymbol{\Phi}_j \mathrm{d}m, \quad i, j = 1, 2, \cdots, 2N$$

$$\boldsymbol{h}'_{ij(3 \times 1)} = \int_m \boldsymbol{\Phi}_i^\times \boldsymbol{\Phi}_j \mathrm{d}m$$

$$= \int_m \begin{bmatrix} \Delta x_i(g) \\ \Delta y_i(g) \\ \Delta z_i(g) \end{bmatrix}^\times \begin{bmatrix} \Delta x_j(g) \\ \Delta y_j(g) \\ \Delta z_j(g) \end{bmatrix} \mathrm{d}m + \int_m \begin{bmatrix} \Delta xq_i(x_g) \\ \Delta yq_i(x_g) \\ \Delta zq_i(x_g) \end{bmatrix}^\times \begin{bmatrix} \Delta xq_j(x_g) \\ \Delta yq_j(x_g) \\ \Delta zq_j(x_g) \end{bmatrix} \mathrm{d}m$$

$$= \int_m \left(\begin{bmatrix} 0 & -\Delta z_i(g) & \Delta y_i(g) \\ \Delta z_i(g) & 0 & -\Delta x_j(g) \\ -\Delta y_i(g) & \Delta x_j(g) & 0 \end{bmatrix} \begin{bmatrix} \Delta x_j(g) \\ \Delta y_j(g) \\ \Delta z_j(g) \end{bmatrix} \right) \mathrm{d}m +$$

$$\int_m \left(\begin{bmatrix} 0 & -\Delta zq_i(x_g) & \Delta yq_i(x_g) \\ \Delta zq_i(x_g) & 0 & -\Delta xq_j(x_g) \\ -\Delta yq_i(x_g) & \Delta xq_j(x_g) & 0 \end{bmatrix} \begin{bmatrix} \Delta xq_j(x_g) \\ \Delta yq_j(x_g) \\ \Delta zq_j(x_g) \end{bmatrix} \right) \mathrm{d}m$$

$$= \sum_{g=1}^{N_g} \left(\begin{bmatrix} 0 & -\Delta z_i(g) & \Delta y_i(g) \\ \Delta z_i(g) & 0 & -\Delta x_j(g) \\ -\Delta y_i(g) & \Delta x_j(g) & 0 \end{bmatrix} \begin{bmatrix} \Delta x_j(g) \\ \Delta y_j(g) \\ \Delta z_j(g) \end{bmatrix} \cdot \Delta m(g) \right)$$

$$+ \sum_{x_g=1}^{N_{x_g}} \left(\begin{bmatrix} 0 & -\Delta zq_i(x_g) & \Delta yq_i(x_g) \\ \Delta zq_i(x_g) & 0 & -\Delta xq_j(x_g) \\ -\Delta yq_i(x_g) & \Delta xq_j(x_g) & 0 \end{bmatrix} \begin{bmatrix} \Delta xq_j(x_g) \\ \Delta yq_j(x_g) \\ \Delta zq_j(x_g) \end{bmatrix} \cdot \Delta mq(g) \right)$$

$$\boldsymbol{M}_{31(2N \times 3)} = \boldsymbol{M}_{13}^\mathrm{T} = \boldsymbol{P}^\mathrm{T} = \begin{bmatrix} \int_m \boldsymbol{\Phi}_1(\boldsymbol{r}) \mathrm{d}m & \int_m \boldsymbol{\Phi}_2(\boldsymbol{r}) \mathrm{d}m & \cdots & \int_m \boldsymbol{\Phi}_{2N}(\boldsymbol{r}) \mathrm{d}m \end{bmatrix}^\mathrm{T}$$

$$\boldsymbol{M}_{32(2N \times 3)} = \boldsymbol{M}_{23}^\mathrm{T} = \boldsymbol{H}_{\mathrm{total}}^\mathrm{T}$$

$$\boldsymbol{M}_{33(2N \times 2N)} = \boldsymbol{M}_e, \quad \boldsymbol{M}_{e, ij} = \int_m \boldsymbol{\Phi}_i^\mathrm{T} \boldsymbol{\Phi}_j \mathrm{d}m = \int_m \left(\begin{bmatrix} \Phi_{xi} & \Phi_{yi} & \Phi_{zi} \end{bmatrix} \begin{bmatrix} \Phi_{xj} \\ \Phi_{yj} \\ \Phi_{zj} \end{bmatrix} \right) \mathrm{d}m$$

$$\boldsymbol{M}_{e, ij} = \int_m \boldsymbol{\Phi}_i^\mathrm{T} \boldsymbol{\Phi}_j \mathrm{d}m = \int_m \left(\begin{bmatrix} \Phi_{xi} & \Phi_{yi} & \Phi_{zi} \end{bmatrix} \begin{bmatrix} \Phi_{xj} \\ \Phi_{yj} \\ \Phi_{zj} \end{bmatrix} \right) \mathrm{d}m$$

$$= \int_m \left(\begin{bmatrix} \Delta x_i(g) & \Delta y_i(g) & \Delta z_i(g) \end{bmatrix} \begin{bmatrix} \Delta x_j(g) \\ \Delta y_j(g) \\ \Delta z_j(g) \end{bmatrix} \right) \mathrm{d}m$$

$$+ \int_m \left(\begin{bmatrix} \Delta x q_i(x_g) & \Delta y q_i(x_g) & \Delta z q_i(x_g) \end{bmatrix} \begin{bmatrix} \Delta x q_j(x_g) \\ \Delta y q_j(x_g) \\ \Delta z q_j(x_g) \end{bmatrix} \right) \mathrm{d}m$$

$$= \int_m (\Delta x_i(g) \cdot \Delta x_j(g) + \Delta y_i(g) \cdot \Delta y_j(g) + \Delta z_i(g) \cdot \Delta z_j(g)) \mathrm{d}m$$

$$+ \int_m (\Delta x q_i(x_g) \cdot \Delta x q_j(x_g) + \Delta y q_i(x_g) \cdot \Delta y q_j(x_g) + \Delta z q_i(x_g) \cdot \Delta z q_j(x_g)) \mathrm{d}m$$

$$= \sum_{g=1}^{N_g} ((\Delta x_i(g) \cdot \Delta x_j(g) + \Delta y_i(g) \cdot \Delta y_j(g) + \Delta z_i(g) \cdot \Delta z_j(g)) \cdot \Delta m(g))$$

$$+ \sum_{x_g=1}^{N_{x_g}} ((\Delta x q_i(x_g) \cdot \Delta x q_j(x_g) + \Delta y q_i(x_g) \cdot \Delta y q_j(x_g) + \Delta z q_i(x_g) \cdot \Delta z q_j(x_g)) \cdot \Delta m q(x_g))$$

根据结构振型的正交性,可以得出, $M_{33} = M_e$ 为 $2N \times 2N$ 的单位阵。 M_{11}、M_{13}、M_{31}、M_{33} 为常数,其他矩阵随广义坐标而变化,因此质量矩阵是时间的隐式函数。

12.2.6 内部弹性力 S_E 及离散化

$$S_{E(2N \times 1)} = Kq$$

$$K_{i,j} = K_{N+i, N+j} = \int_L EI \Phi_i'' \Phi_j'' \mathrm{d}x, \ i, j = 1, 2, \cdots, N$$

$$= \int_L EI \frac{\mathrm{d}^2 \Phi_i}{\mathrm{d}x^2} \frac{\mathrm{d}^2 \Phi_j}{\mathrm{d}x^2} \mathrm{d}x, \ i, j = 1, 2, \cdots, N$$

采用轴向分布近似,即

$$K_{i,j} = K_{N+i, N+j} = \int_L EI(x) \Phi_i'' \Phi_j'' \mathrm{d}x, \ i, j = 1, 2, \cdots, N$$

$$= \int_L EI(x) \frac{\mathrm{d}^2 \Phi_i}{\mathrm{d}x^2} \frac{\mathrm{d}^2 \Phi_j}{\mathrm{d}x^2} \mathrm{d}x$$

$$= \sum_{x_g=1}^{N_{x_g}} \Big(EI(x_g) \cdot \frac{\Delta x q_i(x_g+2) - 2.0 \Delta x q_i(x_g+1) + \Delta x q_i(x_g)}{\Delta x^2} \cdot$$

$$\frac{\Delta x q_j(x_g+2) - 2.0 \Delta x q_j(x_g+1) + \Delta x q_j(x_g)}{\Delta x^2} \cdot \Delta x \Big)$$

12.2.7 惯性力及离散化

$$
\begin{bmatrix} \boldsymbol{F}_{\mathrm{I}} \\ \boldsymbol{M}_{\mathrm{I}} \\ \boldsymbol{Q}_{\mathrm{I}} \end{bmatrix} = - \begin{bmatrix} m\boldsymbol{\Omega}^{\times} & -\boldsymbol{\Omega}^{\times}\boldsymbol{c}_{\mathrm{total}}^{\times} & 2\boldsymbol{P}_{\dot{q}} \\ \boldsymbol{c}_{\mathrm{total}}^{\times}\boldsymbol{\Omega}^{\times} & \boldsymbol{\Omega}^{\times}\boldsymbol{J}_{\mathrm{total}} & 2\boldsymbol{H}_{\dot{q},\,\mathrm{total}} \\ -\boldsymbol{P}_{\dot{q}}^{\mathrm{T}} & -\boldsymbol{H}_{\dot{q},\,\mathrm{total}}^{\mathrm{T}} & 2\boldsymbol{M}_{e\dot{q}} \end{bmatrix} \begin{bmatrix} \boldsymbol{v}_0 \\ \boldsymbol{\Omega} \\ \dot{\boldsymbol{q}} \end{bmatrix}
$$

$$
= - \begin{bmatrix} \boldsymbol{MG}_{11} & \boldsymbol{MG}_{12} & \boldsymbol{MG}_{13} \\ \boldsymbol{MG}_{21} & \boldsymbol{MG}_{22} & \boldsymbol{MG}_{23} \\ \boldsymbol{MG}_{31} & \boldsymbol{MG}_{32} & \boldsymbol{MG}_{33} \end{bmatrix} \begin{bmatrix} \boldsymbol{v}_0 \\ \boldsymbol{\Omega} \\ \dot{\boldsymbol{q}} \end{bmatrix}
$$

式中：

$$
\boldsymbol{MG}_{11(3\times3)} = m\boldsymbol{\Omega}^{\times} = m \begin{bmatrix} p \\ q \\ r \end{bmatrix}^{\times} = m \begin{bmatrix} 0 & -r & q \\ r & 0 & -p \\ -q & p & 0 \end{bmatrix}
$$

$$
\boldsymbol{MG}_{12(3\times3)} = -\boldsymbol{\Omega}^{\times}\boldsymbol{c}_{\mathrm{total}}^{\times} = - \begin{bmatrix} 0 & -r & q \\ r & 0 & -p \\ -q & p & 0 \end{bmatrix} \boldsymbol{M}_{21}
$$

$$
\boldsymbol{MG}_{13(3\times2N)} = 2\boldsymbol{P}_{\dot{q}} = 2\boldsymbol{\Omega}^{\times}\boldsymbol{P} = 2\boldsymbol{\Omega}^{\times}\boldsymbol{M}_{13}
$$

$$
\boldsymbol{MG}_{21(3\times3)} = \boldsymbol{c}_{\mathrm{total}}^{\times}\boldsymbol{\Omega}^{\times} = \boldsymbol{M}_{21} \begin{bmatrix} p \\ q \\ r \end{bmatrix}^{\times} = \boldsymbol{M}_{21} \begin{bmatrix} 0 & -r & q \\ r & 0 & -p \\ -q & p & 0 \end{bmatrix}
$$

$$
\boldsymbol{MG}_{22(3\times3)} = \boldsymbol{\Omega}^{\times}\boldsymbol{J}_{\mathrm{total}} = \begin{bmatrix} p \\ q \\ r \end{bmatrix}^{\times} \boldsymbol{M}_{22} = \begin{bmatrix} 0 & -r & q \\ r & 0 & -p \\ -q & p & 0 \end{bmatrix} \boldsymbol{M}_{22}
$$

$$
\boldsymbol{MG}_{23(3\times2N)} = 2\boldsymbol{H}_{\dot{q},\,\mathrm{total}} = 2(\boldsymbol{H}_{\dot{q}} + \boldsymbol{H}_{\dot{q}u})
$$

$$
\boldsymbol{H}_{\dot{q},\,\mathrm{total}(3\times2N)} = \boldsymbol{H}_{\dot{q}} + \boldsymbol{H}_{\dot{q}u}
$$

$$
\boldsymbol{H}_{\dot{q}(3\times2N)} = \begin{bmatrix} \boldsymbol{J}'_{ru,1}\boldsymbol{\Omega} & \boldsymbol{J}'_{ru,2}\boldsymbol{\Omega} & \cdots & \boldsymbol{J}'_{ru,2N}\boldsymbol{\Omega} \end{bmatrix}, \quad \boldsymbol{J}'_{ru,i(3\times3)} = \int_m \boldsymbol{r}^{\times}\boldsymbol{\Phi}_i^{\times}\,\mathrm{d}m
$$

$$
\boldsymbol{J}'_{ru,i(3\times3)} = \int_m \boldsymbol{r}^{\times}\boldsymbol{\Phi}_i^{\times}\,\mathrm{d}m
$$

$$
= \int_m \begin{bmatrix} x(g) \\ y(g) \\ z(g) \end{bmatrix}^{\times} \begin{bmatrix} \Delta x_i(g) \\ \Delta y_i(g) \\ \Delta z_i(g) \end{bmatrix}^{\times} \mathrm{d}m + \int_m \begin{bmatrix} xq(g) \\ yq(g) \\ zq(g) \end{bmatrix}^{\times} \begin{bmatrix} \Delta xq_i(g) \\ \Delta yq_i(g) \\ \Delta zq_i(g) \end{bmatrix}^{\times} \mathrm{d}m
$$

$$
\begin{aligned}
=\sum_{g=1}^{N_g}\left\{\begin{bmatrix} 0 & -z(g) & y(g) \\ z(g) & 0 & -x(g) \\ -y(g) & x(g) & 0 \end{bmatrix}\begin{bmatrix} 0 & -\Delta z_i(g) & \Delta y_i(g) \\ \Delta z_i(g) & 0 & -\Delta x_i(g) \\ -\Delta y_i(g) & \Delta x_i(g) & 0 \end{bmatrix}\Delta m(g)\right\}+ \\
\sum_{xg=1}^{N_x}\left\{\begin{bmatrix} 0 & -zq(x_g) & yq(x_g) \\ zq(x_g) & 0 & -xq(x_g) \\ -yq(x_g) & xq(x_g) & 0 \end{bmatrix}\begin{bmatrix} 0 & -\Delta zq_i(x_g) & \Delta yq_i(x_g) \\ \Delta zq_i(x_g) & 0 & -\Delta xq_i(x_g) \\ -\Delta yq_i(x_g) & \Delta xq_i(x_g) & 0 \end{bmatrix}\cdot\Delta mq(x_g)\right\}
\end{aligned}
$$

$$
\boldsymbol{H}_{q(3\times 2N)}=\left[\ \sum q_j(t)\boldsymbol{J}''_{uu,\,1j}\boldsymbol{\Omega}\quad \sum q_j(t)\boldsymbol{J}''_{uu,\,2j}\boldsymbol{\Omega}\quad\cdots\quad \sum q_j(t)\boldsymbol{J}''_{uu,\,2Nj}\boldsymbol{\Omega}\ \right]
$$

$$
\boldsymbol{J}''_{uu,\,ij(3\times 3)}=-\int_m \boldsymbol{\Phi}_i^\times\boldsymbol{\Phi}_j^\times\mathrm{d}m
$$

$$
=-\int_m\begin{bmatrix}\Delta x_i(g)\\ \Delta y_i(g)\\ \Delta z_i(g)\end{bmatrix}^\times\begin{bmatrix}\Delta x_j(g)\\ \Delta y_j(g)\\ \Delta z_j(g)\end{bmatrix}^\times\mathrm{d}m-\int_m\begin{bmatrix}\Delta xq_i(x_g)\\ \Delta yq_i(x_g)\\ \Delta zq_i(x_g)\end{bmatrix}^\times\begin{bmatrix}\Delta xq_j(x_g)\\ \Delta yq_j(x_g)\\ \Delta zq_j(x_g)\end{bmatrix}^\times\mathrm{d}m
$$

$$
=-\sum_{g=1}^{N_x}\left\{\begin{bmatrix} 0 & -\Delta z_j(g) & \Delta y_j(g) \\ \Delta z_i(g) & 0 & -\Delta x_i(g) \\ -\Delta y_i(g) & \Delta x_i(g) & 0 \end{bmatrix}\begin{bmatrix} 0 & -\Delta z_j(g) & \Delta y_j(g) \\ \Delta z_j(g) & 0 & -\Delta x_j(g) \\ -\Delta y_j(g) & \Delta x_j(g) & 0 \end{bmatrix}\cdot\Delta m(g)\right\}-
$$

$$
\sum_{g=1}^{N_x}\left\{\begin{bmatrix} 0 & -\Delta zq_i(g) & \Delta yq_i(g) \\ \Delta zq_i(g) & 0 & -\Delta xq_i(g) \\ -\Delta yq_i(g) & \Delta xq_i(g) & 0 \end{bmatrix}\begin{bmatrix} 0 & -\Delta zq_j(g) & \Delta yq_j(g) \\ \Delta zq_j(g) & 0 & -\Delta xq_j(g) \\ -\Delta yq_j(g) & \Delta xq_j(g) & 0 \end{bmatrix}\cdot\Delta mq(g)\right\}
$$

$$
\boldsymbol{MG}_{31(2N\times 3)}=-\boldsymbol{P}_q^{\mathrm{T}}=-(\boldsymbol{\Omega}^\times\boldsymbol{P})^{\mathrm{T}}=-(\boldsymbol{\Omega}^\times\boldsymbol{M}_{13})^{\mathrm{T}},\ 2\boldsymbol{P}_q=2\boldsymbol{\Omega}^\times\boldsymbol{P}=2\boldsymbol{\Omega}^\times\boldsymbol{M}_{13}
$$

$$
\boldsymbol{MG}_{32(2N\times 3)}=-\boldsymbol{H}_{q,\,\mathrm{total}}^{\mathrm{T}}=-(\boldsymbol{H}_q+\boldsymbol{H}_{qu})^{\mathrm{T}}
$$

$$
\boldsymbol{MG}_{33(2N\times 2N)}=2\boldsymbol{M}_{eq}
$$

$$
M_{eq}=\int_m\boldsymbol{\Phi}^{\mathrm{T}}\boldsymbol{\Omega}^\times\boldsymbol{\Phi}\mathrm{d}m=-\begin{bmatrix}\boldsymbol{\Omega}^{\mathrm{T}}\boldsymbol{H}'_{u,\,1}\\ \boldsymbol{\Omega}^{\mathrm{T}}\boldsymbol{H}'_{u,\,2}\\ \vdots\\ \boldsymbol{\Omega}^{\mathrm{T}}\boldsymbol{H}'_{u,\,2N}\end{bmatrix}
$$

$$
\boldsymbol{H}'_{u,\,i(3\times 2N)}=\begin{bmatrix}\boldsymbol{h}'_{i1} & \boldsymbol{h}'_{i2} & \cdots & \boldsymbol{h}'_{i2N}\end{bmatrix},\ \boldsymbol{h}'_{ij}=\int_m\boldsymbol{\Phi}_i^\times\boldsymbol{\Phi}_j\mathrm{d}m,\ i,\,j=1,\,2,\,\cdots,\,2N
$$

12.2.8 重力及离散化

$$
\boldsymbol{F}_{G(3\times 1)}=mg\hat{\boldsymbol{g}}=mg\begin{bmatrix}-\sin\theta\\ \cos\theta\sin\phi\\ \cos\theta\cos\phi\end{bmatrix}=\begin{bmatrix}-mg\sin\theta\\ mg\cos\theta\sin\phi\\ mg\cos\theta\cos\phi\end{bmatrix},\ \hat{\boldsymbol{g}}=\begin{bmatrix}-\sin\theta\\ \cos\theta\sin\phi\\ \cos\theta\cos\phi\end{bmatrix}
$$

重力产生的力矩为

$$M_{G(3\times1)} = r_G^\times F_G + \frac{1}{m} \sum q_i(t) p_i^\times F_G$$

$$= \begin{bmatrix} x_G \\ y_G \\ z_G \end{bmatrix}^\times \begin{bmatrix} -mg\sin\theta \\ mg\cos\theta\sin\phi \\ mg\cos\theta\cos\phi \end{bmatrix}$$

$$+ \frac{1}{m} \sum_{i=1}^{2N} \left\{ q_i(t) \left(\begin{bmatrix} \sum_{g=1}^{N_g} \Delta x_i(g)\cdot\Delta m(g) \\ \sum_{g=1}^{N_g} \Delta y_i(g)\cdot\Delta m(g) \\ \sum_{g=1}^{N_g} \Delta z_i(g)\cdot\Delta m(g) \end{bmatrix} + \begin{bmatrix} \sum_{xg=1}^{N_{xg}} \Delta xq_i(x_g)\cdot\Delta mq(x_g) \\ \sum_{xg=1}^{N_{xg}} \Delta yq_i(x_g)\cdot\Delta mq(x_g) \\ \sum_{xg=1}^{N_{xg}} \Delta zq_i(x_g)\cdot\Delta mq(x_g) \end{bmatrix} \right) \right\}^\times \begin{bmatrix} -mg\sin\theta \\ mg\cos\theta\sin\phi \\ mg\cos\theta\cos\phi \end{bmatrix}$$

重力广义力为

$$Q_{Gi} = \int_m g\hat{g}^\mathrm{T} \boldsymbol{\Phi}_i \mathrm{d}m = g\hat{g}^\mathrm{T} p_i, \quad i = 1, 2, \cdots, 2N$$

$$\hat{g}^\mathrm{T} = \begin{bmatrix} -\sin\theta & \cos\theta\sin\phi & \cos\theta\cos\phi \end{bmatrix}$$

$$p_i = \int_m (\boldsymbol{\Phi}_i(r)) \mathrm{d}m$$

$$= \begin{bmatrix} \int_m \Phi_{xi}(r)\mathrm{d}m \\ \int_m \Phi_{yi}(r)\mathrm{d}m \\ \int_m \Phi_{zi}(r)\mathrm{d}m \end{bmatrix} = \begin{bmatrix} \sum_{g=1}^{N_g} \Delta x_i(g)\cdot\Delta m(g) \\ \sum_{g=1}^{N_g} \Delta y_i(g)\cdot\Delta m(g) \\ \sum_{g=1}^{N_g} \Delta z_i(g)\cdot\Delta m(g) \end{bmatrix} + \begin{bmatrix} \sum_{xg=1}^{N_{xg}} \Delta xq_i(x_g)\cdot\Delta mq(x_g) \\ \sum_{xg=1}^{N_{xg}} \Delta yq_i(x_g)\cdot\Delta mq(x_g) \\ \sum_{xg=1}^{N_{xg}} \Delta zq_i(x_g)\cdot\Delta mq(x_g) \end{bmatrix}$$

12.2.9 浮力及离散化

$$F_{AS} = -\rho g V_B \hat{g} = -\rho g V_B \begin{bmatrix} -\sin\theta \\ \cos\theta\sin\phi \\ \cos\theta\cos\phi \end{bmatrix}, \quad \hat{g} = \begin{bmatrix} -\sin\theta \\ \cos\theta\sin\phi \\ \cos\theta\cos\phi \end{bmatrix}$$

浮力产生的力矩：

$$M_{AS} = u_V^\times F_{AS} = \left(\int_V u \mathrm{d}V / V_B \right)^\times F_{AS} = \sum q_i(t) I_{AS,i}^\times F_{AS}$$

式中，下标 B 表示浮力；AS 表示静力。

$$I_{AS,i} = \frac{1}{V_B} \int_V \boldsymbol{\Phi}_i \mathrm{d}V = \frac{1}{V_B} \int_L \boldsymbol{\Phi}_i S(x) \mathrm{d}x$$

$$= \frac{1}{V_B} \int_L \begin{bmatrix} \Delta x q_i(x_g) \\ \Delta y q_i(x_g) \\ \Delta z q_i(x_g) \end{bmatrix} S(x_g) \mathrm{d}x = \frac{1}{VB} \sum_{xg=1}^{N_{xg}} \left(\begin{bmatrix} \Delta x q_i(x_g) \\ \Delta y q_i(x_g) \\ \Delta z q_i(x_g) \end{bmatrix} S(x_g) \mathrm{d}x \right)$$

浮力广义力为

$$Q_{AS,i} = -\int_L \rho \hat{\boldsymbol{g}}^T \boldsymbol{\Phi}_i S \mathrm{d}x$$

$$= -\rho \hat{\boldsymbol{g}}^T \int_L \boldsymbol{\Phi}_i S \mathrm{d}x = -\rho \hat{\boldsymbol{g}}^T V_B \cdot \frac{1}{V_B} \int_L \boldsymbol{\Phi}_i S \mathrm{d}x = \boldsymbol{F}_{AS}^T \boldsymbol{I}_{AS,i}$$

$$\boldsymbol{F}_{AS} = -\rho g V_B \hat{\boldsymbol{g}} = -\rho g V_B \begin{bmatrix} -\sin\theta \\ \cos\theta \sin\phi \\ \cos\theta \cos\phi \end{bmatrix}, \quad \hat{\boldsymbol{g}} = \begin{bmatrix} -\sin\theta & \cos\theta \sin\phi & \cos\theta \cos\phi \end{bmatrix}^T$$

12.2.10 空气动力及离散化

$$\begin{bmatrix} \boldsymbol{F}_{AD} \\ \boldsymbol{M}_{AD} \\ \boldsymbol{Q}_{AD} \end{bmatrix} = \begin{bmatrix} \boldsymbol{F}_A \\ \boldsymbol{M}_A \\ \boldsymbol{Q}_A \end{bmatrix} + \begin{bmatrix} \boldsymbol{F}_{Aero} \\ \boldsymbol{M}_{Aero} \\ \boldsymbol{Q}_{Aero} \end{bmatrix}$$

式中:右端第 1 项为势流空气动力(附加质量力),其与附加质量相关;第 2 项是飞艇整体产生的气动力。

(1) 附加质量力。

$$\begin{bmatrix} \boldsymbol{F}_A \\ \boldsymbol{M}_A \\ \boldsymbol{Q}_A \end{bmatrix} = -\begin{bmatrix} \boldsymbol{M}_{A11} & \boldsymbol{M}_{A12} & \boldsymbol{M}_{A13} \\ \boldsymbol{M}_{A21} & \boldsymbol{M}_{A22} & \boldsymbol{M}_{A23} \\ \boldsymbol{M}_{A31} & \boldsymbol{M}_{A32} & \boldsymbol{M}_{A33} \end{bmatrix} \begin{bmatrix} \dot{\boldsymbol{v}}_0 \\ \dot{\boldsymbol{\Omega}} \\ \ddot{\boldsymbol{q}} \end{bmatrix} + \begin{bmatrix} \boldsymbol{F}_{A,non}(\boldsymbol{v}_0, \boldsymbol{\Omega}, \boldsymbol{q}, \dot{\boldsymbol{q}}) \\ \boldsymbol{M}_{A,non}(\boldsymbol{v}_0, \boldsymbol{\Omega}, \boldsymbol{q}, \dot{\boldsymbol{q}}) \\ \boldsymbol{Q}_{A,non}(\boldsymbol{v}_0, \boldsymbol{\Omega}, \boldsymbol{q}, \dot{\boldsymbol{q}}) \end{bmatrix}$$

$$\boldsymbol{M}_{AT([6+2N] \times [6+2N])} = \begin{bmatrix} \boldsymbol{M}_{A11} & \boldsymbol{M}_{A12} & \boldsymbol{M}_{A13} \\ \boldsymbol{M}_{A21} & \boldsymbol{M}_{A22} & \boldsymbol{M}_{A23} \\ \boldsymbol{M}_{A31} & \boldsymbol{M}_{A32} & \boldsymbol{M}_{A33} \end{bmatrix}$$

$$\boldsymbol{M}_{AT} = \boldsymbol{M}_{A1} + \boldsymbol{M}_{A2} + \boldsymbol{M}_{A3} + \boldsymbol{M}_{A4}$$

式中:

$$\boldsymbol{M}_{A1([6+2N] \times [6+2N])} = \begin{bmatrix} \boldsymbol{M}_{rr} & \boldsymbol{M}_{rq} \\ \boldsymbol{M}_{qr} & \boldsymbol{M}_{qq} \end{bmatrix}$$

$$\boldsymbol{M}_{A2([6+2N] \times [6+2N])} = \begin{bmatrix} \boldsymbol{M}_{rs}\boldsymbol{q} & 0 & \cdots & 0 \\ \boldsymbol{M}_{qs}\boldsymbol{q} & 0 & \cdots & 0 \end{bmatrix}$$

$$\boldsymbol{M}_{\mathrm{A3}([6+2N]\times[6+2N])} = \begin{bmatrix} \boldsymbol{q}^{\mathrm{T}}\boldsymbol{M}_{\mathrm{sr}} & \boldsymbol{q}^{\mathrm{T}}\boldsymbol{M}_{\mathrm{sq}} \\ \vdots & \vdots \\ 0 & 0 \end{bmatrix}$$

$$\boldsymbol{M}_{\mathrm{A4}([6+2N]\times[6+2N])} = \begin{bmatrix} \boldsymbol{q}^{\mathrm{T}}\boldsymbol{M}_{\mathrm{ss}}\boldsymbol{q} & 0 & \cdots & 0 \\ 0 & 0 & \cdots & 0 \\ \vdots & \vdots & \vdots & \vdots \\ 0 & 0 & \cdots & 0 \end{bmatrix}$$

$$\boldsymbol{M}_{\mathrm{rr}(6\times6)} = \begin{bmatrix} \boldsymbol{M}_{\mathrm{rr11}} & \boldsymbol{M}_{\mathrm{rr12}} \\ \boldsymbol{M}_{\mathrm{rr21}} & \boldsymbol{M}_{\mathrm{rr22}} \end{bmatrix}, \ \boldsymbol{M}_{\mathrm{rq}(6\times2N)} = \begin{bmatrix} \boldsymbol{M}_{\mathrm{rq1}} \\ \boldsymbol{M}_{\mathrm{rq2}} \end{bmatrix}, \ \boldsymbol{M}_{\mathrm{rs}(6\times2N)} = \begin{bmatrix} \boldsymbol{M}_{\mathrm{rs1}} \\ \boldsymbol{M}_{\mathrm{rs2}} \end{bmatrix}$$

$\boldsymbol{M}_{\mathrm{rr}}$ 为刚体的附加质量矩阵，$\boldsymbol{M}_{\mathrm{qr}} = \boldsymbol{M}_{\mathrm{rq}}^{\mathrm{T}}$，$\boldsymbol{M}_{\mathrm{sr}} = \boldsymbol{M}_{\mathrm{rs}}^{\mathrm{T}}$，$\boldsymbol{M}_{\mathrm{sq}} = \boldsymbol{M}_{\mathrm{qs}}^{\mathrm{T}}$，$\boldsymbol{M}_{\mathrm{qq}}$，$\boldsymbol{M}_{\mathrm{sq}}$，$\boldsymbol{M}_{\mathrm{qs}}$ 为 $2N\times2N$ 柔性附加质量矩阵。

$$\boldsymbol{F}_{\mathrm{A,\,non}}(\boldsymbol{v}_0,\boldsymbol{\Omega},\boldsymbol{q},\dot{\boldsymbol{q}}) = -\boldsymbol{\Omega}^{\times}(\boldsymbol{M}_{\mathrm{rr11}}\boldsymbol{v}_0 + \boldsymbol{M}_{\mathrm{rr12}}\boldsymbol{\Omega}) - \boldsymbol{\Omega}^{\times}\boldsymbol{M}_{\mathrm{rq1}}\dot{\boldsymbol{q}}$$

$$-u_0\boldsymbol{\Omega}^{\times}\boldsymbol{M}_{\mathrm{rs1}}\boldsymbol{q} - u_0\boldsymbol{M}_{\mathrm{rs1}}\dot{\boldsymbol{q}} - [\boldsymbol{v}^{\mathrm{T}}\boldsymbol{M}_{\mathrm{rs}}\dot{\boldsymbol{q}} + \boldsymbol{q}^{\mathrm{T}}\boldsymbol{M}_{\mathrm{sq}}\dot{\boldsymbol{q}} + 2u_0\dot{\boldsymbol{q}}^{\mathrm{T}}\boldsymbol{M}_{\mathrm{ss}}\boldsymbol{q} \quad 0 \quad 0]^{\mathrm{T}}$$

$$-\boldsymbol{\Omega}^{\times}[\boldsymbol{v}^{\mathrm{T}}\boldsymbol{M}_{\mathrm{rs}}\boldsymbol{q} + \boldsymbol{q}^{\mathrm{T}}\boldsymbol{M}_{\mathrm{sq}}\dot{\boldsymbol{q}} + u_0\boldsymbol{q}^{\mathrm{T}}\boldsymbol{M}_{\mathrm{ss}}\boldsymbol{q} \quad 0 \quad 0]^{\mathrm{T}}$$

$$\boldsymbol{M}_{\mathrm{A,\,non}}(\boldsymbol{v}_0,\boldsymbol{\Omega},\boldsymbol{q},\dot{\boldsymbol{q}}) = -\boldsymbol{v}_0^{\times}(\boldsymbol{M}_{\mathrm{rr11}}\boldsymbol{v}_0 + \boldsymbol{M}_{\mathrm{rr12}}\boldsymbol{\Omega}) - \boldsymbol{\Omega}^{\times}(\boldsymbol{M}_{\mathrm{rr21}}\boldsymbol{v}_0 + \boldsymbol{M}_{\mathrm{rr22}}\boldsymbol{\Omega})$$

$$-\boldsymbol{v}_0^{\times}\boldsymbol{M}_{\mathrm{rq1}}\dot{\boldsymbol{q}} - \boldsymbol{\Omega}^{\times}\boldsymbol{M}_{\mathrm{rq2}}\dot{\boldsymbol{q}}$$

$$-u_0\boldsymbol{M}_{\mathrm{rs2}}\dot{\boldsymbol{q}} - u_0\boldsymbol{\Omega}^{\times}\boldsymbol{M}_{\mathrm{rs2}}\boldsymbol{q}$$

$$-\boldsymbol{v}_0^{\times}(u_0\boldsymbol{M}_{\mathrm{rs1}}\boldsymbol{q} + [\boldsymbol{v}^{\mathrm{T}}\boldsymbol{M}_{\mathrm{rs}}\boldsymbol{q} + \boldsymbol{q}^{\mathrm{T}}\boldsymbol{M}_{\mathrm{sq}}\dot{\boldsymbol{q}} + u_0\boldsymbol{q}^{\mathrm{T}}\boldsymbol{M}_{\mathrm{ss}}\boldsymbol{q} \quad 0 \quad 0]^{\mathrm{T}})$$

$$\boldsymbol{Q}_{\mathrm{A,\,non}}(\boldsymbol{v}_0,\boldsymbol{\Omega},\boldsymbol{q},\dot{\boldsymbol{q}}) = -u_0\boldsymbol{M}_{\mathrm{qs}}\dot{\boldsymbol{q}} + u_0\boldsymbol{M}_{\mathrm{sq}}\dot{\boldsymbol{q}} + u_0^2\boldsymbol{M}_{\mathrm{ss}}\boldsymbol{q} + u_0\boldsymbol{M}_{\mathrm{sr}}\boldsymbol{v}$$

（2）飞艇整体产生的气动力。

$\boldsymbol{F}_{\mathrm{Aero}}$，$\boldsymbol{M}_{\mathrm{Aero}}$，$\boldsymbol{Q}_{\mathrm{Aero}}$ 为飞艇整体所产生的气动力。在采用估算方法计算气动力分布时需要考虑局部速度的变化。

$$\boldsymbol{v}_{\mathrm{d}} = \begin{bmatrix} u_{\mathrm{d}} \\ v_{\mathrm{d}} \\ w_{\mathrm{d}} \end{bmatrix} = \boldsymbol{v}_0 + \boldsymbol{\Omega}^{\times}\boldsymbol{r} + \sum \dot{q}_i(t)\boldsymbol{\Phi}_i(\boldsymbol{r}) - u_0\sum q_i(t)\boldsymbol{\Phi}_i'(\boldsymbol{r})$$

总的气动力和力矩通过分布力的积分得到。

气动力的广义力为

$$Q_i = \int_L \boldsymbol{f}^{\mathrm{T}}\boldsymbol{\Phi}_i(\boldsymbol{r})\mathrm{d}x = \int_L [f_{\mathrm{Aero\_}x} \quad f_{\mathrm{Aero\_}y} \quad f_{\mathrm{Aero\_}z}]\begin{bmatrix} \boldsymbol{\Phi}_{xi}(\boldsymbol{r}) \\ \boldsymbol{\Phi}_{yi}(\boldsymbol{r}) \\ \boldsymbol{\Phi}_{zi}(\boldsymbol{r}) \end{bmatrix}\mathrm{d}x, \ i = 1, 2, \cdots, 2N$$

12.2.11 操控力及离散化

（1）推力。

$$\boldsymbol{F}_{\mathrm{T}} = k_{\mathrm{T}} \delta_{\mathrm{T}}$$

推力产生的力矩为

$$\boldsymbol{M}_{\mathrm{T}} = \boldsymbol{r}_{\mathrm{T}}^{\times} \boldsymbol{F}_{\mathrm{T}} + \sum q_i(t) \boldsymbol{\Phi}_i(\boldsymbol{r}_{\mathrm{T}})^{\times} \boldsymbol{F}_{\mathrm{T}}$$

$$= \begin{bmatrix} x_{\mathrm{T}} \\ y_{\mathrm{T}} \\ z_{\mathrm{T}} \end{bmatrix}^{\times} \begin{bmatrix} k_{\mathrm{T}} \delta_{\mathrm{T}} \\ 0 \\ 0 \end{bmatrix} + \sum_{i=1}^{2N} \left(q_i(t) \begin{bmatrix} \Delta x q_i(x_{\mathrm{T}}) \\ \Delta y q_i(x_{\mathrm{T}}) \\ \Delta z q_i(x_{\mathrm{T}}) \end{bmatrix} \right)^{\times} \begin{bmatrix} k_{\mathrm{T}} \delta_{\mathrm{T}} \\ 0 \\ 0 \end{bmatrix}$$

式中：$\boldsymbol{\Phi}_i(\boldsymbol{r}_{\mathrm{T}})$ 表示发动机安装位置处的振型值。

推力产生的广义力为

$$Q_{\mathrm{T}i} = \boldsymbol{F}_{\mathrm{T}}^T \boldsymbol{\Phi}_i(\boldsymbol{r}_{\mathrm{T}})$$

$$= \begin{bmatrix} k_{\mathrm{T}} \delta_{\mathrm{T}} \\ 0 \\ 0 \end{bmatrix}^T \begin{bmatrix} \Delta x q_i(x_{\mathrm{T}}) \\ \Delta y q_i(x_{\mathrm{T}}) \\ \Delta z q_i(x_{\mathrm{T}}) \end{bmatrix} = \begin{bmatrix} k_{\mathrm{T}} \delta_{\mathrm{T}} & 0 & 0 \end{bmatrix} \begin{bmatrix} \Delta x q_i(x_{\mathrm{T}}) \\ \Delta y q_i(x_{\mathrm{T}}) \\ \Delta z q_i(x_{\mathrm{T}}) \end{bmatrix} = 0$$

$$Q_i = \int_L \boldsymbol{f}^T \boldsymbol{\Phi}_i(\boldsymbol{r}) \mathrm{d}x = \int_L \begin{bmatrix} f_x & f_y & f_z \end{bmatrix} \begin{bmatrix} \Phi_{xi}(\boldsymbol{r}) \\ \Phi_{yi}(\boldsymbol{r}) \\ \Phi_{zi}(\boldsymbol{r}) \end{bmatrix} \mathrm{d}x, \ i = 1, 2, \cdots, 2N$$

（2）舵面控制力。

$$\boldsymbol{F}_{\delta} = \begin{bmatrix} f_{x\delta} & f_{y\delta} & f_{z\delta} \end{bmatrix}$$

$$\boldsymbol{M}_{\delta} = \boldsymbol{r}_{\delta}^{\times} \boldsymbol{F}_{\delta} + \sum q_i(t) \boldsymbol{\Phi}_i(\boldsymbol{r}_{\delta})^{\times} \boldsymbol{F}_{\delta}$$

广义力：

$$Q_{\delta i} = \boldsymbol{F}_{\delta}^T \boldsymbol{\Phi}_i(\boldsymbol{r}_{\delta}) = \begin{bmatrix} f_{x\delta} \\ f_{y\delta} \\ f_{z\delta} \end{bmatrix}^T \begin{bmatrix} \Delta x q_i(x_{\mathrm{T}}) \\ \Delta y q_i(x_{\mathrm{T}}) \\ \Delta z q_i(x_{\mathrm{T}}) \end{bmatrix}$$

12.3 飞艇运动学方程

飞艇的运动学方程用于描述飞艇在空间飞行的状态量之间的关系，包括飞艇空间位置与速度之间的关系，以及姿态与角速度之间的关系。

1）惯性坐标系中飞艇浮心运动的运动学方程

$$\dot{x} = a_x u + b_x v + c_x w \tag{12-24}$$

$$\dot{y} = a_y u + b_y v + c_y w \tag{12-25}$$

$$\dot{z} = a_z u + b_z v + c_z w \tag{12-26}$$

式中: a_x, b_x, c_x, a_y, b_y, c_y, a_z, b_z, c_z 为艇体系到惯性系的坐标转换系数:

$$\begin{bmatrix} a_x & a_y & a_z \\ b_x & b_y & b_z \\ c_x & c_y & c_z \end{bmatrix} = \begin{bmatrix} \cos\psi\cos\vartheta & \sin\psi\cos\vartheta & -\sin\vartheta \\ \cos\psi\sin\vartheta\sin\phi - \sin\psi\cos\phi & \sin\psi\sin\vartheta\sin\phi + \cos\psi\cos\phi & \cos\vartheta\sin\phi \\ \cos\psi\sin\vartheta\cos\phi + \sin\psi\sin\phi & \sin\psi\sin\vartheta\cos\phi - \cos\psi\sin\phi & \cos\vartheta\cos\phi \end{bmatrix}$$

2）飞艇绕浮心转动的运动学方程

$$\dot{\psi} = \frac{1}{\cos\vartheta}(r\cos\phi + q\sin\phi) \tag{12-27}$$

$$\dot{\vartheta} = -r\sin\phi + q\cos\phi \tag{12-28}$$

$$\dot{\phi} = p + tg\vartheta(r\cos\phi + q\sin\phi) \tag{12-29}$$

3）几何关系方程（迎角和侧滑角与速度之间的关系）

$$\alpha = \arctan((w - w_w)/(u - u_w)) \tag{12-30}$$

$$\beta = \arcsin(-(v - v_w)/S_k) \tag{12-31}$$

12.4 飞艇空间运动仿真算例

下面作为算例，给出某 150 m 长的飞艇，采用刚性及其柔性动力学模型仿真其在盘旋（$ET = 102\,720$，其中 E 为蒙皮材料的弹性模量，T 为蒙皮的厚度）状态下的飞行动力学特性。

该飞艇的外形如图 12-6 所示，为常规的流线型飞艇，包括艇身和十字型尾翼，飞艇的长细比为 4。整个飞艇的姿态平衡通过吊舱位置进行调整。飞艇的属性参数（浮心、重心、转动惯量、附加质量等）通过相应的程序计算获得。整个柔性动力学模型采用 MATALB 的 Simulink 实现。

对于柔性飞艇进行动力学仿真时，飞艇整个结构的变形可以采用多阶振型叠加近似。图 12-7 为该飞艇结构的 ET 为 102\,720 时，艇体坐标系的 y 方向和 z 方向的前两阶振型图。在本算例仿真时采用这两阶振型叠加近似飞艇的柔性变形。

对于柔性飞艇其变形量的大小取决于整个飞艇结构的刚度。图 12-8 给出该飞艇结构的弯曲刚度沿飞艇轴向的分布特性。

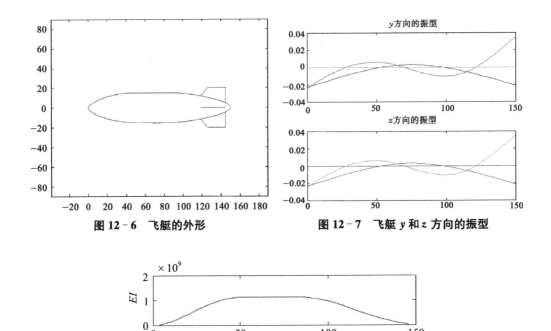

图 12-6 飞艇的外形　　　　图 12-7 飞艇 y 和 z 方向的振型

图 12-8 飞艇沿 x 轴方向弯曲刚度（EI）分布

在飞艇的属性及其结构特性确定后,可通过仿真得出飞艇在盘旋时各状态量以及飞艇变形的时间历程。图 12-9~图 12-11 为飞艇在艇体坐标系下的线速度随时间的变化历程。由于柔性变形的影响,飞艇的线速度会发生一定的变化。线速度 u 和 v 会有一定量的减小。

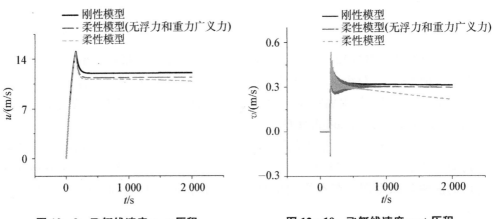

图 12-9 飞艇线速度 u-t 历程　　　　图 12-10 飞艇线速度 v-t 历程

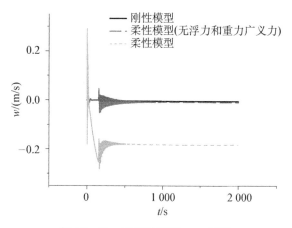

图 12 - 11 飞艇线速度 w - t 历程

图 12 - 12 为整个时间历程上 y 方向，即水平面上飞艇两阶振型所对应的广义位移的变化情况。在起始阶段广义位移会产生一定的振荡，最终飞艇实现稳定的盘旋飞行时，广义位移也趋于稳定，即飞艇变形处于稳定状态。

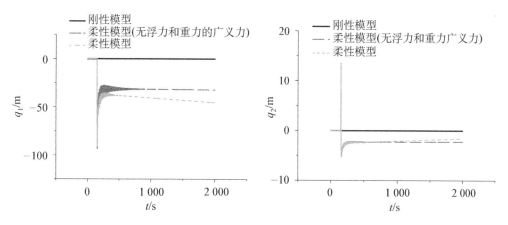

图 12 - 12 y 方向广义位移-时间历程

图 12 - 13 为整个时间历程上 z 方向，即垂直面上飞艇两阶振型所对应的广义位移的变化情况。与 y 方向类似，在起始阶段广义位移会产生一定的振荡，最终飞艇实现稳定的盘旋飞行时，广义位移也趋于稳定，即垂直方向上的飞艇变形处于稳定状态。

图 12 - 14 为整个时间历程上飞艇在水平面内的运动轨迹图。从图中可得出，在考虑飞艇柔性变形因素下，整个飞艇的盘旋半径会发生一定的变化。这是飞艇柔性变形引起其属性参数、气动力以及舵偏气动力发生变化而产生的综合结果。

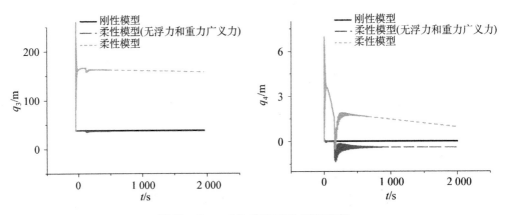

图 12 - 13　z 方向广义位移-时间历程

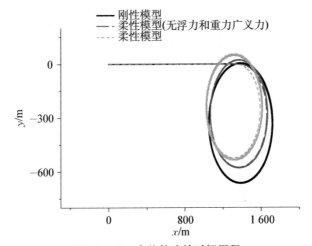

图 12 - 14　盘旋轨迹的时间历程

　　飞艇是以柔性充气的囊体结构作为主结构的飞行器,该柔性结构的变形受到囊体内外压差(气体泄漏、超冷超热等)、外部气动力(不同飞行高度大气密度的显著变化)、外界时变风场以及飞艇飞行状态的影响。为了对飞艇实现有效的操控和自主控制,需要在飞艇的动力学建模仿真时考虑柔性变形因素的影响。

12.5　系留艇动力学

　　系留艇从形式上可看作在常规飞艇的基础上,添加一条飞艇与地面相连的缆绳,以使其稳定在空中一定区域内。系留艇通常无推进动力,故需要具有一定的剩余浮力以使其在风场作用下可区域定点。系留艇动力学与常规飞艇动力学的差别在于缆绳的作用,是缆绳动力学与飞艇动力学的耦合。

12.5.1 相关符号说明

S 为无变形缆绳从系留点到系留艇的长度；t 为时间；m_c 为单位长度缆绳的质量；ρ 为空气的密度；A 为无变形缆绳的横截面积；$m_{1c} = m_c + \rho A$ 为单位长度缆绳的虚拟质量；E 为缆绳的弹性模量；$\boldsymbol{V}_c(s, t) = (V_t, V_n, V_b)$ 为在局部缆绳坐标系下的速度矢量；$\theta_c(s, t)$，$\phi_c(s, t)$ 为局部缆绳坐标系相对于系留坐标系的角度；ϑ, ψ, φ 为艇体坐标系相对于惯性坐标系的角度；$T_c(s, t)$ 为缆绳的张力；m_s 为系留艇的质量；$\boldsymbol{V} = (u, v, w)$ 为系留艇在艇体坐标系下的速度矢量；C_d 为系留艇的阻力系数；$\varepsilon = eT$ 为缆绳的变形量；(x_c, y_c, z_c) 为缆绳上各点在固定惯性坐标系下的坐标值。

12.5.2 坐标系定义及转换关系

系留艇在进行动力学建模时，需要定义相关的坐标系以便于描述系留缆绳和系留艇的空间运动。定义的坐标系分别为

（1）大地坐标系（惯性坐标系）：$Ax_dy_dz_d$。

（2）系留艇体坐标系：$Oxyz$。

（3）系留坐标系：XYZ。

（4）缆绳坐标系：tnb。

（5）总体坐标系（为了绘图直观）：$x_Ly_Lz_L$。

系留艇动力学建模需要的各坐标系定义如图 12-15 所示。

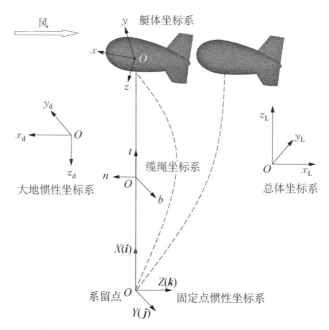

图 12-15 系留艇动力学建模需要的坐标系定义

系留坐标系 XYZ 与缆绳坐标系 tnb 之间的矩阵转换关系为

$$\begin{bmatrix} V_t \\ V_n \\ V_b \end{bmatrix} = \begin{bmatrix} \cos\theta_c\cos\phi_c & -\sin\theta_c\cos\phi_c & -\sin\phi_c \\ -\cos\theta_c\sin\phi_c & \sin\theta_c\sin\phi_c & -\cos\phi_c \\ \sin\theta_c & \cos\theta_c & 0 \end{bmatrix} \begin{bmatrix} V_X \\ V_Y \\ V_Z \end{bmatrix} \qquad (12-32)$$

对于缆绳与系留艇之间的连接关系，一方面为系留集中点力的一致性。故需将系留集中点的力转换到系留艇的艇体坐标系下：

$$\begin{bmatrix} T_X \\ T_Y \\ T_Z \end{bmatrix} = \begin{bmatrix} \cos\theta_c\cos\phi_c & -\sin\theta_c\cos\phi_c & -\sin\phi_c \\ -\cos\theta_c\sin\phi_c & \sin\theta_c\sin\phi_c & -\cos\phi_c \\ \sin\theta_c & \cos\theta_c & 0 \end{bmatrix}^{-1} \begin{bmatrix} T \\ 0 \\ 0 \end{bmatrix} \qquad (12-33)$$

$$\begin{bmatrix} T_{xd} \\ T_{yd} \\ T_{zd} \end{bmatrix} = \begin{bmatrix} -T_Z \\ -T_Y \\ -T_X \end{bmatrix}$$

在从惯性坐标系到系留艇艇体坐标系的坐标转换关系：

$$DCM_1 = \begin{bmatrix} \cos\psi\cos\vartheta & \sin\psi\cos\vartheta & -\sin\vartheta \\ \cos\psi\sin\vartheta\sin\varphi - \sin\psi\cos\varphi & \sin\psi\sin\vartheta\sin\varphi + \cos\psi\cos\varphi & \cos\vartheta\sin\varphi \\ \cos\psi\sin\vartheta\cos\varphi + \sin\psi\sin\varphi & \sin\psi\sin\vartheta\cos\varphi - \cos\psi\sin\varphi & \cos\vartheta\cos\varphi \end{bmatrix}$$

得到在系留艇艇体坐标系下的作用力：

$$\begin{bmatrix} T_x \\ T_y \\ T_z \end{bmatrix} = DCM_1 \begin{bmatrix} T_{xd} \\ T_{yd} \\ T_{zd} \end{bmatrix}$$

缆绳坐标系和固定点的惯性坐标系关系如图 12-16 所示。

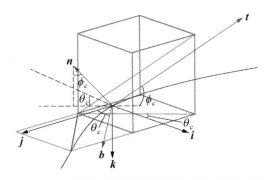

图 12-16　缆绳坐标系和固定点的惯性坐标系关系

另一方面,在集中节点上的速度也需要转换到艇体坐标系下:

$$
\begin{bmatrix} V_X \\ V_Y \\ V_Z \end{bmatrix} = \begin{bmatrix} \cos\theta_c\cos\phi_c & -\sin\theta_c\cos\phi_c & -\sin\phi_c \\ -\cos\theta_c\sin\phi_c & \sin\theta_c\sin\phi_c & -\cos\phi_c \\ \sin\theta_c & \cos\theta_c & 0 \end{bmatrix}^{-1} \begin{bmatrix} V_t \\ V_n \\ V_b \end{bmatrix}
$$

$$
\begin{bmatrix} V_{xd} \\ V_{yd} \\ V_{zd} \end{bmatrix} = \begin{bmatrix} -V_Z \\ -V_Y \\ -V_X \end{bmatrix}
$$

$$
\begin{bmatrix} u \\ v \\ w \end{bmatrix} = \boldsymbol{DCM}_1 \begin{bmatrix} V_{xd} \\ V_{yd} \\ V_{zd} \end{bmatrix}
$$

12.5.3 系留缆绳动力学方程

系留缆绳看作一个截面为圆形的细长圆柱。假设缆绳动力学依赖于重力、气动力和惯性力。动力学方程建立在正交的缆绳坐标系 $(\boldsymbol{t}, \boldsymbol{n}, \boldsymbol{b})$ 上,而不是固定的惯性坐标系 $(\boldsymbol{i}, \boldsymbol{j}, \boldsymbol{k})$。

系留缆绳在缆绳坐标系 $(\boldsymbol{t}, \boldsymbol{n}, \boldsymbol{b})$ 下的动力学方程为

$$
\boldsymbol{M}\frac{\partial \boldsymbol{y}}{\partial s} - \boldsymbol{N}\frac{\partial \boldsymbol{y}}{\partial t} - \boldsymbol{q} = 0 \tag{12-34}
$$

$$
\begin{bmatrix} \dfrac{\mathrm{d}x_c}{\mathrm{d}s} \\[2mm] \dfrac{\mathrm{d}y_c}{\mathrm{d}s} \\[2mm] \dfrac{\mathrm{d}z_c}{\mathrm{d}s} \end{bmatrix} = \begin{bmatrix} \cos\theta_c\cos\phi_c & -\cos\theta_c\sin\phi_c & \sin\theta_c \\ -\sin\theta_c\cos\phi_c & \sin\theta_c\sin\phi_c & \cos\theta_c \\ -\sin\phi_c & -\cos\phi_c & 0 \end{bmatrix} \begin{bmatrix} (1+\varepsilon) \\ 0 \\ 0 \end{bmatrix}
$$

$$
\varepsilon = eT
$$

式中: $\boldsymbol{y}(s, t) = (T_c, V_t, V_n, V_b, \theta_c, \phi_c)$。

$$
\boldsymbol{M} = \begin{bmatrix} 1 & 0 & 0 & 0 & 0 & 0 \\ 0 & 1 & 0 & 0 & V_b\cos\phi_c & -V_n \\ 0 & 0 & 1 & 0 & -V_b\sin\phi_c & V_t \\ 0 & 0 & 0 & 1 & V_n\sin\phi_c - V_t\cos\phi_c & 0 \\ 0 & 0 & 0 & 0 & -T\cos\phi_c & 0 \\ 0 & 0 & 0 & 0 & 0 & T \end{bmatrix}
$$

$$N = \begin{bmatrix} -me\dfrac{V_t}{1+eT} & m & 0 & 0 & (m_1 V_b - \rho A J_b)\cos\phi_c & -(m_1 V_n - \rho A J_n) \\ e & 0 & 0 & 0 & 0 & 0 \\ 0 & 0 & 0 & 0 & 0 & 1+eT \\ 0 & 0 & 0 & 0 & -(1+eT)\cos\phi_c & 0 \\ -e\dfrac{(m_1 V_b - \rho A J_b)}{(1+eT)} & 0 & 0 & m_1 & (m_1 V_n - \rho A J_n)\sin\phi - mV_t\cos\phi_c & 0 \\ -e\dfrac{(m_1 V_n - \rho A J_n)}{(1+eT)} & 0 & m_1 & 0 & -(m_1 V_b - \rho A J_b)\sin\phi_c & mV_t \end{bmatrix}$$

$$q = \begin{bmatrix} w\sin\phi_c + \dfrac{1}{2}\rho d\sqrt{1+eT}\,\pi C_t U_t \mid U_t \mid \\ 0 \\ 0 \\ 0 \\ \dfrac{1}{2}\rho d\sqrt{1+eT}\,C_n U_b\sqrt{U_n^2 + U_b^2} - \rho A\dot{J}_b \\ w\cos\phi_c + \dfrac{1}{2}\rho d\sqrt{1+eT}\,C_n U_n\sqrt{U_n^2 + U_b^2} - \rho A\dot{J}_n \end{bmatrix}$$

上述动力学方程求解时需要给定在初始时刻 $t=0$ 时系留艇的状态和缆绳的形状以及边界条件。在地面锚泊点,边界条件为

$$V_t,\ V_n,\ V_b = 0.0$$

系留缆绳和系留艇在其连接点上满足速度相等条件:

$$V_{\text{confluence point}} = V_{\text{aerostat}} \tag{12-35}$$

关于系留艇自身的动力学可参见前面相关章节。

12.5.4　系留缆绳动力学方程离散求解方法

一般求解缆绳与系留艇耦合动力学的方法是有限差分。通过将缆绳和时间进行离散,上述的动力学方程转变为非线性代数方程。

下面给出时间 t_i 到 t_{i+1} 的有限差分离散方法。缆绳的总长度为 S,将其划分为 N 段(每段的长度可以不同),即

$$0 = s_1 < s_2 < \cdots < s_N < s_{N+1} = S$$

对于 $y(s_j,\ t_i)$ 的近似离散,采用 Y 表示,即

$$Y_j^i \approx y(s_j,\ t_i) \tag{12-36}$$

为方便起见,采用 Y_j^i 对离散格式进行描述如下:

$$Y^i = (Y_1^i, \cdots, Y_{N+1}^i)$$

$$t_{i+1/2} = \frac{1}{2}[t_{i+1} + t_i], \quad \Delta t_i = t_{i+1} - t_i$$

$$s_{j+1/2} = \frac{1}{2}[s_{j+1} + s_j], \quad \Delta s_j = s_{j+1} - s_j$$

$$\begin{cases} Y_{j+1/2}^i = \dfrac{1}{2}[Y_{j+1}^i + Y_j^i] \\ M_{j+1/2}^i = M(Y_{j+1/2}^i, s_{j+1/2}, t_i), \quad j = 1, 2, \cdots, N \\ N_{j+1/2}^i = N(Y_{j+1/2}^i, s_{j+1/2}, t_i) \\ q_{j+1/2}^i = q(Y_{j+1/2}^i, s_{j+1/2}, t_i) \end{cases}$$

$$\begin{cases} Y_j^{i+1/2} = \dfrac{1}{2}[Y_j^{i+1} + Y_j^i] \\ M_j^{i+1/2} = M(Y_j^{i+1/2}, s_j, t_{i+1/2}), \quad j = 1, 2, \cdots, N+1 \\ N_j^{i+1/2} = N(Y_j^{i+1/2}, s_j, t_{i+1/2}) \\ q_j^{i+1/2} = q(Y_j^{i+1/2}, s_j, t_{i+1/2}) \end{cases}$$

通过 $O((\Delta s_j)^2) + O((\Delta t_i)^2)$ 表示二阶项,上述各项可表示为

$$\begin{cases} \left[\dfrac{Y_{j+1}^i - Y_j^i}{\Delta s_j}\right] = y'(s_{j+1/2}, t_i) + O((\Delta s_j)^2) \\ M_{j+1/2}^i = M(y(s_{j+1/2}, t_i), s_{j+1/2}, t_i) + O((\Delta s_j)^2), \quad j = 1, 2, \cdots, N \\ N_{j+1/2}^i = N(y(s_{j+1/2}, t_i), s_{j+1/2}, t_i) + O((\Delta s_j)^2) \\ q_{j+1/2}^i = q(y(s_{j+1/2}, t_i), s_{j+1/2}, t_i) + O((\Delta s_j)^2) \end{cases}$$

$$\begin{cases} \left[\dfrac{Y_j^{i+1} - Y_j^i}{\Delta t_i}\right] = \dot{y}(s_j, t_{i+1/2}) + O((\Delta t_i)^2) \\ M_j^{i+1/2} = M(y(s_j, t_{i+1/2}), s_j, t_{i+1/2}) + O((\Delta t_i)^2), \quad j = 1, 2, \cdots, N+1 \\ N_j^{i+1/2} = N(y(s_j, t_{i+1/2}), s_j, t_{i+1/2}) + O((\Delta t_i)^2) \\ q_j^{i+1/2} = q(y(s_j, t_{i+1/2}), s_j, t_{i+1/2}) + O((\Delta t_i)^2) \end{cases}$$

最终得到的有限差分方程为

$$\begin{aligned} &\frac{1}{2}\left[M_{j+1/2}^i\left[\frac{Y_{j+1}^i - Y_j^i}{\Delta s_j}\right] + M_{j+1/2}^{i+1}\left[\frac{Y_{j+1}^{i+1} - Y_j^{i+1}}{\Delta s_j}\right]\right] \\ &- \frac{1}{2}\left[N_j^{i+1/2}\left[\frac{Y_j^{i+1} - Y_j^i}{\Delta t}\right] + N_{j+1}^{i+1/2}\left[\frac{Y_{j+1}^{i+1} - Y_{j+1}^i}{\Delta t}\right]\right] \\ &- \frac{1}{2}[q_{j+1/2}^i + q_{j+1}^{i+1/2}] = + My' - N\dot{y} - q = 0 \end{aligned} \tag{12-37}$$

另外,为了改善上述有限差分方程的稳定性,也可以采用下面的改进的离散格式:

$$
\left[\boldsymbol{M}_{j+1/2}^{i+1} \left[\frac{\boldsymbol{Y}_{j+1}^{i+1} - \boldsymbol{Y}_j^{i+1}}{\Delta s_j} \right] \right]
$$
$$
- \frac{1}{2} \left[\boldsymbol{N}_j^{i+1/2} \left[\frac{\boldsymbol{Y}_j^{i+1} - \boldsymbol{Y}_j^i}{\Delta t} \right] + \boldsymbol{N}_{j+1}^{i+1/2} \left[\frac{\boldsymbol{Y}_{j+1}^{i+1} - \boldsymbol{Y}_{j+1}^i}{\Delta t} \right] \right]
\tag{12-38}
$$
$$
- \left[\boldsymbol{q}_{j+1/2}^{i+1} \right] = + \boldsymbol{M} \boldsymbol{y}' - \boldsymbol{N} \dot{\boldsymbol{y}} - \boldsymbol{q} = 0
$$

通过不同算例仿真分析,改进的离散格式相对于原先的格式具有较好的稳定性。

12.5.5　两种不同离散格式的比较

为了比较这两种不同的离散方式,采用系留 2 km 的圆球的动态仿真进行比较。2 km 系留球的相关参数如表 12-2 所示。

表 12-2　2 km 系留球的相关参数

项　目	参数值	项　目	参数值
系留球的体积	3 000 m³	缆绳的直径	0.020 5 m
缆绳分段数	50	缆绳切向阻力系数	0.002 5
每段缆绳的长度 Δs	40.0 m	缆绳法向阻力系数	1.7
时间步长	0.5 s	拉伸后的缆绳直径	0.020 5 m
系留高度	2 000 m	剩余浮力	544 kg
单位长度缆绳的质量	0.42 kg/m	风向	x 轴反方向
弹性模量	2.0×10^{11}	风速	25 m/s

在仿真中考虑了圆球阻力系数随 Re 数的变化,如图 12-17 所示。

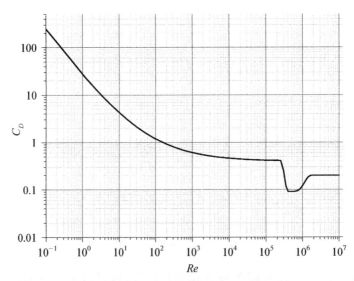

图 12-17　圆球试验测得的阻力系数(横截面为参考面积)随 Re 数变化

　　系留球的初始状态量均为零,缆绳处于垂直状态。然后,速度为 25 m/s 的阶跃风场作用在系留球和缆绳上。阶跃风速变化如图 12-18 所示。

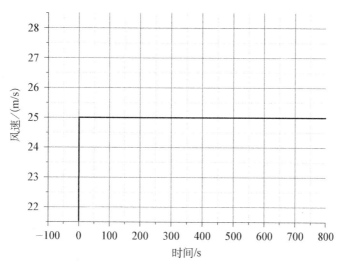

图 12-18　阶跃风速变化

　　从而获得了常规离散格式和改进离散格式的仿真结果。两种不同离散格式下系留球速度随时间变化历程如图 12-19 所示。两种不同离散格式下系留球轨迹及缆绳形状随时间变化历程如图 12-20 所示。

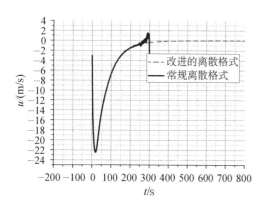

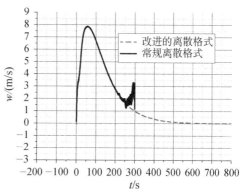

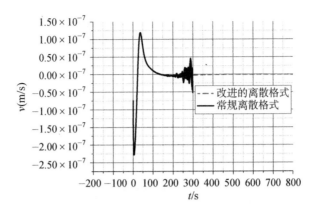

图 12 – 19　两种不同离散格式下系留球速度随时间变化历程

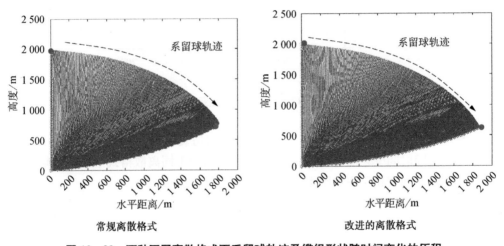

常规离散格式　　　　　　　　　　改进的离散格式

图 12 – 20　两种不同离散格式下系留球轨迹及缆绳形状随时间变化的历程

13　飞艇静动稳定性

飞艇运动稳定性是其操纵性的重要组成部分。运动稳定性研究飞艇在定常飞行时,受瞬间微干扰作用后飞艇的运动特性。下面主要叙述:

(1) 运动稳定性的一般概念。

(2) 飞艇水平面和垂直面定常运动稳定性指数及其影响因素。

(3) 飞艇主动控制下稳定性的基本原理。

13.1　稳定性的定义

飞艇在大气中飞行时,经常会受到各种不可预测的扰动,特别是环境风场的扰动。这些扰动会产生相应的扰动力和力矩,从而使飞艇的飞行状态发生改变。这就需要了解飞艇在受扰动后,是否具有自动恢复原状态的能力,即飞艇的稳定性问题。

通常称飞艇飞行状态及受扰前飞艇平衡状态为配平状态,因此稳定性问题就是研究在配平状态受到外界扰动而偏离配平状态时,飞艇自身是否有力矩产生使之回到原配平状态的能力。

一般物体对于扰动消失后,平衡性能可表现为以下几方面。

(1) 稳定平衡:恢复原平衡状态。

(2) 不稳定平衡:继续离开平衡位置而不能恢复原平衡状态。

(3) 随遇平衡:即不随意扩大也不恢复原平衡,而是在新平衡位置重新取得平衡。

这样,飞艇的稳定性也可分为稳定、不稳定和随遇稳定(或称中立稳定)3类(见图 13-1)。

通常在飞艇飞行动力学中常将稳定性分为静稳定性与动稳定性两大类。

所谓动稳定性,实质是真正的稳定性。它是指飞艇在配平状态受到扰动,扰动消失后,飞艇自动恢复原平衡状态的能力(一定的时间历程上)。例如飞艇的飞行高度受扰后,最终能自行(未施加舵等控制)回到初始高度,则称高度具有动稳定性。若不具有高度的动稳定性,而是通过操纵保持高度,则称飞艇具有高度的控制稳

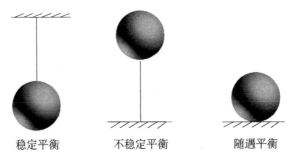

稳定平衡　　　　不稳定平衡　　　　随遇平衡

图 13-1　物体平衡的性质

定性。

　　所谓静稳定性,则是指飞艇在配平状态下受到扰动,当扰动消失瞬间(时刻),飞艇自动恢复原平衡状态的趋势。因此静稳定性不是真正的稳定性,具有静稳定性的飞艇,不一定具有动稳定性,但是通常静稳定性是动稳定性的前提,特别是静稳定性与相应的飞艇静操纵性具有密不可分的关系。因此,讨论飞艇的静稳定性,亦具有非常重要意义。

　　需注意的是,稳定性对不同的运动参数是不同的,可能对某一运动参数是稳定的,但对另一运动参数则是不稳定的。因此在研究飞艇的稳定性时必须指明对哪一个运动参数而言。例如是指高度,还是俯仰角、偏航角或偏航角速度。

　　稳定性是定型飞艇自身的固有属性。当其外形和重浮心确定后,其稳定性也随之确定。飞艇的稳定性是其操控系统中的一个基本环节的重要特性。稳定性太差的飞艇要保持航向和高度必须频繁地操纵舵面,对人工和自动控制带来高的要求,而且舵装置磨损大,耗费的功率也大,并会使飞艇的阻力增加,甚至有时无法保持航向和高度。

13.2　稳定性理论

13.2.1　稳定性的概念

　　现考虑一阶导数的微分方程组:

$$\dot{x} = f(x, t, u) \tag{13-1}$$

式中:$x \in \mathbf{R}^n$(n 维欧氏空间)是时间 $t \in \mathbf{R}$ 的未知函数,$u \in \mathbf{R}^m$(m 维欧氏空间)表示控制参数。$f(x, t, u) \in \mathbf{R}^n$ 是定义在 $\mathbf{R}^n \times \mathbf{R} \times \mathbf{R}^m$ 空间中某个区域 Q 上的 n 维向量函数,即 $f: \Omega \subseteq \mathbf{R}^{n+m+1} \rightarrow \mathbf{R}^n$。式(13-1)为一个微分系统,$f$ 为该系统的向量场。若 f 不显含时间 t,即式(13-1)可变为

$$\dot{x} = f(x, u) \tag{13-2}$$

称系统式(13-2)为定常(时不变、平稳、驻定、自治)系统;称式(13-1)为非定常(时变、非平稳、非驻定、非自治)系统。若 $f(x, t, u)$ 是 x 的线性函数,则称式(13-1)为线性系统;否则称其为非线性系统。

飞艇的空间运动状态方程中不显含时间,而且为非线性。对非线性定常系统的稳定性可以采用李亚普诺夫第1近似理论进行分析。

考虑非线性定常系统的运动微分方程为

$$\dot{x} = g(x),其中 x \in X \subset \mathbf{R}^n, g:X \subset \mathbf{R}^n \rightarrow \mathbf{R}^n \qquad (13-3)$$

设 $x_s \in X$ 是该系统的一孤立平衡点,满足

$$g(x_s) = 0$$

x_s 描述的是系统式(13-3)的某一特定运动状态,在实际中对应于某种平衡状态,此特定运动称为系统的未扰运动或稳态运动。只要状态变量 x 的初值满足稳态运动的要求 $x(t_0) = x_s(t_0)$,则此稳态运动必能实现为系统的实际运动。然而,在实际情况下初始条件不可避免地存在微小偏差,即 $x(t_0)$ 偏离 $x_s(t_0)$,此时系统的运动将偏离稳态运动,称为该稳态运动的受扰运动。受扰运动 $x(t)$ 与未扰运动 $x_s(t)$ 是同一运动微分方程式(13-3)在不同初始条件下的解,为了便于分析,引入变量

$$y(t) = x(t) - x_s(t)$$

称 $y(t)$ 为扰动。

下面的方程

$$\dot{y}(t) = g(x) - g(x_s) = g(y(t) + x_s(t)) - g(x_s) \qquad (13-4)$$

称为扰动微分方程。

不失一般性,可设 $x_s(t) = 0$,否则可通过坐标平移将平衡点移到新坐标系下系统的原点,而并不影响对稳定性的分析。这样扰动微分方程就变成

$$\dot{y} = f(y) \qquad (13-5)$$

定义 13-1 对于给定任意小的正数 $\varepsilon > 0$,存在 $\delta = \delta(\varepsilon) > 0$,可以满足 $\| y(t_0) \| < \delta$,则对于所有 $t > t_0$ 均有 $\| y(t) \| < \varepsilon$,则称未扰运动是稳定的。

定义 13-2 若未扰运动稳定,且当 $t \rightarrow \infty$ 时均有 $\| y(t) \| \rightarrow 0$,则称未扰运动是渐近稳定的。

定义 13-3 若存在 $\varepsilon > 0$,对于任意 δ,存在受扰动运动,当满足初始条件 $\| y(t_0) \| < \delta$ 时,在时刻 $t_1 > t_0$ 时,满足 $\| y(t) \| = \varepsilon_0$,则称未扰运动是不稳定的。

上述定义是李雅普诺夫(Lyapunov)运动稳定性理论的基础,是以求解 $y(t)$ 为前提条件。因此,对于许多非线性问题直接按照定义判断稳定性是很困难的。下面

引入一种判断运动稳定性的近似理论。

13.2.2　非线性系统稳定性的判断准则

将方程式(13-5)在 $y = 0$ 附近作 Taylor 展开并利用 $f(y = 0) = 0$ 可得

$$\dot{y} = f(y) = Df(0)y + o(\parallel y \parallel^2) = Ay + o(\parallel y \parallel^2) \qquad (13-6)$$

式中:矩阵

$$A = Df(0) = \begin{bmatrix} \dfrac{\partial f_1}{\partial y_1} & \dfrac{\partial f_1}{\partial y_2} & \cdots & \dfrac{\partial f_1}{\partial y_n} \\ \cdots & \cdots & \cdots & \cdots \\ \vdots & \vdots & \vdots & \vdots \\ \dfrac{\partial f_n}{\partial y_1} & \dfrac{\partial f_n}{\partial y_2} & \cdots & \dfrac{\partial f_n}{\partial y_n} \end{bmatrix} \in R^{n \times n}$$

是矢量函数 $f(y)$ 在 $y = 0$ 处的 Jacobi 矩阵。因此系统式(13-6)对应的派生线性系统为

$$\dot{y} = Ay \qquad (13-7)$$

为了从派生系统式(13-7)的稳定性信息来判断系统式(13-6)的稳定性,下面首先介绍有关线性系统稳定性的判别准则然后给出判断对应的非线性系统稳定性的两个充分条件。

1) 线性系统的稳定性准则

定理 13-1　设矩阵 A 的特征值为 λ_i, $i = 1, 2, \cdots, n$,系统式(13-7)的稳定性分为 3 种情况:

(1) 如果特征值的实部 $\mathrm{Re}(\lambda_i) < 0$, $i = 1, 2, \cdots, n$,则系统渐近稳定,反之亦然。

(2) 如果存在某一特征值 λ_i,使得 $\mathrm{Re}(\lambda_i) > 0$,则系统不稳定。

(3) 如果存在零实部的特征值 λ_i,并且零实部根为单根,而其余根的实部为负,则系统稳定,但非渐近稳定。若为重根,则系统不稳定。

2) 非线性系统的稳定性准则

根据一次近似的派生线性系统的稳定性在一定程度上可推断原非线性系统的稳定性。

定理 13-2　如果派生系统式(13-7)渐近稳定,则系统式(13-6)的原点也渐近稳定。

定理 13-3　如果派生系统式(13-7)的某一特征值有正实部,则系统式(13-6)的原点不稳定。

上述两定理表明,如果派生线性系统的特征值实部不为零,就可用确定派生系统的特征值实部的符号,从而推断对应的非线性系统的稳定性或不稳定性。

需注意的是,这两个定理对应定理 13.1 的前两种情况。对于第 3 种情况,有以下定理:

定理 13 - 4 如果派生系统存在零实部的特征值,则不能根据派生系统式(13 - 7)的情况来判断系统式(13 - 6)的稳定性,其稳定性与非线性项有关。这种情况称为临界情况。

13.2.3 古尔维茨判别法

采用一次近似方法来判断运动的稳定性,核心问题是判断派生线性系统矩阵 A 的特征方程对应的特征值实部的符号。为判断一个代数方程式根的符号,可以不需要解出此方程的根。下面介绍一种常用的代数判据,即"古尔维茨(Hurwitz)判别法"。

设线性动力系统的特征方程为 n 次代数方程:

$$a_0\lambda^n + a_1\lambda^{n-1} + a_2\lambda^{n-2} + \cdots + a_n = 0(考虑到一般性,设 a_0 > 0) \quad (13 - 8)$$

构造古尔维茨行列式,即在主对角线上依次写出从方程(13 - 8)的第 2 个系数 a_1 起的系数 a_1, a_2, $\cdots$, a_n,其他各列的元素以对角线为准,向左时下标依次增加,向右时下标依次减小,凡下标大于 n 或小于零时,均以零代替,即

$$d_1 = a_1, \quad d_2 = \begin{vmatrix} a_1 & a_0 \\ a_3 & a_2 \end{vmatrix}, \quad d_3 = \begin{vmatrix} a_1 & a_0 & 0 \\ a_3 & a_2 & a_1 \\ a_5 & a_4 & a_3 \end{vmatrix} \quad d_n = \begin{vmatrix} a_1 & a_0 & 0 & 0 & \cdots & 0 \\ a_3 & a_2 & a_1 & a_0 & \cdots & 0 \\ a_5 & a_4 & a_3 & a_2 & \cdots & 0 \\ \cdots & \xleftarrow{\text{增加}} & & \xrightarrow{\text{减小}} & & \cdots \\ \cdots & & & & & \cdots \\ 0 & 0 & 0 & 0 & & a_n \end{vmatrix}$$

特征方程所有根具有负实部的充分必要条件是:所有古尔维茨行列式都大于零,即

$$d_i > 0 \quad (i = 1, 2, \cdots, n)$$

例如,对于二次特征方程式,

$$a_0\lambda^2 + a_1\lambda + a_2 = 0 \ (a_0 > 0) \quad (13 - 9)$$

的根都具有负实部的充要条件是

$$d_1 = a_1 > 0, \quad d_2 = \begin{vmatrix} a_1 & a_0 \\ 0 & a_2 \end{vmatrix} = a_1 a_2 > 0$$

也即 $a_1 > 0$, $a_2 > 0$, $a_0 > 0$

又如三次特征方程式

$$a_0\lambda^3 + a_1\lambda^2 + a_2\lambda + a_3 = 0 \ (a_0 > 0) \quad (13 - 10)$$

的根都是负实部的充要条件是

$$d_1 = a_1 > 0, \; d_2 = \begin{vmatrix} a_1 & a_0 \\ a_3 & a_2 \end{vmatrix} = a_1 a_2 - a_3 a_0 > 0$$

$$d_3 = \begin{vmatrix} a_1 & a_0 & 0 \\ a_3 & a_2 & a_1 \\ 0 & 0 & a_3 \end{vmatrix} = a_3 \begin{vmatrix} a_1 & a_0 \\ a_3 & a_2 \end{vmatrix} = a_3 d_2 > 0$$

由于有 $d_2 > 0$，因此 $d_3 > 0$ 需要 $a_3 > 0$，于是可得到条件：

$$a_0 > 0, \; a_1 > 0, \; a_3 > 0$$
$$d_2 = a_1 a_2 - a_3 a_0 > 0 \,(\text{得出 } a_2 > 0)$$

对于四次特征式的根都具有负实部的充要条件是

$$a_0 > 0, \; a_1 > 0, \; a_3 > 0, \; a_4 > 0$$
$$[a_1 a_2 a_3 - (a_1^2 a_4 + a_0 a_3^2)] > 0 \,(\text{得出 } a_2 > 0)$$

由此可见，一阶、二阶系统稳定的充要条件是方程的全部系数为正，三阶以上的系统也要求方程的系数全部为正，另外还需满足其他附加条件。对于三阶系统还应使中间两项系数的乘积大于首尾两项系数的乘积。

13.3　飞艇平面稳定性及其判别

13.3.1　飞艇的稳定种类

根据飞艇受到扰动后的最终飞行轨迹保持其初始定常运动状态的特性，运动稳定性可分为以下几种。

（1）直线稳定性：受扰后飞艇沿另一航向作直线飞行。如水平面飞行，即当 $t \rightarrow \infty$，$\Delta r \rightarrow 0$，$\Delta \psi \rightarrow$ 常数，而 $\Delta y \neq 0$，称为具有直线稳定性。

（2）方向稳定性：受扰后飞艇仍沿原始航向飞行，但并不与原始航线重合。如水平面飞行，即当 $t \rightarrow \infty$，$\Delta r \rightarrow 0$，$\Delta \psi \rightarrow 0$，但 $\Delta y \neq 0$，称为具有方向稳定性。

（3）航线稳定性：受扰后飞艇仍按原航线的延长线飞行。如水平面飞行，即当 $t \rightarrow \infty$，$\Delta r \rightarrow 0$，$\Delta \psi \rightarrow 0$，$\Delta y \rightarrow 0$，称为具有航线稳定性。

飞艇平面内的稳定种类如图 13-2 所示。

显然，具有航线稳定性的艇必同时具有直线稳定性和方向稳定性；具有方向稳定性的艇必同时具有直线稳定性；不具有直线稳定性的艇也一定不具有方向稳定性和航线稳定性。可见上述几种稳定性是按照升级次序划分的，而且上述动稳定性的划分也适用于操纵舵面情形，但通常指的是无舵面操纵下的自动稳定性。

对于常规布局的飞艇在水平和垂直面的平面运动来说，在水平面一般不具有航

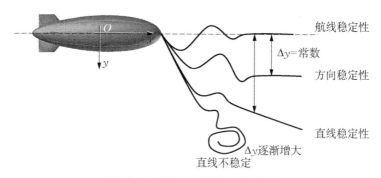

图 13-2 飞艇平面内的稳定种类

线和方向的自动稳定性,只可能具有直线稳定性;在垂直面不具有航线稳定性(即飞行高度不变),但具有方向和直线稳定性。实际上,在这两个平面运动中,最有意义的是关于航向和高度参数的稳定性,不论是否具有直线稳定性,但都要通过人工操作舵面或自动控制来保持良好的航向、高度,即具有航向和高度良好的控制稳定性。但是,若稳定性过强,也给机动性带来困难。因此,飞艇的运动稳定性必须适度。

13.3.2 垂直面内直航稳定性

在衡量飞艇的稳定性时,常考虑静稳定性和动稳定性两方面。

静稳定性类似于静力学中浮体的稳定性,即在飞艇定常飞行时,考虑扰动力去除后的最初瞬间的运动趋势,这时只考虑一个运动参数的变化,而假设其他运动参数不变。静稳定性与动稳定性有密切的联系,是一定条件下的动稳定性。而动稳定性是相对于静稳定性而言的,即是通常所说的运动稳定性。

1) 迎角静稳定性

假设舵偏为零,飞艇以 $\alpha_0 = \theta_0 = 0$ 作定常直线运动,受到瞬时弱干扰,前进方向和高度因自身惯性很大尚未来得及发生变化,出现增量 $\Delta\alpha$,则引起作用在飞艇上的气动力发生变化,有

$$\Delta Z(\Delta\alpha) = Z_\alpha \cdot \Delta\alpha \qquad (13-11)$$

$$\Delta M(\Delta\alpha) = M_\alpha \cdot \Delta\alpha \qquad (13-12)$$

因为

$$M_\alpha = -l_\alpha \cdot Z_\alpha \Rightarrow l_\alpha = -\frac{M_\alpha}{Z_\alpha} \qquad (13-13)$$

要分析迎角的静稳定性(见图 13-3),只需分析 $\Delta\alpha$ 引起的气动力的作用趋势,如果是促使 $\Delta\alpha \to 0$,则称为迎角静稳定,反之称为迎角静不稳定。这里所涉及的是关于角位移问题,故仅需

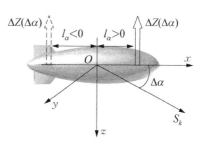

图 13-3 飞艇迎角的静稳定性

考虑气动力矩 $\Delta M(\Delta\alpha)$ 的作用趋势。

当压力中心（力系合成到一个特殊点上，使得对于该点的合力矩为零的点）在浮心之前时，即 $l_\alpha > 0$，气动力矩 ΔM 的作用试图使扰动引起的 $\Delta\alpha$ 增大，故运动是不稳定的；反之，当压力中心在浮心之后，即 $l_\alpha < 0$，气动力矩的作用使 $\Delta\alpha \to 0$，故运动是稳定的。因此，迎角的静稳定性可以采用压力中心到浮心的距离 l_α（正负号以艇体坐标系为参考）进行判别：

$$l_\alpha > 0 \text{ 或} \frac{M_\alpha}{Z_\alpha} < 0，迎角静不稳定。$$

$$l_\alpha = 0 \text{ 或} \frac{M_\alpha}{Z_\alpha} = 0，迎角静中立（\Delta\alpha 既不增大也不减小）。$$

$$l_\alpha < 0 \text{ 或} \frac{M_\alpha}{Z_\alpha} > 0，迎角静稳定。$$

故称 l_α 为静不稳定系数。可见 l_α 的正负表示迎角静稳定的性质，而 $|l_\alpha|$ 的大小可用于衡量静稳定的程度。一般飞艇的压力中心均在浮心之前，因此迎角总是静不稳定的（要满足迎角静稳定将需要很大的尾翼面积）。但飞艇设计时不要求迎角是静稳定的，只要在适当的范围内即可（参考水下潜艇 $l_\alpha/L = 0.2 \sim 0.25$）。

飞艇在飞行过程中受到扰动后，由于迎角引起的气动力不但使迎角变化，同时会引起旋转角速度 q 的变化，使飞艇做变速、变角速度运动，将产生更多的气动力，而且在垂直方向还存在重力恢复力矩的作用。在扰动后迎角最终是否恢复原始状态，应取决于全部气动力的综合作用。这种最终的稳定性即是动稳定性。

2）动稳定性

（1）垂直面自由扰动运动方程。

考虑定常直线运动中，飞艇受到某种干扰后，如迎角 α（未受扰动时为零，即 $\alpha_0 = 0$）变为 $\Delta\alpha$，则

$$\alpha(t) = \alpha_0 + \Delta\alpha(t) \tag{13-14}$$

其中 $\Delta\alpha(t)$ 即是扰动运动。稳定性分析就是得出当干扰去除后 $\Delta\alpha$ 随时间的变化情况，如果 $t \to \infty$ 时，$\Delta\alpha \to 0$，则是动稳定的。

当飞艇在垂直面内作弱机动，运动参数 Δu，w，q，δ_s 为小量时，可简化为

$$\begin{cases} m\dot{u} = X \\ m(\dot{w} - u_0 q) = Z \\ I_y \dot{q} = M \end{cases} \tag{13-15}$$

这样方程中第 2 和第 3 式中已不含 u（只含常数 u_0），从而可与第 1 式分开。第 1 式用于确定飞行速度 u，在弱机动时，u 变化很小，一般取 $u = u_0$，$\dot{u} = 0$。从而可忽略式(13-15)中的第 1 个 X 方程，这是线性运动方程的假设之一。

代入线性气动力,计及剩余静载(剩余浮力)P,$M_p = Px_p$ 和重量产生的扶正力矩 $M_\theta\theta = -mgh\theta$,可得动系坐标原点在重心,并考虑飞艇前后体不对称时的垂直面操纵运动线性方程式:

$$\begin{cases} (m - Z_{\dot{w}})\dot{w} - Z_w w - Z_{\dot{q}}\dot{q} - (mu_0 + Zq)q = Z_0 + Z_{\delta_s}\delta_s + P \\ (I_y - M_{\dot{q}})\dot{q} - Mqq - M_{\dot{w}}\dot{w} - M_w w = M_0 + M_{\delta_s}\delta_s + X_T z_T + M_p + M_\theta\theta \end{cases}$$

$$(13-16)$$

当认为飞艇对称于艇中横剖面时,上式中的 $Z_{\dot{q}} = M_{\dot{w}} = 0$,即附加质量 $m_{35} = m_{53} = 0$。

式(13-16)对时间求导,然后与其联立,可消去 θ,得飞艇 w 的响应线性方程式:

$$A_3\dddot{w} + A_2\ddot{w} + A_1\dot{w} + A_0 w = -M_\theta Z_{\delta_s}\delta_s - M_\theta P \qquad (13-17)$$

$$A_0 = M_\theta Z_w$$

$$A_1 = Mq Z_w - M_\theta(m - Z_{\dot{w}}) - M_w(mu_0 + Zq)$$

$$A_2 = -Mq(m - Z_{\dot{w}}) - (I_y - M_{\dot{q}})Z_w - M_w Z_{\dot{q}} - (mu_0 + Zq)M_{\dot{w}}$$

$$A_3 = (I_y - M_{\dot{q}})(m - Z_{\dot{w}}) - Z_{\dot{q}}M_{\dot{w}}$$

或写成迎角 α 的参数方程式,即 $\alpha \approx \dfrac{w}{u_0}$

$$A_3\dddot{\alpha} + A_2\ddot{\alpha} + A_1\dot{\alpha} + A_0\alpha = (-M_\theta Z_{\delta_s}\delta_s - M_\theta P)/u_0 \qquad (13-18)$$

当飞艇受到干扰后使迎角 α 有增量 $\Delta\alpha$,并在自动稳定性下,不操纵舵面即 $\delta_s = 0$,也不改变静载,故 $P = M_p = 0$,上式成为

$$A_3(\dddot{\alpha} + \dddot{\Delta\alpha}) + A_2(\ddot{\alpha} + \ddot{\Delta\alpha}) + A_1(\dot{\alpha} + \dot{\Delta\alpha}) + A_0(\alpha + \Delta\alpha) = 0 \quad (13-19)$$

由式(13-19)减去式(13-18),即得迎角的扰动方程为

$$A_3(\dddot{\Delta\alpha}) + A_2(\ddot{\Delta\alpha}) + A_1(\dot{\Delta\alpha}) + A_0(\Delta\alpha) = 0 \qquad (13-20)$$

同理,有俯仰角的扰动运动方程式为

$$A_3(\dddot{\Delta\theta}) + A_2(\ddot{\Delta\theta}) + A_1(\dot{\Delta\theta}) + A_0(\Delta\theta) = 0 \qquad (13-21)$$

这样迎角和俯仰角的扰动运动方程式即是响应线性方程式(13-17)的齐次方程式(右端项为零),迎角和俯仰角的扰动运动方程式是一常系数三阶线性微分方程式,它们的特征方程相同,即为

$$A_3\lambda^3 + A_2\lambda^2 + A_1\lambda + A_0 = 0$$

上式的三个特征根可按照代数学中的卡尔丹(Cardan)(一元三次方程的一般求解方法)来计算,单位是 1/s,扰动运动方程的通解为

$$\Delta\alpha(t) = C_1 e^{\lambda_1 t} + C_2 e^{\lambda_2 t} + C_3 e^{\lambda_3 t} \tag{13-22}$$

$$\Delta\theta(t) = D_1 e^{\lambda_1 t} + D_2 e^{\lambda_2 t} + D_3 e^{\lambda_3 t} \tag{13-23}$$

式中：$e = 2.718$；C_i、$D_i(i=1, 2, 3)$ 是积分常数，由初始条件决定。

（2）垂直面自由扰动运动方程特征根的特性。

由式(13-22)和式(13-23)可得飞艇扰动运动情况，取决于根 $\lambda_i(i=1, 2, 3)$ 的性质。

a. $\lambda_i(i=1, 2, 3)$ 的一个值为实数，另外两个为一对共轭复数。对于复根应用尤拉公式可变为三角函数，故这种情况下运动是振荡的。如果 $\lambda_i(i=1, 2, 3)$ 都是负实数或实部为负的复数，则当 $t \to \infty$ 时，$\Delta\alpha \to 0(\Delta\theta \to 0)$，迎角（俯仰角）具有动稳定性，并且把扰动运动 $\Delta\alpha(t)$ 的变化过程称作过渡过程。飞艇受到扰动后，经过一段时间振荡衰减，飞艇最终仍做水平直线运动，即具有垂直面的直线稳定性。注意，垂直面的直线稳定性也即是方向稳定性，故受到扰动后最终是做直线运动，但是处于与初始航迹不同的高度上。

b. 如果 $\lambda_i(i=1, 2, 3)$ 中有一个为正实数或有实部为正的复数，则扰动运动不会衰减，而是振荡发散，运动不稳定。

c. 如果 $\lambda_i(i=1, 2, 3)$ 皆为负实数，扰动运动的过渡过程不经历振荡即单调衰减回复到不同于初始高度的水平直线运动上，运动是直线稳定的，且是方向稳定的。

由此可见，特征根 λ_i 的实部的正负决定了飞艇是否具有某种运动的动稳定性，而 λ_i 实部负值的大小决定了扰动运动衰减的快慢。另外，扰动运动衰减或发散的过渡过程是否存在振荡也取决于 λ_i 的性质，但其本质原因在于运动方程中包含了扶正力矩 $M(\theta)$ 的成分。低速时飞艇的气动力较小，$M(\theta)$ 的恢复作用显著，存在共轭复根，所以扰动运动几乎总是周期性振荡；随着飞艇速度提高，$M(\theta)$ 的作用相对减弱以至于使特征根都变为实数，振荡也就消失。由周期振荡转为非周期运动的分界速度称为"特征速度 V_{ch}"

特征根 λ_i 的值随航速变化的情况如图 13-4 所示。图中只给出了不同性质的

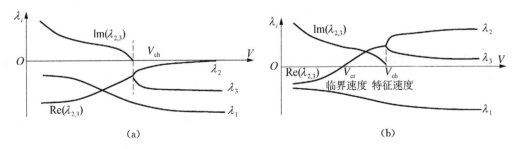

图 13-4　特征根变化曲线

（a）绝对稳定　（b）条件稳定

动稳定情况。

图 13-4 的(a)中的飞艇在低速时是动稳定的,但存在周期性振荡,达到特征速度 V_{ch} 后,一对共轭复根变成两个负实根,但运动还是动稳定的。这时运动稳定性与飞行速度无关,称任何飞行速度下都能够动稳定的为"绝对稳定"。

图 13-4 的(b)中,低速时与(a)图相同,但随着飞行速度增大,飞艇的动稳定程度降低,至某飞行速度下会使特征根的负实部等于零,并转变为正实部,相应的速度称为"临界速度 V_{cr}",运动由稳定变为动不稳定,这样的稳定性称为"条件稳定"。

总之,$\lambda_i (i=1, 2, 3)$ 可作为飞艇垂直面稳定性的一种度量,称为稳定性指数。

(3) 直线稳定性和方向稳定性的判别准则。

如上所述,为了判断飞艇垂直面的稳定性,只要判断特征方程式根的符号,而并不需要解出方程式的根。下面根据古尔维茨判别法得出垂直面直线动稳定性的判别准则。

根据古尔维茨判据,迎角或俯仰角动稳定的充要条件是特征方程的系数满足:

$$A_0 > 0, A_2 > 0, A_3 > 0$$
$$(A_1 A_2 - A_0 A_3) > 0$$

由于系数 $M_{\dot{q}}$, Mq, $Z_{\dot{w}}$, Z_w, M_θ 均为负值,所以必然满足 $A_0 > 0$, $A_2 > 0$, $A_3 > 0$。于是运动是否稳定归结于不等式 $(A_1 A_2 - A_0 A_3) > 0$。

当可近似认为飞艇对称于艇中横剖面时,上式中的 $Z_{\dot{q}} = M_{\dot{w}} = 0$。$A_0$, A_1, A_2, A_3 四个系数可简化为

$$A_0 = M_\theta Z_w$$
$$A_1 = Mq Z_w - M_\theta (m - Z_{\dot{w}}) - M_w (mu_0 + Zq)$$
$$A_2 = -Mq(m - Z_{\dot{w}}) - (I_y - M_{\dot{q}}) Z_w$$
$$A_3 = (I_y - M_{\dot{q}})(m - Z_{\dot{w}})$$

将其代入 $(A_1 A_2 - A_0 A_3) > 0$,得到

$$(A_1 A_2 - A_0 A_3) = [Mq Z_w - M_\theta (m - Z_{\dot{w}}) - M_w (mu_0 + Zq)]$$
$$[-Mq(m - Z_{\dot{w}}) - (I_y - M_{\dot{q}}) Z_w] - M_\theta Z_w [(I_y - M_{\dot{q}})(m - Z_{\dot{w}})] > 0$$

两边同除以 A_2,得到

$$\frac{(A_1 A_2 - A_0 A_3)}{[-Mq(m - Z_{\dot{w}}) - (I_y - M_{\dot{q}}) Z_w]}$$
$$= [Mq Z_w - M_\theta (m - Z_{\dot{w}}) - M_w (mu_0 + Zq)] - \frac{M_\theta Z_w [(I_y - M_{\dot{q}})(m - Z_{\dot{w}})]}{[-Mq(m - Z_{\dot{w}}) - (I_y - M_{\dot{q}}) Z_w]} > 0$$

最终得到

$$\frac{(A_1 A_2 - A_0 A_3)}{[-Mq(m - Z_{\dot w}) - (I_y - M_{\dot q})Z_w]} = [MqZ_w - M_w(mu_0 + Zq)] +$$

$$\left\{\frac{Z_w[(I_y - M_{\dot q})(m - Z_{\dot w})]}{[Mq(m - Z_{\dot w}) + (I_y - M_{\dot q})Z_w]} - (m - Z_{\dot w})\right\}M_\theta > 0$$

这可采用两个系数表示为

$$C_v + C_{vh} > 0 \tag{13-24}$$

式中：

$$C_v = M_q Z_w - M_w(mV + Z_q)$$

$$C_{vh} = \left[\frac{Z_w(I_y - M_{\dot q})(m - Z_{\dot w})}{M_q(m - Z_{\dot w}) + (I_y - M_{\dot q})Z_w} - (m - Z_{\dot w})\right]M_\theta$$

如果 $C_v + C_{vh} > 0$，则飞艇具有直线动稳定性；如果 $C_v + C_{vh} < 0$，则飞艇不具有直线动稳定性。称系数 $(C_v + C_{vh})$ 为垂直面稳定性的衡量标准。

系数 $(C_v + C_{vh})$ 中的第 1 项 C_v 可正可负，第 2 项 C_{vh} 大括号内的前面一项为正，但后面一项是负值，其代数和可正可负，同时 $M_\theta = -mgh$ 为负值，因此它们的乘积可正可负，故 $C_v + C_{vh} > 0$ 并不是任意飞艇在任何飞行速度下都能满足。

系数 $(C_v + C_{vh})$ 可变换为通过相对力臂进行表示如下：

$$C_v + C_{vh}$$

$$= [M_q Z_w - M_w(mu_0 + Z_q)] + \left[\frac{Z_w(I_y - M_{\dot q})(m - Z_{\dot w})}{M_q(m - Z_{\dot w}) + (I_y - M_{\dot q})Z_w} - (m - Z_{\dot w})\right]$$

$$M_\theta \frac{C_v + C_{vh}}{(mu_0 + Z_q)Z_w}$$

$$= \left[\frac{M_q}{(mu_0 + Z_q)} - \frac{M_w}{Z_w}\right] + \left[\frac{Z_w(I_y - M_{\dot q})(m - Z_{\dot w})}{(mu_0 + Z_q)[M_q(m - Z_{\dot w}) + (I_y - M_{\dot q})Z_w]} - \right.$$

$$\left.\left(\frac{(m - Z_{\dot w})}{(mu_0 + Z_q)}\right)\right]\frac{M_\theta}{Z_w}$$

$$= -l_q + l_\alpha - kl_{FH} < 0$$

$$\tag{13-25}$$

式中：

$$l_q = -\frac{M_q}{(mu_0 + Z_q)}（称为阻尼力臂）$$

$$l_\alpha = -\frac{M_w}{Z_w}（称为气动压力中心力臂）$$

$$l_{FH} = \frac{M_\theta}{Z_w}（称为扶正力矩的力臂）$$

$$k = -\left[\frac{Z_w(I_y - M_{\dot{q}})(m - Z_{\dot{w}})}{(mu_0 + Z_q)[M_q(m - Z_{\dot{w}}) + (I_y - M_{\dot{q}})Z_w]} - \left(\frac{(m - Z_{\dot{w}})}{(mu_0 + Z_q)}\right)\right] (称为常系数)$$

这样,将上述的判别式可改写成如下的不等式:

$$l_q + kl_{FH} > l_\alpha \qquad (13-26)$$

或

$$K_{vd} = \left(\frac{l_q}{l_\alpha} + k\frac{l_{FH}}{l_\alpha}\right) > 1 \qquad (13-27)$$

式中:K_{vd} 称为垂直面的动稳定性系数。

对动稳定性判别式(13-26)的讨论如下:

a. 根据气动系数和飞艇的 m、I_y 可知,通常系数 $k > 0$,$l_{FH} > 0$,所以 $kl_{FH} > 0$,可见静扶正力矩(kl_{FH})和阻尼力矩(l_q)共同抵制气动力矩(l_α)的作用,增加飞艇的稳定程度。

但扶正力矩不随飞行速度变化,当飞行速度增大时其值会迅速减小,当取极限 $kl_{FH} = 0$(即 $C_{vh} = 0$),式

$$l_q + 0 > l_\alpha \qquad (13-28)$$

仍成立,表示飞艇在任何飞行速度下都是动稳定的,故式(13-28)即是"绝对稳定"的条件。

飞艇设计时,通常以式(13-28)作为设计指标,而把 $M(\theta)$ 作为稳定性的储备。式(13-28)中的 l_α 为迎角 α 引起的垂向气动力作用点 F 到飞艇浮心 O 的距离,称为倾覆力臂(见图13-3)。l_q 的分母是角速度 q 引起的垂向气动力 $Z(q)$ 和离心力在 Oz 轴方向的分量 mu_0q 的代数和。分子是这两个合力对 Oy 轴的力矩(由于离心力作用在重心,故对 Oy 轴的力矩为零),故 l_q 是垂向力的作用点 R 到飞艇浮心的距离,称为阻尼力臂(见图13-3)。

直线稳定性的绝对稳定条件也可以说是倾覆力臂小于阻尼力臂。有时将上述判别准则改写为

$$C_v = 1 - \frac{l_\alpha}{l_q} = 1 - \frac{(mu_0 + Z_q)M_w}{Z_wM_q} > 0 \qquad (13-29)$$

b. 如果满足 $C_v + C_{vh} > 0$,但不满足 $C_v > 0$,表示飞艇的直线动稳定性随飞行速度 u_0 的增大而降低,甚至会出现动不稳定。这种情况表现为在低速时是稳定的,但在高速时不一定动稳定。这种稳定性即是条件稳定性。

由稳定转变为不稳定的临界速度 V_{cr},对应于 $l_q + kl_{FH} = l_\alpha$,这样即可得到临界

速度的表达式为

$$V_{cr} = \sqrt{\frac{m'ghk}{Z'_w(l'_q - l'_\alpha)}}$$

$$= (m' - Z'_w) \sqrt{\frac{m'ghM'_q}{[(M'_{\dot{q}} - I'_y)Z'_w + M'_q(Z'_{\dot{w}} - m')][M'_q Z'_w + M'_w(m' + Z'_q)]}}$$

$$(13 - 30)$$

式中：

$$m' = \frac{m}{1/2\rho L^3}, \quad I'_y = \frac{I_y}{1/2\rho L^5}$$

$$Z'_w = \frac{Z_w}{1/2\rho L^2 V}, \quad Z'_{\dot{w}} = \frac{Z_{\dot{w}}}{1/2\rho L^3}, \quad Z'_q = \frac{Z_q}{1/2\rho L^3 V}$$

$$M'_q = \frac{M_q}{1/2\rho L^4 V}, \quad M'_{\dot{q}} = \frac{M_{\dot{q}}}{1/2\rho L^5}, \quad M'_w = \frac{M_w}{1/2\rho L^3 V}$$

ρ 为空气密度；L 为飞艇长度；V 为来流空速。

若所设计的飞艇达不到绝对稳定性的要求，则应在艇速范围内是条件稳定的，即临界速度 V_{cr} 应大于飞艇的最大飞行速度 V_{max}。

c. 若不考虑阻尼力矩 $M(q)$ 和扶正力矩 $M(\theta)$ 对扰动运动的抑制作用，则垂直面直线动稳定性的判定准则为

$$l_\alpha < 0 \qquad\qquad (13 - 31)$$

这正是迎角静稳定的条件。这说明静稳定性是不考虑阻尼和扶正力矩下的动稳定的特殊情况。静稳定条件要比动稳定条件严格得多。实践表明，为了控制飞艇在垂直面内飞行，并不要求飞艇是静稳定的，但必须是直线动稳定的，这对于飞艇的高度控制和高速飞行的安全性非常重要。

为什么飞艇在垂直面的运动必须具有直线动稳定性？众所周知，在飞艇设计时，需要保持飞艇的重量与其浮力相平衡，即处于静态下的浮重平衡状态。飞艇一般通过较小的翼面来操纵其飞行，这样飞艇主要的气动力来源于艇身。低阻力的短粗流线型艇身气动性能本身是不稳定的，因此必须在其尾部布置尾翼和舵面，从而使其在垂直面内具有直线动稳定性。否则很难对飞艇进行操纵。若飞艇自身具有直线稳定性，在受到扰动后俯仰角和高度变化的幅度较小且较慢。同时对于飞艇需要保持定高飞行，具有直线稳定性可使操纵舵面偏转角度小且不需要频繁操纵。而且可在对高度保持要求高的情况下也较容易实现。

d. 垂直面的直线稳定性判别准则也满足方向稳定性。

飞艇在垂直面的运动方向取决于潜浮角 χ（速度 u_0 在垂直面的投影与水平面之间的夹角），飞艇潜浮角定义如图 13 - 5 所示。

当潜浮角 $\chi > 0$ 时飞艇高度增加,反之高度减小。当 $\chi = 0$ 时做定高飞行。根据潜浮角的定义,其与俯仰角和迎角具有如下关系:

$$\chi = \theta - \alpha \qquad (13-32)$$

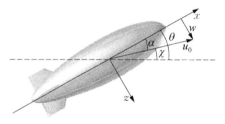

图 13-5 飞艇潜浮角定义

另外,俯仰角和迎角的扰动方程在形式上完全一致,故具有相同的特征方程和特征根。这样两个角就具有相同的动稳定条件。这样潜浮角的稳定性也与俯仰角和迎角相同。

于是可得出,在垂直面内,若飞艇具有直线稳定性,必具有方向稳定性。这一特性是由于在垂直面内存在重力扶正力矩 $M(\theta)$ 的原因。重力扶正力矩的第 1 个作用是提高了扰动微分方程的阶次,即从二阶提高到三阶,因而引入了方向稳定性。第 2 个作用是在垂直面内的运动不会出现 $360°$ 的翻筋斗运动形式(类似于水平面内的回转运动),这使垂直面运动形成了特殊形式。

(4) 垂直面内无高度自动稳定性(不考虑浮力的变化)。

受扰动后,飞艇高度 z 的变化可根据线性化的下式确定:

$$z = u_0 \int_0^t -\chi(t)\mathrm{d}t = u_0 \int_0^t [\alpha(t) - \theta(t)]\mathrm{d}t \qquad (13-33)$$

可得高度的稳定性受到迎角和俯仰角稳定性的影响。对于这两个角是动稳定的条件下,则特征根均具有负实部,将迎角和俯仰角的解代入上式得到

$$z = V \int_0^t [\alpha(t) - \theta(t)]\mathrm{d}t$$

$$= V \int_0^t \left[[C_1 e^{\lambda_1 t} + C_2 e^{\lambda_2 t} + C_3 e^{\lambda_3 t}] - [D_1 e^{\lambda_1 t} + D_2 e^{\lambda_2 t} + D_3 e^{\lambda_3 t}] \right]\mathrm{d}t$$

$$= V \left\{ \left[\frac{C_1 - D_1}{\lambda_1}(e^{\lambda_1 t} - 1) \right] + \left[\frac{C_2 - D_2}{\lambda_2}(e^{\lambda_2 t} - 1) \right] + \left[\frac{C_3 - D_3}{\lambda_3}(e^{\lambda_3 t} - 1) \right] \right\}$$

$$(13-34)$$

当迎角和俯仰角动稳定时,飞艇受到扰动后的飞行高度最终趋于某一常数,即

$$z(t \to \infty) = V \left\{ \frac{C_1 - D_1}{\lambda_1} + \frac{C_2 - D_2}{\lambda_2} + \frac{C_3 - D_3}{\lambda_3} \right\} \qquad (13-35)$$

如果迎角和俯仰角不具有动稳定性,当 $t \to \infty$ 时,高度 $z \to \infty$。故飞艇的高度不具有动稳定性。这是由于一旦飞艇的高度发生变化,为飞艇囊体保持一定的压差,会使副气囊充放气,这样飞艇的浮力始终等于其自重,即浮力不随高度变化,这样不存在任

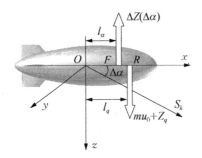

图 13 - 6　飞艇动稳定性作用力臂

何能够促使高度自动恢复的力。这时只有对飞艇实施操纵(偏转舵面或改变浮力),方能保持既定高度飞行。

3) 艇身外形和尾翼对稳定性的影响

由动稳定性的判据可得出,影响稳定性的主要因素有气动导数 M_q、M_w、Z_w 和飞艇的质量 m。Z_q 的数值较小,符号可正可负,故其影响也较小且不确定。这样稳定性变化的核心是调整压力中心 F 和阻尼力的作用点 R,使 F 点尽量后移,R 点尽量前移。飞艇动稳定性作用力臂如图 13 - 6 所示。

根据式(13 - 27)中的系数 k 的表达式,即

$$k = -\left[\frac{Z_w(I_y - M_{\dot{q}})(m - Z_{\dot{w}})}{(mu_0 + Z_q)[M_q(m - Z_{\dot{w}}) + (I_y - M_{\dot{q}})Z_w]} - \left(\frac{(m - Z_{\dot{w}})}{(mu_0 + Z_q)} \right) \right]$$

表明质量 m 越小,稳定性越好。

飞艇质量 m 的量纲为 1 的值为

$$m' = \frac{m}{1/2\rho L^3} = \frac{\rho C_B LBH}{1/2\rho L^3} = 2C_B \frac{B}{L} \cdot \frac{H}{L}$$

故 C_B、$\dfrac{B}{L}$、$\dfrac{H}{L}$(B、H 分别为艇身宽度和高度)越小,即艇身细长,稳定性好。从快速性看,$L/B = 7 \sim 8$ 的短粗艇形的阻力小,但其稳定性差。

$|M_q'|$ 越大,M_w' 越小,使得 l_α' 增大,l_q' 减小,稳定性好。艇身的主尺度和外形主要取决于快速性和布置上的要求,但也应兼顾操纵性的要求,特别是头部和尾部外形。

从飞艇的艇形看,如果艇身(含尾翼等附件)的水平投影面积增大,即 B/L 增大(类似于机翼的展弦比),或增大尾翼的面积和展弦比,将使阻尼力的作用点 R 的位置前移,或使气动压力中心点 F 后移。飞艇前体水平投影面积增加将降低稳定性,但后体水平投影面积增加将增加稳定性。在 B/L 变化很小的条件下,水平尾翼外形及其安装位置的合理设计是改善垂直面稳定性的主要措施。

升降舵作为水平尾翼的一部分,其安装位置距离浮心较远,对飞艇的稳定性具有较好作用。在这种情况下,舵效也高,控制高度的能力也强。

然而,飞艇除具有一定的稳定性外还需有机动性。上述只是从稳定性角度来考虑飞艇外形。实际上,机动性和稳定性对飞艇外形的要求是相互矛盾的。稳定性过大,使飞艇对于操纵舵面的响应变慢,整个操纵过渡过程的时间延长,特别是当飞艇处于低速飞行时这种特性更加显著。

理论分析表明,在不同的飞行速度下,垂直面的动稳定性系数 K_{vd} 值在 $1\sim2$ 之间时对高度的影响显著,当其再增大时对高度的影响会逐渐降低。同时构成 K_{vd} 的

l'_q 和 l'_a 的大小对稳定性也有不同的影响。l'_q 比 l'_a 的影响大,由较大的 l'_q 和 l'_a 组合比较小值的组合下具有更高的稳定度。这些影响会随着飞行速度的增加而迅速减小。故为保证飞艇在低速时可操纵,高速时可控,飞艇的稳定性应适中。可根据飞艇的应用需求在机动性和稳定性之间进行权衡。l'_q/l'_a 和速度对高度的影响如图 13 - 7 所示。

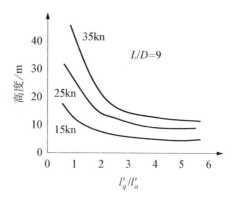

图 13 - 7 l'_q/l'_a 和速度对高度的影响

在飞艇设计时,可借鉴潜艇设计中的经验,对于潜艇设计,不同航速下的潜艇,其动稳定性系数 K_{vd} 式(13 - 27),有如下对应范围:

$$V_s \leqslant 20 \text{ kn}, \ K_{vd} \geqslant 1 \sim 2$$
$$V_s \geqslant 20 \sim 30 \text{ kn}, \ K_{vd} \geqslant 1.5 \sim 2.5$$

这些参数的选取范围可作为飞艇相关部件设计的参考。

飞艇在垂直面不仅要具有足够的动稳定性,也需具有良好的机动性,并在保证所要求动稳定性下,追求最佳的机动性。稳定性和机动性之间的矛盾归结为飞艇水平尾翼的设计,进而达到对飞艇在不同飞行速度下优良的操控目的。

13.3.3   水平面内直航稳定性

1) 静稳定性

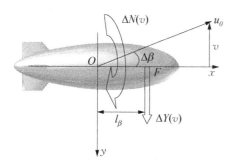

图 13 - 8   侧滑角的静稳定性

水平面的运动稳定性与垂直面的运动稳定性一样,也可采用静稳定性和动稳定性两类判定准则,下面首先分析侧滑角的静稳定性。

类似于垂直面内的分析过程,在水平面内定常直线飞行的飞艇,如果受到瞬时弱扰动,飞艇仅出现侧滑角的扰动量 $\Delta\beta$,也即出现了横向速度 v,则这时引起了气动力和力矩扰动量 $\Delta Y(v)$ 和 $\Delta N(v)$(见图 13 - 8):

$$\Delta Y(v) = \frac{1}{2}\rho L^2 u_0^2 Y'_v \beta \qquad (13 - 36)$$

$$\Delta N(v) = \frac{1}{2}\rho L^3 u_0^2 N'_v \beta \qquad (13 - 37)$$

$$l_\beta = \frac{\Delta N(v)}{\Delta Y(v)} \qquad (13 - 38)$$

式中：

$$Y'_v = \frac{Y_v}{1/2\rho L^2 u_0}, \quad N'_v = \frac{N_v}{1/2\rho L^3 u_0}, \quad \beta = \frac{v}{u_0}$$

当气动压力中心 F 在浮心之前，即 $l_\beta > 0$ 时，力矩 $\Delta N(v)$ 的作用使 $\Delta\beta$ 增大，因此运动是不稳定的。反之，气动压力中心 F 在浮心之后，即 $l_\beta < 0$，力矩 $\Delta N(v)$ 的作用使 $\Delta\beta$ 减小，因此运动是稳定的。这样，侧滑角的稳定性也可以采用 l_β 的正负进行判别，即当 $l_\beta > 0$ 时，侧滑角静不稳定；当 $l_\beta < 0$ 时，侧滑角静稳定；当 $l_\beta = 0$ 时，侧滑角静中立。称 l_β 为静不稳定系数，而相关的气动系数 Y'_v、N'_v、Y'_r、N'_r 称为稳定导数。

2）动稳定性

（1）飞艇在水平面内方向具有动不稳定性。

线性方程式只适应于运动参数 Δu、v、r、δ 为小量的弱机动情况，将非线性方程进行线性化，即忽略 Δu、v、r、δ 的二阶以上的量，可得

$$\begin{cases} m\dot{u} = X \\ m(\dot{v} + u_0 r) = Y \\ I_z\dot{r} = N \end{cases} \tag{13-39}$$

这样该方程组中的第 2 和第 3 式中不含速度 u，从而可与第 1 式分离。另外，作用在飞艇上的气动力采用泰勒展开，略去二阶以上的项，并认为 $Y_0 = N_0 = 0$。

取动系坐标原点在重心（浮心与重心在同一垂线上，故关于重心和浮心的气动系数相等），并考虑到飞艇头尾的不对称性，可得到水平面操纵运动的线性方程式：

$$\begin{cases} (m - Y_{\dot{v}})\dot{v} - Y_v v + Y_{\dot{r}}\dot{r} + (mV - Y_r)r = Y_\delta\delta \\ (I_z - N_{\dot{r}})\dot{r} - N_r r - N_{\dot{v}}\dot{v} - N_v v = N_\delta\delta \end{cases} \tag{13-40}$$

式中：δ 为方向舵的舵偏角。

基于该方程，然后消去 v，可得飞艇偏航响应的线性方程式：

$$T_1 T_2(\Delta\ddot{r}) + (T_1 + T_2)(\Delta\dot{r}) + \Delta r = K\delta + KT_3\ddot{\delta} \tag{13-41}$$

式中：

$$T_1 T_2 = \left(\frac{L}{V}\right)^2 \frac{(I'_z - N'_{\dot{r}})(m' - Y'_{\dot{v}})}{C_H}$$

$$T_1 + T_2 = \left(\frac{L}{V}\right)^2 \frac{[-(I'_z - N'_{\dot{r}})Y'_v - N'_r(m' - Y'_{\dot{v}})]}{C_H}$$

$$T_3 = \left(\frac{L}{V}\right) \frac{(m' - Y'_{\dot{v}})N'_\delta}{Y'_\delta N'_v - N'_\delta Y'_v}$$

$$K = \left(\frac{V}{L}\right)\frac{Y'_\delta N'_v - N'_\delta Y'_v}{C_H}$$

$$C_H = N'_r Y'_v + N'_v(m' - Y'_r)$$

偏航角的扰动运动 $\Delta\psi(t)$ 为偏航角速度的时间积分。偏航角速度扰动量 Δr 满足的线性齐次方程为

$$T_1 T_2(\Delta\ddot{r}) + (T_1 + T_2)(\Delta\dot{r}) + \Delta r = 0 \qquad (13-42)$$

该式为一常系数二阶线性微分方程,其对应的特征方程为

$$T_1 T_2\lambda^2 + (T_1 + T_2)\lambda + 1 = 0 \qquad (13-43)$$

对其进行因式分解可得

$$(1 + T_1\lambda)(1 + T_2\lambda) = 0 \qquad (13-44)$$

故特征根为

$$\lambda_1 = -\frac{1}{T_1}, \ \lambda_2 = -\frac{1}{T_2} \qquad (13-45)$$

上述角速度扰动量 Δr 方程的通解为

$$\Delta r(t) = C_1 e^{\lambda_1 t} + C_2 e^{\lambda_2 t} \qquad (13-46)$$

式中:两个常数 C_1、C_2 可通过初始条件确定。

由式(13-46)可得如果这两个特征根的实部均为负数,则当 $t \to \infty$ 时,$\Delta r \to 0$,即角速度具有动稳定性,而且,飞艇最终仍然沿直线运动,这说明飞艇具有直线动稳定性。反之,如果两个特征根中存在一个实部为正数的根或两个均是实部为正数的根,则 $t \to \infty$,$\Delta r \to \infty$,即扰动运动会发散,运动是不稳定的。

对于偏航角 ψ 的运动特性可根据下面的分析得出,即

$$\Delta\psi(t) = \int_0^f \Delta r(t)\mathrm{d}t = \int_0^f (C_1 e^{\lambda_1 t} + C_2 e^{\lambda_2 t})\mathrm{d}t$$

$$= C_1 \frac{1}{\lambda_1} e^{\lambda_1 t} + C_2 \frac{1}{\lambda_2} e^{\lambda_2 t} - \left[C_1 \frac{1}{\lambda_1} + C_2 \frac{1}{\lambda_2}\right] \qquad (13-47)$$

将两个特征根代入得到

$$\Delta\psi(t) = -C_1 T_1 e^{-\frac{t}{T_1}} - C_2 T_2 e^{\frac{t}{T_2}} + [C_1 T_1 + C_2 T_2] \qquad (13-48)$$

从上式可看出,当偏航角速度 r 是直线稳定时,即当 $t \to \infty$,$\Delta r \to 0$ 时,$\Delta\psi(t) \to C_1 T_1 + C_2 T_2$。这说明此时飞艇沿新的航向直线飞行,即飞艇具有直线稳定性,而不具有方向稳定性。这样飞艇受到干扰后,偏航角始终会发生改变,故在水平面内最大

可能具有的是直线稳定性。

水平面内的动稳定性与上述的垂直面内的动稳定性类似,特征根的性质决定飞艇的动稳定性和扰动变化的快慢程度。故将这两个特征根称为稳定性指数。

在水平面内的两个特征根分别与 T_1 和 T_2 具有简单的负倒数的关系,故 T_1 和 T_2 也可作为稳定性的指数。

(2) 直线稳定性的判别准则。

为判别水平面内的运动稳定性,也可采用古尔维茨法。对于二次特征方程,两个特征根都具有负实部的充要条件是特征方程的全部系数均大于零,即

$$T_1 T_2 > 0$$
$$T_1 + T_2 > 0$$

也即

$$T_1 > 0,且 \ T_2 > 0 \tag{13-49}$$

由于气动导数 Y'_v、N'_r、Y'_v、N'_z 都是负值,m' 和 I'_z 均是正值,故 $T_1 T_2$ 和 $T_1 + T_2$ 的表达式中的分子均为正值,则飞艇直线动稳定的条件可转化为

$$C_H = N'_r Y'_v + N'_v (m' - Y'_r) > 0 \tag{13-50}$$

该式中的右端第 1 项为正值;第 2 项中的 Y'_r 可正可负,其与艇形相关,但一般数值很小;而 m' 是一个较大的正值,故一般满足 $(m' - Y'_r) > 0$。而 $N'_v < 0$,故上述稳定条件并不是任意飞艇均能自动满足的。一般将式(13-50)的 $C_H = N'_r Y'_v + N'_v (m' - Y'_r) > 0$ 改写为

$$l'_\beta = \frac{N'_v}{Y'_v} < l'_r = -\frac{N'_r}{(m' - Y'_r)} \tag{13-51}$$

或

$$K_{Hd} = l'_r / l'_\beta > 1 \tag{13-52}$$

式中:K_{Hd} 称为水平面内的动稳定性系数。

上述静稳定条件 $l'_\beta < 0$ 要比动稳定条件严格。实际操纵表明,为控制飞艇在水平面内的运动方向,并不强制要求其是静稳定的,甚至可以是动不稳定的。一般来说,飞艇在水平面内的动稳定性要求比垂直面内的要求低。

(3) 艇形和尾翼对稳定性的影响。

a. 艇形细长比短粗的稳定性好。但常规飞艇(类似潜艇)设计趋势也是减小长宽比,其目的是改进艇的快速性和机动性。对于潜艇的试验研究表明,在 L/B(长细比) $= 7 \sim 10$ 时,艇身的长宽比的变化对稳定性影响不明显。

b. 减小头部在垂直面的投影面积与增大尾部投影面积可提高稳定性。但当飞

艇重心位置靠近头部时,尾部气流的侧滑角大,头部气流的侧滑角小,故头部形状对稳定性的影响较小。飞艇上垂直尾翼布置的目的是考虑水平面的稳定性要求及减小回转时的滚转角。

13.3.4 定常回转运动的稳定性

当飞艇以偏航角速度 r 进行定常回转飞行时,外界扰动使角速度出现扰动量 Δr,在无主动操纵下,若 $t \to \infty$,$\Delta r \to 0$,则称原来的定常回转飞行具有动稳定性,否则不具有动稳定性。

根据线性化扰动方程对船舶不具有直线运动稳定性时的分析得出,在任意舵偏角下,r 和 v 都将随时间的增加而趋于无限大,不可能达到稳定回转,实际上随着 r 和 v 的增加,必然会引起非线性的气动力和力矩,当这些力矩的作用大到一定程度时,船舶最终会进入稳定回转运动。所以线性化的方程不适用于直线不稳定的船,因此本节分析飞艇定常回转运动的稳定性时,采用简化的非线性方程式,即

$$T_1 T_2 \ddot{r} + (T_1 + T_2)\dot{r} + r + ar^3 = K\delta + KT_3\dot{\delta} \tag{13-53}$$

对于定常回转运动有

$$r + ar^3 = K\delta$$

当偏航角速度受到干扰后,运动方程式为

$$T_1 T_2 (\ddot{r} + \Delta\ddot{r}) + (T_1 + T_2)(\dot{r} + \Delta\dot{r}) + (r + \Delta r) + a(r + \Delta r)^3 = K\delta + KT_3\dot{\delta}$$

从而得到角速度的扰动方程为

$$T_1 T_2 (\Delta\ddot{r}) + (T_1 + T_2)(\Delta\dot{r}) + (1 + 3ar^2)\Delta r = 0 \tag{13-54}$$

然后根据古尔维茨法得到回转运动稳定的充要条件为

$$C'_H = C_H(1 + 3ar^2) > 0 \tag{13-55}$$

式中:C'_H 为回转稳定性的判别准则;C_H 为前述的直线运动稳定性的判别准则。

对于定常回转运动稳定性存在两种情况:

(1) 当 $C_H > 0$,即具有直线稳定的飞艇,由于这种飞艇实际上具有系数 $a > 0$。这样根据上述判别准则可得对于任意回转均具有定常回转稳定性,并且

$$C'_H > C_H > 0$$

故回转运动比直线运动更稳定。

(2) 当 $C_H < 0$,即对应于不具有直线稳定的飞艇。由于这类飞艇具有系数 $a < 0$,这样可得:

当 $|r| < \dfrac{1}{\sqrt{3|a|}}$ 时,$C_H' < 0$,即定常回转运动不稳定;

当 $|r| > \dfrac{1}{\sqrt{3|a|}}$ 时,$C_H' > 0$,即定常回转运动稳定。

其他情况 ($C_H > 0$,$a < 0$ 或 $C_H < 0$,$a > 0$) 对于实际飞艇均不会出现。

从上述的分析可看出,具有直线稳定的飞艇,必具有定常回转稳定性。但对于直线不稳定的飞艇,存在一个临界回转偏航角速度

$$|r_{cr}| = \frac{1}{\sqrt{3|a|}} \tag{13-56}$$

然后,根据 $r + ar^3 = K\delta$ 可得到临界舵偏角

$$\delta_{cr} = \frac{2\sqrt{3}}{9} \cdot \frac{1}{K\sqrt{|a|}} = \frac{0.385}{K\sqrt{|a|}} \tag{13-57}$$

对于不具有直线稳定性的飞艇,临界角速度和临界舵偏角是表示回转稳定性的重要参数,并与航向保持能力密切相关。

图 13-9 中的(a)是具有直线稳定性艇的 r-δ 曲线,这时对于任意舵偏角均对应一个定常回转角速度。当舵偏角 $\delta = 0$ 时,飞艇做直线运动。

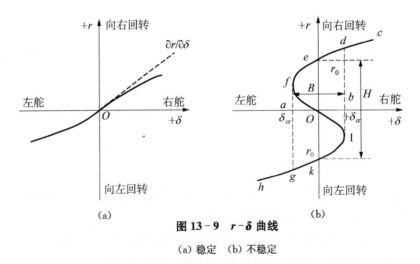

图 13-9　r-δ 曲线

(a) 稳定　(b) 不稳定

图 13-9 中的(b)是不具有直线稳定的艇的 r-δ 曲线形状。当以右舵角回转逐渐减小舵偏角时,r 将沿 cde 逐渐减小,但当舵偏角减小至零时,r 并不减小为零,而是对应于图中 e 点处的 r_0。若舵偏角由零在向反方向逐渐增大,r 将沿 ef 曲线继续减小(需要注意的是这时已经是左舵但仍是向右回转)。当舵偏角向左增大至临界舵偏角 δ_{cr}(对应于图中的 a 点),对应的回转角速度 r 为临界角速度 r_{cr}(见图中的 f

点),这时回转运动已经是不稳定的,所以飞艇就突然向左回转而最后稳定在 g 点(对应于 g 点的 $r > r_{cr}$,回转运动是稳定的)。在向左增大舵偏角,r 就沿着 gh 增大。类似地,如果舵偏角从左舵逐渐变化到右舵,则 r 沿着 $hgkldc$ 变化。所以对于不具有直线稳定性的飞艇,r-δ 曲线不是单值曲线,而在 $\pm\delta_{cr}$ 之间构成一个"滞后环",且当 $\delta = 0$ 时,$r = r_0 \neq 0$。

下面计算 r_0 的值,对于 $\delta = 0$,$r + ar^3 = K\delta$ 变为

$$r + ar^3 = 0$$

前面已说明,对于 $C_H < 0$ 时 $a < 0$,上式可写成

$$r - |a|r^3 = 0$$

其解为

$$r_0 = 0 \tag{13-58}$$

$$r_0 = \frac{1}{\sqrt{|a|}} \tag{13-59}$$

其中的第 1 个根 $r_0 = 0$,小于临界角速度 $|r_{cr}| = \dfrac{1}{\sqrt{3|a|}}$,故其是不稳定的。飞艇实际上不能自动保持这种运动($r_0 = 0$ 表示为直线运动)。第 2 个根 $r_0 = \dfrac{1}{\sqrt{|a|}} > |r_{cr}| = \dfrac{1}{\sqrt{3|a|}}$ 是稳定的。所以对于不具有直线稳定性的飞艇,舵偏角 $\delta = 0$ 时,艇将以角速度 $r_0 = \dfrac{1}{\sqrt{|a|}}$ 做稳定回转。要使飞艇脱离此回转,必须向回转的反方向偏转一个临界舵偏角 δ_{cr}。故 r-δ 曲线"滞后环"的环宽 $ab = 2\delta_{cr} = B$ 和环高 $ek = 2r_0 = H$ 可作为不具有直线稳定性艇的不稳定程度的度量。δ_{cr}、r_0 越小,则不稳定程度越小。

对于具有直线稳定性的飞艇,r-δ 曲线在原点处的斜率 $\left|\dfrac{\partial r}{\partial \delta}\right|$ 也可用于间接评价飞艇的稳定性,$\left|\dfrac{\partial r}{\partial \delta}\right|$ 越小,即单位舵偏角引起的定常回转角速度越小,r 越不易受到干扰,间接说明飞艇的直线稳定性好。但由于 $\left|\dfrac{\partial r}{\partial \delta}\right|$ 的大小与舵面的效率直接相关,故只能相对比较。

另外,有时稳定飞艇的 r-δ 曲线不经过原点,这主要是由于艇身或推进装置产生了不对称的力,从而引起附加力矩,这时需要通过一定的舵偏角来进行补偿的缘故。

　　定常回转试验的 r-δ 曲线,也称为操纵性能曲线。根据它可得出操纵特性方面的性能,例如不同舵偏角下定常回转的角速度,飞艇是否具有直线动稳定性及其程度,不稳定飞艇在舵偏角 $\delta=0$ 时的 r_0、δ_{cr} 和 r_{cr}。

　　关于飞艇六自由度空间运动的稳定性,已有文献指出其会略大于平面运动时的稳定性。因此,根据平面运动的要求进行气动部件的设计,也可确保飞艇空间运动的特性。下面给出 Skyship-500 飞艇通过飞行试验测得的其在定常回转时的 r-δ 曲线,如图 13 - 10 所示。

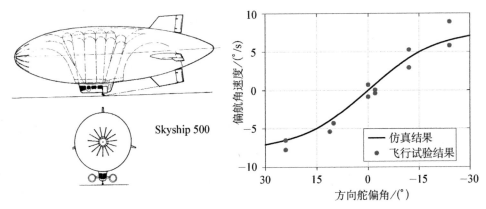

图 13 - 10　Skyship-500 飞艇外形和定常回转试验的 r-δ 曲线

13.3.5　航向和高度控制下的稳定性

　　1) 控制下的航向运动方程

　　根据上节的分析得出,飞艇在水平面唯一可能具有的是直线稳定性,而不具有方向稳定性。即飞艇受到扰动后,偏航角总是会发生变化的。在这种情况下,若需保持飞艇的航向需要不断地操纵方向舵。下面简述如何通过操纵方向舵实现飞艇方向的稳定性。

　　根据飞艇回转运动的简化线性方程式,即

$$T_1 T_2 \ddot{r} + (T_1 + T_2)\dot{r} + r = K\delta + KT_3 \dot{\delta} \qquad (13\text{-}60)$$

代入偏航角速度与偏航角的关系式

$$\dot{\psi} = r$$

可得

$$T_1 T_2 \dddot{\psi} + (T_1 + T_2)\ddot{\psi} + \dot{\psi} = K\delta + KT_3 \dot{\delta} \qquad (13\text{-}61)$$

进一步可得

$$\ddot{\psi} + \left(\frac{1}{T_1} + \frac{1}{T_2}\right)\ddot{\psi} + \frac{1}{T_1 T_2}\dot{\psi} = \frac{K}{T_1 T_2}\delta + \frac{KT_3}{T_1 T_2}\dot{\delta} \tag{13-62}$$

令

$$2p = \left(\frac{1}{T_1} + \frac{1}{T_2}\right),\ q = \frac{1}{T_1 T_2},\ s = \frac{K}{T_1 T_2}$$

式(13-62)可变为

$$\ddot{\psi} + 2p\ddot{\psi} + q\dot{\psi} = s\delta + sT_3\dot{\delta} \tag{13-63}$$

当飞艇受到扰动后,偏航角出现扰动量 $\Delta\psi$,这时方向舵也需要偏转 $\Delta\delta$,式(13-63)成为

$$(\ddot{\psi} + \Delta\ddot{\psi}) + 2p(\ddot{\psi} + \Delta\ddot{\psi}) + q(\dot{\psi} + \Delta\dot{\psi}) = s(\delta + \Delta\delta) + sT_3(\dot{\delta} + \Delta\dot{\delta}) \tag{13-64}$$

上式减去无扰动方程,得到

$$\Delta\ddot{\psi} + 2p(\Delta\ddot{\psi}) + q(\Delta\dot{\psi}) = s(\Delta\delta) + sT_3(\Delta\dot{\delta}) \tag{13-65}$$

飞艇在扰动下出现扰动量 $\Delta\psi$,操纵需要根据其调整方向舵的偏角 $\Delta\delta$,以使 $\Delta\psi$ 减小。随着 $\Delta\psi$ 的减小,$\Delta\delta$ 也随之减小。这对应于最简单的根据误差的比例进行操作,即

$$\Delta\delta = K_p \cdot \Delta\psi \tag{13-66}$$

对于飞艇来说,在 $\Delta\psi = 0$,$\Delta\delta$ 也为零时,飞艇仍具有一定的偏航角速度,会因惯性而继续向相反的方向转动,于是又需要方向操纵舵面。这样的操纵会使飞艇沿预定航向来回摆动。由于气动阻尼力矩的作用摆动的幅度逐渐减小。为改善操纵品质,在操纵舵面时应考虑偏航角速度的影响,即在上述的比例操纵中加入偏航角速度因素,则

$$\Delta\delta = K_p \cdot \Delta\psi + K_d \cdot \Delta\dot{\psi} \tag{13-67}$$

将舵偏角与扰动偏航角之间的关系代入运动方程式(13-65)得到

$$\Delta\ddot{\psi} + 2p(\Delta\ddot{\psi}) + q(\Delta\dot{\psi}) = s(K_p \cdot \Delta\psi + K_d \cdot \Delta\dot{\psi}) + sT_3(K_p \cdot \Delta\dot{\psi} + K_d \cdot \Delta\ddot{\psi})$$

整理得到

$$\Delta\ddot{\psi} + (2p - sT_3 K_d)(\Delta\ddot{\psi}) + (q - sK_d - sT_3 K_p)(\Delta\dot{\psi}) - sK_p \cdot \Delta\psi = 0 \tag{13-68}$$

引入控制作用,相当于改变了运动方程中各项的系数。控制参数 K_p、K_d 的作用相当于改变了气动导数的值,这样通过选取合适的 K_p、K_d 值可实现航向的稳定性。

2) 控制下的航向稳定条件

采用与分析动稳定性类似的方法,即根据控制下的运动方程式(13 - 68)得到其特征方程式为

$$\lambda^3 + (2p - sT_3K_d)\lambda^2 + (q - sK_d - sT_3K_p)\lambda - sK_p = 0 \qquad (13 - 69)$$

根据古尔维茨法,对于三次特征方程 $A_3\lambda^3 + A_2\lambda^2 + A_1\lambda + A_0 = 0$,满足稳定性的条件为

$$A_0 > 0, \ A_2 > 0, \ A_3 > 0$$
$$(A_1A_2 - A_0A_3) > 0$$

可得控制下的航向稳定条件:

$$A_0 = -sK_p > 0$$
$$A_2 = (2p - sT_3K_d) > 0, \ A_3 = 1 > 0$$
$$(A_1A_2 - A_0A_3) = (2p - sT_3K_d)(q - sK_d - sT_3K_p) + sK_p > 0$$

式中:

$$2p = \left(\frac{1}{T_1} + \frac{1}{T_2}\right), \ q = \frac{1}{T_1T_2}, \ s = \frac{K}{T_1T_2}$$

$$T_1T_2 = \left(\frac{L}{V}\right)^2 \frac{(I'_z - N'_r)(m' - Y'_v)}{C_H}$$

$$T_1 + T_2 = \left(\frac{L}{V}\right)^2 \frac{[-(I'_z - N'_r)Y'_v - N'_r(m' - Y'_v)]}{C_H}$$

$$T_3 = \left(\frac{L}{V}\right)\frac{(m' - Y'_v)N'_\delta}{Y'_\delta N'_v - N'_\delta Y'_v}$$

$$K = \left(\frac{V}{L}\right)\frac{Y'_\delta N'_v - N'_\delta Y'_v}{C_H}$$

$$C_H = N'_r Y'_v + N'_v(m' - Y'_r)$$

满足上述条件飞艇在控制作用下才具有方向稳定性。为了达到上述稳定条件,可通过调整控制参数 K_p、K_d 得以实现。对于稳定性较差的飞艇需要较大的 K_p、K_d 值,也即较大的舵偏角和频率。如果飞艇设计不好,甚至无法实现控制下的稳定性。船舶操纵的经验表明,对于小型船舶如不具有直线动稳定性,则很难具有航向控制稳定性,而对于大型船舶当存在一定程度的动不稳定时,仍可保持航向稳定。

3) 自动 PID 控制

目前常用的自动控制系统采用的是 PID 控制,即

$$\delta = K_p(\Delta\psi) + K_I\!\int\!\Delta\psi \mathrm{d}t + K_d(\Delta\dot{\psi})\qquad(13-70)$$

该 PID 控制与前面相比增加一个积分项的目的是为消除在持续扰动作用下而产生的航向偏差。飞艇在持续扰动力矩下的偏航如图 13-11 所示,例如,飞艇在定常持续扰动力矩 N_f 下,有左偏的 $\Delta\psi_f$,自动控制会操纵舵偏角 δ,产生一个与扰动力矩相反的力矩 N_δ。当两个力矩平衡后,飞艇偏航角不再变化。对于前述的比例-微分操纵来说,此时舵偏角为

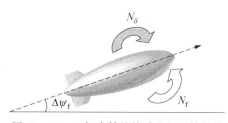

图 13-11 飞艇在持续扰动力矩下的偏航

$$\Delta\delta = K_p \cdot \Delta\psi_f + K_d \cdot \Delta\dot{\psi}_f = K_p \cdot \Delta\psi_f$$

这样飞艇将以恒定舵偏和偏航角沿新的航线飞行。

加入积分项后,只要 $\Delta\psi \neq 0$,积分项就会产生一定的舵偏角,从而使 $\Delta\psi$ 减小,这样飞艇就不能在 $\delta = \delta_f$、$\Delta\psi = \Delta\psi_f$ 下稳定飞行。最终当 $\Delta\psi = 0$ 时,积分项的值不会再增大,飞艇在 $\delta = \delta_f$、$N_\delta = N_f$ 的状态下稳定飞行,即飞艇沿原始航线飞行。

4) 时间滞后效应

飞艇操控时需要关注整个操控系统的时间滞后性。这是由于在飞艇的整个操控中各相关环节都具有一定的惯性,这样从感受到运动状态的误差信号到舵偏角转动至需要的位置之间,需要经历一段时间 Δt 的滞后。具有时滞系统的方向舵的操控规律为

$$\Delta\delta = K_p \cdot \Delta\psi(t - \Delta t) + K_d \cdot \Delta\dot{\psi}(t - \Delta t)\qquad(13-71)$$

如果时间滞后不大,则上式中的 $\Delta\psi(t - \Delta t)$、$\Delta\dot{\psi}(t - \Delta t)$ 可采用泰勒展开的线性项表示,即

$$\Delta\psi(t - \Delta t) = \Delta\psi - \Delta\dot{\psi}\Delta t$$

$$\Delta\dot{\psi}(t - \Delta t) = \Delta\dot{\psi} - \Delta\ddot{\psi}\Delta t$$

将其代入方向舵的操控规律方程式(13-71)得到

$$\Delta\delta = K_p(\Delta\psi - \Delta\dot{\psi}\Delta t) + K_d(\Delta\dot{\psi} - \Delta\ddot{\psi}\Delta t)\qquad(13-72)$$

将式(13-72)代入偏航角的扰动运动方程式(13-68),可得考虑时间滞后的控

制下的飞艇扰动运动方程为

$$(1+sT_3K_d\Delta t)\Delta\dddot{\psi}+[2p-sT_3K_d+(sK_d+sT_3K_p)\Delta t]\Delta\ddot{\psi}+ \quad (13-73)$$
$$(q-sK_d-sT_3K_p+sK_p\Delta t)\Delta\dot{\psi}-sK_p\Delta\psi=0$$

采用与前述类似的方法,也可得出方向控制稳定性条件。

14 飞艇附加质量计算方法

14.1 飞艇附加质量特性

当物体在流体中运动时,其周围的一些流体也会和其一起运动。当物体加速时,周围的流体也会加速,这样加速物体就需要更大的力。既然力与质量和加速度有关,可将加速周围流体而附加的力采用附加质量和加速度进行表示,附加质量一般采用 m_{ij} 表示。

附加质量 m_{ij} 可以理解为在 i 方向以单位(角)加速度运动时,在 j 方向的附加质量、附加质量静距和附加转动惯量,即 m_{ij} 是物体在理想流体中以单位(角)加速度运动时所受到的流体惯性力。一般规定:

沿艇体坐标系 x, y, z 方向的移动采用 1, 2, 3 表示。

绕艇体坐标系 x, y, z 方向的转动采用 4, 5, 6 表示。

则有流体惯性力

$$R_j = -m_{ij}\dot{v}_i \quad (i, j = 1, 2, \cdots, 6)$$

一个任意外形的刚体运动时共有 36 个附加质量,可表示为如下附加质量矩阵:

$$\overline{\boldsymbol{M}}_v = \begin{bmatrix} m_{11} & m_{12} & m_{13} & m_{14} & m_{15} & m_{16} \\ m_{21} & m_{22} & m_{23} & m_{24} & m_{25} & m_{26} \\ m_{31} & m_{32} & m_{33} & m_{34} & m_{35} & m_{36} \\ m_{41} & m_{42} & m_{43} & m_{44} & m_{45} & m_{46} \\ m_{51} & m_{52} & m_{53} & m_{54} & m_{55} & m_{56} \\ m_{61} & m_{62} & m_{63} & m_{64} & m_{65} & m_{66} \end{bmatrix} \quad (14-1)$$

在势流理论式中,各附加质量元素可表达为

$$m_{ij} = -\rho \int_{\Omega} \phi_i \frac{\partial \phi_i}{\partial n} d\Omega \quad (i, j = 1, 2, \cdots, 6) \quad (14-2)$$

式中：Ω 为物体的表面积；n 为微元面积 $\mathrm{d}\Omega$ 的外法线方向；$\psi_{1,2,3}$ 分别为物体沿动系坐标轴 x，y，z 以单位速度平移运动时所引起的流体速度势；$\psi_{4,5,6}$ 分别为物体以单位角速度绕 x，y，z 轴单纯转动运动所引起的流体速度势。

附加质量 m_{ij} 只取决于物体的形状、坐标轴的选择以及周围流体介质的密度，而与物体的运动情况无关。

根据势流理论可证明

$$m_{ij} = m_{ji} \quad (i, j = 1, 2, \cdots, 6) \tag{14-3}$$

即附加质量矩阵为对称矩阵，即只有 21 个独立的元素，其各项的量纲如下：

$(m)_{11,22,33}$、$(m)_{12,13,23}$ 具有质量量纲，称为附加质量。

$(m)_{14,15,16}$、$(m)_{24,25,26}$、$m_{34,35,36}$ 具有质量静距量纲，称为附加质量静距。

$(m)_{44,55,66}$、$(m)_{45,46,56}$ 具有质量转动惯量量纲，称为附加转动惯量。

飞艇在风场中出现摇摆运动时，附加质量与频率相关。然而对于飞艇的操控，其运动状态变化是缓慢的，频率的影响可忽略，即通常采用零频率的附加质量。

假设物体以加速度 $\dot{v}_1$ 沿 Ox 方向移动，受到流体惯性力 R 的作用。对于任意形状的物体，力 R 一般不沿 Ox 方向，这样力 R 在 3 个坐标轴的投影分量为

$$R_x = -m_{11}\dot{v}_1, \; R_y = -m_{12}\dot{v}_1, \; R_z = -m_{13}\dot{v}_1 \tag{14-4}$$

力 R 对 3 个坐标轴的力矩分别为

$$M_x = -m_{14}\dot{v}_1, \; M_y = -m_{15}\dot{v}_1, \; M_z = -m_{16}\dot{v}_1 \tag{14-5}$$

若物体有对称面 Oxz，当物体平行于对称面运动时，例如，沿 Ox 轴平移运动或绕 Oy 轴转动，则周围流场也是对称于 Oxz 平面，这样右侧微面元上的流体压力与其对称的左侧微面元上的流体压力相同，而整个物体所受流体动力的合力 R 必位于对称面 Oxz 内。故 R 在 Oy 轴上的投影为零，力 R 对 Ox 和 Oz 轴的力矩也为零。则

对于沿 Ox 轴移动，有 $m_{12} = m_{14} = m_{16} = 0$

对于沿 Oz 轴移动，有 $m_{32} = m_{34} = m_{36} = 0$

对于绕 Oy 轴转动，有 $m_{52} = m_{54} = m_{56} = 0$

这样 21 个独立的附加质量元素中有 9 个为零，只剩下 12 个，即 m_{ij} 中所有下标 $i+j$ 为奇数的项皆为零，即

$$\overline{\boldsymbol{M}}_v = \begin{bmatrix} m_{11} & 0 & m_{13} & 0 & m_{15} & 0 \\ 0 & m_{22} & 0 & m_{24} & 0 & m_{26} \\ m_{31} & 0 & m_{33} & 0 & m_{35} & 0 \\ 0 & m_{42} & 0 & m_{44} & 0 & m_{46} \\ m_{51} & 0 & m_{53} & 0 & m_{55} & 0 \\ m_{61} & m_{62} & 0 & m_{64} & 0 & m_{66} \end{bmatrix} \tag{14-6}$$

若物体再有一个对称面 Oxy，则基于类似的分析可得

$$m_{13} = m_{15} = m_{24} = m_{46} = 0 \tag{14-7}$$

$$\overline{\boldsymbol{M}}_{\mathrm{v}} = \begin{bmatrix} m_{11} & 0 & 0 & 0 & 0 & 0 \\ 0 & m_{22} & 0 & 0 & 0 & m_{26} \\ 0 & 0 & m_{33} & 0 & m_{35} & 0 \\ 0 & 0 & 0 & m_{44} & 0 & 0 \\ 0 & 0 & m_{53} & 0 & m_{55} & 0 \\ 0 & m_{62} & 0 & 0 & 0 & m_{66} \end{bmatrix}$$

若物体具有第 3 个对称面 Oyz，则

$$m_{35} = m_{26} = 0 \tag{14-8}$$

这样只剩下对角线上的 6 个附加质量元素。

对于常规布局的飞艇，一般为'十'字或'X'字型尾翼，故飞艇具有 Oxy 和 Oxz 两个对称平面。这样，需要予以确定的附加质量元素 m_{ij} 便只有 8 个，即 m_{11}、m_{22}、m_{33}、m_{44}、m_{55}、m_{66}、m_{26}、m_{35}。

对于倒'Y'型尾翼布局，其不存在 Oxy 对称面，

$$m_{13} = m_{15} = m_{24} = m_{46} \neq 0$$

在确定这 8 个不为零的附加质量元素 m_{ij} 时，可近似采用部件叠加法，即认为每个元素 m_{ij} 均由不同部分组成，包括艇身、尾翼等。

14.2 附加质量的椭球理论公式

对于在无限流体域中的椭球附加质量可以采用解析的方法得到。对于半轴为 $a > b > c$ 的椭球附加质量元素分别为

$$m_{11} = \frac{4}{3}\pi\rho abc \, \frac{A_0}{2 - A_0} \tag{14-9}$$

$$m_{22} = \frac{4}{3}\pi\rho abc \, \frac{B_0}{2 - B_0} \tag{14-10}$$

$$m_{33} = \frac{4}{3}\pi\rho abc \, \frac{C_0}{2 - C_0} \tag{14-11}$$

$$m_{44} = \frac{4}{15}\pi\rho abc \, \frac{(b^2 - c^2)^2 (C_0 - B_0)}{2(b^2 - c^2) + (B_0 - C_0)(b^2 + c^2)} \tag{14-12}$$

$$m_{55} = \frac{4}{15}\pi\rho abc \, \frac{(a^2 - c^2)^2 (A_0 - C_0)}{2(c^2 - a^2) + (C_0 - A_0)(c^2 + a^2)} \tag{14-13}$$

$$m_{66} = \frac{4}{15}\pi\rho abc \frac{(a^2-b^2)^2(B_0-A_0)}{2(a^2-b^2)+(A_0-B_0)(a^2+b^2)} \tag{14-14}$$

式中:ρ 为周围流体的密度。

$$A_0 = abc\int_0^\infty \frac{\mathrm{d}u}{(a^2+u)\sqrt{(a^2+u)(b^2+u)(c^2+u)}}$$

$$B_0 = abc\int_0^\infty \frac{\mathrm{d}u}{(b^2+u)\sqrt{(a^2+u)(b^2+u)(c^2+u)}}$$

$$C_0 = abc\int_0^\infty \frac{\mathrm{d}u}{(c^2+u)\sqrt{(a^2+u)(b^2+u)(c^2+u)}}$$

系数 A_0、B_0、C_0 满足关系

$$A_0 + B_0 + C_0 = 2$$

对于 $a > b = c$ 这一特殊情况,即类似飞艇艇身外形(见图14-1),该类椭球的附加质量理论公式为

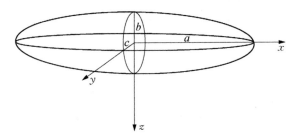

图 14-1 $a > b = c$ 椭球外形

$$m_{11} = \frac{4}{3}\pi\rho ab^2 \frac{A_0}{2-A_0} \tag{14-15}$$

$$m_{22} = m_{33} = \frac{4}{3}\pi\rho ab^2 \frac{B_0}{2-B_0} \tag{14-16}$$

$$m_{44} = 0 \tag{14-17}$$

$$m_{55} = m_{66} = \frac{4}{15}\pi\rho ab^2 \frac{(b^2-a^2)^2(A_0-B_0)}{2(b^2-a^2)+(B_0-A_0)(b^2+a^2)} \tag{14-18}$$

附加质量也可以表示为附加质量系数的形式,则有

$$k_{11} = \frac{m_{11}}{\frac{4}{3}\pi\rho ab^2}, \ k_{22} = k_{33} = \frac{m_{22}}{\frac{4}{3}\pi\rho ab^2} = \frac{m_{33}}{\frac{4}{3}\pi\rho ab^2}, \ k_{44} = 0$$

$$k_{55} = k_{66} = \cfrac{m_{55}}{\cfrac{4}{15}\pi\rho ab^2(a^2+b^2)} = \cfrac{m_{66}}{\cfrac{4}{15}\pi\rho ab^2(a^2+b^2)}$$

不同长细比椭球的附加质量系数如表 $14-1$ 所示。

表 14-1　不同长细比椭球的附加质量系数

L/D	k_{11}	k_{22}，k_{33}	k_{55}，k_{66}	L/D	k_{11}	k_{22}，k_{33}	k_{55}，k_{66}
1.0	0.5	0.5	/	5.0	0.059 1	0.894 3	0.699 9
1.5	0.303 8	0.622 1	0.095 1	5.5	0.051 4	0.906 8	0.733 9
2.0	0.210 0	0.704 2	0.239 4	6.0	0.045 2	0.917 1	0.762 3
2.5	0.156 3	0.761 9	0.365 2	6.5	0.040 1	0.925 8	0.786 3
3.0	0.122 0	0.803 9	0.465 7	7.0	0.035 8	0.933 1	0.806 7
3.5	0.098 5	0.835 5	0.545 0	8.0	0.029 3	0.944 7	0.839 4
4.0	0.081 6	0.859 8	0.607 9	9.0	0.024 4	0.953 5	0.864 2
4.5	0.068 9	0.878 9	0.658 6	10.0	0.020 7	0.960 2	0.883 5

14.3　尾翼的附加质量估算

在计算尾翼的附加质量时,假设舵偏角为零,将其看作尾翼的一部分,可近似假设单块尾翼为一块薄板。在理想流体中,薄板沿 Ox 轴运动时,不引起流体的扰动,故

$$m_{11F} = 0 \qquad\qquad (14-19)$$

两块对称的水平尾翼在垂向加速运动时,其单位长度上的附加质量(包含与艇身的相互干扰)为

$$m_{33F}(x) = \pi\rho s^2\left(1 - \frac{2r^2}{s^2} + \frac{r^4}{s^4}\right) \qquad\qquad (14-20)$$

式中:s 为水平尾翼截面的几何尺寸;r 为对应的艇身半径。尾翼截面几何参数如图 $14-2$ 所示。

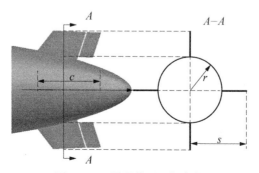

图 14-2　尾翼截面几何参数

于是,整个水平尾翼的附加质量为

$$m_{33F} = \pi\rho\int_c s^2\left(1 - \frac{2r^2}{s^2} + \frac{r^4}{s^4}\right)\mathrm{d}x \tag{14-21}$$

$$m_{35F} = \pi\rho\int_c xs^2\left(1 - \frac{2r^2}{s^2} + \frac{r^4}{s^4}\right)\mathrm{d}x\text{(正值)} \tag{14-22}$$

$$m_{55F} = \pi\rho\int_c x^2 s^2\left(1 - \frac{2r^2}{s^2} + \frac{r^4}{s^4}\right)\mathrm{d}x \tag{14-23}$$

同理,也可得到垂直尾翼的附加质量 m_{22F}、m_{26F}、m_{66F}。

式(14-21)~式(14-23)可根据积分定义,将尾翼沿 x 方向离散为若干片条,求出每一片条的附加质量,然后再叠加得到整个尾翼的附加质量。

另外,根据中值定理,由式(14-21)~式(14-23)可得

$$m_{33F} = \pi\rho\,\bar{s}^2 c\left[1 - 2\left(\frac{\bar{r}}{s}\right)^2 + \left(\frac{\bar{r}}{s}\right)^4\right] \tag{14-24}$$

$$m_{35F} = m_{33F}\,\bar{x}_{CF} = -m_{33F}L_{CF} \tag{14-25}$$

$$m_{55F} = m_{33F}(\bar{x}_{CF})^2 = m_{33F}L_{CF}^2 \tag{14-26}$$

式中:$\bar{s}$ 为尾翼几何参数 $s(x)$ 的平均值,可以用尾翼几何中心 CF 处所对应的 s 代替;$\left(\dfrac{\bar{r}}{s}\right)$ 为尾翼几何参数 $\left(\dfrac{r}{s}\right)$ 的平均值,可以用几何中心 CF 处所对应的 $\left(\dfrac{r}{s}\right)$ 代替;$\bar{x}_{CF}$ 为尾翼纵坐标 x 的平均值,可以用几何中心 CF 到艇身浮心的距离 L_{CF} 代替,且

$$\bar{x}_{CF} = -L_{CF}$$

同理,对于垂直尾翼,也有类似的计算公式:

$$m_{22F} = \pi\rho\,\bar{s}^2 c\left[1 - 2\left(\frac{\bar{r}}{s}\right)^2 + \left(\frac{\bar{r}}{s}\right)^4\right] \tag{14-27}$$

$$m_{26F} = m_{22F}L_{CF}\text{(负值)} \tag{14-28}$$

$$m_{66F} = m_{22F} \cdot (\bar{x}_{CF})^2 = m_{22F}L_{CF}^2 \tag{14-29}$$

式中:$\bar{s}$、$\left(\dfrac{\bar{r}}{s}\right)$、$c$、$L_{CF}$ 分别表示垂直尾翼的几何参数。

关于尾翼绕 x 轴旋转产生的附加转动惯量 m_{44F},则是由水平和垂直尾翼共同产生的,应分别进行计算然后叠加,得到

$$m_{44F} = \int_c m_{22F}(x)y^2(x)\mathrm{d}x + \int_c m_{33F}(x)z^2(x)\mathrm{d}x \tag{14-30}$$

式中：$y(x)$ 为水平尾翼中线上各点的 y 坐标；$z(x)$ 为垂直尾翼中线上各点的 z 坐标。

同理，根据中值定理有

$$m_{44F} = m_{22F} y_{CF}^2 + m_{33F} z_{CF}^2 \tag{14-31}$$

式中：y_{CF} 为水平尾翼几何中心到 x 轴的距离；z_{CF} 为垂直尾翼几何中心到 x 轴的距离。

另外一种类似的方法，可参考潜艇操纵性，如下：

各尾翼的附加质量计算，以每块尾翼相当为平板，公式为

$$m_{22F} = m_{33F} = \mu(\lambda) \frac{1}{4} \pi \rho b^2 l \tag{14-32}$$

式中：l 为平板的展长，即尾翼的宽度或高度；b 为平板的弦长，即尾翼舵沿艇长方向的长度；$\mu(\lambda)$ 为有限翼展的修正值，按巴布斯特半经验公式计算：

$$\mu(\lambda) = \frac{\lambda}{\sqrt{1+\lambda^2}} \left(1 - 0.425 \frac{\lambda}{1+\lambda^2} \right) \tag{14-33}$$

$\lambda = l/b$ 为各尾翼的展弦比。

对于水平尾翼和升降舵：

$$m_{55F} = m_{33F} x_{ap}^2, \ m_{35F} = - m_{33F} x_{ap} \tag{14-34}$$

对于垂直尾翼和方向舵：

$$m_{66F} = m_{22F} x_{ap}^2, \ m_{26F} = m_{22F} x_{ap} \tag{14-35}$$

式中：x_{ap} 为各尾翼舵面积的气动力中心对于浮心的坐标值。

14.4　任意艇身外形附加质量计算的面元法

根据式（14-2）可知，在附加质量的计算中，求解单位速度势 ψ_j 与 $\dfrac{\partial \psi_i}{\partial n}$ 是关键。根据单位速度势的物理意义，可得

$$\nabla^2 \psi_j = 0, \ \psi_j|_\infty = 0 \tag{14-36}$$

至于 $\partial \psi_i / \partial n$，它是当飞艇仅有第 i 个分速时，物面上流体的法向分速。由于壁面不可穿透，此速度等于飞艇表面的法向分速。

$$\frac{\partial \psi_i}{\partial n} = \begin{cases} n_1 & (i=1) \\ n_2 & (i=2) \\ n_3 & (i=3) \\ yn_3 - zn_2 & (i=4) \\ zn_1 - xn_3 & (i=5) \\ xn_2 - yn_1 & (i=6) \end{cases} \tag{14-37}$$

式中：n_1、n_2、n_3 分别为飞艇表面单位法矢量在飞艇体坐标系中的 3 个分量；x、y、z 分别为飞艇表面上任意点的矢径在飞艇体坐标系中的 3 个分量。方程组式(14 - 2)、式(14 - 36)中 ψ_j 的求解可采用在物体表面分布源汇的 Hess-Smith 数值方法。

14.5 柔性艇身附加质量计算方法

可根据流体动能 T_f 进行推导得出柔性体的附加质量。流体的动能为

$$T_f = \frac{1}{2}\rho \iiint_{Vol_f} (\boldsymbol{v}_f)^{\mathrm{T}}(\boldsymbol{v}_f)\,\mathrm{d}Vol \tag{14 - 38}$$

式中：ρ 为周围流体密度；$\boldsymbol{v}_f = [u_f,\ v_f,\ w_f]^{\mathrm{T}}$ 为流体速度矢量；Vol_f 为流体体积。

对于势流流动，流体速度矢量 $\boldsymbol{v}_f$ 可以通过标量势函数 ψ 的梯度进行表示，采用 Green 定理，流体动能可通过势函数表达为

$$T_f = \frac{1}{2}\rho \iiint_{Vol_f} (\boldsymbol{v}_f)^{\mathrm{T}}(\boldsymbol{v}_f)\,\mathrm{d}Vol = \frac{1}{2}\rho \iiint_{Vol_f} (\nabla \psi)^{T}(\nabla \psi)\,\mathrm{d}Vol = -\frac{1}{2}\rho \iint_{S_B} \psi \frac{\partial \psi}{\partial n}\,\mathrm{d}S \tag{14 - 39}$$

式中：S_B 为柔性体的表面积。

根据流体的连续性方程，势函数满足拉普拉斯方程：

$$\nabla^2 \psi = 0 \tag{14 - 40}$$

其需要满足的边界条件是流体速度的法向分量必须等于柔性体表面任意位置的法向速度，即

$$\boldsymbol{v}_f^{\mathrm{T}}\boldsymbol{n} = \boldsymbol{v}_d^{\mathrm{T}}\boldsymbol{n} \tag{14 - 41}$$

式中：$\boldsymbol{v}_d$ 为柔性体的表面速度；$\boldsymbol{n} = [n_1,\ n_2,\ n_3]^{\mathrm{T}}$ 为柔性体表面的单位法向矢量，其方向沿柔性体表面向外为正。

沿柔性体的速度分布为

$$\boldsymbol{v}_d \approx \boldsymbol{v}_0 + \boldsymbol{\omega}^{\times}\boldsymbol{r} + \sum_{i=1}^{N} \dot{q}_i \Phi_i - u_0 \sum_{i=1}^{N} q_i \Phi_i' \tag{14 - 42}$$

式中：$\boldsymbol{v}_0 = [u_0,\ v_0,\ w_0]^{\mathrm{T}}$ 为线速度矢量；$\boldsymbol{\omega} = [p,\ q,\ r]^{\mathrm{T}}$ 为角速度矢量，

$$\boldsymbol{\omega}^{\times} = \begin{bmatrix} 0 & -r & q \\ r & 0 & -p \\ -q & p & 0 \end{bmatrix} \tag{14 - 43}$$

$\boldsymbol{r} = [x,\ y,\ z]^{\mathrm{T}}$ 为机体坐标系下柔性体表面点的位置矢量；q_i 为广义坐标；Φ_i 为第 i 阶振型函数，$\Phi_i' = \mathrm{d}\Phi_i/\mathrm{d}x$；$N$ 为描述柔性体变形的振型的个数。

将柔性体的速度分布 v_d 代入流场速度满足的边界条件式(14-41),可得

$$v_i^T n = (v_0 + \boldsymbol{\omega}^\times \boldsymbol{r} + \sum_{i=1}^{N} \dot{q}_i \Phi_i - u_0 \sum_{i=1}^{N} q_i \Phi_i')^T n \tag{14-44}$$

$$= v_0^T n + \boldsymbol{\omega}^T (\boldsymbol{r}^\times \boldsymbol{n}) + \sum_{i=1}^{N} \dot{q}_i \Phi_i^T n - u_0 \sum_{i=1}^{N} q_i \Phi'^T n$$

上述方程为柔性体的拉普拉斯方程满足的边界条件。

根据速度势的叠加原理和满足的边界条件,总速度势 ψ 可表达为

$$\psi = \boldsymbol{v}^T \boldsymbol{\psi}_r + \dot{\boldsymbol{q}}^T \boldsymbol{\psi}_q + u_0 \boldsymbol{q}^T \boldsymbol{\psi}_s \tag{14-45}$$

式中: $\boldsymbol{v}^T = [\boldsymbol{v}_0^T \quad \boldsymbol{\omega}^T]$; $\boldsymbol{\psi}_r = [\psi_{r1}, \psi_{r2}, \cdots, \psi_{r6}]^T$ 为刚体运动的速度势; $\boldsymbol{\psi}_q = [\psi_{q1}, \psi_{q2}, \cdots, \psi_{qN}]^T$ 为与振型 Φ 相关的速度势; $\boldsymbol{\psi}_s = [\psi_{s1}, \psi_{s2}, \cdots, \psi_{sN}]^T$ 为与振型斜率 Φ' 相关的速度势。

通过式(14-45)表达的速度势,流体的动能可表示为

$$T_f = -\frac{1}{2} \rho \iint_{S_B} \psi \frac{\partial \psi}{\partial n} dS$$

$$= -\frac{1}{2} \rho \iint_{S_B} (\boldsymbol{v}^T \boldsymbol{\psi}_r + \dot{\boldsymbol{q}}^T \boldsymbol{\psi}_q + u_0 \boldsymbol{q}^T \boldsymbol{\psi}_s) \frac{\partial (\boldsymbol{v}^T \boldsymbol{\psi}_r + \dot{\boldsymbol{q}}^T \boldsymbol{\psi}_q + u_0 \boldsymbol{q}^T \boldsymbol{\psi}_s)}{\partial n} dS$$

$$= \frac{1}{2} \boldsymbol{v}^T \boldsymbol{M}_{rr} \boldsymbol{v} + \frac{1}{2} \boldsymbol{v}^T \boldsymbol{M}_{rq} \dot{\boldsymbol{q}} + \frac{1}{2} \boldsymbol{v}^T \boldsymbol{M}_{rs} (u_0 \boldsymbol{q})$$

$$+ \frac{1}{2} \dot{\boldsymbol{q}}^T \boldsymbol{M}_{qr} \boldsymbol{v} + \frac{1}{2} \dot{\boldsymbol{q}}^T \boldsymbol{M}_{qq} \dot{\boldsymbol{q}} + \frac{1}{2} \dot{\boldsymbol{q}}^T \boldsymbol{M}_{qs} (u_0 \boldsymbol{q})$$

$$+ \frac{1}{2} u_0 \boldsymbol{q}^T \boldsymbol{M}_{sr} \boldsymbol{v} + \frac{1}{2} u_0 \boldsymbol{q}^T \boldsymbol{M}_{sq} \dot{\boldsymbol{q}} + \frac{1}{2} u_0 \boldsymbol{q}^T \boldsymbol{M}_{ss} (u_0 \boldsymbol{q}) = \frac{1}{2} [\boldsymbol{v}^T, \dot{\boldsymbol{q}}^T] \boldsymbol{M}_{AT} [\boldsymbol{v}^T, \dot{\boldsymbol{q}}^T]^T$$

$$\tag{14-46}$$

式中: $\boldsymbol{M}_{qr} = \boldsymbol{M}_{rq}^T$, $\boldsymbol{M}_{sr} = \boldsymbol{M}_{rs}^T$, $\boldsymbol{M}_{rr}$, $\boldsymbol{M}_{rq}$, $\boldsymbol{M}_{rs}$, $\boldsymbol{M}_{qr}$, $\boldsymbol{M}_{qq}$, $\boldsymbol{M}_{qs}$, $\boldsymbol{M}_{sr}$, $\boldsymbol{M}_{sq}$, $\boldsymbol{M}_{ss}$ 为柔性体的附加质量矩阵。柔性体附加质量元素的表达式如表14-2所示。

表 14-2 柔性体附加质量元素的表达式

附加质量矩阵	表　达　式
$\boldsymbol{M}_{rr}$	$\boldsymbol{M}_{rr, ij} = -\rho \iint_{S_B} \psi_{ri} \dfrac{\partial \psi_{rj}}{\partial n} dS; \ i = 1, 2, \cdots, 6; \ j = 1, 2, \cdots, 6$
$\boldsymbol{M}_{rq}$	$\boldsymbol{M}_{rq, ij} = -\rho \iint_{S_B} \psi_{ri} \dfrac{\partial \psi_{qj}}{\partial n} dS; \ i = 1, 2, \cdots, 6; \ j = 1, 2, \cdots, N$

（续表）

附加质量矩阵	表　达　式
$\boldsymbol{M}_{qr}$	$\boldsymbol{M}_{qr,\,ij} = -\rho \iint\limits_{S_B} \psi_{qi} \dfrac{\partial \psi_{rj}}{\partial n} \mathrm{d}S;\ i=1,\,2,\,\cdots,\,N;\ j=1,\,2,\,\cdots,\,6$
$\boldsymbol{M}_{qi}$	$\boldsymbol{M}_{qi,\,ij} = -\rho \iint\limits_{S_B} \psi_{qi} \dfrac{\partial \psi_{qj}}{\partial n} \mathrm{d}S;\ i=1,\,2,\,\cdots,\,N;\ j=1,\,2,\,\cdots,\,N$
$\boldsymbol{M}_{rs}$	$\boldsymbol{M}_{rs,\,ij} = -\rho \iint\limits_{S_B} \psi_{ri} \dfrac{\partial \psi_{sj}}{\partial n} \mathrm{d}S;\ i=1,\,2,\,\cdots,\,6;\ j=1,\,2,\,\cdots,\,N$
$\boldsymbol{M}_{sr}$	$\boldsymbol{M}_{sr,\,ij} = -\rho \iint\limits_{S_B} \psi_{si} \dfrac{\partial \psi_{rj}}{\partial n} \mathrm{d}S;\ i=1,\,2,\,\cdots,\,N;\ j=1,\,2,\,\cdots,\,6$
$\boldsymbol{M}_{qs}$	$\boldsymbol{M}_{qs,\,ij} = -\rho \iint\limits_{S_B} \psi_{qi} \dfrac{\partial \psi_{sj}}{\partial n} \mathrm{d}S;\ i=1,\,2,\,\cdots,\,N;\ j=1,\,2,\,\cdots,\,N$
$\boldsymbol{M}_{sq}$	$\boldsymbol{M}_{sq,\,ij} = -\rho \iint\limits_{S_B} \psi_{si} \dfrac{\partial \psi_{qj}}{\partial n} \mathrm{d}S;\ i=1,\,2,\,\cdots,\,N;\ j=1,\,2,\,\cdots,\,N$
$\boldsymbol{M}_{ss}$	$\boldsymbol{M}_{ss,\,ij} = -\rho \iint\limits_{S_B} \psi_{si} \dfrac{\partial \psi_{sj}}{\partial n} \mathrm{d}S;\ i=1,\,2,\,\cdots,\,N;\ j=1,\,2,\,\cdots,\,N$

为了得到柔性体的附加质量矩阵中的各元素，需要首先得到速度势 $\boldsymbol{\psi}_r$、$\boldsymbol{\psi}_q$ 和 $\boldsymbol{\psi}_s$。这三种速度势均与时间无关。

与刚体运动相关的速度势 $\boldsymbol{\psi}_r$ 仅是外形的函数，其满足拉普拉斯方程及边界条件为

$$\nabla^2 \psi_{ri} = 0 \quad (i=1,\,2,\,\cdots,\,6) \tag{14-47}$$

$$\frac{\partial \psi_{r1}}{\partial n} = n_1,\ \frac{\partial \psi_{r2}}{\partial n} = n_2,\ \frac{\partial \psi_{r3}}{\partial n} = n_3$$

$$\frac{\partial \psi_{r4}}{\partial n} = -zn_2 + yn_3,\ \frac{\partial \psi_{r5}}{\partial n} = zn_1 - xn_3,\ \frac{\partial \psi_{r6}}{\partial n} = -yn_1 + xn_2$$

与振型相关的速度势 $\boldsymbol{\psi}_q$，其满足拉普拉斯方程和边界条件为

$$\nabla^2 \psi_{qi} = 0 \quad (i=1,\,2,\,\cdots,\,N) \tag{14-48}$$

$$\frac{\partial \psi_{qi}}{\partial n} = \boldsymbol{\Phi}_i^{\mathrm{T}} \boldsymbol{n} = [\Phi_{xi}(x),\ \Phi_{yi}(x),\ \Phi_{zi}(x)] \begin{bmatrix} n_1 \\ n_2 \\ n_3 \end{bmatrix}$$

$$= \Phi_{xi}(x) \cdot n_1 + \Phi_{yi}(x) \cdot n_2 + \Phi_{zi}(x) \cdot n_3 \quad (i=1,\,2,\,\cdots,\,N)$$

与振型的斜率相关的速度势 $\boldsymbol{\psi}_s$，也满足拉普拉斯方程和边界条件为

$$\nabla^2 \psi_{si} = 0 \quad (i = 1, 2, \cdots, N) \tag{14-49}$$

$$\frac{\partial \psi_{si}}{\partial n} = -\boldsymbol{\Phi}_i'^{\mathrm{T}} \boldsymbol{n} = -\left[\Phi_{xi}'(x), \Phi_{yi}'(x), \Phi_{zi}'(x)\right] \begin{bmatrix} n_1 \\ n_2 \\ n_3 \end{bmatrix}$$

$$= \left[\frac{\mathrm{d}\Phi_{xi}(x)}{\mathrm{d}x} \cdot n_1 + \frac{\mathrm{d}\Phi_{yi}(x)}{\mathrm{d}x} \cdot n_2 + \frac{\mathrm{d}\Phi_{zi}(x)}{\mathrm{d}x} \cdot n_3\right] \quad (i = 1, 2, \cdots, N)$$

当得到速度势 $\boldsymbol{\psi}_r$、$\boldsymbol{\psi}_q$ 和 $\boldsymbol{\psi}_s$ 后,可采用表 14-2 中的表达式分别计算附加质量矩阵。

上述的附加质量矩阵分别满足相应的拉普拉斯方程和对应的边界条件。对于拉普拉斯方程可以通过面元法进行求解。

面元法可快速得到拉普拉斯方程在不同边界条件下的解。其通过将柔性体表面离散为若干小的面元,然后在每个面元上布置点源/汇,根据边界条件得到柔性体表面的速度势分布。表面面元网格如图 14-3 所示。

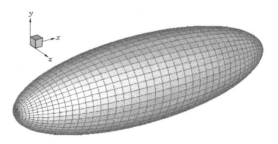

图 14-3　表面面元网格

在计算附加质量矩阵时,由于 $\boldsymbol{M}_{ri,\,r}$、$\boldsymbol{M}_{ri,\,q}$ 和 $\boldsymbol{M}_{ri,\,s}$ 需要相同的速度势 ψ_{ri},故可以同时求解。另外,$\boldsymbol{M}_{qs}$ 和 $\boldsymbol{M}_{ql}$ 也可通过 ψ_q 同时求解。$\boldsymbol{M}_{ss}$ 可通过 ψ_{si} 和 $\dfrac{\partial \psi_{si}}{\partial n}$ 得到。

例题 14-1　Skyship-500 飞艇的柔性附加质量计算。Skyship-500 和其近似椭球外形如图 14-4 所示,Skyship-500 飞艇的前两阶振型如图 14-5 所示,

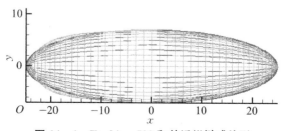

图 14-4　Skyship-500 和其近似椭球外形

(椭球长半轴:25 m,短半轴:7.09 m,长度:50 m)

Skyship-500 飞艇和其近似椭球的附加质量值如表 14-3 所示。

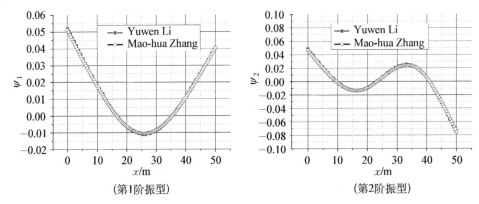

（第1阶振型）　　　　　　　　（第2阶振型）

图 14-5　Skyship-500 飞艇的前两阶振型

表 14-3　Skyship-500 飞艇和其近似椭球的附加质量值（空气密度＝1.158 kg/m³）

附加质量矩阵	Skyship-500	近似椭球	差别/%	附加质量矩阵	Skyship-500	近似椭球	差别/%
M_{rr11}	601.067 4	603.071 9	0.333 49	M_{qq11}, M_{qq33}	0.712 43	0.738 7	3.687 38
M_{rr22}	5 061.977	5 262.213	3.955 688	M_{qq12}, M_{qq34}	-7.867×10^{-2}	$-0.138\,9$	76.560 32
M_{rr33}	5 061.976	5 262.213	3.955 708	M_{qq21}, M_{qq43}	-7.847×10^{-2}	$-0.138\,9$	77.010 32
M_{rr55}	446 583.1	465 359.5	4.204 458	M_{qq22}, M_{qq44}	0.810 64	0.932 3	15.007 89
M_{rr66}	446 583.3	465 359.5	4.204 412	M_{qs11}, M_{qs33}	3.777×10^{-2}	$2.617\,5\times10^{-2}$	-30.699
M_{rq21}, M_{rq33}	15.511 68	15.527 61	0.102 697	M_{qs12}, M_{qs34}	0.160 56	0.173 13	7.828 849
M_{rq22}, M_{rq34}	17.065 28	17.779 54	4.185 457	M_{qs21}, M_{qs43}	-2.173×10^{-2}	-1.905×10^{-2}	$-12.333\,2$
M_{rq53}, $-M_{rq61}$	170.221 6	113.699	$-33.205\,3$	M_{qs22}, M_{qs44}	-2.295×10^{-2}	-3.881×10^{-2}	69.106 75
M_{rq54}, $-M_{rq62}$	$-55.050\,5$	$-33.013\,68$	$-40.030\,2$	M_{ss11}, M_{ss33}	$1.961\,4\times10^{-2}$	$1.992\,7\times10^{-2}$	1.595 799
M_{rs21}, M_{rs33}	2.076 484	1.124 52	-45.845	M_{ss12}, M_{ss34}	-2.031×10^{-3}	-5.527×10^{-3}	172.132
M_{rs22}, M_{rs34}	3.771 714	4.343 076	15.148 6	M_{ss21}, M_{ss43}	-2.027×10^{-3}	-5.527×10^{-3}	172.669
M_{rs53}, $-M_{rs61}$	92.476 56	94.861 14	2.578 578	M_{ss22}, M_{ss44}	4.513×10^{-2}	$5.505\,2\times10^{-2}$	21.985 38
M_{rs54}, $-M_{rs62}$	$-14.570\,3$	$-32.441\,28$	122.653 5				

　　从表 14-3 可看出，外形变化会引起附加质量矩阵中各元素的变化。对于刚体附加质量矩阵中的元素，M_{rr22}，M_{rr33}，M_{rr55}，M_{rr66} 受外形的影响较大。柔性附加质量矩阵中 M_{rq}，M_{rs}，M_{qq} 和 M_{qs} 对外形较敏感。尽管外形对 M_{ss} 具有较大的影响，由于自身数值较小故对动力学影响小。不同边界条件下的速度势分布如图 14-6～图 14-8 所示。

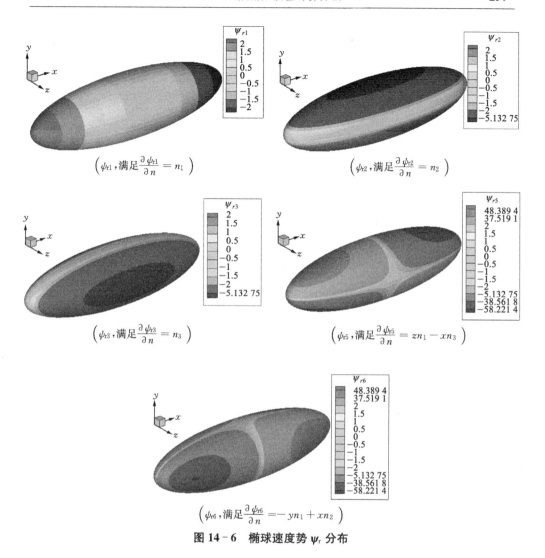

$\left(\psi_{r1},满足\dfrac{\partial \psi_{r1}}{\partial n}=n_1\right)$ $\left(\psi_{r2},满足\dfrac{\partial \psi_{r2}}{\partial n}=n_2\right)$

$\left(\psi_{r3},满足\dfrac{\partial \psi_{r3}}{\partial n}=n_3\right)$ $\left(\psi_{r5},满足\dfrac{\partial \psi_{r5}}{\partial n}=zn_1-xn_3\right)$

$\left(\psi_{r6},满足\dfrac{\partial \psi_{r6}}{\partial n}=-yn_1+xn_2\right)$

图 14-6 椭球速度势 ψ_r 分布

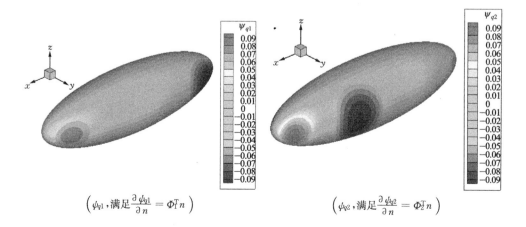

$\left(\psi_{q1},满足\dfrac{\partial \psi_{q1}}{\partial n}=\Phi_1^{\mathrm{T}}n\right)$ $\left(\psi_{q2},满足\dfrac{\partial \psi_{q2}}{\partial n}=\Phi_2^{\mathrm{T}}n\right)$

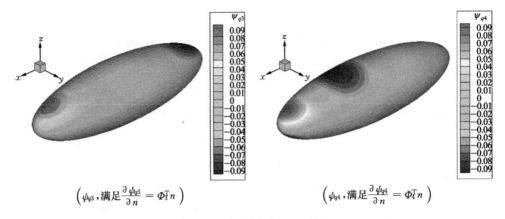

$$\left(\psi_{q3},满足\frac{\partial \psi_{q3}}{\partial n}=\Phi_3^{\mathrm{T}}n\right) \qquad \left(\psi_{q4},满足\frac{\partial \psi_{q4}}{\partial n}=\Phi_4^{\mathrm{T}}n\right)$$

图 14 - 7   椭球速度势 ψ_q 分布

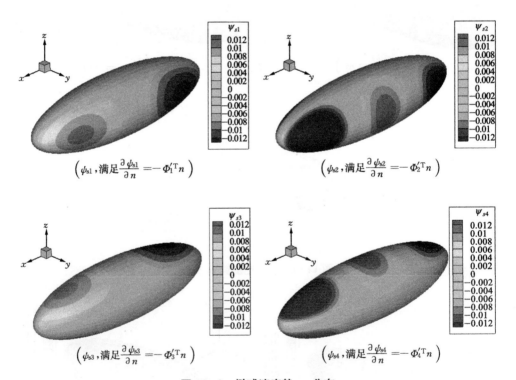

$$\left(\psi_{s1},满足\frac{\partial \psi_{s1}}{\partial n}=-\Phi_1'^{\mathrm{T}}n\right) \qquad \left(\psi_{s2},满足\frac{\partial \psi_{s2}}{\partial n}=-\Phi_2'^{\mathrm{T}}n\right)$$

$$\left(\psi_{s3},满足\frac{\partial \psi_{s3}}{\partial n}=-\Phi_3'^{\mathrm{T}}n\right) \qquad \left(\psi_{s4},满足\frac{\partial \psi_{s4}}{\partial n}=-\Phi_4'^{\mathrm{T}}n\right)$$

图 14 - 8   椭球速度势 ψ_s 分布

从上图给出的不同速度势的分布得出 $\psi_r > \psi_q > \psi_s$，这使得附加质量矩阵具有如下特性：

$$M_{rr} > M_{rq} > M_{rs} > M_{ql} > M_{qs} > M_{ss}$$

对于速度势 ψ_{r2}、ψ_{r6}、ψ_{q1}、ψ_{q2}、ψ_{s1} 和 ψ_{s2}，其分布关于 Oxz 平面对称，但符号会改

变。类似地，ψ_{r3}、ψ_{r5}、ψ_{q3}、ψ_{q4}、ψ_{s3} 和 ψ_{s4}，其分布关于 Oxy 平面对称，但符号也会改变。

速度势 $\boldsymbol{\psi}_q$ 分布取决于振型，第 1 阶振型类似于抛物线，使得 ψ_{q1} 和 ψ_{q3} 分布在两端小、中部大的趋势。第 2 阶振型决定了 ψ_{q2} 和 ψ_{q4} 的分布趋势。

速度势 $\boldsymbol{\psi}_s$ 反映振型斜率的变化。ψ_{s1} 和 ψ_{s3} 分布趋势与第 1 阶振型的斜率变化对应，而 ψ_{s2} 和 ψ_{s4} 分布趋势与第 2 阶振型的斜率变化对应。

15　飞艇螺旋桨设计

15.1　螺旋桨理论概述

由于飞艇的飞行速度较低,螺旋桨为其提供了一种有效的推进方式。飞艇的飞行速度无法匹配高排气速度的涡轮喷气推进。在同样的推力需求下扇涡轮发动机比涡轮喷气效率高,而螺旋桨推进是其中效率最高的,其中的原因可通过牛顿第二定律进行解释。

$$T_{net} = m_{air}(\dot{V}_e - \dot{V}_a)$$

其中,为了便于分析,压力项被忽略,上述方程的合力为推力 T_{net}。螺旋桨通过给相对大质量的空气一个相对小的加速度产生一定的推力。而涡扇和涡轮喷气均是给相对小质量的空气以较高的加速度。从能量方面考虑,产生最小的动能变化将需要最少的能量,这样螺旋桨将会产生最高的效率。

另外,在飞艇上采用螺旋桨推进的优点是,其可通过简单的螺旋桨角度的变化,非常迅速地实现反推力。螺旋桨反推力系统通过非常小的重量代价,可提供飞艇较高的减速特性。

从螺旋桨的提出到 19 世纪工业革命,螺旋桨设计通常采用反复试验的方法,即螺旋桨设计者制造一个基准螺旋桨,然后在此基础上不断通过试验改进其外形直至得到性能最佳的螺旋桨。直到 1865 年,Rankine 提出动量理论,螺旋桨的设计方法才开始发展。

动量理论,Rankine(1865—1887): 该理论是基于流体通过螺旋桨桨盘可近似为轴向运动。螺旋桨推力可通过螺旋桨前后两个面上的流体动量的改变进行估算。该理论中的螺旋桨通过一个桨盘代替,故不直接涉及螺旋桨的几何外形。因此,该方法不能用于螺旋桨设计。但根据该理论可得到一些螺旋桨的一般规律和结论,特别是在给定工况下螺旋桨可达到的最佳效率,即"桨盘效率"。

叶素理论,Froude(1878): 与动量理论不同的是,Froude 提出一种可考虑螺旋桨桨叶几何外形的方法(Froude，1889)。该方法中，螺旋桨桨叶沿其展向划分成很多单元，每一个单元可看作一定来流条件下的二维翼型。只要翼型的升阻特性已知，螺旋桨的推力和力矩可通过这些单元的叠加得到。由于当时桨叶二维翼型的升阻特性是未知的，故 Froude 方法不能准确地预测螺旋桨的性能。

升力线理论(1900—1960)：Lanchester 和 Prandtl 首先提出在一个机翼上的升力是由于围绕桨叶单元环量和尾缘脱落的自由涡的发展引起的。采用该理论可得出在桨叶单元上的自由涡所诱导的轴向和切向速度。Bets(1919)和 Lerbs(1952)建立了沿螺旋桨桨叶最优环量分布的条件。Lerbs 通过升力线方法可对无黏流中的中等载荷螺旋桨的性能进行很好的预测。同时基于不同的假设也建立了针对轻载和重载螺旋桨特性进行数值计算的升力线方法，例如 Burrill(1944)、Morgan 和 Eckhardt(1955)。由于升力线方法的计算高效性，通常可用于螺旋桨的初步设计。然而，对于螺旋桨更加详细的设计和分析需要发展更加准确的方法。

升力面方法(1960—1995)：该方法将螺旋桨的桨叶近似为无厚度的薄面，其外形由桨叶各截面的中弧线构成，在该薄面上沿其展向和弦向分布涡。后来，截面翼型的厚度可通过沿其弦向增加点源和点汇的分布进行模拟。在 20 世纪 60 年代早期，许多升力面计算方法的形成主要是由于当时计算能力的提高。Pien(1960)首次提出升力面理论。Kerwin 和 Lee(1978)提出的涡格法是升力面方法中的一类。该方法将连续的环量分布(点源和点汇分布)采用沿翼型展向离散值进行代替。发现该方法对于螺旋桨性能的预测非常有效。然而，该方法的计算效率不高，故主要用于螺旋桨的详细设计和其性能分析。

边界元方法(1980—现在)：该方法的提出主要是为克服升力面方法的两个问题：①靠近前缘产生的局部误差；②在靠近桨毂处所引起的误差，在桨毂处桨叶非常靠近且相对较厚。边界元方法将螺旋桨的桨叶和轮毂表面通过若干离散的小四边形面元近似(见图 15 - 1)，然后在其上分布点源和偶极子，尾迹也采用同样的形式进行表示。点源和偶极子的强度通过壁面满足的边界条件进行确定。采用该方法，沿桨叶的压力分布以及螺旋桨特性可得到较准确的预测。

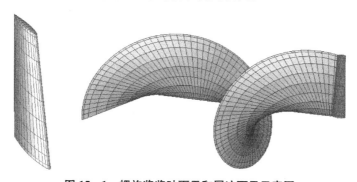

图 15 - 1 螺旋桨桨叶面元和尾迹面元示意图

计算流体动力学(21 世纪)：近些年来，在设计和分析螺旋桨特性方面，采用计算流体动力学得到很大的发展。这些方法包括基于雷诺平均 NS 方程(RANS)方法、大涡模拟方法(LES)、直接数值模拟方法(DNS)。然而，这些方法计算时需要较大的软硬件资源，其中基于 RANS 的数值计算方法是这些方法中相对最有效的。基于这方面的原因，这些方法主要用于研究而不是一个实际螺旋桨的设计。随着计算机计算能力的发展，这些方法在螺旋桨设计中会逐渐得到广泛的应用。

15.2　螺旋桨入流条件及推进特性系数定义

螺旋桨的实际使用通常使其处于一个相对复杂的流场中，例如飞艇艇身尾部流场、飞艇两侧的扰流流场等。这些流场通常具有高度的湍流度且存在较大的不均匀性。另外，局部的流场也会由于螺旋桨的存在而发生明显的变化。而在螺旋桨平面速度分布的一部分会受到绕飞艇的势流流动以及黏性的影响。这不像一个纯粹的势流场，流场中的涡自身相互作用，然后被螺旋桨的旋转而加速。这意味着在靠近螺旋桨一点上的总速度不是简单的入流速度(无螺旋桨时)和螺旋桨诱导速度的叠加，但会包括一个附加的相互作用部分。一个完全的数值模拟需要大量的计算资源，且结果的有效性受到现有经验湍流模型的限制。故对于螺旋桨设计和分析需要建立一个简化的流动模型。

一般在设计和分析螺旋桨性能时，通常对来流条件进行一定的简化以确定定常状态下的螺旋桨性能。来流速度采用螺旋桨径向变化的函数。

轴向速度分布：
$$V_A(r) = A_a(r) \tag{15-1}$$

切向速度分布：
$$V_T(r) = A_t(r) \tag{15-2}$$

图 15 - 2 给出了螺旋桨的坐标系、来流速度、旋转角速度、产生的推力 T 和扭矩 Q。螺旋桨具有最大半径 R(或直径 D)，安装在坐标原点。

一般螺旋桨包括 Z 个相同的桨叶，对称地安装在轮毂上，轮毂安装在旋转轴上。轮毂和转轴可看作沿 x 轴的任意对称外形，但通常看作一半径为 r_h 的圆柱(见图 15 - 2)，或在初步分析时将其忽略。

螺旋桨旋转所产生的诱导速度可在直角坐标系中表示为(u, v, w)或在圆柱坐标系下表示为(u_a, u_r, u_t)(见图 15 - 2)。其中，u_a、u_r、u_t 分别为轴向速度、径向速度和圆周方向速度。总速度场是螺旋桨前进速度(或飞艇飞行空速)、旋转速度和诱导速度叠加之和，在圆柱坐

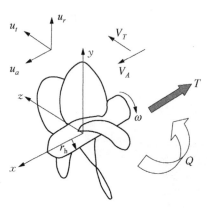

图 15 - 2　螺旋桨坐标系及速度

标系下的分量为

$$V_A(r) + u_a, \quad u_r, \quad \omega r + V_T(r) + u_t$$

螺旋桨通过旋转产生沿 x 轴负方向的推力 T 和与旋转方向相反的扭矩 Q。这两个量可通过飞艇空速 V_s 以及桨盘面积使其量纲化为 1，形成推力系数和扭矩系数，则有

$$C_{T_s} = \frac{T}{\frac{1}{2}\rho V_s^2(\pi R^2)}, \quad C_{Q_s} = \frac{Q}{\frac{1}{2}\rho V_s^2(\pi R^3)} \tag{15-3}$$

或通过体积平均来流速度使其量纲为 1，则有

$$C_{T_a} = \frac{T}{\frac{1}{2}\rho \overline{V}_A^2(\pi R^2)}, \quad C_{Q_a} = \frac{Q}{\frac{1}{2}\rho \overline{V}_A^2(\pi R^3)} \tag{15-4}$$

其中，体积平均来流速度为

$$\overline{V}_A = \frac{2}{(R^2 - r_h^2)}\int_{r_h}^{R} r V_A(r)\,\mathrm{d}r$$

另外，推力和扭矩也可采用螺旋桨转数和其直径使其量纲化为 1。

$$K_T = \frac{T}{\rho n^2 D^4}, \quad K_Q = \frac{Q}{\rho n^2 D^5} \tag{15-5}$$

式中：$n = \frac{\omega}{2\pi}$ 为螺旋桨的转数 (r/s)；D 为螺旋桨直径。

流体的相对运动仅依赖于来流速度与螺旋桨旋转速度之比，通常称为进距比：

$$J_s = \frac{V_s}{nD} \tag{15-6}$$

或

$$J_A = \frac{\overline{V}_A}{nD} \tag{15-7}$$

基于进距比可建立式(15-3)、式(15-4)与式(15-5)这两套系数之间的关系：

$$C_{T_s} = \frac{8}{\pi}\frac{K_T}{J_s^2}, \quad C_{Q_s} = \frac{16}{\pi}\frac{K_Q}{J_s^2} \tag{15-8}$$

$$C_{T_a} = \frac{8}{\pi}\frac{K_T}{J_A^2}, \quad C_{Q_a} = \frac{16}{\pi}\frac{K_Q}{J_A^2} \tag{15-9}$$

在大多数情况下，螺旋桨的推进性能一般采用 K_T 和 K_Q 表示，这是由于螺旋桨

的转数无论在实验室还是对于真实的飞艇上均可准确地测得而且当来流速度 V_A 为零时这两个系数仍可使用。然而,从下面的章节可看出,C_{T_s} 和 C_{Q_s} 与螺旋桨的效率存在直接的相关性。故这两类系数在螺旋桨中都会经常用到。

螺旋桨推进时,能量通过螺旋桨所引起的损失一部分是流体黏性,另一部分是螺旋桨下游流场旋转所带走的能量。其推进效率为

$$\eta = \frac{TV_s}{Q\omega} \tag{15-10}$$

也可表达为推力系数 K_T 和扭矩系数 K_Q 的形式:

$$\eta = \frac{1}{2\pi} \frac{K_T J_s}{K_Q} \tag{15-11}$$

另外,飞艇整个推进系统的效率为有用功率与电机输入功率之比,需要考虑螺旋桨安装在飞艇上,其与飞艇之间相互干扰而引起的效率损失。

15.3　桨盘理论

下面考虑一种最简单的理想螺旋桨,称为桨盘,是由 Rankine 和 Froude 首次提出的。这时将真实的螺旋桨看作流体可通过的半径为 R 的圆盘,且忽略其在轴向方向的厚度。圆盘对流过的流体产生一个均匀的总压增量 Δp_t,其使流体沿 x 轴的正方向加速,这样导致在 x 轴的负方向会产生推力。通过圆盘不考虑切向速度的变化,因此根据角动量守恒原理,不会产生扭矩。

桨盘可认为是包括无限多个桨叶,且桨叶具有无限旋转速度的零弦长的螺旋桨。这是螺旋桨的一种极限情况。

下面根据动量和能量守恒得出桨盘的推力及其效率。

桨盘假设在无界的无黏流场中,来流具有一致的速度 V_A 和静压 p_0。由于流动是轴对称且无旋的,可将轴向和径向速度仅看作 x 和 r 的函数。即

$$u_a(x,\ r),\ u_r(x,\ r)$$

由于为无黏流动,根据伯努利方程沿任意流线总压为常数。通过桨盘的流线存在一个总压增量 Δp_t。在距离桨盘下游远处,可认为流动状态量不依赖于 x 坐标值,并以桨尖流线为边界形成一个半径为 R_w 的影响区域。这样轴向扰动速度当 $r < R_w$ 时为 $u_w(r)$,当 $r > R_w$ 时,扰动速度为零。对于所有半径处径向速度均为零,且静压与半径无关,其值等于上游静压值 p_0。

既然在桨盘中无流体产生,故轴向和径向速度在桨盘前后是连续一致的。这样总压的增加 Δp_t 完全转化为静压增量 Δp。根据伯努利方程可写出通过桨盘任意流线上的远前方和下游点所满足的方程:

$$p_0 + \frac{1}{2}\rho V_{\mathrm{A}}^2 + \Delta p = p_0 + \frac{1}{2}\rho(V_{\mathrm{A}} + u_w(r))^2 \tag{15-12}$$

可得

$$\Delta p = \rho u_w(r)\left(V_{\mathrm{A}} + \frac{u_w(r)}{2}\right) \tag{15-13}$$

既然 Δp 与半径无关,通过上式可得出在下游远处,扰动速度与半径无关,即

$$u_w(r) = u_w$$

这样桨盘所产生的总的推力为

$$T = \pi R^2 \Delta p = \pi R^2 \rho u_w\left(V_{\mathrm{A}} + \frac{u_w}{2}\right) \tag{15-14}$$

这样前述的式(15-2)中的推力系数可写为与滑流速度 u_w 之间的关系,即

$$C_T = \frac{T}{\frac{1}{2}\rho V_{\mathrm{A}}^2(\pi R^2)} = 2\frac{u_w}{V_{\mathrm{A}}}\left(1 + \frac{1}{2}\frac{u_w}{V_{\mathrm{A}}}\right) \tag{15-15}$$

另外,也可根据动量守恒得到推力的一个独立表达式,该表达式可得出桨盘上速度的分布信息。通用的动量矢量形式为

$$\boldsymbol{F} + \iint\limits_{S} p\boldsymbol{n}\,\mathrm{d}S = \rho\iint\limits_{S}\boldsymbol{V}(\boldsymbol{V}\boldsymbol{n})\,\mathrm{d}S$$

其表示通过任意控制体的流体动量通量等于作用在该控制体表面上的总的压力与作用在控制体上的体力 $\boldsymbol{F}$ 之和。对于桨盘来说,体积力为其总推力 T,方向沿 x 轴的负方向。这样,动量方程的 x 轴的分量方程为

$$T = -\iint\limits_{S} p n_x\,\mathrm{d}S + \rho\iint\limits_{S}(V_{\mathrm{A}} + u_a)n_x\,\mathrm{d}S \tag{15-16}$$

下面首先对压力积分项进行分析。

参考如图 15-3 所示的桨叶盘动量分析的控制体(流管压缩),所选择的控制体,其外表面对应于通过桨叶翼尖的流面,其上游和下游边界距离桨盘足够远,这样速度和压力均达到其稳定的极限值。从而在上游边界,控制体半径为 R_u,压力为 p_0,速度为 V_{A}。在下游边界,控制体半径为 R_w,压力也是 p_0,而速度为 $V_{\mathrm{A}} + u_w$,根据质量守恒得到

$$\pi R_u^2 V_{\mathrm{A}} = \pi R_w^2(V_{\mathrm{A}} + u_w) \tag{15-17}$$

作用在上下游两个边界上的压力差为

$$\pi p_0 (R_u^2 - R_w^2) \tag{15-18}$$

其方向沿 x 轴正方向。

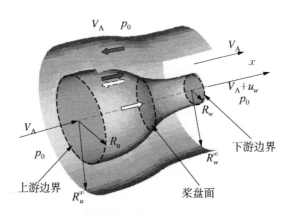

图 15‑3　桨叶盘动量分析的控制体（流管压缩）

　　由于外边界的形状和压力分布未知，无法求解控制体外表面上的压力在 x 方向的分量。为了避开这一问题，建立另外一个控制体，其内部边界与上述控制体的外边界重合。其外边界为一流平面，上游边界半径为 R_u^∞，下游边界半径为 R_w^∞。取其值足够大使得速度恢复为自由来流速度 V_A。由于新的控制体位于螺旋桨滑流的外侧，在上游和下游面上的速度均为 V_A。质量守恒需要这两个面具有相等的面积，且两个面上的压力相等，故总的压力为零。而且，质量守恒需要

$$\pi((R_u^\infty)^2 - (R_w^\infty)^2) = \pi((R_u)^2 - (R_w)^2)$$

　　因此，只作用在新控制体外边界上的压力在 x 方向的分量为

$$\pi p_0((R_u^\infty)^2 - (R_w^\infty)^2) = \pi p_0((R_u)^2 - (R_w)^2)$$

其方向沿 x 轴负方向。既然在新的控制体上无动量通量离开，且无体力，故总的压力积分必须为零。因此在新控制体的内部边界上的力为

$$\pi p_0((R_u)^2 - (R_w)^2) \quad (x \text{ 轴正方向})$$

这样原控制体上的外部表面上的力也为

$$\pi p_0((R_u)^2 - (R_w)^2) \quad (x \text{ 轴负方向})$$

　　现在可得出，这个力恰好平衡原控制体两端产生的总的压力，从而在原控制体上的压力总和为零，即

$$T = -\iint_S p n_x \mathrm{d}S + \rho \iint_S (V_A + u_a) n_x \mathrm{d}S = \rho \iint_S (V_A + u_a) n_x \mathrm{d}S \tag{15-19}$$

下面针对动量通量项进行分析。既然在桨盘平面上的速度不可假设为其与半径无关。首先引入下面的量作为在桨盘上的扰动速度量：

$$u_a^*(r) = u_a(0, r)$$

$$u_r^*(r) = u_r(0, r)$$

现在考虑桨盘上一半径为 $\mathrm{d}r$ 的微分流管,通过该流管的质量流量为

$$\frac{\mathrm{d}m}{\mathrm{d}t} = 2\pi r\rho(V_A + u_a^*(r))\mathrm{d}r \tag{15-20}$$

桨盘所产生的总推力为

$$
\begin{aligned}
T = \dot{m}v &= 2\pi\rho u_w\int_0^R (V_A + u_a^*(r))r\mathrm{d}r \\
&= \rho\pi R^2 u_w V_A + 2\pi\rho u_w\int_0^R u_a^*(r)r\mathrm{d}r \\
&= \rho\pi R^2 u_w(V_A + \overline{u_a^*})
\end{aligned}
\tag{15-21}
$$

式中：

$$\overline{u_a^*} = \frac{2}{R^2}\int_0^R u_a^*(r)r\mathrm{d}r$$

为在桨盘上的质量平均轴向扰动速度。

与前述的桨盘上的推力的表达式(15-14)进行比较,

$$T = \pi R^2 \Delta p = \pi R^2 \rho u_w\left(V_A + \frac{u_w}{2}\right)$$

可得出,桨盘上的质量平均轴向扰动速度为下游远场扰动速度的一半,即

$$\overline{u_a^*} = \frac{u_w}{2}$$

将其代入推力系数的表达式：

$$C_T = \frac{T}{\frac{1}{2}\rho V_A^2(\pi R^2)} = 2\frac{u_w}{V_A}\left(1 + \frac{1}{2}\frac{u_w}{V_A}\right)$$

可得

$$\frac{\overline{u_a^*}}{V_A} = \frac{-1 + \sqrt{1+C_T}}{2}, \frac{u_w}{V_A} = -1 + \sqrt{1+C_T} \tag{15-22}$$

该式给出了在桨盘上的轴向速度与推力系数的关系。

对于小的推力系数, $C_T \ll 1$, 上述式(15-22)可变为

$$\frac{\overline{u_a^*}}{V_A} = \frac{C_T}{4} \qquad (15-23)$$

通过质量守恒,下面给出桨盘远场处滑流半径与推力系数之间关系的表达式:

$$\pi R^2 \left(V_A + \frac{u_w}{2}\right) = \pi R_w^2 (V_A + u_w)$$

$$\frac{R_w}{R} = \sqrt{\frac{1 + \frac{1}{2}\frac{u_w}{V_A}}{1 + \frac{u_w}{V_A}}} = \sqrt{\frac{1 + \sqrt{1 + C_T}}{2\sqrt{1 + C_T}}} \qquad (15-24)$$

从该式可看出,当推力增加时,最终的稳定滑流半径 R_w 减小。随着推力的增加,R_w 趋近的极限值为

$$R_w/R = 1/\sqrt{2} \qquad (15-25)$$

桨盘的效率可定义为有用功与所提供的总能量之比。

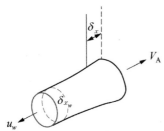

桨叶盘能量平衡控制体如图 15-4 所示,在一个固定的坐标系下,桨盘将以速度 V_A 沿 x 轴的负方向移动。在 δ_t 时间内,桨盘移动的距离为

$$\delta_x = V_A \delta_t$$

另外,输出的功为

$$W = T\delta_x$$

图 15-4　桨叶盘能量平衡控制体

同时,给予流体的总动能将增加 E,能量守恒需要输入的总能量为

$$T\delta_x + E$$

故效率为

$$\eta = \frac{T\delta_x}{T\delta_x + E} = \frac{T}{T + E/\delta_x}$$

现在需要得到流体的总动能增加量 E 的表达式。在 δ_t 时间内,下游远场滑流中的流体微团相对于桨盘将移动距离为

$$\delta x_w = (V_A + u_w)\delta_t = \frac{(V_A + u_w)}{V_A}\delta_x$$

这样流体获得的动能是半径为 R_w、长度为 δx_w 的圆柱体内流体的动能

$$E = \frac{1}{2}mv^2 = \left[\frac{1}{2}\rho u_w^2\right] \cdot \pi R_w^2 \cdot \left[\delta_x \frac{V_A + u_w}{V_A}\right]$$

进而可表示为

$$\frac{E}{\delta_x} = \left[\frac{1}{2}\rho u_w^2\right] \cdot \pi R_w^2 \cdot \left[\frac{V_A + u_w}{V_A}\right] = \left[\frac{1}{2}\rho u_w^2\right] \cdot \pi R^2 \cdot \left[\frac{V_A + u_w/2}{V_A}\right]$$

而且根据

$$T = \pi R^2 \Delta p = \pi R^2 \rho u_w \left(V_A + \frac{u_w}{2}\right)$$

可得

$$\frac{E}{\delta_x} = \frac{1}{2}\left[\frac{u_w}{V_A}\right]T \qquad\qquad (15-26)$$

最后可得效率公式为

$$\eta = \frac{T\delta_x}{T\delta_x + E} = \frac{2}{1 + \sqrt{1 + C_T}}（不考虑滑流旋转） \qquad (15-27)$$

尽管本处的简单动量/能量分析不能给出桨盘附近复杂的局部流场特性,但所得效率是准确的。该式给出效率随推力系数的增大而减小,并给出了实际螺旋桨可达到的效率上限(见图 15-5)。

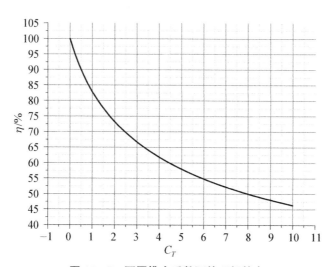

图 15-5 不同推力系数下的理想效率

(不考虑黏性以及下游流场旋转引起的能量损失)

上述得到的结果是对于桨盘最简单的情况,即均匀的总压增加且无附加的旋转(流场轴对称)。对于更一般的情况,需要通过下面的升力线理论给出。桨盘理论可看作升力线理论中的一种特殊情况。

15.4　螺旋桨升力线理论

一般空气螺旋桨桨叶展弦比较大,可采用升力线对其近似。如图 15 - 6 左侧所示,对于弦长较大的桨叶可看作为一个分布有离散自由涡的升力面。当桨叶处于无弦长的极限情况,如图 15 - 6 右侧所示,这时对于平面翼型,在每个桨叶上的附着涡格退化为一个单一强度为 $\Gamma(r)$ 的集中涡。一般对于均匀来流,螺旋桨所有桨叶均具有相同的环量分布,故将其中某一桨叶作为研究对象进行分析。如图 15 - 7 所示为圆柱坐标 x, r, θ 下的螺旋桨升力线。

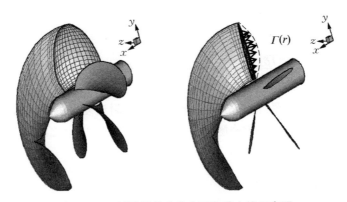

图 15 - 6　近似螺旋桨升力面和升力线示意图

(环量沿径向分布不变,故尾涡分布保持不变)

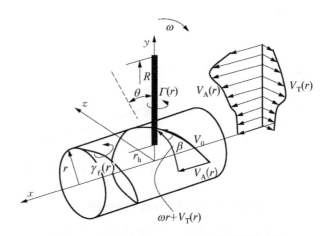

图 15 - 7　圆柱坐标 x, r, θ 下的螺旋桨升力线

在这种情况下,尾迹中的自由涡形状可近似为螺旋状,但向下游发展时会收缩。然而若假设自由涡线向下游以等半径移动,在平面升力线下的自由涡格强度可以通过展向环量分布微分直接获得:

$$\gamma_f(r) = -\frac{\mathrm{d}\Gamma}{\mathrm{d}r} \tag{15-28}$$

可以通过 Kutta-Joukowski 定理得到作用在升力线上半径 r 处的力。图 15-8 给出桨叶半径 r 处的速度和力定义。由于螺旋状自由涡系统所诱导的轴向和切向速度分别为 $u_a^*(r)$、$u_t^*(r)$,其与来流速度分量 $V_A(r)$ 和 $V_T(r)$ 以及螺旋桨旋转速度 ωr 一起形成入流合速度 V^*,其与旋转平面之间的夹角为 β_i,则有

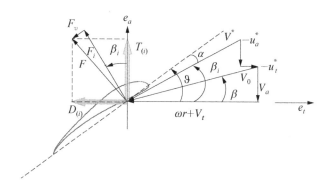

图 15-8　桨叶半径 r 处的速度和力定义

$$V^*(r) = \sqrt{(V_A(r) + u_a^*(r))^2 + (\omega r + V_T(r) + u_t^*(r))^2}$$

$$\beta_i(r) = \arctan\left[\frac{V_A(r) + u_a^*(r)}{\omega r + V_T(r) + u_t^*(r)}\right]$$

桨叶沿径向单位长度上垂直于合速度 $V^*(r)$ 的力为

$$F(r) = \rho V^*(r) \cdot \Gamma(r) \tag{15-29}$$

与 $V^*(r)$ 一致的方向会产生黏性阻力 $F_v(r)$,其可通过对二维翼型进行试验或计算得到阻力系数 $C_{Dv}(r)$。则黏性阻力为

$$F_v(r) = \frac{1}{2}\rho(V^*(r))^2 c(r) C_{Dv}(r) \tag{15-30}$$

式中:$c(r)$ 为当地翼型截面的弦长。

这些力可分解为沿螺旋桨的轴向力 $T_{(i)}$ 和切向力 $D_{(i)}$,然后通过沿桨叶半径进行积分,且考虑桨叶的个数,最终可得到螺旋桨产生的总推力 T 和总扭矩 Q 的表达式:

$$T = \rho Z \int_{r_h}^{R} \left[V^* \Gamma \cos\beta_i - \frac{1}{2} (V^*)^2 c(r) C_{Dv}(r) \sin\beta_i \right] \mathrm{d}r \qquad (15-31)$$

$$Q = \rho Z \int_{r_h}^{R} \left[V^* \Gamma \sin\beta_i + \frac{1}{2} (V^*)^2 c(r) C_{Dv}(r) \cos\beta_i \right] r \, \mathrm{d}r \qquad (15-32)$$

需要注意的是,$V^* \cos\beta_i$ 为总的切向速度,$(V_T + \omega r + u_t^*)$ 和 $V^* \sin\beta_i$ 为总的轴向速度($V_A + u_a^*$)。

在采用升力线进行螺旋桨分析时,螺旋状尾迹在桨叶上会产生一定的诱导速度。在桨叶上的控制点 r_c 上,由在 r_v 处单位强度螺旋状涡所诱导的速度可通过 Biot-Savart 定理得到,即轴向和切向的速度诱导因子系数分别为

$$\bar{u}_a(r_c, r_v) = \frac{1}{4\pi} \sum_{k=1}^{Z} \int_0^{\infty} \frac{r_v[r_v - r_c\cos(\phi + \delta_k)]}{[(r_v\phi\tan\beta_w)^2 + r_v^2 + r_c^2 - 2r_v r_c\cos(\phi + \delta_k)]^{3/2}} \mathrm{d}\phi$$

$$(15-33)$$

$$\bar{u}_t(r_c, r_v) = \frac{1}{4\pi} \sum_{k=1}^{Z} \int_0^{\infty} \frac{r_v\tan\beta_w[(r_c - r_v\cos(\phi + \delta_k)) - (r_v\phi\sin(\phi + \delta_k))]}{[(r_v\phi\tan\beta_w)^2 + r_v^2 + r_c^2 - 2r_v r_c\cos(\phi + \delta_k)]^{3/2}} \mathrm{d}\phi$$

$$(15-34)$$

式中:β_w 为螺旋状涡在 r_v 处的螺距角,基于线性理论,$\beta_w = \beta$;ϕ 为从桨叶上脱落的螺旋线上的点的角坐标,在第 k 个桨叶上点的角坐标需要附加桨叶本身的角度,可表示为

$$\delta_k = 2\pi \frac{k-1}{Z}, \ k = 1, \cdots, Z$$

这样在控制点 r_c 上的总诱导速度需要沿整个桨叶进行积分,可得

$$u_a^*(r_c) = \int_{r_h}^{R} \gamma_f(r_v) \bar{u}_a(r_c, r_v) \mathrm{d}r_v = \int_{r_h}^{R} -\frac{\partial \Gamma(r_v)}{\partial r} \bar{u}_a(r_c, r_v) \mathrm{d}r_v \quad (15-35)$$

$$u_t^*(r_c) = \int_{r_h}^{R} \gamma_f(r_v) \bar{u}_t(r_c, r_v) \mathrm{d}r_v = \int_{r_h}^{R} -\frac{\partial \Gamma(r_v)}{\partial r} \bar{u}_t(r_c, r_v) \mathrm{d}r_v \quad (15-36)$$

然而,诱导因子系数 $\bar{u}_a(r_c, r_v)$ 和 $\bar{u}_t(r_c, r_v)$ 不能通过解析方法进行求解,需要采用数值计算方法求解。另外,若积分的上下限从 $0 \sim \infty$ 变为 $-\infty \sim \infty$,其表示两端无限的螺旋状涡对径向线的诱导速度。该诱导速度等于从原始升力线上脱落的沿下游半无限自由涡产生的诱导速度。由于诱导因子系数积分方程是关于积分变量 ϕ 的偶函数,故采用下游半无限自由涡得到的诱导速度是半螺旋状自由涡产生的诱导速度的 2 倍。

现在,想象一个螺旋状坐标系,其中第 1 个坐标沿螺旋方向,第 2 个坐标沿径向,第 3 个坐标垂直于前两个坐标方向。下游远处,流动将不依赖于螺旋状坐标。

这样,流动是仅与其他两个坐标相关的二维流动。诱导因子系数可以通过下面的 Wrench 近似方法进行求解。

当 $r_c < r_v$ 时,

$$\overline{u}_a(r_c,\ r_v) = \frac{Z}{4\pi r_c}(y - 2Zr_vF_1) \tag{15-37}$$

$$\overline{u}_t(r_c,\ r_v) = \frac{Z^2}{2\pi r_c}y_0F_1 \tag{15-38}$$

当 $r_c > r_v$ 时,

$$\overline{u}_a(r_c,\ r_v) = -\frac{Z^2}{2\pi r_c}yy_0F_2 \tag{15-39}$$

$$\overline{u}_t(r_c,\ r_v) = \frac{Z}{4\pi r_c}(1 + 2Zy_0F_2) \tag{15-40}$$

式中:

$$F_1 \approx -\frac{1}{2Zy_0}\left(\frac{1+y_0^2}{1+y^2}\right)^{0.25}\left\{\frac{1}{U^{-1}-1} + \frac{1}{24Z}\left[\frac{9y_0^2+2}{(1+y_0^2)^{1.5}} + \frac{3y^2-2}{(1+y^2)^{1.5}}\right]\ln\left(1 + \frac{1}{U^{-1}-1}\right)\right\}$$

$$F_2 \approx \frac{1}{2Zy_0}\left(\frac{1+y_0^2}{1+y^2}\right)^{0.25}\left\{\frac{1}{U-1} - \frac{1}{24Z}\left[\frac{9y_0^2+2}{(1+y_0^2)^{1.5}} + \frac{3y^2-2}{(1+y^2)^{1.5}}\right]\ln\left(1 + \frac{1}{U-1}\right)\right\}$$

$$U \approx \left\{\frac{y_0(\sqrt{1+y^2}-1)}{y(\sqrt{1+y_0^2}-1)}\exp(\sqrt{1+y^2} - \sqrt{1+y_0^2})\right\}^Z, \quad y = \frac{r_c}{r_v\tan\beta_w}, \quad y_0 = \frac{1}{\tan\beta_w}$$

当桨叶数增加趋于无限时,$U \to \infty$,导致 F_1,$F_2 \to 0$。上述的诱导因子系数可变为

当 $r_c < r_v$ 时,

$$\overline{u}_a(r_c,\ r_v) = \frac{Z}{4\pi r_v\tan\beta_w}$$

$$\overline{u}_t(r_c,\ r_v) = 0$$

当 $r_c > r_v$ 时,

$$\overline{u}_a(r_c,\ r_v) = 0$$

$$\overline{u}_t(r_c,\ r_v) = \frac{Z}{4\pi r_c}$$

下面通过螺旋桨升力线理论对上述的桨盘理论进行重新推导。

考虑一极限情况,即一个无限桨叶升力线,其轮毂半径为零,沿半径的环量均匀分布,即

$$\Gamma(r) = \Gamma$$

在取极限的过程中,保持桨叶数与每个桨叶的环量乘积为常数,即

$$Z\Gamma = 常数$$

而且,既然桨盘产生的切向速度为零,采用如下模型:

(1) 假设旋转速度 ω 很大,因此 $u_t^* \ll \omega r$。这等价于 $J_A \to 0$。

(2) 构造一个理想的反向旋转的螺旋桨,通过叠加两个同样的、无限桨叶升力线以相反的方向旋转。在这种情况下,来自每个升力线分量的轴向诱导速度将叠加,而切向分量将消失。$Z\Gamma$ 在两部分之间等量划分,但 Γ 的符号为负。采用了反向旋转的模型,进距比是任意的。

假设黏性阻力为零,且 $u_t^* \ll \omega r$,推力 T 和环量 Γ 之间的关系为

$$T = \int_0^R \rho V^* \cos\beta_i Z\Gamma \mathrm{d}r \approx \int_0^R \rho \omega r Z\Gamma \mathrm{d}r = \frac{\rho}{2}\omega Z\Gamma R^2 \qquad (15-41)$$

可进一步表达为推力系数

$$C_T = \frac{\frac{\rho}{2}\omega Z\Gamma R^2}{\frac{1}{2}\rho V_A^2 \pi R^2} = \frac{\omega Z\Gamma}{V_A^2 \pi}$$

既然整个桨叶上的环量为常数,将从每个桨叶的尖部脱落一个强度为 Γ 的螺旋状涡,进而可得其产生的轴向诱导速度为

$$u_a^* = \bar{u}_a(r_c, R)\Gamma = \frac{Z\Gamma}{4\pi R \tan\beta_w(R)}$$

而切向诱导速度为零。但同时每个桨叶还会在轮毂 $r = 0$ 处产生一个集中的强度为 $-\Gamma$ 的涡,其将不产生轴向诱导速度,但会产生切向诱导速度。本处已经假设其可忽略。

若假设:$\beta_w = \beta$,可得

$$\frac{u_a^*}{V_A} = \frac{Z\Gamma}{4\pi R \tan\beta_w(R) V_A} = \frac{V_a^2 \pi C_T}{\omega \cdot 4\pi R \tan\beta_w(R) \cdot V_A} = \frac{V_a^2 \pi C_T}{\omega \cdot 4\pi R V_A} \frac{\omega R}{V_A} = \frac{C_T}{4}$$
$$(15-42)$$

实际上 $\beta_w \neq \beta$,在初始时,其等于 β_i,既然

$$\tan\beta_i = \frac{V_A + u_a^*}{\omega R}$$

可得

$$u_a^* = \frac{Z\Gamma}{4\pi R \tan\beta_w(R)} = \frac{Z\Gamma}{4\pi R \tan\beta_i(R)} = \frac{Z\Gamma \omega R}{4\pi R(V_A + u_a^*)}$$

即

$$4\pi R(V_A + u_a^*)u_a^* = Z\Gamma\omega R$$

将推力系数与 $Z\Gamma$ 的关系代入,得到

$$(V_A + u_a^*)u_a^* = \frac{Z\Gamma\omega R}{4\pi R} = \frac{V_A^2 \pi C_T}{\omega}\frac{\omega R}{4\pi R} = \frac{V_A^2 C_T}{4}$$

最终可得

$$\frac{u_a^*}{V_A} = \frac{-1 + \sqrt{1 + C_T}}{2} \tag{15-43}$$

式(15-43)与前述的通过桨盘理论得到的关系式完全一致。既然桨盘理论包括滑流收缩(不注意翼尖涡),而现在的结果模拟桨尖涡作为一个半径不变且螺距角为常数的螺旋状。

下面可相对容易得出推进效率,输入功率为

$$Q\omega = \rho\omega\int_0^R r(V_A + u_a^*)Z\Gamma\mathrm{d}r = \frac{\rho}{2}\omega Z\Gamma(V_A + u_a^*)R^2$$

而输出功率为

$$TV_A = \frac{\rho}{2}\omega Z\Gamma V_A R^2$$

因此,推进效率为

$$\eta = \frac{TV_A}{Q\omega} = \frac{\frac{\rho}{2}\omega Z\Gamma V_A R^2}{\frac{\rho}{2}\omega Z\Gamma(V_A + u_a^*)R^2} = \frac{1}{1 + u_a^*/V_A} = \frac{2}{1 + \sqrt{1 + C_T}}$$

$$\tag{15-44}$$

这与桨盘理论得到的结果完全一致。

15.5 改进的 Coney 螺旋桨优化方法

相比于其他方法,升力线方法易于通过考虑二维翼型的气动特性(黏性、压缩性)形成高效的螺旋桨初步设计方法,故下面针对基于升力线的典型的 Coney 螺旋桨优化方法进行叙述。

Coney 螺旋桨优化方法采用离散涡格表示附着涡和尾涡分布,以近似表示每个升力线,称为涡格升力线。该方法可用于优化各类不同条件下的螺旋桨桨叶环量分布,进而得出其扭转角和弦长分布形成三维螺旋桨模型。

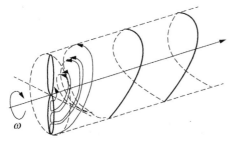

图 15-9　代表螺旋桨桨叶的升力线和尾流离散为一系列的马蹄涡

沿升力线连续分布的涡量通过强度不变的涡元网格进行离散。这样每个升力线被划分为 M 个离散单元。沿径向连续的环量分布通过阶梯状的离散单元代替。每个单元上的环量 $\Gamma(i)$ 等于连续分布在该单元控制点处的值。既然环量为分段常数，螺旋状自由涡也变为从单元边界脱落的一系列集中螺旋状涡线。这些涡线的强度等于两个相邻的附着涡强度之差。故可认为连续的涡分布变为一系列马蹄涡。每个马蹄涡包括附着涡段和两个螺旋状的尾涡。如图 15-9 所示代表螺旋桨桨叶的升力线和尾流离散为一系列的马蹄涡。

这个涡系统在升力线上引起的诱导速度可通过前述的解析 Wrench 公式进行计算。在给定点上的诱导速度是每个单独马蹄涡产生的诱导速度的叠加，即

$$u_a^*(r(n)) \equiv u_a^*(n) = \sum_{m=1}^{M} \Gamma(m)\, \overline{u}_a^*(n,\,m) \tag{15-45}$$

$$u_t^*(r(n)) \equiv u_t^*(n) = \sum_{m=1}^{M} \Gamma(m)\, \overline{u}_t^*(n,\,m) \tag{15-46}$$

式中：u_a^* 和 u_t^* 分别为诱导速度的轴向和切向分量；$\overline{u}_a^*(n,\,m)$ 和 $\overline{u}_t^*(n,\,m)$ 分别为半径 $r(m)$ 处单位强度的螺旋状马蹄涡在半径 $r(n)$ 处产生的轴向和切向诱导速度。

根据这一离散模型，螺旋桨产生的总推力 T 和扭矩 Q 的积分表达式，可转变为 M 个离散涡格的叠加。螺旋桨所产生的总推力 T 和总扭矩 Q 的离散表达式为

$$T = \rho Z \int_{r_h}^{R} \left[V^* \Gamma \cos\beta_i - \frac{1}{2}(V^*)^2 c(r) C_{Dv}(r) \sin\beta_i \right] dr$$

$$= \rho Z \sum_{m=1}^{M} \left[(V_{T(m)} + \omega r_{(m)} + u_{t(m)}^*) \Gamma_{(m)} \Delta r - \frac{1}{2} V_{(m)}^* (V_{A(m)} + u_{a(m)}^*) c_{(m)} C_{Dv(m)} \Delta r \right]$$

$$\tag{15-47}$$

$$Q = \rho Z \int_{r_h}^{R} \left[V^* \Gamma \sin\beta_i + \frac{1}{2}(V^*)^2 c(r) C_{Dv}(r) \cos\beta_i \right] r\, dr$$

$$= \rho Z \sum_{m=1}^{M} \left[(V_{A(m)} + u_{a(m)}^*) \Gamma_{(m)} r_{(m)} \Delta r + \frac{1}{2} V_{(m)}^* (V_{T(m)} + \omega r_{(m)} + u_{t(m)}^*) c_{(m)} C_{Dv(m)} r_{(m)} \Delta r \right]$$

$$\tag{15-48}$$

式中：$V_{(m)}^*$ 为在位于半径 $r_{(m)}$ 处的控制点的合速度；$c_{(m)}$ 为控制点处的弦长；$C_{Dv(m)}$ 为控制点处的二维截面翼型的阻力系数。

采用涡格离散升力线，然后将变分法应用在离散后的问题上。这可形成一个通

用过程以用于确定最优环量分布。该过程可容易拓展到多个螺旋桨的情况。

对于螺旋桨优化来说，即为寻找一组离散的环量，$\Gamma_{(1)}, \cdots, \Gamma_{(M)}$ 使得力矩最小，并且满足给定的推力 T_r。

根据变分原理，可引入一个未知的拉格朗日乘子，建立考虑推力约束的附属函数

$$H = Q + \lambda(T - T_r) \tag{15-49}$$

当 $T = T_r$ 时，满足 $\min H = \min Q$。为了获得最小的 H，将 H 对环量及拉格朗日乘子的一阶偏导数为 0。可得

$$\frac{\partial H}{\partial \Gamma_{(i)}} = 0, \ i = 1, \cdots, M, \ \frac{\partial H}{\partial \lambda} = 0$$

这样就将一个最优化问题转换为一个求解 $\Gamma_{(1)}, \cdots, \Gamma_{(M)}$ 和 λ 这 $M+1$ 个未知数的非线性方程组问题。该非线性方程组通过迭代求解最终收敛得到最优环量 $\Gamma_{(1)}, \cdots, \Gamma_{(M)}$ 以及流场参数 $V^*, \beta_i, u_a^*, u_t^*, \bar{u}_a^*, \bar{u}_t^*$。

在对附属函数 H 进行求导时，涉及 $\Gamma, \lambda, u_a^*, u_t^*$ 以及合速度 V^* 对 $\Gamma_{(i)}$ 和 λ 的偏导数，下面首先给出相关导数：

$$\frac{\partial \Gamma_{(m)}}{\partial \Gamma_{(i)}} = \begin{cases} 0 (m \neq i) \\ 1 (m = i) \end{cases}, \frac{\partial \lambda}{\partial \lambda} = 1$$

$$\frac{\partial u_{a(m)}^*}{\partial \Gamma_{(i)}} = \bar{u}_a^*(m, i), \frac{\partial u_{t(m)}^*}{\partial \Gamma_{(i)}} = \bar{u}_t^*(m, i)$$

$$\frac{\partial V_{(m)}^*}{\partial \Gamma_{(i)}} = \frac{1}{2}(V^*)^{-1}\left(2(V_A + u_a^*)\frac{\partial u_{a(m)}^*}{\partial \Gamma_{(i)}} + 2(\omega r_c + V_T + u_t^*)\frac{\partial u_{t(m)}^*}{\partial \Gamma_{(i)}}\right)$$

$$= \sin(\beta_{i(m)})\bar{u}_a^*(m, i) + \cos(\beta_{i(m)})\bar{u}_t^*(m, i)$$

其他的偏导数为零或可被忽略。在给定弦长分布的情况下，$\frac{\partial c_{(m)}}{\partial \Gamma_{(i)}} = 0$。

未知环量和拉格朗日乘子满足的方程组是非线性的，因此可采用如下的循环迭代的方法进行求解。在每一步循环时，流动参数 $\left\{u_a^*, u_t^*, \bar{u}_a^*, \bar{u}_t^*, \frac{\partial V^*}{\partial \Gamma}, \lambda\right\}$ 看作不变量，这样非线性方程组可线性化。线性化的方程组为

$$\frac{\partial H}{\partial \Gamma_{(i)}} = \rho Z \sum_{m=1}^{M} \hat{\Gamma}_{(m)}\left[\bar{u}_a^*(m, i)r_{c(m)}\Delta r_{v(m)} + \bar{u}_a^*(i, m)r_{c(i)}\Delta r_{v(i)}\right] +$$

$$\rho Z V_{A(i)} r_{c(i)}\Delta r_{v(i)} +$$

$$\rho Z \sum_{m=1}^{M} \frac{1}{2}C_{Dv}\frac{\partial V_{(m)}^*}{\partial \Gamma_{(i)}}c_{(m)}\left[\omega r_{c(m)} + V_{T(m)} + u_{t(m)}^*\right]r_{c(m)}\Delta r_{v(m)} +$$

$$\rho Z \sum_{m=1}^{M} \frac{1}{2}C_{Dv}V_{(m)}^* c_{(m)}\left[\bar{u}_t^*(m, i)\right]r_{c(m)}\Delta r_{v(m)} +$$

$$\rho Z \lambda \sum_{m=1}^{M} \hat{\Gamma}_{(m)}\left[\bar{u}_t^*(m, i)\Delta r_{v(m)} + \bar{u}_t^*(i, m)\Delta r_{v(i)}\right]$$

$$\rho Z \hat{\lambda} [\omega r_{c(i)} + V_{T(i)}] \Delta r_{v(i)} -$$

$$\rho Z \hat{\lambda} \sum_{m=1}^{M} \frac{1}{2} C_{Dv} \frac{\partial V_{(m)}^*}{\partial \Gamma_{(i)}} c_{(m)} [V_{A(m)} + u_{a(m)}^*] \Delta r_v -$$

$$\rho Z \hat{\lambda} \sum_{m=1}^{M} \frac{1}{2} C_{Dv} V_{(m)}^* c_{(m)} [\bar{u}_a^* (m, i)] \Delta r_v - \qquad (15-50)$$

$$H_{\text{flag}} \frac{\partial \Gamma_{(1)}}{\partial \Gamma_{(i)}} \lambda \frac{\rho Z^2}{8\pi} [\ln(\frac{r_h}{r_0}) + 3] \hat{\Gamma}_{(1)} = 0 \quad (i = 1, \cdots, M)$$

$$\frac{\partial H}{\partial \lambda} = \rho Z \sum_{m=1}^{M} \hat{\Gamma}_{(m)} [\omega r_{c(m)} + V_{T(m)} + u_{t(m)}^*] \Delta r_{v(m)} -$$

$$\rho Z \sum_{m=1}^{M} \frac{1}{2} C_{Dv} V_{(m)}^* c_{(m)} [V_{A(m)} + u_{a(m)}^*] \Delta r_{v(m)} - \qquad (15-51)$$

$$H_{\text{flag}} \frac{\rho Z^2}{16\pi} [\ln(\frac{r_h}{r_0} 3 +)] \Gamma_{(1)} \hat{\Gamma}_{(1)} - T_r = 0$$

式中：r_0 为轮毂脱落涡的半径；H_{flag} 为是否包含轮毂的系数，当其为 1 时包括轮毂，为 0 时则无轮毂。

求解线性系统得到新的值 $\{\check{\Gamma}, \check{\lambda}\}$，然后将环量和拉格朗日乘子进行更新，新的环量用于更新流动参数。

在更新流动参数时需要对尾迹进行迭代。即首先计算诱导速度 $\{u_a^*, u_t^*\}$，然后计算入流螺距角 β_i，接着计算马蹄涡的影响因子函数 $\{\bar{u}_a^*, \bar{u}_t^*\}$，然后在循环迭代直到这些流动参数均收敛。得到新的尾迹，然后再更新其他参数 $\{V^*, \frac{\partial V^*}{\partial \Gamma}, c\}$。这样在主循环中再迭代，最终得到收敛解，即是最优环量分布。

在给定所需推力、桨叶数、螺旋桨半径、转数和飞艇空速下，采用上述 Coney 优化方法可得最优环量分布。

桨叶的弦长分布 $c_{(i)} (i = 1, \cdots, M)$ 可以通过使每个翼型截面都在最大升阻比 $(L/D)_{\text{max}}$ 的状态下获得。$c_{(i)}$ 可以表示为

$$c_{(i)} = \frac{2\Gamma_{(i)}}{V_{(i)}^* \cdot C_{L(i)\_(L/D)_{\text{max}}}}$$

针对每个截面可根据其弦长及其所处半径位置，得到当地的雷诺数和马赫数：

$$Re_{(i)} = \frac{\rho \cdot c_{(i)} \cdot V_{(i)}^*}{\mu}, \ Ma_{(i)} = \frac{V_{(i)}^*}{c}$$

通过调用 CFD 数值计算得到的翼型气动特性数据库（不同雷诺数、马赫数和迎角下的升力系数，阻力系数及最大升阻比），得到新的最大升阻比 $(L/D)_{\text{max}}$。通过新的最大升阻比，最大升力系数 $C_{L(i)\_(L/D)_{\text{max}}}$、阻力系数 $C_{D(i)\_(L/D)_{\text{max}}}$ 和各截面最佳迎角

$\alpha_{(i)\_(L/D)_{\max}}$会被更新。

β_i 可以通过下式计算得到：

$$\beta_{i(i)} = \arctan\frac{V_A + u_a^*}{\omega r + V_T + u_t^*}$$

几何扭转角 $\vartheta_{(i)}$ 可通过下式计算：

$$\vartheta_{(i)} = \alpha_{(i)\_(L/D)_{\max}} + \beta_{i(i)}$$

改进的螺旋桨优化程序如图 15 - 10 所示。

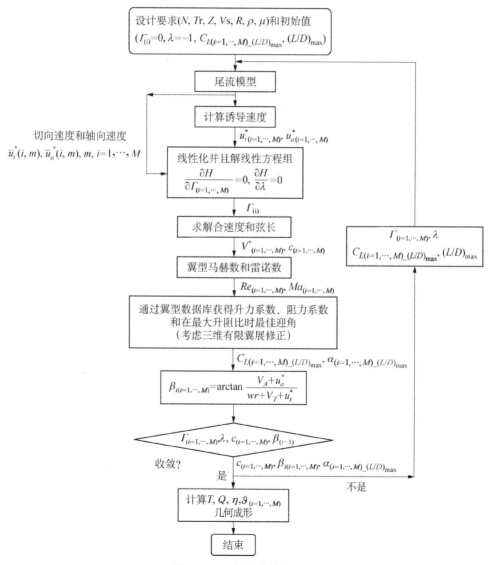

图 15 - 10 螺旋桨优化程序

15.6　涡格升力线的螺旋桨推进特性分析方法

当螺旋桨的几何外形通过优化设计确定后,需要对其在非设计状态下的推进特性进行计算分析。下面给出采用涡格升力线方法求解给定螺旋桨的非设计状态(不同的进距比)下的推进特性的方法。

对于非设计状态下螺旋桨推进特性的分析,可通过推导形成一求解非线性方程组的方法。非设计状态对应的工况可采用参数进距比 J_s 表示:

$$J_s = \frac{V_s}{n_s D} = \frac{\pi V_s}{\omega R} \tag{15-52}$$

式中:V_s 为来流速度(m/s);n_s 为螺旋桨的转数(rps);ω 为螺旋桨的旋转角速度(rad/s);D 为螺旋桨的直径(m)。

对于给定的螺旋桨进距比,未知量有

$$\{V^*,\ \alpha,\ C_L,\ G,\ u_a^*,\ u_t^*,\ \beta_i,\ \overline{u}_a^*,\ \overline{u}_t^*\}_{1,\cdots,M}$$

式中:$G = \dfrac{\Gamma}{2\pi R V_s}$。

下面首先给出迎角 α 和升力系数 C_L 的关系。对于给定的螺旋桨桨叶沿展向的几何扭转角 θ_p 是已知的,这样几何扭转角、气动螺距角以及迎角之间的关系为

$$\theta_{p(k)} = \beta_{io(k)} + \alpha_{io(k)} = \beta_{i(k)} + \alpha_{i(k)} \tag{15-53}$$

这样可根据每个当地迎角,通过近似方法或调用翼型气动数据库得到其升力系数。

在非设计状态,首先得到升力系数,然后再计算环量:

$$C_{L(k)} = \frac{2\Gamma_{(k)}}{V_{(k)}^* c_{(k)}} \Rightarrow \Gamma_{(k)} = \frac{C_{L(k)} V_{(k)}^* c_{(k)}}{2}$$

相对速度为

$$V_{(k)}^* = \sqrt{(V_A + u_{a(k)}^*)^2 + (\omega_{(k)} r_{(k)} + V_T + u_{t(k)}^*)^2}$$

气动螺距角为

$$\beta_{i(k)} = \arctan\left(\frac{V_A + u_{a(k)}^*}{\omega_{(k)} r_{(k)} + V_T + u_{t(k)}^*}\right)$$

式中:$V_{(k)}^*$ 为第 k 个单元处的相对速度;V_A 为轴向来流速度,一般可取飞艇的飞行速度;V_T 为切向来流速度;$u_{a(k)}^*$ 为第 k 个单元处的轴向诱导速度;$u_{t(k)}^*$ 为第 k 个单元处的切向诱导速度。

在非设计状态未知量形成一个非线性方程组,为了对其进行求解需要采用一定

的数值迭代方法,下面给出求解该非线性方程组的牛顿迭代法。

对于包含 n 个未知量的 n 个方程组成的非线性方程组:

$$F(X) = \begin{bmatrix} f_1(x_1, x_2, x_3, \cdots, x_n) \\ f_2(x_1, x_2, x_3, \cdots, x_n) \\ f_3(x_1, x_2, x_3, \cdots, x_n) \\ \vdots \\ f_n(x_1, x_2, x_3, \cdots, x_n) \end{bmatrix} = 0 \qquad (15-54)$$

将上述的非线性方程组在未知量猜测值($\hat{x}$)处采用泰勒展开,

$$f_i(x) = f_i(\hat{x}) + \frac{\partial f_i(\hat{x})}{\partial x_1}(x_1 - \hat{x}_1) + \frac{\partial f_i(\hat{x})}{\partial x_2}(x_2 - \hat{x}_2) + \cdots + \frac{\partial f_i(\hat{x})}{\partial x_n}(x_n - \hat{x}_n)$$

将其写为矢量形式为

$$\boldsymbol{f}(\boldsymbol{x}) = \boldsymbol{f}(\hat{\boldsymbol{x}}) + \boldsymbol{J}(\hat{\boldsymbol{x}})(\boldsymbol{x} - \hat{\boldsymbol{x}}) = \boldsymbol{f}(\hat{\boldsymbol{x}}) + \boldsymbol{J}(\hat{\boldsymbol{x}})\mathrm{d}\boldsymbol{x}$$

式中:$\boldsymbol{f}(\boldsymbol{x})$ 称为残差矢量,在($\hat{x}$)处的雅克比矩阵为

$$\boldsymbol{J}(\hat{\boldsymbol{x}}) = \begin{bmatrix} \dfrac{\partial f_1(\hat{x})}{\partial x_1} & \dfrac{\partial f_1(\hat{x})}{\partial x_2} & \cdots & \dfrac{\partial f_1(\hat{x})}{\partial x_n} \\ \dfrac{\partial f_2(\hat{x})}{\partial x_1} & \dfrac{\partial f_2(\hat{x})}{\partial x_2} & \cdots & \dfrac{\partial f_2(\hat{x})}{\partial x_n} \\ \vdots & \vdots & \vdots & \vdots \\ \dfrac{\partial f_n(\hat{x})}{\partial x_1} & \dfrac{\partial f_n(\hat{x})}{\partial x_2} & \cdots & \dfrac{\partial f_n(\hat{x})}{\partial x_n} \end{bmatrix}$$

为了使残差为零,未知量的变化采用下面的方式进行更新:

$$\boldsymbol{f}(\hat{\boldsymbol{x}}) + \boldsymbol{J}(\hat{\boldsymbol{x}})\mathrm{d}\boldsymbol{x} = 0 \qquad (15-55)$$

$$\mathrm{d}\boldsymbol{x} = -\boldsymbol{J}^{-1}(\hat{\boldsymbol{x}})\boldsymbol{f}(\hat{\boldsymbol{x}}) \qquad (15-56)$$

$$\hat{\boldsymbol{x}}^+ = \hat{\boldsymbol{x}} + \mathrm{d}\boldsymbol{x} = \hat{\boldsymbol{x}} - \boldsymbol{J}^{-1}(\hat{\boldsymbol{x}})\boldsymbol{f}(\hat{\boldsymbol{x}}) \qquad (15-57)$$

式中:$\hat{\boldsymbol{x}}^+$ 为未知量的新值;$\hat{\boldsymbol{x}}$ 为上一步的未知量值。

通过采用上述的方法对未知量进行迭代求解最终使残差趋于零,从而得到非线性方程组的解。

下面针对非设计点的螺旋桨推进特性分析所满足的方程组,通过前述的牛顿迭代法得到其解。

既然非线性系统是相互耦合的。可将所有未知变量分为两组:

$$\boldsymbol{x} = \{V^*, \alpha, C_L, G, u_a^*, u_t^*\}$$

$$y = \{\beta_i, \bar{u}_a^*, \bar{u}_t^*\}$$

在每一次循环,通过牛顿迭代方法对在每一个控制点上的矢量 **x** 进行更新。然后采用更新后的 **x**,再对矢量 **y** 进行更新。然后判断是否收敛,如果没有收敛将继续进行迭代直到收敛为止。

最终推导出的残差矢量如下:

$$\boldsymbol{R}_m = \begin{bmatrix} V^* - \sqrt{(V_a + u_a^*)^2 + (\omega r + V_t + u_t^*)^2} \\ \theta_p - (\beta_i + \alpha_i) \\ C_L - C_{L(\alpha)} \\ \Gamma - 0.5 C_L V^* c \\ u_a^* - \left(\sum_{j=1}^{M} \Gamma_{(j)} \bar{u}_{a(m, j)} \right) \\ u_t^* - \left(\sum_{j=1}^{M} \Gamma_{(j)} \bar{u}_{t(m, j)} \right) \end{bmatrix} \qquad (15-58)$$

其中,每一个未知量均在控制点 r_c 处进行计算。为了通过迭代使残差为零,期望的各未知量的变化量 $\mathrm{d}x_m$,通过如下方式求解:

$$\boldsymbol{R}_m + \boldsymbol{J}_m \mathrm{d}x_m = 0$$

其中的雅克比矩阵的各元素为

$$\boldsymbol{J}_{m(i, j)} = \frac{\partial \boldsymbol{R}_{m(i)}}{\partial \boldsymbol{X}_{m(j)}}$$

这个矩阵非常复杂,因为 x 中所有的变量相互耦合,并且其中的一些变量还依赖于矢量 **y**;矢量 **y** 没有包含在残差矢量中。下面给出雅克比矩阵中的非零元素的表达式:

$$J_{(i, i)} = \frac{\partial R_{V^*}}{\partial V^*} = \frac{\partial R_a}{\partial \alpha} = \frac{\partial R_{C_L}}{\partial C_L} = \frac{\partial R_G}{\partial G} = \frac{\partial R_{u_a}^*}{\partial u_a^*} = \frac{\partial R_{u_t}^*}{\partial u_t^*} = 1 \quad (i = 1, \cdots, 6)$$

$$J_{(1, 5)} = \frac{\partial R_{V^*}}{\partial u_a^*} = -\frac{V_A + u_a^*}{\sqrt{(V_A + u_a^*)^2 + (\omega r_c + V_T + u_t^*)^2}}$$

$$J_{(1, 6)} = \frac{\partial R_{V^*}}{\partial u_t^*} = -\frac{\omega r_c + V_T + u_t^*}{\sqrt{(V_A + u_a^*)^2 + (\omega r_c + V_T + u_t^*)^2}}$$

$$J_{(2, 5)} = \frac{\partial R_a}{\partial u_a^*} = \frac{\partial R_a}{\partial \beta_i} \cdot \frac{\partial \beta_i}{\partial u_a^*} = \frac{\partial R_a}{\partial \beta_i} \cdot \frac{\partial \beta_i}{\partial \tan(\beta_i)} \cdot \frac{\partial \tan(\beta_i)}{\partial u_a^*}$$

$$= \frac{1}{1 + \tan^2(\beta_i)} \cdot \frac{1}{\omega r_c + V_T + u_t^*}$$

$$J_{(2,6)} = \frac{\partial R_\alpha}{\partial u_t^*} = \frac{\partial R_\alpha}{\partial \beta_i} \frac{\partial \beta_i}{\partial u_t^*} = \frac{\partial R_\alpha}{\partial \beta_i} \frac{\partial \beta_i}{\partial \tan(\beta_i)} \frac{\partial \tan(\beta_i)}{\partial u_t^*}$$

$$= \frac{1}{1 + \tan^2(\beta_i)} \frac{-\tan(\beta_i)}{\omega r_c + V_T + u_t^*}$$

$$J_{(3,2)} = \frac{\partial R_{C_L}}{\partial \alpha} = -\frac{\partial C_{L(\alpha)}}{\partial \alpha}$$

$$J_{(4,1)} = \frac{\partial R_\Gamma}{\partial V^*} = -\frac{1}{2} C_L c$$

$$J_{(4,3)} = \frac{\partial R_\Gamma}{\partial C_L} = -\frac{1}{2} V^* c$$

$$J_{(5,2)} = \frac{\partial R_\alpha}{\partial \alpha} = \sum_{j=1}^{M} \Gamma_{(j)} \frac{\partial \overline{u}_{a(m,j)}}{\partial \beta_i}$$

$$J_{(5,4)} = \frac{\partial u_a}{\partial \Gamma} = -\overline{u}_{a(m,m)}$$

$$J_{(6,2)} = \frac{\partial u_t^*}{\partial \alpha} = \sum_{j=1}^{M} \Gamma_{(j)} \frac{\partial \overline{u}_{t(m,j)}^*}{\partial \alpha} = \sum_{j=1}^{M} \Gamma_{(j)} \frac{\partial \overline{u}_{t(m,j)}^*}{\partial \beta_i} \frac{\partial \beta_i}{\partial \alpha} = \sum_{j=1}^{M} \Gamma_{(j)} \frac{\partial \overline{u}_{t(m,j)}^*}{\partial \beta_i}$$

$$J_{(6,4)} = \frac{\partial u_t^*}{\partial \Gamma} = -\overline{u}_{a(m,m)}^*$$

整个雅克比矩阵的形式如下：

$$\boldsymbol{J}_{m(i,j)} = \frac{\partial \boldsymbol{R}_{m(i)}}{\partial \boldsymbol{X}_{m(j)}} = \begin{bmatrix} 1 & 0 & 0 & 0 & X & X \\ 0 & 1 & 0 & 0 & X & X \\ 0 & X & 1 & 0 & 0 & 0 \\ X & 0 & X & 1 & 0 & 0 \\ 0 & X & 0 & X & 1 & 0 \\ 0 & X & 0 & X & 0 & 1 \end{bmatrix}$$

一旦计算得到未知量的增量，新的值便可得到

$$\boldsymbol{x}^{\text{new}} = \boldsymbol{x}^{\text{current}} + \mathrm{d}\boldsymbol{x}$$

接着再对 y 进行更新，循环整个过程直到满足收敛条件。

16   CFD 技术在飞艇上的应用

16.1   计算流体动力学方法介绍

计算流体动力学(CFD)数值模拟包括直接数值模拟(DNS)和间接数值模拟两大类,而间接数值模拟又可分为大涡模拟和 Reynolds 时均方程法模拟。目前工程中可应用的主要以通过将瞬态的流场控制方程做时间平均处理,然后在此基础上增加能够反映湍流特性的方程组成的控制方程,即 Reynolds 时均方程(RANS)法。

Reynolds 时均方程法所基于的黏性流场方程的通用形式为

$$\frac{\mathrm{d}}{\mathrm{d}t}\int_V \rho\phi\,\mathrm{d}V + \int_{\partial V} \rho\phi u\,\mathrm{d}A = \int_{\partial V} \Gamma\,\nabla\phi\cdot\mathrm{d}A + \int_V S_\phi\,\mathrm{d}V \qquad (16-1)$$

式中:V 为流体体单元;ϕ 为通用变量;ρ 为流体的密度;u 为流体的速度;Γ 为扩散系数;S_ϕ 为源项;∂V 为体单元的表面积;$\mathrm{d}A$ 为体单元的各角;∇ 为飞哈密顿离子。通用形式中各符号的具体表达如表 16-1 所示。

表 16-1   通用形式中各符号的具体表达

方程 \ 符号	ϕ	Γ	S
连续方程	1	0	0
动量方程	u_i	μ	$\partial p/\partial x_i + S_i$
能量方程	T	k/c	S_T

另外,当分析结构外形发生变化的流场特性时,流场的网格也要相应地随之变化,这时流场计算方法的建立需要考虑网格的运动和边界条件的变化。这时常采用的是基于 Arbitrary Lagrangian-Eulerian(ALE)的 Reynolds-Averaged Navier-Stokes(RANS)黏性流场计算方程:

$$\frac{\mathrm{d}}{\mathrm{d}t}\int_{V}\rho\phi\mathrm{d}V + \int_{\partial V}\rho\phi(\boldsymbol{u}-\boldsymbol{u}_{g})\cdot\mathrm{d}\boldsymbol{A} = \int_{\partial V}\Gamma\nabla\phi\cdot\mathrm{d}\boldsymbol{A} + \int_{V}S_{\phi}\mathrm{d}V \qquad (16-2)$$

式中:$\boldsymbol{u}_g$ 为流场网格运动的速度。

为使 RANS 方程封闭,需要增加描述湍流黏性系数的湍流模型。在确定湍流黏性系数时,不同的湍流模型所需的微分方程数目不同,根据方程数目和求解变量的不同,可分为不同的湍流模型。一些典型的湍流模型如下:

1) Spalart-Allmaras model (SA)(SA 模型)

2) k-ε model (k-ε 模型)

(1) Standard k-ε model。(标准的 k-ε 模型)

(2) Renormalization-group (RNG) k-ε model。(RNG k-ε 模型)

(3) Realizable k-ε model。(可实现的 k-ε 模型)

3) k-ω model (k-ω 模型)

(1) Standard k-ω model。(标准的 k-ω 模型)

(2) Shear-stress transport (SST) k-ω model。(SST k-ω 模型)

4) Transition k-kl-ω model (转换 k-kl-ω 模型)

5) Transition SST model (转换 SST 模型)

6) v^2-f model (v^2-f 模型)

7) Detached eddy simulation (DES)(分离涡模拟)

8) Larger eddy simulation (LES)(大涡模拟)

不同湍流模型的控制方程可参见相关文献。

16.2　飞艇常规气动特性分析

对于整个飞艇外形气动特性的分析,在方案设计初期可采用具有一定局限性的理论半经验的估算方法,但对于详细设计时需要得到更加翔实全面的气动特性,以前一般采用风洞试验。现在可以借助成熟的 CFD 数值模拟方法,得到在不同条件(特别是大的迎角和侧滑角)下的整艇的气动特性。下面给出采用 FLUENT 获得飞艇气动特性的两个例子。

16.2.1　LOTTE 飞艇艇身的气动特性

下面给出 LOTTE 飞艇采用 FLUENT 计算与试验结果的比较,以说明 CFD 数值计算方法的能力。

试验和计算来流条件如下所述。

外形:单独 LOTTE 艇身,长度 16 m。

体积中心:$x_{\mathrm{m}} = 7.0\ \mathrm{m}$。

来流:体积雷诺数:$Re_V = U_\infty \cdot Vol^{1/3}/\nu = 3.9\times10^5$,全湍流。

湍流模型:SA 湍流模型。

图 16-1 给出计算所采用的流场网格。整个艇身表面采用四边形网格,流场区域通过分块实现结构化网格,并保证边界层的网格质量。对于复杂外形,也可采用适应性强的边界层加非结构网格的形式,即在固壁面附近采用可保证网格质量的边界层网格,流场的其他区域采用非结构网格进行填充。

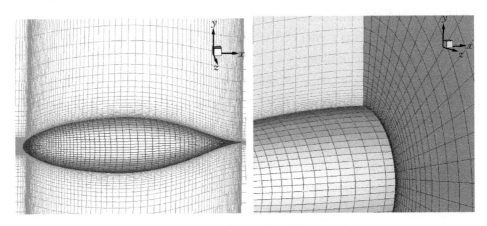

图 16-1 LOTTE 飞艇艇身气动外形网格

表 16-2 给出不同迎角下 FLUENT 计算得出的气动力系数以及风洞实验测量获得的气动力系数。图 16-2 给出计算与实验结果的比较。通过 FLUENT 可较准确地获得不同迎角下的气动系数,但随着迎角的增大,艇身背压面会产生流动分离,使得计算与实验产生一定的差别。这也是目前 CFD 计算手段存在的不足之处。另外,对于飞艇在 0°迎角下的阻力的精确计算也是 CFD 数值分析方法面临的挑战。对于不同的艇身外形,其阻力包括黏性阻力和压差阻力,当在飞艇的尾部出现局部流动分离时,分离点位置的精确求解较难,使得压差阻力的大小很难精确获得。

表 16-2 LOTTE 飞艇艇身不同迎角下的气动力/力矩系数比较

迎角/(°)	阻力系数 C_D(计算)	阻力系数 C_D(实验)	升力系数 C_L(计算)	升力系数 C_L(实验)	俯仰力矩系数 C_m(计算)	俯仰力矩系数 C_m(实验)
0	0.031 048	0.040	0	0	0	0
5	0.043 368	0.042	0.027 254	0.025	0.101 792	0.098
10	0.050 909	0.052	0.059 947	0.070	0.194 743	0.170
15	0.067 142	0.067	0.103 453	0.100	0.272 404	0.255
20	0.095 504	0.085	0.162 364	0.150	0.329 737	0.320
25	0.142 159	0.120	0.240 369	0.200	0.364 204	0.366
30	0.208 423	0.170	0.333 630	0.260	0.383 225	0.400

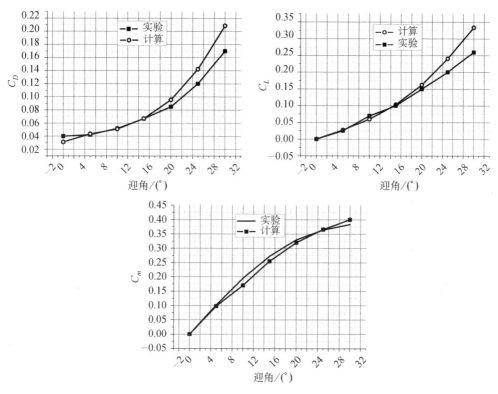

图 16 - 2　LOTTE 飞艇艇身 C_L、C_D 和 C_m 的实验与计算结果对比图

　　单独艇身在 0°迎角下的绕流,可以将其简化成二维轴对称进行计算,也可以按照全三维进行计算。下面给出这两种不同计算方法所得结果与实验结果的对比。图 16 - 3 为全三维计算得出的压力系数云图。图 16 - 4 和图 16 - 5 分别为沿艇身轴向的压力系数,采用两种不同方法的计算结果的比较,以及计算与实验结果的比较,

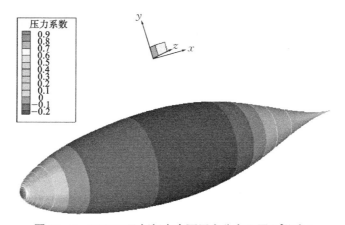

图 16 - 3　LOTTE 飞艇艇身表面压力分布云图(0°迎角)

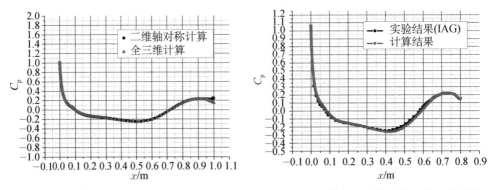

图 16 - 4　三维和两维轴对称求解器压力系数比较　　图 16 - 5　计算和实验得到的压力系数比较

可以看出,在整个轴向上数值计算得出的压力分布与实验非常一致,但在尾部局部区域会产生一定的差别。

图16 - 6　LOTTE 艇身 45°和 135°母线图

该飞艇模型在风洞试验中针对迎角为 20°来流,测得艇身表面的压力分布。下面对该条件下计算和实验结果进行比较。图 16 - 6 给出沿轴向的两个不同周向角的位置。

图 16 - 7 给出迎角 20°下,在两个不同周向角处压力系数实验与计算结果的对比。在艇身前部计算与实验符合良好,但在尾部会与实验测得的压力系数产生一定的差别。

图 16 - 8 给出 CFD 计算和试验表面压力分布云图比较。CFD 数值计算方法能够获得压力系数变化趋势,在局部区域定量上会与真实状态存在一定的差别。

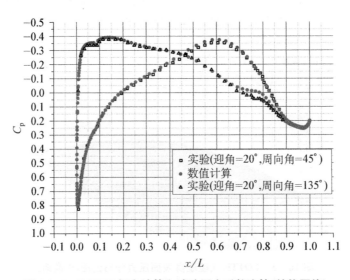

图 16 - 7　LOTTE 艇身计算和试验压力系数比较(结构网格)

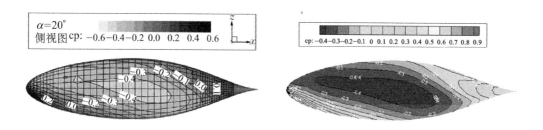

图 16-8 CFD 计算和试验表面压力分布云图比较

16.2.2 某 95 m 飞艇的气动特性

下面给出采用 FLUENT 计算得到的某长度为 95 m 的飞艇在大范围迎角和侧滑角下的气动特性(气动数据已转化到艇体坐标系)。

该飞艇的外形如图 16-9 所示,由流线型艇身和倒 Y 布局的尾翼构成。飞艇的长细比为 4,最大直径为 23.75 m,体积为 28 273 m³,气动力和力矩系数的参考面积为 928.07 m²,参考长度为 30.46 m。

图 16-9 95 m 飞艇外形

图 16-10 给出采用 FLUENT 计算得出的该飞艇在不同迎角和侧滑角下的气动系数。C_x 为轴向力系数,C_y 为侧向力系数,C_z 为法向力系数,C_{mx} 为滚转力矩系数,C_{my} 为偏航力矩系数,C_{mz} 为俯仰力矩系数。在一定的侧滑角下,C_x 会随着迎

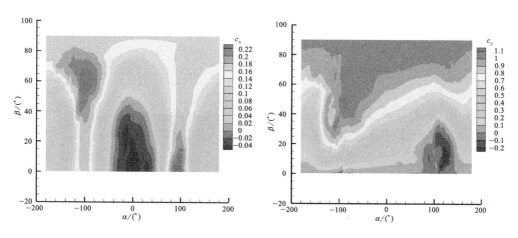

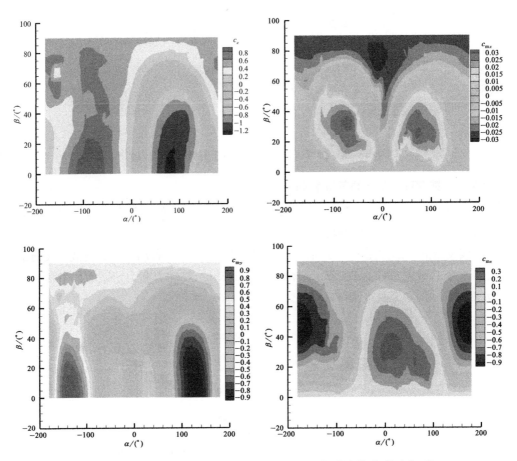

图 16‐10   95 m 飞艇在不同迎角和侧滑角下的气动特性(艇体坐标系)

角的增大而逐渐增大,然后再减小。在零度迎角下,随着侧滑角的增大,C_x 逐渐增大;其他气动系数随着迎角和侧滑角的变化也会以一定的规律发生变化。

16.2.3   飞艇气动载荷沿轴向分布特性

在飞艇结构设计时,需要不同来流条件下气动载荷沿飞艇轴向的分布。下面以某飞艇外形为例,通过FLUENT 可给出气动载荷沿轴向的分布特性。飞艇外形如图 16‐11 所示,不同迎角下的法向力系数沿轴向的变化特性如图 16‐12 所示。

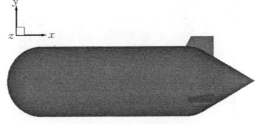

图 16‐11   飞艇外形

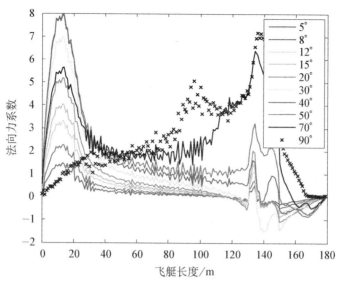

图 16‐12   不同迎角下的法向力系数沿轴向分布

(法向力(kgf)＝法向力系数×0.5×密度×空速²)

16.3   整艇稳定导数的数值计算

16.3.1   流场求解及其动网格方法

对于整艇的稳定动导数求解,由于固壁边界在整个时间历程上会发生变化,所用的 CFD 方法为基于 ALE 的 RANS 方程。下面以 FLUENT 软件为工具给出动导数的求解方法。

在 FLUENT 中包括两种求解器:基于密度的求解器和基于压力的求解器。这两个求解器中速度场是通过动量方程得到。在基于密度的求解器中,连续方程用于得到密度场,而压力场通过状态方程得到。在基于压力的求解器中,压力通过求解压力或压力修正方程得到,压力是利用连续方程和动量方程得到。一般来说,基于压力的求解器适用于低速不可压缩流场的求解,而基于密度的求解器主要用于高速可压缩流动。对于飞艇流场的求解,一般采用基于压力的求解器。

基于 ALE 的 RANS 方程在求解流场时,需要附加湍流模型,其中 SA 湍流模型可以较少的时间和较高的鲁棒性获得相当准确的结果,且已广泛用于航空领域。

为了分析由于飞艇运动和变形而引起的非定常流场,流场网格必须与其一起变化。最直接的网格变形方法是流场网格的重新生成。在迭代的每一步对流场网格进行重新生成可保证网格质量,但相对非常耗时。目前,已形成了各类高效的基于初始网格的动网格更新方法。其中,对于刚体的运动,最简单且可保证流场网格质量的有效方法是流场分区加弹簧近似模型算法,即整个流场分为内部区域和外部区域,其中内部与飞艇相连的流场区域随飞艇一起运动,外部流场网格通过弹簧近似模型算法进行网格更新。流场分区及边界层加非结构网格如图 16-13 所示。

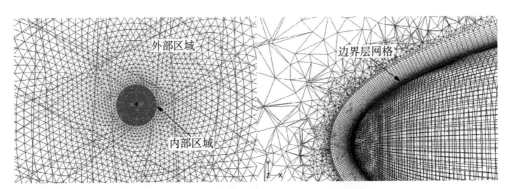

图 16-13 流场分区及边界层加非结构网格

16.3.2 稳定导数的计算方法

飞艇上所受到的气动力可看作飞艇运动的线速度和角速度的函数。任意力或力矩对于线速度、角速度及其时间导数的变化率称为稳定导数。采用线性理论,由于飞艇运动引起的力和力矩可通过稳定导数进行表达。

飞艇气动力和力矩包括轴向力、法向力、侧向力、滚转力矩、俯仰力矩以及偏航力矩。下面以法向力 F_z 和俯仰力矩 M_y 为例来阐述稳定导数的求解方法。

1) 力的稳定导数

假设飞艇在纵向作如下运动:

$$z = a\sin\bar{\omega}t \tag{16-3}$$

则在纵向的速度 w 和加速度 $\dot{w}$ 为

$$w = \dot{z} = a\bar{\omega}\cos\bar{\omega}t, \ \dot{w} = \ddot{z} = -a\bar{\omega}^2\sin\bar{\omega}t \tag{16-4}$$

采用线性理论,法向力可表示为

$$F_z = F_{z0} + F_z^w w + F_z^{\dot{w}} \dot{w} \tag{16-5}$$

将 w 和 $\dot{w}$ 的关系式代入得到

$$F_z = F_{z0} + F_z^w a\bar{\omega}\cos\bar{\omega}t + (-a\bar{\omega}^2 F_z^{\dot{w}}\sin\bar{\omega}t) \tag{16-6}$$

采用傅里叶分析,法向力还可以表达为

$$F_z = a_0/2 + a_1\cos\bar\omega t + b_1\sin\bar\omega t + \cdots \text{h.o.t}^{①} \qquad (16-7)$$

通过上述的式(16-6)和式(16-7)比较可得

$$F_z^w = a_1/(a\bar\omega), \quad a_1 = \frac{2}{T_0}\int_{-T_0/2}^{T_0/2} F_z(t)\cos(\bar\omega t)\,\mathrm{d}t \qquad (16-8)$$

$$F_z^{\dot w} = -m_{33} = b_1/(-a\bar\omega^2), \quad b_1 = \frac{2}{T_0}\int_{-T_0/2}^{T_0/2} F_z(t)\sin\bar\omega t\,\mathrm{d}t \qquad (16-9)$$

2) 力矩的稳定导数

通过线性理论,俯仰力矩 M_y 也可以表示为各相关状态量的函数,即

$$M_y = M_{y0} + M_y^\alpha\Delta\alpha + M_y^{\dot\alpha}\Delta\dot\alpha + M_y^q q + M_y^{\dot q}\cdot\dot q + \hat\Delta(\Delta\alpha, q) \qquad (16-10)$$

假设飞艇的俯仰角运动形式为

$$\vartheta = \vartheta_0\sin\bar\omega t \qquad (16-11)$$

则

$$\dot\vartheta = q = \bar\omega\vartheta_0\cos\bar\omega t, \quad \ddot\vartheta = \dot q = -\bar\omega^2\vartheta_0\sin\bar\omega t \qquad (16-12)$$

$$\Delta\alpha = \vartheta = \vartheta_0\sin\bar\omega t, \quad \Delta\dot\alpha = \dot\vartheta = \bar\omega\vartheta_0\cos\bar\omega t \qquad (16-13)$$

将其代入线性的俯仰力矩公式,得到

$$\begin{aligned} M_y = M_{y0} + M_y^\alpha\vartheta_0\sin\bar\omega t + M_y^{\dot\alpha}\bar\omega\vartheta_0\cos\bar\omega t + \\ M_y^q\bar\omega\vartheta_0\cos\bar\omega t + M_y^{\dot q}(-\bar\omega^2\vartheta_0\sin\bar\omega t) + \hat\Delta(\Delta\alpha, q) \end{aligned} \qquad (16-14)$$

与上面力的表达方式类似,通过傅里叶分析,俯仰力矩还可以表达为

$$M_y = a_0/2 + a_1\cos\bar\omega t + b_1\sin\bar\omega t + \cdots\text{h.o.t} \qquad (16-15)$$

通过上述两式的比较得到

$$M_y^\alpha\vartheta_0 - M_y^{\dot q}(\bar\omega^2\vartheta_0) = b_1, \quad b_1 = \frac{2}{T_0}\int_{-T_0/2}^{T_0/2} M_y\sin\bar\omega t\,\mathrm{d}t \qquad (16-16)$$

$$M_y^{\dot\alpha} + M_y^q = a_1/(\bar\omega\vartheta_0), \quad a_1 = \frac{2}{T_0}\int_{-T_0/2}^{T_0/2} M_y\cos\bar\omega t\,\mathrm{d}t \qquad (16-17)$$

一般气动力和力矩可通过其展开的傅里叶公式的前三项(a_0、a_1 和 b_1)进行表达。研究了一个典型算例的结果比较,CFD 计算得到的 F_z 与采用傅里叶公式的前三项的比较如图 16-14 所示。

---

① h.o.t 是指高阶项。

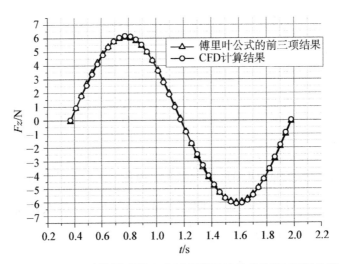

图16-14 CFD计算得到的 F_z 与采用傅里叶公式的前三项的比较

(6:1椭球长度为 1.372 m, $V_\infty = 45.7$ m/s,

$z = \sin(3.901568t)$, $\Delta t = T_0/400$)

$$a_1 = \frac{2}{T_0}\int_{-T_0/2}^{T_0/2} F_z(t)\cos\bar\omega t\,\mathrm{d}t$$

$$= \sum_{i=1}^{399}\left(\frac{F_z(t(i))\cos(\bar\omega t(i)) + F_z(t(i+1))\cos(\bar\omega t(i+1))}{2.0}\right)\Delta t$$

$$b_1 = \frac{2}{T_0}\int_{-T_0/2}^{T_0/2} F_z(t)\sin\bar\omega t\,\mathrm{d}t$$

$$= \sum_{i=1}^{399}\left(\frac{F_z(t(i))\sin(\bar\omega t(i)) + F_z(t(i+1))\sin(\bar\omega t(i+1))}{2.0}\right)\Delta t$$

16.3.3 稳定导数计算算例

例题 16-1 6:1椭球附加质量 $m_{33} = -F_z^{\dot w}$ 的计算。6:1椭球附加质量计算条件如表 16-3 所示。

表16-3 6:1椭球附加质量计算条件

模型长度/m	1.372	来流速度/(m/s)	45.7
模型的最大直径/m	0.114 333	力矩中心到模型头部的距离/m	0.686
来流空气密度/(kg/m³)	1.225		

附加质量 $m_{33} = -F_z^{\dot w}$ 的计算过程如下:

(1) 计算定常流场。

(2) 以定常流场为初解,计算在垂直速度 $w = a\bar\omega\cos\bar\omega t$ 运动下的法向力 $F_z(t)$。

（3）根据前述的方法，即式（16-9）计算附加质量 $m_{33} = -F_z^{\dot{w}}$。

具体计算条件如下：

$$a = 1.0, V_\infty = 45.7, X_1 = \frac{a\bar{\omega}^2 L}{V_\infty^2} = 0.01, \bar{\omega} = \left(\frac{X_1 V_\infty^2}{aL}\right)^{1/2} = 3.901568$$

$$T_0 = 2\pi/\bar{\omega} = 1.610426 \text{ s}, \Delta t = T/400 = 0.004026 \text{ s}$$

一个周期内 F_z 和迎角 α 的变化如图 16-15 所示。

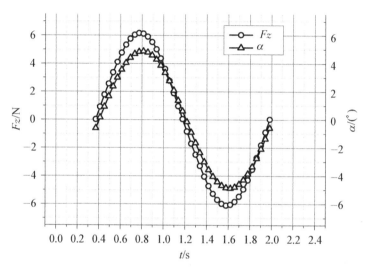

图 16-15 一个周期内 F_z 和迎角 α 的变化

通过将得到的法向力积分可得附加质量为

$$m_{33} = -F_z^{\dot{w}} = 4.3014 \times 10^{-2}$$

而采用椭球体附加质量的理论公式得到的结果为

$$m_{33} = -F_z^{\dot{w}} = 4.22007 \times 10^{-2}$$

相对于理论结果的误差为 1.927%。

例题 16-2 6:1 椭球的附加质量 $m_{55} = -M_z^{\dot{q}}$ 的计算可采用与计算 m_{33} 类似的过程。

（1）计算定常流场。

（2）以定常流场为初解，计算在俯仰角速度 $q = \dot{\vartheta} = \vartheta_0\bar{\omega}\cos\bar{\omega}t$ 运动下俯仰力矩 $M_y(t)$。

（3）根据前述的方法式（16-16）计算附加质量 m_{55}。

为计算该附加质量，需要计算两个不同运动条件，即 $\bar{\omega}_1$ 和 $\bar{\omega}_2$。附加质量 m_{55} 为

$$m_{55} = -M_z^{\ddot{\vartheta}} = -\left(\frac{b_1^{(2)} - b_1^{(1)}}{\bar{\omega}_1^2 \vartheta_0 - \bar{\omega}_2^2 \vartheta_0} \right) \qquad (16-18)$$

$$M_z^{\alpha} = [b_1 + M_z^{\ddot{\vartheta}}(\bar{\omega}^2 \vartheta_0)]/\vartheta_0 \qquad (16-19)$$

式中：

$$b_1^{(1)} = \frac{2}{T_0} \int_{-T_0/2}^{T_0/2} M_{y1} \sin\bar{\omega}_1 t \, \mathrm{d}t, \ b_1^{(2)} = \frac{2}{T_0} \int_{-T_0/2}^{T_0/2} M_{y2} \sin\bar{\omega}_2 t \, \mathrm{d}t$$

M_{y1} 为在 $\bar{\omega}_1$ 下一个周期内的俯仰力矩；而 M_{y2} 为在 $\bar{\omega}_2$ 下一个周期内的俯仰力矩。

M_{y1} 的具体计算条件如下：

$$\vartheta_0 = 5.0, \ V_\infty = 45.7, \ X_1 = \frac{\vartheta_0 \bar{\omega}^2 L^2}{V_\infty^2} = 4.0, \ \bar{\omega}_1 = \left(\frac{X_1 V_\infty^2}{\vartheta_0 L^2} \right)^{1/2} = 29.792\,51$$

$$T_0 = \frac{2\pi}{\bar{\omega}_1} = 0.210\,898, \ \Delta t = T_0/400 = 0.000\,527\ \mathrm{s}$$

M_{y1} 和俯仰角 θ 在一个周期内的变化如图 16-16 所示。

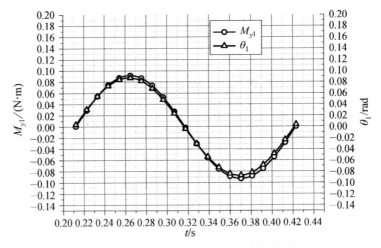

图 16-16　M_{y1} 和俯仰角 ϑ 在一个周期内的变化

M_{y2} 的计算条件如下：

$$\vartheta_0 = 5.0, \ V_\infty = 45.7, \ X_1 = \frac{\vartheta_0 \bar{\omega}^2 L^2}{V_\infty^2} = 2.0, \ \bar{\omega}_2 = \left(\frac{X_1 V_\infty^2}{\vartheta_0 L^2} \right)^{1/2} = 21.066\,49$$

$$T_0 = \frac{2\pi}{\bar{\omega}_2} = 0.298\,255\ \mathrm{s}, \ \Delta t = T_0/400 = 0.000\,746\ \mathrm{s}$$

M_{y2} 和俯仰角 θ 在一个周期内的变化如图 16-17 所示。

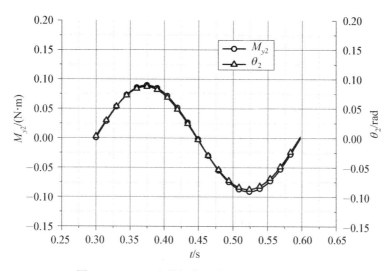

图 16 - 17　M_{y2} 和俯仰角 ϑ 在一个周期内的变化

通过将得到的俯仰力矩积分得到附加质量为

$$m_{55} = -M_y^{\dot{q}} = 0.003\ 325$$

而采用理论方法得到的附加质量为

$$m_{55} = -M_y^{\dot{q}} = 0.003\ 4$$

相对于理论结果的误差为 2.2%。

例题 16 - 3　致远一号飞艇稳定导数的计算。致远一号飞艇外形如图 16 - 18 所示,致远一号模型参数及计算条件如表 16 - 4 所示。

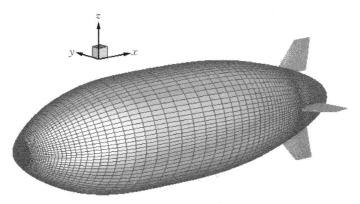

图 16 - 18　致远一号飞艇外形

表 16-4　致远一号模型参数及计算条件

模型体积/m³	0.293 493	参考面积 S_{ref}/m²	0.441 636 9
模型长度/m	1.828 6	参考长度 L_{ref}/m	0.664 557
来流空气密度/(kg/m³)	1.225	力矩中心到头部的距离/m	0.877 802
来流速度/(m/s)	60.39		

法向力系数和俯仰力矩系数的定义如下:

$$C_z = F_z/(0.5\rho V_\infty^2 S_{ref}),\ C_{my} = M_y/(0.5\rho V_\infty^2 S_{ref}L_{ref})$$

各种状态下的法向力系数和俯仰力矩系数的关系曲线如图 16-19~图 16-21 所示,致远一号模型的稳定导数如表 16-5 所示。

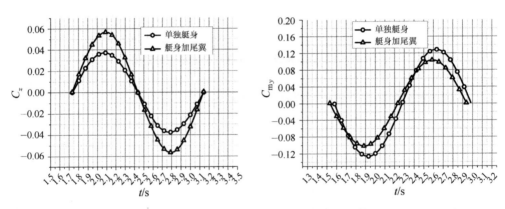

图 16-19　单纯上下周期运动下的法向力系数和俯仰力矩系数($\bar{\omega} = 4.465\ 866$)

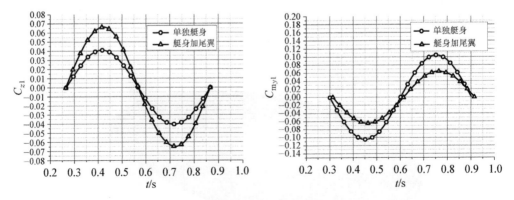

图 16-20　单纯俯仰周期运动下的法向力系数和俯仰力矩系数($\bar{\omega} = 10.443\ 51$)

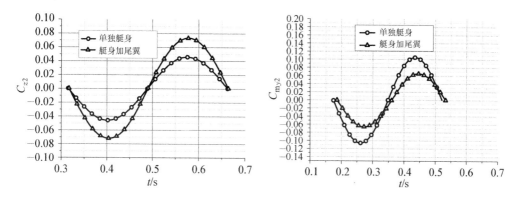

图 16 - 21　单纯俯仰周期运动下的法向力系数和俯仰力矩系数（ $\bar{\omega} = 18.088\,6$ ）

表 16 - 5　致远一号模型的稳定导数

$\overline{F_z^i}$ 或 $\overline{M_y^i}$	单独艇身	艇身加尾翼
$\overline{F_z^w}$	−1.505 66	−2.264 56
$\overline{F_z^{\dot{w}}}$	−0.042 47	−0.055 49
$\overline{F_z^{\dot{q}}} + \overline{F_z^q}$	−2.912 65	−4.564 93
$\overline{F_z^q}$	−79.146	−128.448
$\overline{M_y^w}$	3.564 605	2.190 794
$\overline{M_y^{\dot{q}}} + \overline{M_y^q}$	0.124 28	−1.521 28
$\overline{M_y^{\dot{q}}}$	0.009 007	0.003 399
$\overline{M_y^q}$	218.737 5	133.450 2

16.4　阀门流量系数计算

16.4.1　阀门流量分析方法

为调整压差和浮力,通常飞艇上需要安装空气阀和氦气阀。空气阀的目的是使囊体内外压差不超过预设值。氦气阀的目的是在某些特殊情况下释放一定量的氦气。为在飞艇设计时选择合适的阀门,需要知道常用的氦气阀和空气阀的流量与其开闭方式、阀的几何尺寸及其开度大小的关系。这些可以通过目前成熟的 CFD 数值计算方法得到定量的结果。另外,也可以基于数值计算方法对不同外形的阀门进行设计。

下面给出阀门流量特性的 CFD 计算方法以及典型阀门的几何参数、开度与其流量系数之间的关系,这些可在飞艇设计时作为参考。飞艇上一些典型的阀门如图 16 - 22 所示,飞艇上阀门的开闭方式如图 16 - 23 所示。

图 16 - 22 飞艇上一些典型的阀门

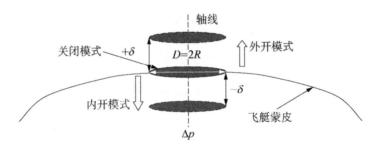

图 16 - 23 飞艇上阀门的开闭方式

为了满足飞艇上排气及密封的要求,常用的阀门一般为沿其轴线方向向外或向内打开形式。这里称向外打开方式为"外开模式",向内打开方式为"内开模式"。

阀门流量的设计与控制对于飞艇的正常工作是非常重要的。以往一个阀门的流量一般通过经验和试验测算。目前 CFD 数值模拟技术的成熟,使其可以作为一个设计和定量确定阀门流量特性的工具和手段。

阀门的体积流量 Q 可表示为

$$Q = cA\sqrt{\frac{2\Delta p}{\rho}} \tag{16-20}$$

式中:c 为流率系数;$A = \pi D^2/4$ 为阀门的面积;Δp 为阀门处的局部内外压差。

阀门的最大体积流量对应于其流率系数为 1。一般来说,流率系数会随着阀门的形式及其形状尺寸等发生变化。

为得到通用的规律,首先将阀门开度 δ 以阀门的半径进行量纲为 1 的处理,则有

$$\Delta\delta = \frac{\delta}{R} \tag{16-21}$$

对于不同条件下的阀门流率系数的变化,可采用CFD数值模拟的方法得到。一般阀门的尺寸相对于整个飞艇的尺寸为小量。飞艇上采用的阀门直径约为0.3 m,而低空飞艇的长度约为30 m,直径约为7 m,因此,阀门直径与飞艇直径的比约为0.04。随着飞艇尺寸的增大,阀门的尺寸变化不大(考虑到加工及气密性的要求),这样阀门的尺寸相对于飞艇的尺寸来说将非常小,故阀门的模拟可近似为轴对称流动,因此可以采用二维轴对称的方法进行求解。下面给出采用FLUENT求解时所采用的流场网格及边界条件(见图16-24)。

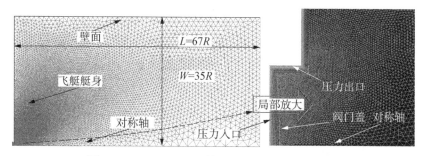

图16-24 FLUENT计算采用的网格和边界条件

对于采用CFD计算一个特定阀门流量问题时,影响其求解精度的因素主要有流场区域大小、湍流模型以及内外压差,下面将这些因素对阀门流量系数的影响进行分析。流场区域大小、湍流模型和不同压差时计算结果的影响如表16-6~表16-8所示。

表16-6 流场区域大小对计算结果的影响

($\Delta\delta = \frac{\delta}{R} = 0.2$, $\Delta p = 300$ Pa,SST湍流模型)

	流率系数 c	相对误差/%
$L = 33.5R$, $W = 17.5R$	0.205 707 622	2.49
$L = 67R$, $W = 35R$	0.200 708 554	0.00

表16-7 湍流模型对计算结果的影响

湍流模型	流率系数 c	相对误差/%
层流	0.202 291 596	0.79
SA湍流模型	0.200 600 317	−0.05
SST湍流模型	0.200 708 554	0.00

表 16‑8 不同压差对计算结果的影响

压差/Pa	流率系数 c	相对误差/%
100	0.200 046 158	−0.33
300	0.200 708 554	0.00
500	0.201 460 642	0.37
700	0.201 652 266	0.47
900	0.201 721 004	0.50
1 100	0.201 747 674	0.52
1 300	0.202 057 514	0.67

从上面不同条件下流量系数的计算结果可以看出，流体区域、湍流模型以及压差对阀门流率系数的影响较小，可以忽略。故下面在分析阀门特性时采用流体区域为 $L = 67R，W = 35R$。湍模型为 SST，内外压差为 300 Pa。

16.4.2 阀门流率系数与开闭方式的关系

通过 CFD 数值模拟得到不同开度下流率系数的变化规律。阀门开度 $\Delta\delta$ 为正表示外开模式，为负表示内开模式。阀门流率系数与量纲为 1 的开度之间的关系如图 16‑25 所示，外开模式和内开模式阀门流率系数与量纲为 1 的开度的拟合函数如图 16‑26 所示。

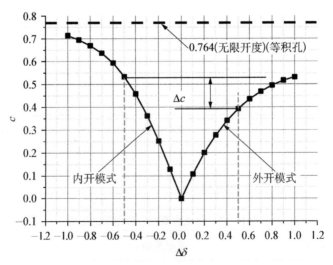

图 16‑25 阀门流率系数与量纲为 1 的开度之间的关系

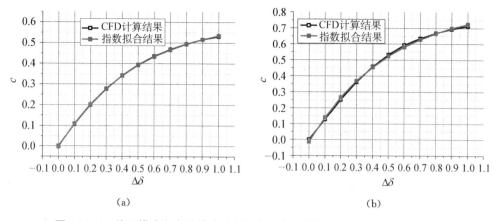

图 16 - 26 外开模式和内开模式阀门流率系数与量纲为 1 的开度的拟合函数

(a) 外开模式 (b) 内开模式

图 16 - 26 中得到的流率系数与阀门量纲为 1 的开度之间的关系可用于初步选取阀门尺寸和开度。外开模式下的流率系数与量纲为 1 的开度的拟合函数为

$$c = 0.617\,13 - 0.620\,1e^{(-2.022\Delta\delta)}, \quad \Delta p = 300 \sim 800\,\text{Pa} \quad (16 - 22)$$

内开模式下的拟合函数为

$$c = 0.844\,72 - 0.858\,59e^{(-1.967\,34\Delta\delta)}, \quad \Delta p = 300 \sim 800\,\text{Pa} \quad (16 - 23)$$

16.5 飞艇热特性数值计算

16.5.1 飞艇的热问题

平流层飞艇驻空时最苛刻的问题就是昼夜囊体内部气体温差所引起的超热/超压问题。已有数据显示飞艇内部氦气囊的昼夜温差可达 $40 \sim 50\,°C$。这还是在太阳能电池下部设置了隔热层(空气、轻质隔热材料等)防护后的结果。

低空飞艇由于环境空气密度较高,且以一定的速度飞行,在强迫对流换热下,热的问题没有空气密度低且飞行速度小的平流层飞艇严重。

下面给出在 20 km 高度下,囊体材料的安全系数取为 5 时,不同温差和飞艇最大直径对飞艇囊体材料强度及面密度的影响。不同强度下需要的面密度按照常规的 $200\,\text{g/m}^2$ 下达到 $1\,000\,\text{N/cm}$ 的强度进行线性插值得到。飞艇不同温差和最大直径下囊体压差变化,需要的囊体材料强度和面密度如图 16 - 27 ～图 16 - 29 所示。

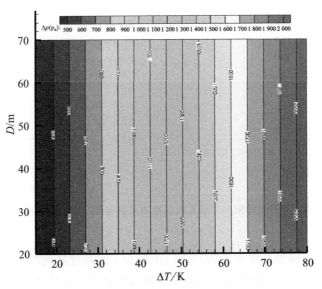

图 16-27　飞艇不同温差和最大直径下囊体压差变化

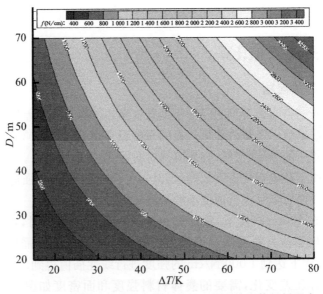

图 16-28　飞艇不同温差和最大直径下需要的囊体材料强度

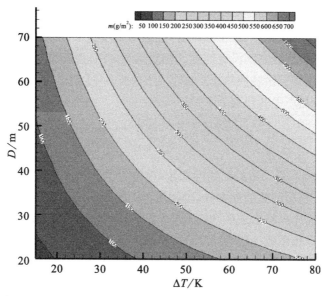

图 16-29 飞艇不同温差和最大直径下需要的囊体材料面密度

16.5.2 热传递概述

飞艇由于其内部填充气体,其对周围热环境的变化非常敏感,常称为"热飞行器"。飞艇与周围环境之间时刻存在热交换,从而影响飞艇的浮力水平进而对飞艇的驻空及操控产生一定的影响。热力学第二定律指出,热能总是自发地从高温区传向低温区。显然热量传递过程是不可逆过程。热量传递的最终方向是使物体与环境之间处于热平衡状态。

飞艇的热转换包括了三种基本的热量传递方式:热传导、热对流和热辐射。飞艇所处热环境如图 16-30 所示。

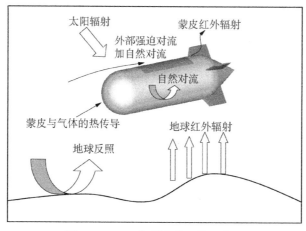

图 16-30 飞艇所处热环境示意图

热传导(导热)是指两个温度不同的物体或同一物体内部温度不同的各部分,依靠物质内部微观粒子(分子、原子或电子)的运动和碰撞来传递热量的方式。在导热方式中物体内部各部分之间没有宏观的相对运动,并且参与导热的物体一定是彼此相接触的,故导热属于接触换热。

单位面积导热产生的热流为

$$\dot{q} = \lambda \frac{\partial T}{\partial n} \tag{16-24}$$

式中:λ 为导热系数,是物质的热物性参数,单位为 W/(m·℃)。

导热系数是物质的热物性参数,随物质种类的不同而不同。一般金属的导热系数最高,非金属固体材料次之(0.025～3.0 W/(m·℃)),一般随温度和湿度的升高而增加;液体的导热系数一般为 0.01～0.7 W/(m·℃),且随温度的升高而降低;气体的导热系数较小,一般为 0.006～0.6 W/(m·℃),且随温度的增加而增加,在一般工程压力内可认为气体的导热系数与压力无关。

热对流是指流体各部分之间发生相对位移,若流体内部温度不同,则流体各部分的宏观相对运动将引起热量的传递。在工程上常遇到的是流体通过固体表面时发生的流体与固壁的换热(如飞艇蒙皮外侧与环境空气之间的热交换),这种流体与固体表面之间的换热过程称为"对流换热",对流换热也是接触换热。牛顿指出,对流换热热流是固壁与流体之间的温度差及接触面积的函数,即

$$\dot{Q} = A\alpha\Delta T \tag{16-25}$$

式中:α 为对流换热系数,单位为 W/(m²·℃)。

对流换热系数不是一个物性参数,它不是常数,而是流体物性和温度分布的函数。

对流换热是流体流过固壁时流体与壁面的换热。流体的流动按照其动力来源不同可分为强迫对流和自然对流两类。来源于流体之外的力,使流体克服阻力,产生流动速度的流动称为强迫对流。在重力场下由于流体内部的密度不同而引起的流体运动(密度不同一般是由于流体内部各处的温度不同所致)称为自然对流。一定的温差下不同的流体介质其密度的变化程度不同,这是由于不同流体的容积膨胀系数(等压下,单位温度变化所引起的体积变化率 $\beta = \Delta V/(V \cdot \Delta T)$)不同所引起的。因此在自然对流情况下,流体物理性质中的容积膨胀系数对自然对流将产生直接的影响。

流体强迫流动时与固壁的换热称为强迫对流换热,流体自然流动时与固壁的换热称为自然对流换热。计算强迫对流换热的已知量为流速,自然对流换热的已知量为温差。

下面以空气流过平板壁面为例,分析近壁面处流体与壁面的换热。平板前方未受干扰的气体流速为 v_∞,由于空气黏性的作用,使壁面上的流速为零,沿壁面法向

速度逐渐增大最后接近来流速度,速度不断发生变化的这层流体称为边界层,其厚度为边界层厚度。边界层厚度定义为当地速度 $99\%v_\infty$ 的位置。根据牛顿摩擦定律,流体的黏性与剪切力之间的关系为

$$\tau = \mu \frac{\partial v}{\partial y} \tag{16-26}$$

式中:系数 μ 为流体的动力黏度系数。

在边界层之外,无速度梯度,故可看作理想流体区域。气体沿平板流动的边界层如图 16-31 所示。

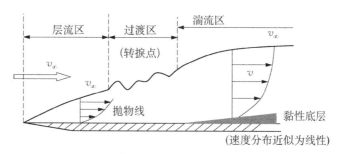

图 16-31 气体沿平板流动的边界层示意图

在边界层内部的流动,根据其流动性质的不同可分为三个区域:层流区、过渡区和湍流区。在层流区的流体保持分层流动状态,层与层之间无宏观的流体微团掺混,在该区的速度型为抛物线。而在湍流区的流体微团的运动轨迹是无序的,各层之间的流体微团相互掺混,其瞬时速度在某一均值上下波动。在湍流区存在流体微团的掺混,因此伴随有明显的动量交换,于是该区的速度型比层流区平坦。在层流到湍流的过渡区流动是不稳定的,一般将该区域看作一点,称为转捩点。

在湍流区紧靠固壁处有一薄层,尽管其处于湍流区内,但在该薄层内垂直壁面方向上,流体微团并无明显的脉动,在这一层内流体速度分布近似为线性分布,具有很大的速度梯度,故分子黏性作用较大,称为黏性底层。

下面对绕平板流动的换热进行分析,仍采用一般的平板进行说明。假设来流速度为 v_∞,来流温度为 T_∞,固壁温度为 T_w,且 $T_\infty < T_w$,这样当气体流过平板时将发生对流换热。这时在近壁处的气流温度将发生变化,离壁面越近气体温度越接近固壁温度,与固壁接触的气流温度就等于壁面温度。把固壁附近气流温度变化的区域称为热边界层或温度边界层。

对流换热是流体与接触面的换热,因此对流换热的热流就必然要穿过黏性底层。由于在壁面上的流体速度为零,因此通过这一薄层换热只能是导热,故热流为

$$\dot{q} = -\lambda \left(\frac{\partial T}{\partial y} \right)_w \tag{16-27}$$

式中：λ 为流体的导热系数；$\left(\dfrac{\partial T}{\partial y}\right)$ 为流体在壁面上的温度梯度。根据牛顿公式，若壁温高于流体温度，则对流换热热流为

$$\dot{q} = \alpha(T_w - T_\infty) \qquad (16-28)$$

故

$$\alpha(T_w - T_\infty) = -\lambda\left(\frac{\partial T}{\partial y}\right)_w \qquad (16-29)$$

得到

$$\alpha = -\frac{\lambda}{(T_w - T_\infty)}\left(\frac{\partial T}{\partial y}\right)_w \qquad (16-30)$$

可见，对流换热系数 α 并非是一个简单的常数，它是取决于流体物性和温度分布的函数。由于流体温度分布与流体的流动状态有密切的关系，故对流换热系数与流体的流动状态有密切的关系。

对流换热系数的影响因素十分复杂，这些因素大致可分为如下几方面。

（1）流体的物性：流体密度、等压比热容、导热系数及动力黏度系数都会影响对流换热。在自然对流中，流体的热膨胀系数也将影响对流换热。另外，这些物性参数本身就是温度的函数，因此使得这种影响更加复杂。

（2）流体流动状态的影响：流体流动的速度分布以及与速度分布密切相关的流态（层流、湍流）都严重影响对流换热。

（3）几何因素的影响：流体流过物体的外形不同，其对流换热也不同。甚至壁面的粗糙度也影响对流换热。当然，换热系数也将是位置坐标的函数。

综上所述，对流换热系数与各因素之间是一个非常复杂的函数关系，有

$$\alpha = f(\rho,\ c_p,\ \lambda,\ \mu,\ v,\ \phi) \qquad (16-31)$$

式中：ϕ 为代表几何因素的参数。

为了将上述复杂的多参数的函数进行简化，可通过处理得到对应的量纲为 1 的系数。对流换热相关的量纲为 1 的数有

$$Nu = \frac{\alpha l}{\lambda} \qquad (16-32)$$

若得到给定表面的平均换热系数，有

$$N\overline{u} = F(Re,\ Pr) \qquad (16-33)$$

式中：$Re = \dfrac{v_\infty l\rho}{\mu}$，$Pr = \dfrac{\nu}{a}$，$a = \dfrac{\lambda}{\rho c_p}$

对于等温平板低速层流、湍流换热满足的准则方程为

$$层流: Nu_x = F(Re, Pr) = 0.332 Re_x^{1/2} Pr^{1/3} \tag{16-34}$$

$$湍流: Nu_x = F(Re, Pr) = 0.0288 Re_x^{0.8} Pr^{1/3} \tag{16-35}$$

下标 x 为横向坐标值, $Nu_x = \dfrac{\alpha_x x}{\lambda}$, $Re_x = \dfrac{v_\infty x \rho}{\mu}$, α_x 为 x 处的局部对流换热系数。确定物性参数的温度取 $T_m = \dfrac{1}{2}(T_w + T_\infty)$。

当流动既存在层流又存在湍流时可按下式计算:

$$N\bar{u} = \frac{\bar{\alpha} l}{\lambda} = 0.036 \, Pr^{1/3} (Re_l^{0.8} - 2.3 \times 10^4) \tag{16-36}$$

对于整个平板的平均换热系数 $\bar{\alpha}$ 为

$$\bar{\alpha} = \frac{1}{l} \int_0^l \alpha_x \, \mathrm{d}x \tag{16-37}$$

例题 16-4 空气在 15℃和一个大气压(10^5)下,以 10 m/s 的速度流过平板,平板长度为 1 m,宽度为 1 m,并保持壁面温度为 60℃,求平板传给空气的热流。

确定空气物性参数的温度为

$$T_m = \frac{1}{2}(T_w + T_\infty) = \frac{1}{2}(60 + 15) = 37.5℃$$

得到在该温度下空气的物性参数,则有

$$\rho = 1.1364 \text{ kg/m}^3, \quad \mu = 19.01 \times 10^{-6} \text{ kg/(m·s)}$$
$$\lambda = 2.693 \times 10^{-2} \text{ W/(m·K)}$$

$$
\begin{aligned}
c_p &= (a_0 + a_1 T + a_2 T^2 + a_3 T^3) \times 1000 \\
&= (0.9795 + 0.06791 \times 10^{-3} \times 288 + 0.1658 \times 10^{-6} \times 288^2 - \\
&\quad 0.06788 \times 10^{-9} \times 288^3) \times 1000 \\
&= 1011
\end{aligned}
$$

$$Pr = \frac{\nu}{a} = \frac{\mu}{\rho} \frac{\rho c_p}{\lambda} = \frac{\mu c_p}{\lambda} = \frac{19.01 \times 10^{-6} \times 1011}{2.693 \times 10^{-2}} = 0.714$$

计算 Re_l,有

$$Re_l = \frac{\rho v_\infty l}{\mu} = \frac{1.1364 \times 10 \times 1}{19.01 \times 10^{-6}} = 5.97 \times 10^5$$

说明平板前部是层流边界层,后部是湍流边界层,其平均换热系数为

$$N\bar{u} = \frac{\bar{\alpha}l}{\lambda} = 0.036Pr^{1/3}(Re_l^{0.8} - 2.3 \times 10^4)$$
$$= 0.036 \times (0.714)^{1/3} \times ((5.97 \times 10^5)^{0.8} - 2.3 \times 10^4)$$
$$= 603.7$$

进而得到$\bar{\alpha}$,有

$$\bar{\alpha} = N\bar{u} \times \frac{\lambda}{l} = 603.7 \times \frac{2.693 \times 10^{-2}}{1} = 16.26 \text{ W/(m}^2 \cdot \text{K)}$$

得到对流换热热流为

$$\dot{Q} = \bar{\alpha} \cdot \Delta T \cdot A = 16.26 \times (60 - 15) \times 1 \times 1 = 731.6 \text{ W}$$

若该平板处于 20 km 高度,大气温度为$-56℃$,其对流换热热流为

$$T_m = \frac{1}{2}(T_w + T_\infty) = \frac{1}{2}(60 + (-56)) = 2℃$$
$$\rho = 0.088\,9 \text{ kg/m}^3, \quad \mu = 14.21 \times 10^{-6} \text{ kg/(m} \cdot \text{s)}$$
$$\lambda = 2.44 \times 10^{-2} \text{ W/(m} \cdot \text{K)}$$

$$c_p = (a_0 + a_1 T + a_2 T^2 + a_3 T^3) \times 1\,000$$
$$= (0.979\,5 + 0.067\,91 \times 10^{-3} \times 216.65 + 0.165\,8 \times 10^{-6} \times 216.65^2 -$$
$$0.067\,88 \times 10^{-9} \times 216.65^3) \times 1\,000$$
$$= 1\,001$$

$$Pr = \frac{\nu}{a} = \frac{\mu}{\rho} \cdot \frac{\rho c_p}{\lambda} = \frac{\mu c_p}{\lambda} = \frac{14.21 \times 10^{-6} \times 1\,001}{2.44 \times 10^{-2}} = 0.583$$

计算 Re_l:

$$Re_l = \frac{\rho v_\infty l}{\mu} = \frac{0.088\,9 \times 10 \times 1}{14.21 \times 10^{-6}} = 6.25 \times 10^4$$

说明平板全部是层流边界层,其平均换热系数为

$$N\bar{u} = \frac{\bar{\alpha}l}{\lambda} = 0.664 Re_l^{0.5} Pr^{1/2}$$
$$= 0.664 \times (6.25 \times 10^4)^{0.5} \times (0.583)^{0.5}$$
$$= 126.7$$

进而得到$\bar{\alpha}$,有

$$\bar{\alpha} = N\bar{u} \times \frac{\lambda}{l} = 126.7 \times \frac{2.44 \times 10^{-2}}{1} = 3.09 \text{ W/(m}^2 \cdot \text{K)}$$

得到对流换热热流为

$$\dot{Q} = \bar{\alpha} \cdot \Delta T \cdot A = 3.09 \times (60 - (-56)) \times 1 \times 1 = 358.4 \text{ W}$$

若按照全部湍流计算：

$$N\bar{u} = \frac{\bar{\alpha} l}{\lambda} = 0.036 Re_l^{0.8} Pr^{1/3}$$

$$= 0.036 \times (6.25 \times 10^4)^{0.8} \times (0.583)^{1/3}$$

$$= 206.5$$

$$\bar{\alpha} = N\bar{u} \times \frac{\lambda}{l} = 206.5 \times \frac{2.44 \times 10^{-2}}{1} = 5.04 \text{ W/(m}^2 \cdot \text{K)}$$

$$\dot{Q} = \bar{\alpha} \cdot \Delta T \cdot A = 5.04 \times (60 - (-56)) \times 1 \times 1 = 584.6 \text{ W}$$

可得，地面的对流换热系数高于 20 km 高度处的。针对该算例地面的热流为 731.6W，20 km 层流下的对流换热热流为 358.4W，全部湍流下的热流为 584.6W。

热辐射是通过电磁波传递热量。电磁波的传播可在真空中进行，因此辐射换热与导热和对流换热的明显差别在于其是非接触传热。两个温度不同的物体，依靠自身向外发射辐射能和吸收外界投射到其上的辐射能来实现热量的传递，这就是辐射换热。无疑，对于辐射换热也是将热量由高温物体传向低温物体。但是，与导热和对流换热不同，辐射换热量与温差的关系已不再是正比关系，而是与换热物体绝对温度的四次方之差成正比，即

$$\dot{Q} = \frac{(\sigma T_1^4 - \sigma T_2^4)}{R_r} \tag{16-38}$$

式中：σ 为斯蒂芬–玻尔兹曼（Stenfan-Boltzmann）常数，为 5.67×10^8 W/(m$^2 \cdot$ K^4)；R_r 为辐射换热热阻。可见在辐射换热中，其热动势为 $(\sigma T_1^4 - \sigma T_2^4)$。

16.5.3　FLUENT 计算飞艇热特性的方法

飞艇气囊内填充一定量的浮升气体和空气，外部环境温度保持不变，在存在空速下会有气流绕过飞艇蒙皮外侧，空速的大小和方向会随时间发生变化。另外，外部的热源，例如太阳的辐射方向也会随时间缓慢变化。由于飞艇蒙皮很薄，忽略其热阻，可视为外部热环境直接作用于气囊内壁面，形成随时间变化的非均匀热边界条件，引起气囊内气体、蒙皮温度的变化。飞艇囊体内部也会由于热的不均匀而使其内部的气体发生自然对流。这样整个飞艇的热是一种具有内外流对流换热、太阳、云层及地面的辐射热综合作用的结果。这样复杂的热特性的分析可以采用 CFD 数值计算的方法得到在不同外界环境下其详细的随时间变化的热特性及其温度分布特性。

内外流可以采用 CFD 数值计算方法进行求解，得到不同时刻整个囊体表面以及内部填充气体的热及其流动特征。

计算流体动力学（CFD）能够定量、有效并且准确地模拟流场变化，得到空间和

时间的流场压力、温度、速度等状态量。飞艇的换热如图 16-32 所示。

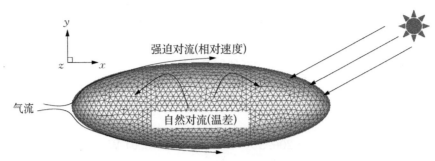

图 16-32　飞艇的换热示意图

16.5.4　常用的热边界条件

对于热边界一般可分为五类边界条件：

(1) 固定温度条件。

(2) 固定热流条件。

(3) 对流换热条件。

(4) 外部的辐射热转换条件。

(5) 外部辐射热和对流换热混合条件。

1) 固定温度边界条件

当壁面采用固定温度条件，从壁面传递到邻近流体单元的热流为

$$q = h_{\mathrm{f}}(T_{\mathrm{w}} - T_{\mathrm{f}}) + q_{\mathrm{rad}} \tag{16-39}$$

式中：h_{f} 为流体侧局部换热系数，通过局部流场条件计算得到（包括湍流水平、温度以及速度剖面）；T_{w} 为壁面温度；T_{f} 为局部流体温度；q_{rad} 为流场的辐射热流。

从固体单元得到的热量，计算如下：

$$q = \frac{k_{\mathrm{s}}}{\Delta n}(T_{\mathrm{w}} - T_{\mathrm{s}}) + q_{\mathrm{rad}}$$

式中：k_{s} 为固体的温度传导系数；T_{s} 局部固体温度；Δn 为壁面到固体单元中心的距离。温度边界条件如图 16-33 所示。

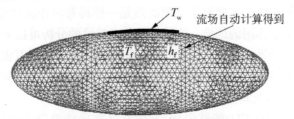

图 16-33　温度边界条件示意图

2）热流边界条件

当在壁面上定义热流边界条件,需要指定壁面的热流。通过下式得到邻近流体单元壁面温度：

$$q = h_{\mathrm{f}}(T_{\mathrm{w}} - T_{\mathrm{f}}) + q_{\mathrm{rad}} \Rightarrow T_{\mathrm{w}} = \frac{q - q_{\mathrm{rad}}}{h_{\mathrm{f}}} + T_{\mathrm{f}} \qquad (16-40)$$

其中,流体侧的换热系数通过局部流场条件计算得到。

当壁面与固体单元相连,壁面温度为

$$q = \frac{k_{\mathrm{s}}}{\Delta n}(T_{\mathrm{w}} - T_{\mathrm{s}}) + q_{\mathrm{rad}} \Rightarrow T_{\mathrm{w}} = \frac{(q - q_{\mathrm{rad}})\Delta n}{k_{\mathrm{s}}} + T_{\mathrm{s}}$$

热流边界条件如图 16-34 所示。

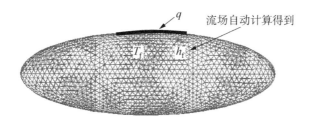

图 16-34　热流边界条件示意图

3）外部对流换热边界条件

当在壁面上定义对流换热边界条件,采用指定的外部换热系数和外部温度计算到达壁面的热流：

$$q = h_{\mathrm{f}}(T_{\mathrm{w}} - T_{\mathrm{f}}) + q_{\mathrm{rad}} = h_{\mathrm{ext}}(T_{\mathrm{ext}} - T_{\mathrm{w}}) + q_{\mathrm{rad}} \qquad (16-41)$$

式中：h_{ext} 为外部换热系数；T_{ext} 为外部环境温度；q_{rad} 为辐射热流。该处假设壁面无厚度。外部对流换热边界条件如图 16-35 所示。

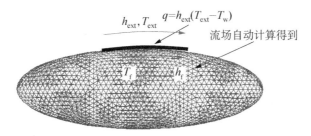

图 16-35　外部对流换热边界条件示意图

4）外部辐射边界条件

当在壁面上定义外部辐射边界条件,到达壁面的热流计算如下:

$$q = \varepsilon_{ext}\sigma(T_\infty^4 - T_w^4) \tag{16-42}$$

式中:ε_{ext} 为外壁面的发射率;σ 为 Stenfan-Boltzmann 常数;T_w 为壁面温度;T_∞ 为流场区域外部的辐射源的温度;q_{rad} 为从流场区域辐射到壁面的辐射热流。外部辐射边界条件如图 16-36 所示。

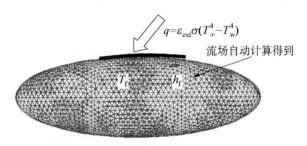

图 16-36　外部辐射边界条件示意图

5) 外部对流与辐射综合边界条件

当在壁面上指定外部对流与辐射综合的边界条件(见图 16-37),到达壁面的热流计算为

$$q = h_{ext}(T_{ext} - T_w) + \varepsilon_{ext}\sigma(T_\infty^4 - T_w^4) \tag{16-43}$$

其中假设壁面为零厚度。

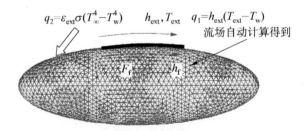

图 16-37　外部对流与辐射综合边界条件示意图

16.5.5　基于 FLUENT 的热分析过程

下面以飞艇热特性分析为例,通过算例说明在 FLUENT 中整个热分析的设置及其求解过程。

1) 流场网格剖分

在采用 FLUENT 针对飞艇的热特性进行仿真时,首先需要对流场进行网格剖分。由于飞艇囊体外部为大气,囊体内部为浮升气体和空气(空气囊内),故在流场网格剖分时需要包含外部流场和囊体内部的流场。外部流场主要是相对于飞艇具有一定空速的大气介质,它会在飞艇囊体的外表面产生强迫对流,以带走部分热量。而囊体内部几乎封闭的浮升气体和空气囊中的空气主要是通过自然对流与蒙皮进行热交换。图16-38和图16-39为飞艇热特性计算时的流场网格和边界条件的设置。

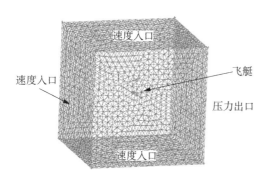

图16-38 外部流场网格及边界条件设置 图16-39 飞艇附近边界条件设置(网格可以采用边界层加非结构网格)

2) 流场网格导入FLUENT设置

将剖分后的流场网格读入FLUENT中,然后设置相应的求解器和边界条件。由于飞艇的绕流为低速流动,故通常采用基于压力的求解器(见图16-40)。由于外界热源(太阳辐射)随时间的变化特性,使得飞艇的热特性为一非定常的过程,这样在求解器中选择非定常求解方法。另外,为了实现热的仿真需要添加能量方程(见图16-41)。

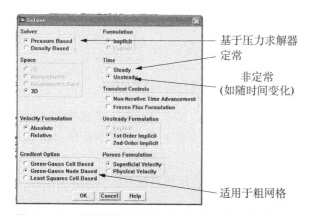

图16-40 求解器选择(也可以采用基于密度的求解器) 图16-41 添加能量方程

对于飞艇的外部绕流可选择不同的湍流模型(见图16-42)进行分析。在FLUENT的辐射模型中,已经集成了太阳辐射模型,如图16-43所示,可以通过经纬度和方位的设置自动计算随时间变化的太阳辐射热源。计算太阳参数所需的经纬度和日期如图 16－44 所示，其中的太阳辐射方法可以选择理论最大方法和晴朗天气方法，其中理论最大方法适用于空间飞行器热的分析，如在 20 km 高空的飞艇，而晴朗天气方法适用于地面热仿真。

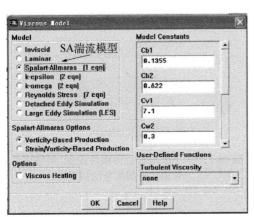

图 16－42　选择湍流模型

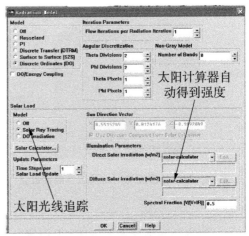

图 16－43　选择辐射模型及太阳辐射模型

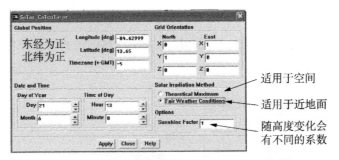

图 16－44　设置计算太阳参数所需的经纬度和日期

飞艇的外部和内部具有不同的气体介质，需要分别对其属性进行设置。图 16－45 为飞艇外部和副气囊中的空气的属性参数的设置界面，图 16－46 为囊体内部的浮升气体（氦气）的属性参数的设置界面。

由于在飞艇囊体内部会存在热的不均匀形成自然对流，图 16－47 给出考虑自然对流时需要设置的相关参数和界面。

在对流场进行网格剖分时，需要单独定义囊体内部的流场区域和囊体外部的绕流场区域。针对这两个不同的区域需要分别设置相应的介质。图 16－48 为设置这两个区域介质的界面，即设置囊体内部区域为氦气以及外部区域为空气。

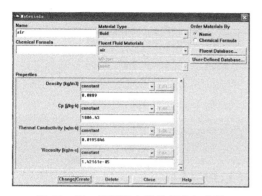
图16－45　设置浮空器外部大气参数

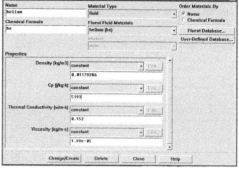
图16－46　设置浮空器囊体内部氦气参数

图16－47　设置参考压力和重力加速度（自然对流）

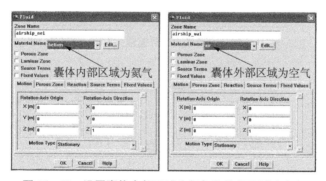
图16－48　设置囊体内部区域为氦气和外部区域为空气

接下来是设置相关的边界条件。速度入口边界条件（见图16－49），需要设置来流速度的大小及方向、来流温度以及热辐射特性。对飞艇蒙皮边界进行设置（见图16－50）时，设置蒙皮边界温度为Coupled条件。

在设置飞艇蒙皮和太阳能电池的边界条件时，需要在辐射模块中设置边界对太阳的吸收和透射系数（见图16－51），其中吸收系数可定义可见光、红外和散射辐射的吸收能力。对于半透明材料需要设置可见光、红外和散射辐射的透过能力。而对于不透明的材料只需要设置吸收系数，透射系数为零，而反射系数为1减去吸收系数。

图 16 - 49　设置速度入口边界条件

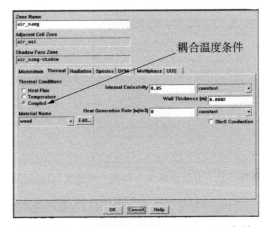

图 16 - 50　设置蒙皮边界温度为 Coupled 条件

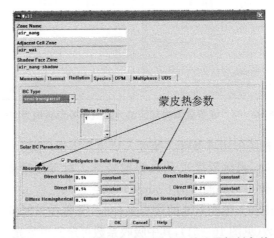

图 16 - 51　设置蒙皮和太阳能电池的边界辐射条件

　　对于飞艇类的绕流,除设置速度入口边界外,通常还需要设置压力出口边界。图16-52给出在FLUENT中压力出口边界条件的设置界面,其中主要是出口表压的设置,一般设置其值为零,即压力出口为环境大气压力。

　　当太阳辐射选择漫射(diffuse radiation),从地面的辐射反照需要增加到总的漫射中,可通过地面反照率设置(飞艇高度变化也可以通过改变该参数得到)。对于在一定高度飞行的飞艇,其热源也包括地面引起的对太阳能量的反照产生的热。这部分的热量可通过FLUENT中的相关命令进行定义,如图16-53所示。通过这些命令可以设置地面对太阳光的反照强度,即该图中的Ground Reflectivity参数。对于地面反照默认系数为0.2,若模拟不同的反射条件,例如云层反照等,也可以通过修改该参数实现。

图16-52　设置压力出口条件　　　　图16-53　设置地面反照条件(设置地面
　　　　　　　　　　　　　　　　　　　　　　反照率)

　　太阳射线模型仅仅获得第一次照射的不透明壁面的强度。没有考虑由于反照或发射引起的热强度,可以用图16-54的参数设置所有通过面的辐射的反照部分因子。反射部分的热通过分散因子(scattering-fraction)确定。如果该参数为1,表示壁面所有的反射辐射在流场区域中分布。当存在透明边界时该系数可以小于1。

　　对于每一个受到太阳照射的面,通过太阳辐射模型计算能量。默认情况下,如果存在壳传导,这部分能量会进入临近的壳传导单元,否则,它将会进入邻近的固体单元。如果既没有壳传导单元,也没有固体单元,则会进入邻近的流体单元。然而如果流场网格粗糙,不能准确求解壁面热传递,故需要将热直接进入流体单元。这可减少不合乎自然规律而过高预测壁面温度的情况。在FLUENT中可通过图16-55的命令进行设置,即将sol-adjacent-fluidcells设置为yes,就可以表示太阳辐射能量直接作用在壁面临近的流体单元上。

```
/define/models/radiation/solar-parameters> scattering-fraction
Scattering Fraction [0.75] 1

/define/models/radiation/solar-parameters> |
```

```
/define/models/radiation/solar-parameters> sol-adjacent-fluidcells
Apply Solar Load on  adjacent Fluid Cells? [no] yes
```

图16-54　设置分散因子　　　　　　图16-55　设置太阳辐射到邻近流体单元

　　最后,通过图16-56设置整个流场求解控制方程采用的离散格式和迭代方法

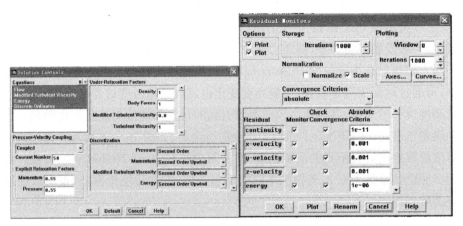

图 16 - 56 求解器参数设置及残差参数设置

以及收敛残差就可以进行迭代计算,待收敛后便可得到模拟结果。

3) 热特性结果

(1) 太阳辐射方法:Theoretical Maximum。

(2) 外蒙皮的热参数:

a. Internal Emissivity:0.85。

b. Wall Thickness:0.000 2 m。

c. Opaque。

d. Absorptivity:0.23。

(3) 太阳能电池的热参数:

a. Internal Emissivity:0.85。

b. Wall Thickness:0.000 77 m。

c. Opaque。

d. Absorptivity:0.59。

(4) 氦气囊的热参数:

a. Internal Emissivity:0.85。

b. Wall Thickness:0.000 1 m。

c. Semi-transparent。

(5) 地面及散射条件:

a. Ground Reflectivity [0.2](地面反照)。

b. Scattering Fraction [1](发射吸收量的比例)。

c. sol-adjacent-fluidcells:Yes。

(6) 来流速度 23 m/s。

(7) 流体介质:囊体外为 20 km 大气参数,囊体内为 20 km 氦气参数。

通过一个昼夜的模拟可得出飞艇内部氦气温度的变化情况,如图 16 - 57 所示。另外也可得出囊体表面、太阳能电池表面及内部氦气囊温度分布,如图 16 - 58 所示。对于囊体外部的强迫对流可得到整个囊体表面对流换热系数的分布,如图 16 - 59 所示。

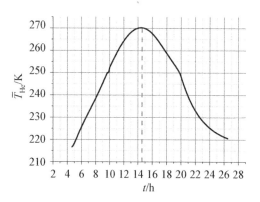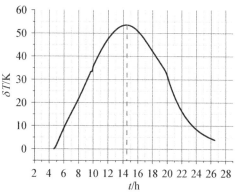

图 16 - 57　一昼夜氦气平均温度 $\overline{T}_{He}$ 和氦气超热变化(最高超热 53. 55 K)

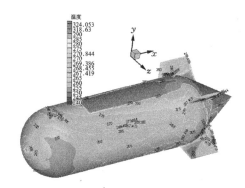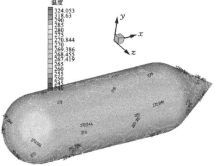

图 16 - 58　囊体表面、太阳能电池表面及内部氦气囊温度分布(14. 5 点)

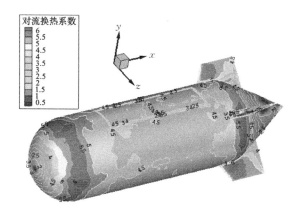

图 16 - 59　表面对流换热系数分布

16.6 飞艇囊体晃动分析

一般飞艇在其囊体内部布置有副气囊,当副气囊处于半填充状态时,由于浮升气体和副气囊内部空气的密度差会引起浮升气体的晃动,从而影响整个飞艇的姿态及其稳定性。囊体内部浮升气体的晃动是一类两相之间具有明显交界面的多相流问题,可以采用 CFD 数值模拟中的 VOF 多相流模型进行分析,得出晃动特性及其改进措施。

16.6.1 FLUENT 中的 VOF 多相流模型

VOF 多相流模型通过求解单独的动量方程和处理穿过区域的每个流体的体积分数来模拟两种或多种不能混合的流体。典型的应用包括预测射流破碎、流体中大泡的运动、决堤后水流动和气液界面的稳态和瞬态分析。

VOF 模型中的两种或多种流体(或相)之间没有相互混合,对增加到模型中的每一附加相,就引入一个变量,即计算单元里相的体积分数。在每个控制体内,所有相的体积分数和为 1。所有变量及其属性的区域被各相共享且代表体积平均值,只要每一相的体积分数在每一位置是可知的。这样,在任何给定单元内的变量及其属性可能是纯粹的其中一相的变量及属性,或者多相混合的变量及属性,这取决于体积分数的数值。换句话说,在计算单元内,如果第 q 相流体的体积分数记为 α_q,则会存在如下三种可能情况:① $\alpha_q = 0$,在单元中不含第 q 相流体;② $\alpha_q = 1$,第 q 相流体在单元中是充满的;③ $0 < \alpha_q < 1$,单元中包含第 q 相流体和一相或其他多相流体的界面。

基于 α_q 的局部值,适当的属性和变量在一定范围内分配给每一个控制体积。

(1) 体积分数方程。

在 VOF 模型中,跟踪相与相之间的界面是通过求解一相或多相体积分数的连续方程来完成的。对于第 q 相,方程如下:

$$\frac{\partial \alpha_q}{\partial t} + v_q \cdot \nabla \alpha_q = \frac{S_{\alpha_q}}{\rho_q} + \frac{1}{\rho_q} \sum_{p=1}^{n} (\dot{m}_{pq} - \dot{m}_{qp}) \qquad (16-44)$$

式中:$\dot{m}_{pq}$ 是 p 相到 q 相的质量输送;$\dot{m}_{qp}$ 是 q 相到 p 相的质量输送。默认情况下,上述方程中的右端源项为零,但除了给定每一相指定常数或用户定义的质量源。体积分数方程不是为主相求解的,主相体积分数的计算通过如下约束进行确定:

$$\sum_{q=1}^{n} \alpha_q = 1 \qquad (16-45)$$

（2）属性。

出现在输送方程中的属性是由存在于每一控制体中的分相决定的。例如，在两相流中，如果相用下标1和2表示，如果第2相的体积分数被跟踪，那么每一单元中的密度计算如下：

$$\rho = \alpha_2\rho_2 + (1-\alpha_2)\rho_1 \qquad (16-46)$$

通常对于 n 相构成的系统，体积分数平均密度采用如下形式：

$$\rho = \sum \alpha_q\rho_q \qquad (16-47)$$

所有的其他属性参数都以这种方式计算得到。

（3）动量方程。

通过求解整个区域内的单一动量方程，得到的速度场是各相共享的，如下式。动量方程取决于通过属性 ρ 和 μ 的所有相的体积分数。

$$\frac{\partial}{\partial t}(\rho \mathbf{v}) + \nabla \cdot (\rho \mathbf{vv}) = -\nabla p + \nabla \cdot [\mu(\nabla \mathbf{v} + \nabla \mathbf{v}^{\mathrm{T}})] + \rho \mathbf{g} + \mathbf{F} \quad (16-48)$$

共享区域近似的一个局限在于，当各相之间存在大的速度差异时，靠近界面的速度的计算精确性会受到影响。

（4）能量方程。

能量方程也是各相共享的，表达式如下：

$$\frac{\partial}{\partial t}(\rho E) + \nabla \cdot [\mathbf{v}(\rho E + p)] = \nabla \cdot (k_{\mathrm{eff}} \nabla T) + S_{\mathrm{h}} \qquad (16-49)$$

VOF 模型处理能量 E 和温度 T 作为质量平均变量，则有

$$E = \frac{\sum\limits_{q=1}^{n} \alpha_q\rho_q E_q}{\sum\limits_{q=1}^{n} \alpha_q\rho_q} \qquad (16-50)$$

这里对每相的 E_q 是基于该相的比热容和共享温度。

属性 ρ 和 k_{eff}（有效热传导）是由各相共享的。源项 S_{h} 包含辐射的贡献，也有其他体积热源。与速度场一样，在各相之间存在大的温度差时，靠近界面的温度的精确度也受限制。在属性存在几个数量级的变化时，这样的问题还会增长。例如，如果一个模型包括液态金属和空气，材料的导热性有四个数量级的差异，如此大的差异使得方程需要设置各向异性的系数，以达到收敛性和精度范围。

（5）附加的标量方程。

在有些问题求解时或许涉及附加的标量方程。在湍流情形时，只求解一套输送

方程,湍流变量(如 SA 或雷诺应力)由通过整个区域的各相所共享。

（6）界面附近的插值。

Fluent 中的控制体公式要求计算穿过控制体积面的对流和扩散通量并与控制体积本身内部的源项平衡。对于 VOF 模型,Fluent 有四种计算面通量的方法:几何重建、物质接受、欧拉显式和隐式。

（7）非定常计算。

对非定常的 VOF 计算,体积分数方程的求解使用显式的时间匹配方法。Fluent 自动为体积分数方程的积分细分时间步长,但是可以通过修改 Courant 数影响这个时间步长。对于体积分数的更新,可以选择每一时间步更新一次体积分数,或者每一时间步内的每一次迭代更新一次。

16.6.2　飞艇氦气晃动算例

对于大型飞艇的设计需要考虑氦气的晃动问题。下面采用上述的 VOF 方法,针对目前解决氦气晃动问题常用的分舱方式下氦气的稳定性进行分析。作为算例针对长细比为 4 的椭球体在不同隔膜数下的稳定特性进行分析(见图 16 - 60 和图 16 - 61),得到其姿态和重心位置的变化(见图 16 - 62 和图 16 - 63)。

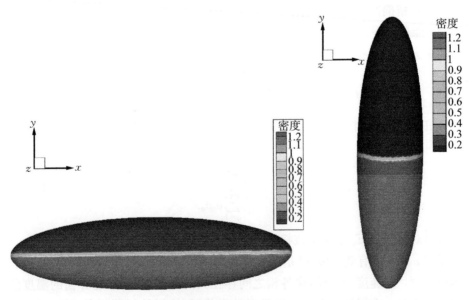

图 16 - 60　无隔膜的初始及最终的氦气和空气分布

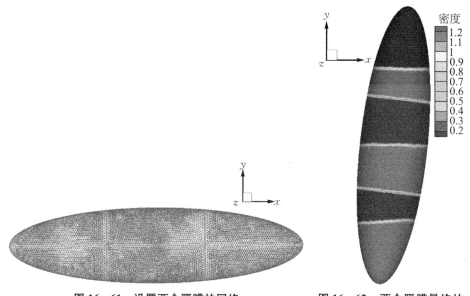

图 16‑61　设置两个隔膜的网格　　　　图 16‑62　两个隔膜最终的
　　　　　　　　　　　　　　　　　　　　　　　　飞艇姿态

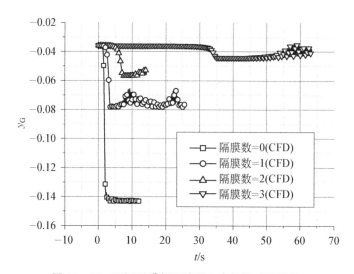

图 16‑63　不同隔膜数下的重心变化的时间历程

16.6.3　椭球体单自由度晃动简化模型

椭球体的简化模型,假设其只有一个俯仰自由度,另外囊体内部的浮升气体和空气的交界面为水平状态(这已通过 VOF 计算得到验证),囊体内部空气和浮升气体的交界面如图 16 - 64 所示。

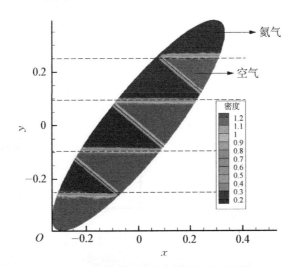

图 16 - 64　囊体内部空气和浮升气体的交界面

椭球体内部气体的晃动的简化模型可描述如下：

第 1 步，通过 Gambit 生成椭球体内部的三维网格。

第 2 步，通过 FLUENT 导入该网格，输出网格单元的中心坐标及其体积数据文件。

第 3 步，根据囊体内部浮升气体的体积系数，通过遍历所有单元得到各单元内部为空气或浮升气体标示。

第 4 步，根据需要分析的囊体内的隔膜数，计算隔膜间的距离，将所有的网格单元分为隔膜数＋1 个区域，隔膜及其囊体分割如图 16 - 65 所示。

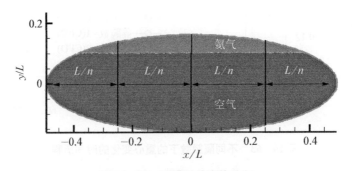

图 16 - 65　隔膜及其囊体分割

第 5 步，对椭球体施加一个小扰动，计算所对应的囊体的重心、转动惯量以及由于重心改变引起的俯仰力矩。

第 6 步,通过俯仰动力学方程,得到其俯仰角 θ,并获得整个时间历程上的俯仰角的变化。

$$\dot{q} = \frac{Mz}{Iy} + M_y^q q \tag{16-51}$$

$$\dot{\theta} = \dot{q} \tag{16-52}$$

式中:q 为俯仰角速度;$Mz = x_G \cdot mg$;

$$I_y = \sum m_i(z_i^2 + x_i^2) = \int_\nabla \rho(z_i^2 + x_i^2)\mathrm{d}x\mathrm{d}y\mathrm{d}z;$$
$$M_y^q = \partial M_y / \partial q$$

第 7 步,通过俯仰角的时间历程变化,判断椭球体在囊体内部浮升气体晃动后的稳定性。如果最终的俯仰角在 0°附近,说明是稳定的,若俯仰角很大,甚至达到 90°,说明由于气体晃动导致整个椭球体的不稳定。

16.6.4 椭球体单自由度晃动特性

下面首先通过上述 VOF 计算得到的不同隔膜数下的椭球体重心变化历程与简化模型进行比较(见图 16 - 66),以验证简化模型的有效性。

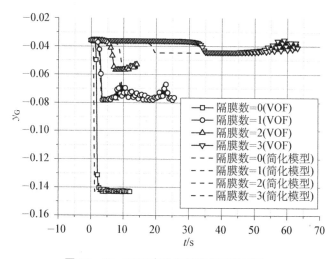

图 16 - 66　VOF 方法和简化模型的对比

通过比较说明,VOF 计算的动态过程的滞后性是由于气体惯性引起的(见图 16 - 67),该因素在简化模型中未考虑。但最终用于判断稳定性的结果是一致的,故简化模型是准确有效的。不同长细比下的平衡俯仰角如图 16 - 68 所示,椭球体不同分舱数下的俯仰角时间历程如图 16 - 69 和图 16 - 70 所示。

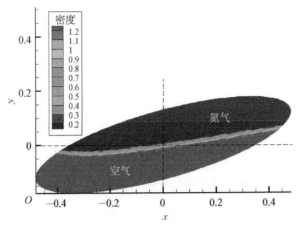

图 16 - 67　VOF 方法得到气体动态过程的滞后性

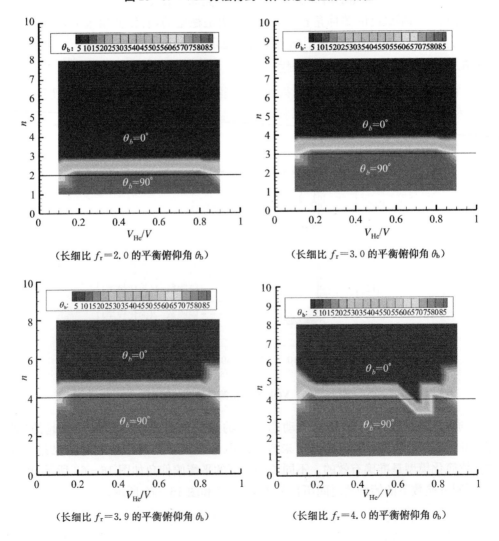

（长细比 f_r＝2.0 的平衡俯仰角 θ_b）　　　　（长细比 f_r＝3.0 的平衡俯仰角 θ_b）

（长细比 f_r＝3.9 的平衡俯仰角 θ_b）　　　　（长细比 f_r＝4.0 的平衡俯仰角 θ_b）

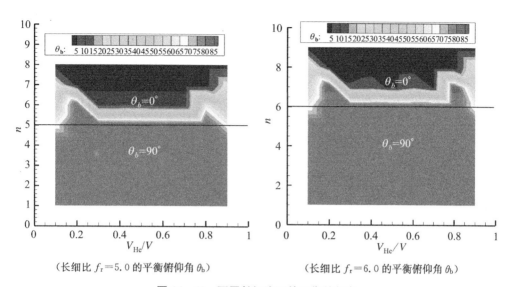

（长细比 $f_r=5.0$ 的平衡俯仰角 θ_b）　　　　　　（长细比 $f_r=6.0$ 的平衡俯仰角 θ_b）

图 16-68　不同长细比下的平衡俯仰角

（其中：n 为分舱数，V_{He}/V 为氦气体积与总体积之比）

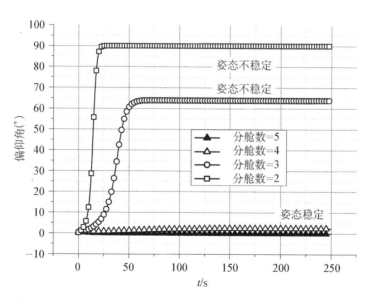

图 16-69　$f_r=3.0$，$V_{He}/V=0.1$ 椭球体不同分舱数下的俯仰角时间历程

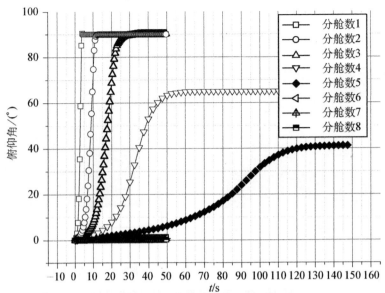

图 16-70 $f_r = 4.0, V_{He}/V = 0.1$ 椭球体不同分舱数下的俯仰角时间历程

通过上述的仿真结果可以得出如下结论：

（1）为避免由于浮升气体晃动引起的姿态稳定问题，分舱数 n 需要满足

$$\frac{D}{L/n} = \frac{n}{L/D} = \frac{n}{f_r} > 1$$

（2）浮升气体晃动引起的姿态稳定性几乎与 V_{He}/V 无关。

飞艇囊体内部一般填充浮升气体和空气。浮升气体和空气分别处于不同的囊体内。常规的飞艇主气囊为浮升气体囊体，在其内部头尾或两侧布置有一定尺寸的空气囊，在飞艇上升的过程中空气囊内的空气逐渐排出，从而使飞艇保持一定的压差，而在飞艇下降的过程中，需要采用鼓风机向空气囊鼓入空气，使飞艇保形下降。早期的硬式飞艇采用在主框架内布置不同数量的浮升气囊提供静浮力，整个主框架上铺设蒙皮实现光滑外形。

无论飞艇采用何种形式，在飞艇的整个飞行过程中，浮升气体始终处于未充满的状态，特别是对于大型的高空飞艇，其在地面浮升气体的填充量约占其总体积的10%左右，由于浮升气体和空气之间存在密度差，从而会使浮升气体产生晃动，晃动与飞艇的飞行动力学耦合会引起飞艇飞行性能的变化。如果浮升气体的晃动没有得到很好的抑制，还会使飞艇姿态出现不可逆转的状态而无法飞行。故在飞艇内部囊体设计时，需要特别关注浮升气体的晃动问题。

17 飞艇气动特性估算

飞艇的气动外形主要包括艇身和尾翼,下面给出飞艇气动特性的估算方法。该方法可在初步分析飞艇飞行性能时采用(考虑干扰修正的部件叠加法)。

17.1 气动估算相关参数定义

飞艇气动特性估算采用的相关角的定义如图 17-1 所示,相关几何参数的定义如图 17-2 所示。

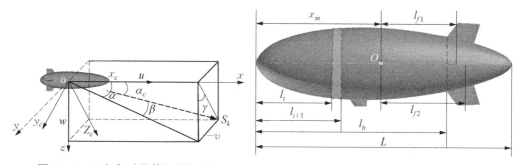

图 17-1 飞艇气动估算相关角定义   图 17-2 飞艇气动估算相关参数定义示意图

其中,空速 S_k 与艇体坐标系的 x 轴之间的夹角定义为总迎角 α_c;空速与艇体 x 轴构成的平面与飞艇纵剖面之间的夹角定义为气动滚转角 γ;迎角 α 和侧滑角 β 已在飞艇空间运动模型章节进行了定义。

各夹角之间关系如下:

$$\alpha = \arctan((w - w_w)/(u - u_w))$$

$$\beta = \arcsin(-(v - v_w)/S_k)$$

$$\alpha_c = \arccos(\cos\beta\cos\alpha) \tag{17-1}$$

$$\gamma = \arccos[(\cos\beta\sin\alpha)/(\sin\alpha_c)] \tag{17-2}$$

17.2　飞艇艇身气动估算

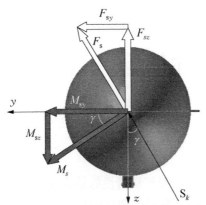

图17-3　艇身法向力 F_s 和力矩 M_s 方向及其在艇体坐标下的分量

飞艇艇身为轴对称旋成体，来流方向与艇身之间的相互关系可通过总迎角 α_c 和气动滚转角 γ 进行描述，故其气动特性为这两个角以及空速的函数。艇身法向力 F_s 和力矩 M_s 方向及其在艇体坐标下的分量如图 17-3 所示。

飞艇艇身所受的气动力可以分成两部分：一部分为无黏流体的势流，由于飞艇艇身可视为细长的旋成体，故可根据细长体理论得到线性气动力；另一部分是由于流体黏性所引起的非线性气动力，可采用横流阻力理论进行估算。目前常用的估算艇身气动力的方法有两种，具体描述如下。

17.2.1　艇身估算方法 1

艇身的气动力以总迎角所在平面内可分为法向力、轴向力和俯仰力矩。

1) 线性法向力

由于飞艇艇身为轴对称旋成体，可根据细长体理论得到艇身的法向力和俯仰力矩。

基于势流理论，飞艇艇身单位长度上的线性法向力为

$$f_p = (k_2 - k_1)\eta_k q_\infty \frac{dS}{dx}\sin2\alpha_c\cos(\alpha_c/2) \tag{17-3}$$

式中：$k_2 - k_1$ 为表观质量因子，即侧向附加质量系数与轴向附加质量系数之差，是长细比的函数（见图 17-4）；$q_\infty = \frac{1}{2}\rho S_k^2$ 为无穷远来流动压；ρ 为空气密度；S_k 为来流空速；S 为 x 处的横截面积，η_k 为考虑尾翼对艇身影响的修正因子，为尾翼投影面积 S_f 与艇身投影面积 S_h 之比的函数（见图 17-5）。

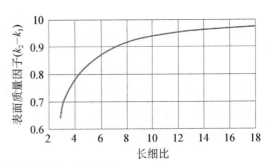

图 17-4　长细比与表面质量因子 $k_2 - k_1$ 关系

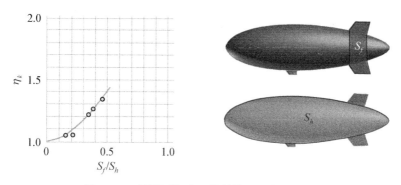

图 17‐5 **尾翼对艇身干扰的修正系数 η_k 曲线**

单位长度的线性俯仰力矩(对点 x_m 求力矩):

$$m_p = (k_2 - k_1)\eta_k q_\infty \frac{dS}{dx}\sin2\alpha_c\cos(\alpha_c/2)(x_m - x) \tag{17‐4}$$

整个艇身总的线性法向力为

$$F_p = \int_0^L f_p dx = \int_0^L \left[(k_2 - k_1)\eta_k q_\infty \frac{dS}{dx}\sin2\alpha_c\cos(\alpha_c/2)\right]dx \tag{17‐5}$$

$$= \left[(k_2 - k_1)\eta_k q_\infty \sin(2\alpha_c)\cos(\alpha_c/2)\right] \cdot S_L$$

线性力产生的总俯仰力矩为

$$M_p = \int_0^L \left[(k_2 - k_1)\eta_k q_\infty \frac{dS}{dx}\sin2\alpha_c\right]\cos(\alpha_c/2)(x_m - x)dx \tag{17‐6}$$

$$= \left[(k_2 - k_1)\eta_k q_\infty \sin(2\alpha_c)\cos(\alpha_c/2)\right]\left[Vol - (L - x_m)S_L\right]$$

式中:L 为艇身长度;S_L 为尾部 L 处艇身的横截面积;Vol 为艇身的体积。

由于艇身尾部一般有收缩段,必须考虑附面层位移厚度对气动力的影响。为此,引入附面层修正系数 δ_L 来修正尾部的横截面积,这样考虑附面层修正的尾部 L 处艇身的横截面积为

$$S_L' = \delta_L(S_{max} + S_L) \tag{17‐7}$$

式中:S_{max} 为艇身的最大横截面积。

2) 非线性法向力

根据 Allen 的横流阻力理论,黏性效应对法向力和俯仰力矩的贡献与势流无关,非线性力由横向流动引起的圆柱体的阻力确定。Perkins 等人根据实验观察提出,在有攻角的旋成体,其横向流动沿轴向的发展与从静止开始运动的二维圆柱绕流随时间的发展类似,因此有攻角旋成体的各截面上的横流阻力系数不应当是常数。圆柱的阻力系数可采用经过许多人修正过的 C_{D_c} ‐ Ma_c 曲线(见图 17‐6),其

中 Ma_c 为横流马赫数。

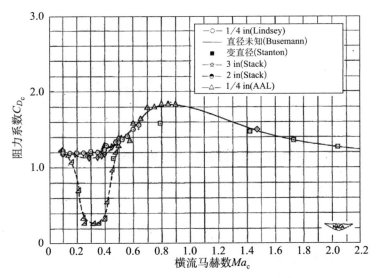

图 17-6　圆柱阻力系数与横流马赫数的关系

根据横流阻力理论,单位长度飞艇艇身所受的非线性法向力为

$$f_v = 2\eta kr C_{Dc} q_\infty \sin^2 \alpha_c \qquad (17-8)$$

式中:k 为横流阻力系数 C_{D_c} 的修正因子,其物理意义为湍流与层流分离两种情况下横流阻力系数的比值。

$$k = \begin{cases} 0.58 & Ma_c < 0.37 \\ 0.58 + 3.23(Ma_c - 0.37) & 0.37 < Ma_c < 0.5 \\ 1 & Ma_c > 0.5 \end{cases}$$

横流马赫数 $Ma_c = M_\infty \sin\alpha_c$,$Ma_\infty$ 为来流的马赫数;η 为有限长度修正系数(见图 17-7),是飞艇长细比的函数,r 为横截面的半径。

整个艇身总的非线性法向力为

$$F_v = \int_0^L f_v \mathrm{d}x = \int_0^L [2\eta kr C_{Dc} q_\infty \sin^2 \alpha_c] \mathrm{d}x \qquad (17-9)$$

非线性力产生的俯仰力矩为

$$M_v = \int_0^L f_v (x_m - x) \mathrm{d}x = \int_0^L [2\eta kr C_{Dc} q_\infty \sin^2 \alpha_c](x_m - x) \mathrm{d}x \qquad (17-10)$$

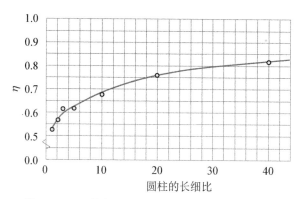

图 17-7　圆柱长细比与有限长度修正系数 η 关系
（$Rc = 88\,000$，）

3）飞艇艇身轴向阻力

$$D_s = q_\infty C_{D_{h_0}} S_h \cos^2\alpha_c - (k_2 - k_1)\sin 2\alpha_c \sin(\alpha_c/2)\int_0^L \frac{\mathrm{d}S}{\mathrm{d}x}\mathrm{d}x \qquad (17-11)$$

式中：$C_{D_{h_0}}$ 为艇身在零度迎角下的轴向阻力系数；$S_h = Vol^{2/3}$。

飞艇艇身在 0° 迎角下的轴向阻力系数可采用 Hoerner 的旋成体阻力计算方法：

$$C_{D_{h_0}} = (0.172(L/d_{max})^{1/3} + 0.252(d_{max}/L)^{1.2} + 1.032(d_{max}/L)^{2.7})/Re^{1/6}$$

$$(17-12)$$

式中：L/d_{max} 为艇身的长细比；Re 为艇身长度作为参考长度的雷诺数。

17.2.2　艇身估算方法 2

法向力：

$$F_s = (k_2 - k_1)q_\infty \sin 2\alpha_c \int_0^{x_0} \frac{\mathrm{d}S}{\mathrm{d}x}\mathrm{d}x + q_\infty \eta C_{D_c}\sin^2\alpha_c\int_{x_0}^L 2r\mathrm{d}x \qquad (17-13)$$

轴向力：

$$D_s = 2(k_2 - k_1)q_\infty \sin^2\alpha_c\int_0^{x_0}\frac{\mathrm{d}S}{\mathrm{d}x}\mathrm{d}x + q_\infty \eta C_{D_c}\sin^3\alpha_c\int_{x_0}^L 2r\mathrm{d}x \qquad (17-14)$$

俯仰力矩：

$$M_s = (k_2 - k_1)q_\infty \sin 2\alpha_c\int_0^{x_0}\frac{\mathrm{d}S}{\mathrm{d}x}(x_m - x)\mathrm{d}x + q_\infty \eta C_{D_c}\sin^2\alpha_c\int_{x_0}^L 2r(x_m - x)\mathrm{d}x$$

$$(17-15)$$

式中：x_0 为沿艇身纵轴势流积分边界到艇头的距离，其值为 $x_0 = 0.378L + 0.527\varepsilon_1$，

其中 ε_1 为 dS/dx 为最大负值处离艇头的距离。

17.2.3　艇身气动力在艇体坐标下的分量

为了与飞艇的空间运动模型相联系,需要得到飞艇在艇体坐标系下的各力和力矩。根据上述力可得艇身在艇体坐标系下的气动力和气动力矩为

$$F_{sx} = -D_s \tag{17-16}$$

$$F_{sy} = F_s \sin\gamma \tag{17-17}$$

$$F_{sz} = -F_s \cos\gamma \tag{17-18}$$

$$M_{sx} = 0.0 \tag{17-19}$$

$$M_{sy} = M_s \cos\gamma \tag{17-20}$$

$$M_{sz} = M_s \sin\gamma \tag{17-21}$$

17.3　飞艇尾翼气动估算

常规飞艇尾翼布局有"十"字布局、倒"Y"布局以及"X"布局。不同的尾翼布局形式会产生不同的气动力和力矩。下面给出单个尾翼在一定安装角下的气动力的计算方法。

17.3.1　单个尾翼集中气动力估算方法

尾翼局部力方向及其在艇体坐标下的分量如图 17-8 所示。

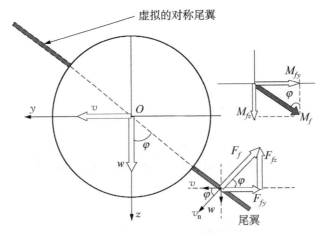

图 17-8　尾翼局部力方向及其在艇体坐标下的分量

尾翼安装角为 φ 时,当地的法向速度为

$$v_n = v\cos\varphi + w\sin\varphi \tag{17-22}$$

式中：v、w 分别为艇体坐标系下沿 y 和 z 轴的速度分量。

这样在尾翼处的局部迎角为

$$\alpha_f = a\tan\left(\frac{v_n}{u}\right) \tag{17-23}$$

典型尾翼几何的外形参数定义如图 17‑9 所示。尾翼在考虑其剖面翼型、展弦比以及后掠角下的波尔哈默斯(E. C. Polhamus)的升力线斜率公式为

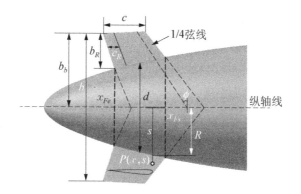

图 17‑9　尾翼几何外形参数定义

$$(Cn_a^*)_f = C_L^a = \frac{C_{L_0}^a \lambda}{\cos\phi\sqrt{\dfrac{\lambda^2}{\cos^4\phi} + 4} + \dfrac{C_{L_0}^a}{\pi}} \tag{17-24}$$

该公式的适应范围：1/4 弦长后掠角 $\phi = 30° \sim 70°$，展弦比 $\lambda = 1.07 \sim 5.20$，梢根比

$$\eta = 0 \sim 1.0$$

式中：$C_{L_0}^a$ 为尾翼二维翼型剖面的升力线斜率；A 为延伸到艇体中心线尾翼的面积；b 为延伸到艇体中心线尾翼的展长；ϕ 为延伸到艇体中心线尾翼 1/4 弦长处的后掠角；$\lambda = b^2/A$ 为延伸到艇体中心线尾翼的展弦比；由于面积 A 有一部分包含在艇身内，故需对其进行修正，可取的修正系数为

$$\left[1 + \left(\frac{d}{b}\right)^2\right] \tag{17-25}$$

式中：d 为艇身与尾翼相交部分的平均直径。

考虑到艇身边界层的影响，尾翼的有效展弦比会减小，可采用下式进行黏性修正：

$$\tau = 1 - \frac{0.596}{b}\left[\sqrt{(0.5d)^2 + 0.015DL_d + 0.00023L_d^2} - 0.5d\right] \tag{17-26}$$

式中:L_d 为艇头到 d 处的距离;D 为艇身的最大直径。

将上述各方面的修正进行综合,可得尾翼升力线斜率的估算式为

$$C_L^\alpha = \frac{C_{L_0}^{\alpha} \lambda \tau}{\cos\phi \sqrt{\dfrac{(\tau\lambda)^2}{\cos^4\phi} + 4} + \dfrac{C_{L_0}^{\alpha}}{\pi}} \Big[1 - \Big(\frac{d}{b}\Big)^2 \Big] \frac{A}{S_{\text{ref}}} \qquad (17-27)$$

单个尾翼的升力线斜率 $C_{L_d}^\alpha$ 为上述值的 $1/2$,即

$$C_{L_d}^\alpha = C_L^\alpha / 2$$

尾翼产生的法向力为

$$F_f = q_\infty S_{\text{ref}} \big[C_{L_d}^\alpha (\sin(2\alpha_f)/2) + C_{D_{cf}} \sin\alpha_f \sin|\alpha_f| \big] \qquad (17-28)$$

式中:$C_{D_{cf}}$ 为尾翼的横流阻力系数。

尾翼产生的轴向力为

$$D_f = q_\infty S_{\text{ref}} \big[C_{D_{f0}} \cos^2\alpha_f \big] \qquad (17-29)$$

式中:$C_{D_{f0}}$ 为尾翼在零迎角下的阻力系数。

尾翼产生的俯仰力矩为

$$M_f = q_\infty S_{\text{ref}} \big[C_{L_d}^\alpha \cdot (\sin(2\alpha_f)/2) \cdot l_{f1} + C_{D_{cf}} \sin\alpha_f \sin|\alpha_f| \cdot l_{f2} \big] \qquad (17-30)$$

17.3.2 尾翼分布气动力估算方法

该方法通过估算尾翼上气动力的分布然后进行积分得到总的气动力及力矩。若考虑尾翼上的一点 $P(x, s)$,其位于纵轴 x 处,展向 s。在该面元上的法向力估算为

$$\mathrm{d}F_N = q_\infty \Delta C_{p\alpha}(x, s) \alpha_e(x, s) \mathrm{d}x \mathrm{d}s \qquad (17-31)$$

式中:$\Delta C_{p\alpha} \equiv \partial \Delta C_p / \partial \alpha$,$\Delta C_p$ 为翼型的压力系数;$\Delta C_{p\alpha}$ 由局部弦向位置确定,可通过翼型试验或 CFD 计算结果得到。有效迎角 α_e 可采用下式计算:

$$\alpha_e = \frac{C_{L\alpha}}{C_{l\alpha}} \Big(1 + \frac{R^2}{s^2} \Big) \alpha_F \qquad (17-32)$$

式中:$C_{L\alpha}/C_{l\alpha}$ 为三维效应的修正因子;$\Big(1 + \dfrac{R^2}{s^2}\Big)$ 为考虑艇身对尾翼的影响修正;α_F 为尾翼 $1/4$ 弦长处的局部速度下的迎角。在该处的 x 方向的速度为 u,横向速度分解为垂直与尾翼面的速度 v_n 和平行于尾翼面的速度 v_t,则 α_F 为

$$\alpha_F = a\tan\Big(\frac{v_n}{u}\Big) \qquad (17-33)$$

若 α_F 大于失速迎角 α_{stall}，则采用失速迎角计算有效迎角 α_e。

尾翼上总的法向力为上述各面元上的力的积分。即

$$F_f = q_\infty \frac{C_{La}}{C_{la}} \alpha_F \int_{x_{Fs}}^{x_{Fe}} \int_R^{b_b} \Delta C_{p\alpha}(x, s) \left(1 + \frac{R^2}{s^2}\right) ds dx \qquad (17-34)$$

尾翼上的力矩分别为

$$M_{fx} = -q_\infty \frac{C_{La}}{C_{la}} \alpha_F \int_{x_{Fs}}^{x_{Fe}} \int_R^{b_b} s \Delta C_{p\alpha}(x, s) \left(1 + \frac{R^2}{s^2}\right) ds dx \qquad (17-35)$$

$$M_f = q_\infty \frac{C_{La}}{C_{la}} \alpha_F \int_{x_{Fs}}^{x_{Fe}} \int_R^{b_b} x \Delta C_{p\alpha}(x, s) \left(1 + \frac{R^2}{s^2}\right) ds dx \qquad (17-36)$$

上述式(17-34)~式(17-36)可用于计算每个尾翼上的法向力和对应的力矩。

17.3.3　尾翼气动力在艇体坐标下的分量

为了与飞艇的空间运动模型相联系，需要得到飞艇在艇体坐标系下的各力。根据上述各力可得在艇体坐标系下的气动力和气动力矩分别为

$$F_{fx} = -D_f \qquad (17-37)$$

$$F_{fy} = -F_f \cos\varphi \qquad (17-38)$$

$$F_{fz} = -F_f \sin\varphi \qquad (17-39)$$

$$M_{sx} = 0.0 \qquad (17-40)$$

$$M_{fy} = -M_f \sin\varphi \qquad (17-41)$$

$$M_{fz} = M_f \cos\varphi \qquad (17-42)$$

17.4　飞艇动导数估算

分析飞艇在以角速度 $\boldsymbol{\Omega} = \begin{bmatrix} p & q & r \end{bmatrix}^T$ 和线速度 $\boldsymbol{V} = \begin{bmatrix} u & v & w \end{bmatrix}^T$ 运动下的非定常的气动力和力矩，上述定常分析的方法为其提供了一个框架。而且在飞艇飞行过程中也常伴随着时空变化的湍流：

$$\boldsymbol{V}_g(\xi, t) = \begin{bmatrix} u_g & v_g & w_g \end{bmatrix}^T$$

为得到在飞艇动态下的气动力，将艇身沿纵轴划分为若干个离散的切片，而将尾翼看作单独的面元。第 i 个切片如图17-2的阴影部分，其从 l_i 到 l_{i+1}。在该切片上的气动力可采用前述的方法进行求解，在其中需考虑局部速度和迎角，且假设 C_{D_c} 和 $(k_2 - k_1)\eta_k \equiv K$ 沿整个艇身保持常数。艇身相对速度及力分解如图17-10所示，考虑艇身上长度为 $d\xi$ 的片段，其中心距离艇体坐标系原点的距离为 $\boldsymbol{r} = \begin{bmatrix} x, y, z \end{bmatrix}$。

在该片段处的相对速度分量为

$$\boldsymbol{V}_{\mathrm{k}} = \boldsymbol{V} + \boldsymbol{\Omega} \times \boldsymbol{r} = \begin{bmatrix} u_{\mathrm{k}} = u + qz - ry \\ v_{\mathrm{k}} = v + rx - pz \\ w_{\mathrm{k}} = w + py - qx \end{bmatrix} \tag{17-43}$$

图 17 - 10 中，法向力 $\mathrm{d}N_{\mathrm{h}}$ 位于与 Oxz 平面夹角为 γ 的平面内，局部迎角为 α_{c}，且局部来流合速度为

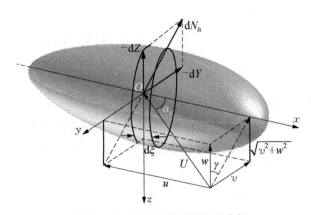

图 17 - 10 艇身相对速度及力分解

$$\overline{U} = \sqrt{u_{\mathrm{k}}^2 + v_{\mathrm{k}}^2 + w_{\mathrm{k}}^2}$$

根据在一片段上的法向力为

$$\mathrm{d}N_{\mathrm{h}} = \frac{1}{2}\rho\,\overline{U}^2\left[K\sin(2\alpha_{\mathrm{c}})\cos(\alpha_{\mathrm{c}}/2)\,\frac{\mathrm{d}A}{\mathrm{d}x}\mathrm{d}x + C_{D_{\mathrm{c}}}\sin\alpha_{\mathrm{c}}\sin\mid\alpha_{\mathrm{c}}\mid 2r\mathrm{d}\xi\right] \tag{17-44}$$

将法向力转换为艇体坐标系下的分量为

$$\mathrm{d}Z = -\cos\gamma\mathrm{d}N_{\mathrm{h}} = \mathrm{d}Z_{\mathrm{a}} + \mathrm{d}Z_{\mathrm{c}} \tag{17-45}$$

$$\mathrm{d}Y = -\sin\gamma\mathrm{d}N_{\mathrm{h}} = \mathrm{d}Y_{\mathrm{a}} + \mathrm{d}Y_{\mathrm{c}} \tag{17-46}$$

下标 a 和 c 分别代表势流和横流阻力部分。

考虑在一片段上的法向力，可根据局部速度写为

$$\cos(\alpha_{\mathrm{c}}/2) = \sqrt{\frac{\overline{U} + u_{\mathrm{k}}}{2\overline{U}}} \tag{17-47}$$

$$\mathrm{d}Z_{\mathrm{a}} = -\rho K u_{\mathrm{k}} w_{\mathrm{k}} \sqrt{\frac{\overline{U} + u_{\mathrm{k}}}{2\overline{U}}}\,\frac{\mathrm{d}S}{\mathrm{d}x}\mathrm{d}x \tag{17-48}$$

$$dZ_c = -\rho C_{D_c} \cdot w_k \sqrt{w_k^2 + v_k^2}\, r dx \qquad (17-49)$$

$$dY_a = -\rho K u_k v_k \sqrt{\frac{\overline{U + u_k}}{2\,\overline{U}}}\, \frac{dS}{dx} dx \qquad (17-50)$$

$$dY_c = -\rho C_{D_c} \cdot v_k \sqrt{w_k^2 + v_k^2}\, r dx \qquad (17-51)$$

下面给出垂向力的分析过程。

设旋转中心距离艇头为 x_m，这样在式(17-43)中的 $x = x_m - \xi$，而 y 和 z 与 ξ 无关。在第 i 个切片上的力可通过 ξ 从 l_i 积分到 l_{i+1} 得到，即

$$\begin{aligned}
(Z_a)_i &= -\rho K \int_{l_i}^{l_{i+1}} u_k w_k \sqrt{\frac{\overline{U + u_k}}{2\,\overline{U}}}\, \frac{dS}{d\xi} d\xi \\
&\approx -\rho K \sqrt{\frac{\overline{U + u_k}}{2\,\overline{U}}} \int_{l_i}^{l_{i+1}} u_k w_k \frac{dS}{d\xi} d\xi
\end{aligned} \qquad (17-52)$$

$$\begin{aligned}
(Z_c)_i &= -\rho C_{D_c} \int_{l_i}^{l_{i+1}} w_k \sqrt{w_k^2 + v_k^2}\, r d\xi \\
&= -\rho C_{D_c} \sqrt{I + (v_k/w_k)^2} \int_{l_i}^{l_{i+1}} w_k \mid w_k \mid r d\xi
\end{aligned} \qquad (17-53)$$

当在第 i 个切片上积分，对于垂直力可得

$$(Z_a)_i = -\rho K f_a(\overline{U}, u_k)_i u_k[(w+py)(I_1)_i - G_1(x_m)_i q] \qquad (17-54)$$

$$(Z_c)_i = -\rho \frac{C_{D_c}}{2} f_c(w_k, v_k)_i[(w+py)^2(J_1)_i - 2(w+py)H_1(x_m)_i q + H_2(x_m)_i q^2] \qquad (17-55)$$

式中：

$$f_a(\overline{U}, u_k) = \cos(\alpha_c/2) = \sqrt{(\overline{U + u_k})/2\,\overline{U}} \qquad (17-56)$$

$$f_c(w_k, v_k) = \sqrt{1 + (v_k/w_k)^2}\, \mathrm{sgn}(w_k) \qquad (17-57)$$

$\mathrm{sgn}(w_k)$ 为 w_k 的符号函数。

$$G_1(x_m) = x_m I_1 - I_3 \qquad (17-58)$$

$$G_2(x_m) = x_m^2 I_1 - 2x_m I_3 + I_5 \qquad (17-59)$$

$$H_1(x_m) = x_m J_1 - J_2 \qquad (17-60)$$

$$H_2(x_m) = x_m^2 J_1 - 2x_m J_2 + J_3 \qquad (17-61)$$

$$H_3(x_\mathrm{m}) = x_\mathrm{m}^3 J_1 - 3x_\mathrm{m}^2 J_2 + 3x_\mathrm{m} J_3 - J_4 \tag{17-62}$$

其中对于艇身的积分量为

$$I_{2j-1} = \int \xi^{j-1} \frac{\mathrm{d}S}{\mathrm{d}\xi} \mathrm{d}\xi \tag{17-63}$$

$$I_{2j} = \int \xi^{j-1} S \mathrm{d}\xi \tag{17-64}$$

$$J_j = \int 2r\xi^{j-1} \mathrm{d}\xi \tag{17-65}$$

另外，由于线加速度和旋转引起在艇身上的额外法向力，认为局部来流速度为常数，这一附加力为

$$\mathrm{d}Z_I = -\rho[k_3'\dot{w}_\mathrm{k} - k_1'qu_\mathrm{k} + k_2'pv_\mathrm{k}]S\mathrm{d}\xi \tag{17-66}$$

$$k_3' - k_1' = (k_3 - k_1)\eta_\mathrm{k} \tag{17-67}$$

式中：η_k 分布假设为常数。

为了积分式(17-66)，速度和加速度项必须展开。速度的展开形式如式(17-43)，在艇体坐标系下相对速度随时间的变化量为

$$\dot{\boldsymbol{V}}_\mathrm{k} = \boldsymbol{V} + \dot{\boldsymbol{\Omega}} \times \boldsymbol{r} + \boldsymbol{\Omega} \times \dot{\boldsymbol{r}} \tag{17-68}$$

式(17-68)右端项的最后一项为对流加速度，其起源于流体的欧拉运动。换句话说，r 必须被认为是流体颗粒的径向矢量，其相对于艇体移动，且与考虑瞬时的一个固定点一致。根据艇体相对于流体的运动，得到

$$\dot{\boldsymbol{r}} = -\boldsymbol{V}_\mathrm{k} \tag{17-69}$$

$$\dot{\boldsymbol{V}}_\mathrm{k} = \dot{\boldsymbol{V}} + \dot{\boldsymbol{\Omega}} \times \boldsymbol{r} - \boldsymbol{\Omega} \times \boldsymbol{V} \tag{17-70}$$

也可以表达为更熟悉的形式：

$$\frac{\mathrm{d}\boldsymbol{V}_\mathrm{k}}{\mathrm{d}t} = \left[\frac{\partial}{\partial t} - u_\mathrm{k}\frac{\partial}{\partial x} - v_\mathrm{k}\frac{\partial}{\partial y} - w_\mathrm{k}\frac{\partial}{\partial z}\right]\boldsymbol{V}_\mathrm{k} \tag{17-71}$$

而式(17-70)为艇体相对于流体的加速度的严格定义，将其应用到式(17-66)会存在问题。后者是基于 Munk 假设，即附加质量可以看作刚体，其中的对流加速度没有应用。另外，Munk 发现为了推动势流力假设具有欧拉运动特性是必须的。参考相对于轴横向的附加质量面积，他采用了下面的关系：

$$\frac{\partial S}{\partial t} = \frac{\partial S}{\partial \xi}\frac{\partial \xi}{\partial t} = \frac{\partial S}{\partial \xi}u_\mathrm{k}$$

注意到

$$\frac{\partial \xi}{\partial t} = u_{\mathrm{k}}$$

它等价于式(17-69)。

采用式(17-70),加速度的垂向分量为

$$\dot{w}_{\mathrm{k}} = \dot{w} + \dot{p}y - \dot{q}x - pv_{\mathrm{k}} + qu_{\mathrm{k}} \tag{17-72}$$

将其代入式(17-66)可得

$$\mathrm{d}Z_I = -\rho[k'_3(\dot{w} + \dot{p}y - \dot{q}x) + (k'_3 - k'_1)qu_{\mathrm{k}} + (k'_2 - k'_3)pv_{\mathrm{k}}]S\mathrm{d}\xi \tag{17-73}$$

假设一个轴对称外形,其中 $k'_3 = k'_2$,积分得到在一个面板上的惯性力:

$$(Z_I)_i = -\rho[k'_3(\dot{w} + \dot{p}y) + Kqu_{\mathrm{k}}](I_2)_i + \rho k'_3 \dot{q}(x_{\mathrm{m}}I_2 - I_4)_i \tag{17-74}$$

由于水平尾翼产生的法向力,根据局部相对速度表达为

$$(Z_{\mathrm{a}})_{\mathrm{f}} = -(\rho/2)(Cn_{\mathrm{a}}^*)_{\mathrm{f}}\eta_{\mathrm{f}}S_{\mathrm{f}}u_{\mathrm{k}}(w + py - \lambda_1 q) \tag{17-75}$$

$$
\begin{aligned}
(Z_{\mathrm{c}})_{\mathrm{f}} &= -(\rho/2)(C_{D_{\mathrm{c}}})_{\mathrm{f}}S_{\mathrm{f}}\mathrm{sgn}(w_{\mathrm{f}})(w + py - \lambda_2 q)^2 \\
&= -(\rho/2)(C_{D_{\mathrm{c}}})_{\mathrm{f}}S_{\mathrm{f}}\mathrm{sgn}(w_{\mathrm{f}})[(w + py)^2 - 2(w + py)\lambda_2 q + \lambda_2^2 q^2]
\end{aligned} \tag{17-76}
$$

式中:$\lambda_1 = x_{\mathrm{m}} - l_{\mathrm{f1}}$;$\lambda_2 = x_{\mathrm{m}} - l_{\mathrm{f2}}$。

由于加速度 $\dot{w}_{\mathrm{f}}$ 引起的水平尾翼上的力,考虑附加质量和脱落涡,这两方面均是尾翼展弦比的函数,且符号相反。对于展弦比近似为3,其是飞艇上常用尾翼的范围,这方面的影响可以忽略。

在上述的表达式中,局部来流速度可以包括湍流分量,在这种情况下,则

$$v_i = v_{\mathrm{k}} + (V_{\mathrm{g}})_i$$

$$w_i = w_{\mathrm{k}} + (W_{\mathrm{g}})_i$$

然而,根据下式,若湍流是移动的波,则对惯性力无贡献。

$$\frac{\mathrm{d}}{\mathrm{d}t}V_{\mathrm{g}}(\xi, t) = \left[\frac{\partial}{\partial t} + \bar{U}\frac{\partial}{\partial \xi}\right]V_{\mathrm{g}} = 0 \tag{17-77}$$

总的力通过每个切片叠加得到

$$Z = \sum_1^n [(Z_{\mathrm{a}})_i + (Z_{\mathrm{c}})_i + (Z_I)_i] + (Z_{\mathrm{a}})_{\mathrm{f}} + (Z_{\mathrm{c}})_{\mathrm{f}} \tag{17-78}$$

一个切片上由于法向力产生的力矩为

$$(M)_i = \int_{l_i}^{l_{i+1}} (l_0 - \xi)[\mathrm{d}(Z_\mathrm{a})_i + \mathrm{d}(Z_\mathrm{c})_i + \mathrm{d}(Z_I)_i] \qquad (17-79)$$

且对于水平尾翼,有

$$(M)_\mathrm{f} = -(Z_\mathrm{a})_\mathrm{f}\lambda_1 - (Z_\mathrm{c})_\mathrm{f}\lambda_2 \qquad (17-80)$$

结果为

$$(M_\mathrm{a})_i = \rho K f_\mathrm{a}(\overline{U}, u_\mathrm{k})_i u_\mathrm{k}[(w+py)G_1(x_\mathrm{m})_i - G_2(x_\mathrm{m})_i q] \qquad (17-81)$$

$$(M_\mathrm{c})_i = [\rho C_{D_\mathrm{c}}/2] f_\mathrm{c}(w_\mathrm{k}, v_\mathrm{k})_i[(w+py)^2 H_1(x_\mathrm{m})_i - \\ 2(w+py)H_2(x_\mathrm{m})_i q + H_3(x_\mathrm{m})_i q^2] \qquad (17-82)$$

$$(M_I)_i = \rho\{k_3'[(\dot{w}_\mathrm{k}+\dot{p}y)(x_\mathrm{m}I_2 - I_4)_i - \dot{q}(x_\mathrm{m}^2 I_2 - \\ 2x_\mathrm{m}I_4 + I_6)_i] + Kq u_\mathrm{k}(x_\mathrm{m}I_2 - I_4)_i\} \qquad (17-83)$$

$$(M_\mathrm{a})_\mathrm{f} = [\rho(Cn_\alpha^*)_\mathrm{f}/2]\eta_\mathrm{f}S_\mathrm{f}u_\mathrm{k}[(w+py)\lambda_1 - \lambda_1^2 q] \qquad (17-84)$$

$$(M_\mathrm{c})_\mathrm{f} = [\rho(C_{D_\mathrm{c}})_\mathrm{f}/2]S_\mathrm{f}\mathrm{sgn}(w_\mathrm{f})[(w+py)^2\lambda_2 - 2(w+py)\lambda_2^2 q + \lambda_2^3 q^2]$$
$$(17-85)$$

总的俯仰力矩为

$$M = \sum_1^n [(M_\mathrm{a})_i + (M_\mathrm{c})_i + (M_I)_i] + (M_\mathrm{a})_\mathrm{f} + (M_\mathrm{c})_\mathrm{f} + zX \qquad (17-86)$$

式中:X 为总轴向阻力。

对于垂直力和动导数之间的关系为

$$Z = Z_0 + Z_q q + Z_{qq} q^2 + \cdots \qquad (17-87)$$

上述推导出的力和力矩方程非常一般,若无侧向速度分量,且可用于迎角较小下的整个艇身,即

$$f_\mathrm{a}(\overline{U}, u_\mathrm{k}) = 1$$
$$f_\mathrm{a}(w_\mathrm{k}, v_\mathrm{k}) = \mathrm{sgn}(w_\mathrm{k})$$

动导数可通过式(17-78)和式(17-86)得到,忽略包含 q^2 项,得到

$$Z_q = \frac{\partial Z}{\partial q} \qquad (17-88)$$

$$M_q = \frac{\partial M}{\partial q} \qquad (17-89)$$

对于 Z_q，结果为

$$Z_q = \rho U_0 [KG_1(x_m) - KI_2 + [(Cn_\alpha^*)_f/2]\eta_f S_f \lambda_1] \cos\alpha +$$
$$\rho U_0 [C_{D_c} \cdot H_1(x_m) + (C_{D_c})_f S_f \lambda_2] \mid \sin\alpha \mid$$

式中：

$$U_0 \cos\alpha = u, \quad U_0 \sin\alpha = w$$

量纲为 1 的形式为

$$\hat{Z}_q = [4K[\hat{G}_1(\hat{x}_m) - \hat{I}_2] + 2(Cn_\alpha^*)_f \eta_f \hat{S}_f \hat{\lambda}_1] \cos\alpha +$$
$$4[(C_{D_c})_h \hat{H}_1(\hat{x}_m) + (C_{D_c})_f \hat{S}_f \hat{\lambda}_2] \mid \sin\alpha \mid \qquad (17-90)$$

$$\hat{M}_q = -[4K[\hat{G}_2(\hat{x}_m) - (\hat{I}_2 \hat{x}_m - \hat{I}_4)] + 2(Cn_\alpha^*)_f \eta_f \hat{S}_f \hat{\lambda}_1^2] \cos\alpha -$$
$$4[(C_{D_c})_h \hat{H}_2(\hat{x}_m) + (C_{D_c})_f \hat{S}_f \hat{\lambda}_2^2] \mid \sin\alpha \mid \qquad (17-91)$$

式中：

$$q = \hat{q}(2U_0/\overline{C}), \quad Z_q = \hat{Z}_q(\rho U_0 S\overline{C}/4)$$
$$M_q = \hat{M}_q(\rho U_0 S\overline{C}^2/4), \quad l_0, \lambda_1, \lambda_2 = (\hat{x}_m, \hat{\lambda}_1, \hat{\lambda}_2)\overline{C}$$
$$G_j, H_j, I_{2j} = (\hat{G}_j, \hat{H}_j, \hat{I}_{2j})S\overline{C}^j, \quad I_{2j-1}, J_j = (\hat{I}_{2j-1}, \hat{J}_j)S\overline{C}^{j-1}$$

修正系数 η_f 曲线如图 17-11 所示。

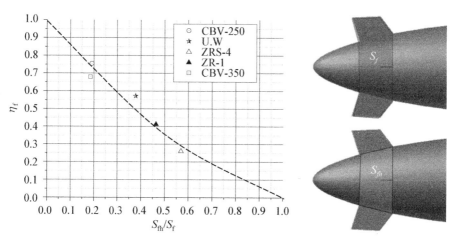

图 17-11 修正系数 η_f 曲线

其他横向动导数 Y_r、N_r 也可采用类似的方法得出。

18 飞艇结构分析新技术

18.1 结构分析技术

对于结构系统人们已经得到系统应遵循的基本方程和相应的定解条件。这些方程一般为常微分方程或偏微分方程,其中只有少数问题可采用解析的方法得到精确解,多数问题需要利用数值方法进行求解。有限元法是近代发展起来的解决复杂结构的一种有效数值方法。

有限元法的基本思想是将连续的求解区域离散为有限个按一定方式相互联结的单元组合体。由于单元能按不同的方式进行组合,且单元本身又可有不同的形状,因此可以近似几何特性复杂的求解域。在每个离散单元内假设近似函数来表示整个求解域上的待求未知场函数,单元内的近似函数通常由未知场函数或其导数在单元的各个节点的数值和其插值函数进行表达。这样就将一个连续的无限自由度问题转变为离散的有限自由度问题。这些未知量一经求出,就可通过插值函数计算出各单元内的场函数的近似值,从而得到整个求解域上的近似解。

近年来,随着计算机技术和各种商业化有限元软件的发展,有限元法逐渐成为结构动力学分析所普遍采用的一种有效方法。

18.1.1 有限元法的基本求解过程

三维弹性结构动力学的基本方程为

平衡方程: $$\sigma_{ij,i} + f_i = \rho u_{i,tt} + \mu u_{i,t} \tag{18-1}$$

几何方程: $$\varepsilon_{i,j} = \frac{1}{2}(u_{i,j} + u_{j,i}) \tag{18-2}$$

物理方程: $$\sigma_{ij} = D_{jikl}\varepsilon_{kl} \tag{18-3}$$

边界条件: $$u_i = \bar{u}_i, \quad \sigma_{ij}n_j = \overline{T}_i \tag{18-4}$$

初始条件: $$u_i(x, y, z, 0) = u_i(x, y, z)$$

$$u_{i,t}(x, y, z, 0) = u_{i,t}(x, y, z) \tag{18-5}$$

式中：$\boldsymbol{\sigma}$ 为应力；$\boldsymbol{u}$ 为位移；$\boldsymbol{\varepsilon}$ 为应变；$\boldsymbol{D}$ 为弹性矩阵；$\boldsymbol{f}$ 为体积力；ρ 为质量密度；μ 为阻尼系数；$\overline{\boldsymbol{T}}$为面积力；$u_{i,t}$ 和 $u_{i,t}$ 分别为 u_i 对时间 t 的一次和二次导数，即 i 方向的速度和加速度；$\rho u_{i,t}$ 和 $\mu u_{i,t}$ 分别是惯性力和阻尼力，如果是静力学问题则在平衡方程中就无这两项。

结构满足平衡方程及力的边界条件可用等效积分的伽辽金形式表示为

$$\int\limits_V \delta u_i(\sigma_{ij,i} + f_i - \rho u_{i,t} - \mu u_{i,t})\mathrm{d}V - \int\limits_{S_\sigma} (\sigma_{ij}n_j - \overline{T}_i)\mathrm{d}S = 0 \tag{18-6}$$

对上式中的第 1 项 $\int\limits_V \delta u_i \sigma_{ij,i}\mathrm{d}V$ 进行分部积分，并代入物理方程，可得

$$\int\limits_V (\delta\varepsilon_{ij}D_{ijkl}\varepsilon_{kl} + \delta u_i\rho u_{i,t} + \delta u_i\mu u_{i,t})\mathrm{d}V = \int\limits_V \delta u_i f_i\mathrm{d}V + \int\limits_{S_\sigma} \delta u_i \overline{T}_i\mathrm{d}S \tag{18-7}$$

由于通过几何方程，应变也可采用位移来表示，故若能得到位移在积分区域内的表达式就可以完成上述积分。考虑到实际情况下位移表达式的函数不会很复杂。若首先对位移进行空间离散化，只要局部区域划分单元合理且足够小，则在该小单元建立具有足够精度的位移关系式是相对容易的，这样上述的方程就可以实现积分。

在有限元中通常是根据单个单元节点处的位移与插值函数结合来表达区域内的位移函数，有

$$u(x, y, z, t) = \sum_{i=1}^{n} N_i(x, y, z, t)u_i(t)$$

$$v(x, y, z, t) = \sum_{i=1}^{n} N_i(x, y, z, t)v_i(t)$$

$$w(x, y, z, t) = \sum_{i=1}^{n} N_i(x, y, z, t)w_i(t)$$

式中：n 为单元节点数目；$u_i(t)$，$v_i(t)$，$w_i(t)$ 分别为节点在 t 时刻的位移。

上式可以写成矢量形式：

$$\boldsymbol{u} = \boldsymbol{N}\boldsymbol{a}^e \tag{18-8}$$

式中：

$$\boldsymbol{u} = \begin{bmatrix} u(x, y, z, t) \\ v(x, y, z, t) \\ w(x, y, z, t) \end{bmatrix}$$

$$N = \begin{bmatrix} N_1 & N_2 & \cdots & N_n \end{bmatrix}$$

$$= \begin{bmatrix} N_1 & 0 & 0 & N_2 & 0 & 0 & \cdots & \cdots & \cdots & N_n & 0 & 0 \\ 0 & N_1 & 0 & 0 & N_2 & 0 & \cdots & \cdots & \cdots & 0 & N_n & 0 \\ 0 & 0 & N_1 & 0 & 0 & N_2 & \cdots & \cdots & \cdots & 0 & 0 & N_n \end{bmatrix}$$

$$\boldsymbol{a}^e = \begin{bmatrix} \boldsymbol{a}_1 \\ \boldsymbol{a}_2 \\ \vdots \\ \boldsymbol{a}_n \end{bmatrix} = \begin{bmatrix} u_1 & v_1 & w_1 & u_2 & v_2 & w_2 & \cdots & u_n & v_n & w_n \end{bmatrix}^{\mathrm{T}}$$

式中：N 为插值函数矩阵或形函数矩阵。

在得到单元位移函数后，可利用物理方程求得单元应变。将式（18-8）代入几何方程可得

$$\boldsymbol{\varepsilon} = \boldsymbol{L}\boldsymbol{u} = \boldsymbol{L}\boldsymbol{N}\boldsymbol{a}^e = \boldsymbol{B}\boldsymbol{a}^e \tag{18-9}$$

式中：B 为应变矩阵；L 为相应问题的微分算子。

通过将位移在空间离散化，并且节点位移变分 δa 的任意性，将式（18-8）和式（18-9）代入式（18-7），最终得到如下的系统求解方程：

$$\boldsymbol{M}\ddot{\boldsymbol{a}}(t) + \boldsymbol{C}\dot{\boldsymbol{a}}(t) + \boldsymbol{K}\boldsymbol{a}(t) = \boldsymbol{P}(t) \tag{18-10}$$

式中：$\ddot{\boldsymbol{a}}(t)$ 为节点加速度向量；$\dot{\boldsymbol{a}}(t)$ 为节点速度向量；M 为系统的质量矩阵；C 为系统的阻尼矩阵；K 为系统的刚度矩阵；$P(t)$ 为节点载荷向量。

上述的结构动力学有限元方程可通过以下 5 步进行求解：

（1）对整个结构区域进行网格剖分，得到离散单元。

（2）在每个单元上采用近似位移的表达式完成积分，计算单元的质量矩阵、刚度矩阵、阻尼矩阵以及单元节点载荷向量：

$$\boldsymbol{M}^e = \int_{V_e} \rho \boldsymbol{N}^{\mathrm{T}} \boldsymbol{N} \mathrm{d}V, \ \boldsymbol{K}^e = \int_{V_e} \boldsymbol{B}^{\mathrm{T}} \boldsymbol{D} \boldsymbol{B} \mathrm{d}V,$$

$$\boldsymbol{C}^e = \int_{V_e} \mu \boldsymbol{N}^{\mathrm{T}} \boldsymbol{N} \mathrm{d}V, \ \boldsymbol{P}^e = \int_{V_e} \boldsymbol{N}^{\mathrm{T}} f \mathrm{d}V + \int_{S_\sigma^e} \boldsymbol{N}^{\mathrm{T}} \overline{\boldsymbol{T}} \mathrm{d}S$$

（3）将所有单元的积分结果求和，形成系统的整体质量矩阵、刚度矩阵、整体阻尼矩阵和整体节点载荷向量：

$$\boldsymbol{M} = \sum \boldsymbol{M}^e, \ \boldsymbol{K} = \sum \boldsymbol{K}^e, \ \boldsymbol{C} = \sum \boldsymbol{C}^e, \ \boldsymbol{P} = \sum \boldsymbol{P}^e$$

（4）引入位移边界条件。

（5）求解系统方程。

18.1.2 惯性释放

与一般结构不同,飞艇在飞行过程中处于一种无支撑的漂浮状态。对于这类结构的特性分析可引入惯性释放方法。

惯性释放是一种用于分析无支撑系统的方法,例如飞行中的飞行器、运动中的汽车或空间卫星。在采用惯性释放分析时,计算结构受到的力和力矩之和,并进行惯性释放应用使结构达到平衡状态。

在惯性释放计算时,无约束的结构或系统假设处于静平衡状态。通过计算加速度来平衡施加的载荷。一组平移和旋转加速度在结构上提供分布的体力,以这种方式所施加的力和力矩之和均为零。既然刚体运动被抑制,可实现常规的静态分析。刚体质量矩阵关于所选择的参考点进行计算。惯性释放放弃惯性影响,且得到的相对位移不依赖于限制条件的选择。惯性释放方法一般地可用于无支撑结构或系统的分析,且惯性影响对于具有集中的非结构质量的结构非常重要。

下面给出一个例子说明惯性释放方法。如图 18-1 所示为弹簧-质量结构。

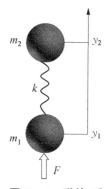

图 18-1 弹簧-质量结构

两个质量块 m_1 和 m_2($m_2 > m_1$)采用一个弹簧连接。弹簧具有弹性常数 k,一个外力 F 施加在质量块 m_1 上。假设:

$$m_1 g + m_2 g < F$$

假设弹簧和两个质量块仅可在垂直 y 方向移动。既然施加的外力大于两个质量块的总重力,整个系统将向上移动。较小质量的 m_1 首先向上移动压缩弹簧,同时质量块 m_2 向下移动也压缩弹簧。当弹簧的压缩力大于两个质量块的重量时,m_2 减慢速度且会开始向上移动。一定时间后,整个系统趋于稳定,这时两个质量块均以相同的加速度移动。

考虑整个弹簧-质量系统,加速度为

$$a = \frac{F - m_1 g - m_2 g}{m_1 + m_2}$$

在稳定状态可得

$$F - F_s - m_1 g = m_1 a$$
$$F_s - m_2 g = m_2 a$$

其中的弹簧力为

$$F_s = k(y_1 - y_2)$$

故运动方程可得到

$$a\begin{bmatrix} m_1 & 0 \\ 0 & m_2 \end{bmatrix} + \begin{bmatrix} k & -k \\ -k & k \end{bmatrix} \begin{Bmatrix} y_1 \\ y_2 \end{Bmatrix} = \begin{Bmatrix} F - m_1 g \\ -m_2 g \end{Bmatrix}$$

理论上,由于其在空间无约束不能确定两个质量块的位置。然而,通过限制 y_1 或 y_2 可以计算相对位移。

如果 $y_1 = 0$, $y_2 = (-m_2 a - m_2 g)/k$

如果 $y_2 = 0$, $y_1 = (m_2 a + m_2 g)/k$

可看出无论采用哪种情况,两个质量块的相对位移($y_1 - y_2$)是相同的。这个例子说明合加速度和结构系统的变形不受在惯性释放分析中约束选取的影响。

在采用惯性释放进行分析时存在一些限制。惯性载荷分布依赖于不变刚体加速度假设。通过总的外力计算的平移加速度独立于参考点,而旋转加速度依赖于参考点。在惯性释放分析时通常选择一些特殊的点作为参考点。例如,飞行器的重心或浮空器的浮心常在惯性释放时作为参考点。

当施加的载荷与对象的特征频率相比变化缓慢时(对象的特征频率至少是两倍的施加载荷的最高频率),惯性释放是一种相对经济的用于自由体动态分析方法。惯性释放与有限元结合可分析无约束系统。

在静态分析时,惯性释放载荷随着外部载荷的变化而变化。例如,飞艇以定常或缓慢变化加速飞行(即自由对象受到一个定常或缓慢变化的外部力)的静态分析。对象受到的惯性力通过惯性释放的载荷来平衡外部载荷。

在动态分析时,惯性释放载荷通过静态预载荷计算得到。例如,考虑漂浮在空中的飞艇,受到瞬间冲击载荷引起的变形分析。瞬间的响应需要采用动态分析。如果初始时飞艇在重力和浮力的作用下静止,重力需要浮力恰好平衡,然而如果有限元模型没有包含物体所有的质量(如压舱物),在没有其他附加载荷下物体会由于外力的不平衡而加速。采用惯性释放载荷恰好来平衡这部分不平衡的力,将物体保持在静态平衡状态。然后采用动态分析得到物体在受到冲击载荷瞬间的变形响应。

在屈曲分析时,惯性释放可以用于静态预加载分析和特征提取分析。在特征提取分析时,惯性释放载荷基于扰动载荷得到。例如飞艇的静态分析,如果采用惯性释放在对飞艇推力扰动下的屈曲进行分析,可以预测不同推力下飞艇的变形特性。

考虑惯性释放的基本方程:

在惯性释放中,物体的总响应$\{u_t\}$表示为由于刚体运动引起的刚体响应$\{u_b\}$和相对响应$\{u\}$的叠加。

$$\{u_t\} = \{u\} + \{u_b\}$$

若不指定其他参考点,一般参考点为质心。然后,采用有限元表达的动平衡方程为

$$[M]\{\ddot{u}\}+[M]\{\ddot{u}_b\}+\{I\}=\{P\}$$

式中：$[M]$为质量矩阵；$\{I\}$为内部力矢量；$\{P\}$为外部力矢量。

刚体响应可以根据参考点的加速度$\ddot{z}_j$和刚体模态矢量$\{T\}_j$，$j=1,2,\cdots,6$进行表示，

$$\{\ddot{u}_b\}=\sum_{j=1}^{6}\{T\}_j\ddot{z}_j$$

根据定义，$\{T\}_j$代表单位加速度矢量，例如一点的$\{T\}_j$可以表示为

$$\begin{pmatrix}1 & 0 & 0 & 0 & (z-z_0) & -(y-y_0)\\ 0 & 1 & 0 & -(z-z_0) & 0 & (x-x_0)\\ 0 & 0 & 1 & (y-y_0) & -(x-x_0) & 0\\ 0 & 0 & 0 & 1 & 0 & 0\\ 0 & 0 & 0 & 0 & 1 & 0\\ 0 & 0 & 0 & 0 & 0 & 1\end{pmatrix}\begin{pmatrix}\hat{e}_1\\ \hat{e}_2\\ \hat{e}_3\\ \hat{e}_4\\ \hat{e}_5\\ \hat{e}_6\end{pmatrix}$$

其中：$\hat{e}_j$为1，其他的为0；x,y,z为节点的坐标；x_0,y_0,z_0为参考点（旋转中心）的坐标。如果系统在几何上经受有限的改变，$\ddot{z}_j$和$\{T\}_j$为时间的函数。

动力学方程投影在刚体模态上，得到

$$\sum_{j=1}^{6}m_{ij}\ddot{z}_j=\{T\}_i^{\mathrm{T}}\{P\}$$

式中：$m_{ij}=\{T\}_i^{\mathrm{T}}[M]\{T\}_j$为刚体惯量，$\ddot{z}_j$为刚体第$j$个模态的加速度。实际情况下，在存在对称面或二维及轴对称分析时，刚体模态小于6。这样刚体的响应可以直接通过外载荷计算得到。

满足的静态平衡方程为

$$[M]\{\ddot{u}\}+[M]\{\ddot{u}_b\}+\{I\}=\{P\}$$

$$\Downarrow\quad \{\ddot{u}_b\}=\sum_{j=1}^{6}\{T\}_j\ddot{z}_j$$

$$[M]\{\ddot{u}\}+[M]\sum_{j=1}^{6}\{T\}_j\ddot{z}_j+\{I\}=\{P\}$$

$$\Downarrow$$

$$\{I\} = \{P\} - [M]\sum_{j=1}^{6}\{T\}_j\ddot{z}_j = \{P\} + \{P^{ir}\} \qquad (18-11)$$

涉及惯性释放的动态分析时,在动态分析开始,首先计算得到$\{T\}_j^0$,参考点的加速度$\ddot{z}_j^0$在平衡静态载荷下计算得到动态平衡方程为

$$[M]\{\ddot{u}\} + \{I\} = \{P\} + \{P^{ir}\}$$

式中:$\{P^{ir}\} = -[M]\sum_{j=1}^{6}\{T\}_j^0\ddot{z}_j^0$

在几何非线性情况下,参考点的加速度不变,空间质量分布得到更新。

默认情况下,模型的所有刚体运动方向都可以施加惯性释放载荷。在具有对称平面的模型或只允许在指定方向上自由运动的模型,自由方向上可以指定惯性释放载荷。例如,在具有一个对称平面的三维模型中,只有三个自由方向——两个平移和一个旋转。增加一个额外的对称平面这样只剩一个自由方向。

18.1.3　有限元算例

下面采用有限元方法,计算充气圆球在不同边界条件处理下的变形,并与理论解进行比较,以说明边界条件对计算结果的影响。

对于标准的充气圆球,蒙皮采用各向同性的材料情况下,在一定的充气压差下,蒙皮的变形存在理论解,即圆球的张力和径向位移分别为

$$N_\varphi = N_\theta = \frac{\Delta p \cdot R_0}{2}$$

$$w = \frac{R_0}{Eh}(N_\varphi - \mu N_\theta)$$

式中:Δp为蒙皮的内外压差;R_0为圆球的半径;N_φ、N_θ为圆球面上的两个正交方向的张力;w为圆球的径向位移;μ为泊松比;E为膜材料的弹性模量;h为膜材料的厚度。

对于半径$R_0 = 1.0\,\mathrm{m}$的圆球,膜材料的弹性模量$E = 100\,000.0\,\mathrm{Pa}$,膜材料的厚度为$h = 0.005\,\mathrm{m}$,泊松比为$\mu = 0.2$,在受到内外压差为$\Delta p = 1.0\,\mathrm{Pa}$的情况下,根据上述的公式,理论解的径向位移量$w$为$8.0 \times 10^{-4}\,\mathrm{m}$。

下面针对两种不同的边界条件下的计算结果进行比较。一种是将圆球进行固支边界,另外一种是采用惯性释放边界。

1) 采用两点固支计算

图18-2给出在固支边界条件下计算得到的圆球的变形云图,可得出在局部固支的区域圆球的变形会发生变化,与理论解的差别较大。若采用该类边界条件在对自由飞行器的结构特性进行模拟时也会出现与实际情况不符合的结果。

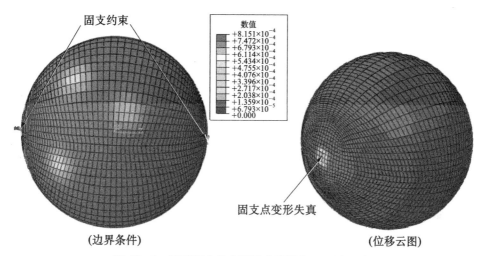

图 18 - 2　圆球固支约束下的变形图(8.151×10⁻⁴)

2) 采用惯性释放计算

对于空间自由飞行的飞艇来说,同样存在边界条件的选取问题,不同的边界条件会得出不同的结果。惯性释放边界通过采用惯性力对空间自由对象进行配平,即消除刚体的六个自由度,以避免结构刚度矩阵出现奇异,从而可实现对于自由飞行类对象结构特性的分析。下面给出采用惯性释放边界条件下,标准圆球的计算结果,如图 18-3 所示。

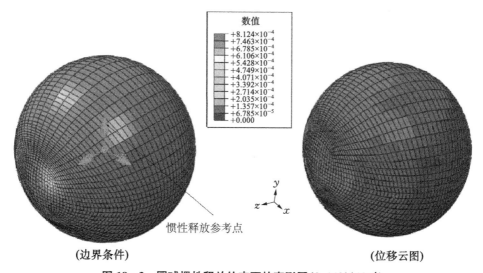

图 18 - 3　圆球惯性释放约束下的变形图(8.142×10⁻⁴)

通过上述对圆球采用有限元方法进行分析,并与理论解进行比较,可以看出采用惯性释放的有限元方法能够精确地计算无约束的柔性充气膜结构的变形和应力分布。

18.2 流固耦合分析技术

在流固耦合问题中,流体力作用于结构表面,在流体力和各类载荷作用下结构发生变形,而结构变形又改变了流体域,故流体和结构之间是相互作用且耦合。在该类耦合问题中,数学模型一般包含三个模块,分别为流体动力学、结构动力学以及计算网格动力学。各个模块分别在各自的计算域中定义独立的计算模型及边界条件,相互之间的耦合作用只发生在流固耦合交界面上,因此必须采用耦合求解策略才能将流体域和结构域的求解耦合起来。根据流体和结构在交界面上耦合未知量的一致程度,可分为两种耦合方法,即直接耦合和迭代耦合。

直接耦合方法是把流体和结构看作通过耦合界面连接的单一连续介质,用单一的算子来描述控制方程。由于时间积分完全同步,故不存在任何的时间滞后和能量不守恒现象。但该方法基于将流体域和结构域作为一个整体,而非独立求解,因此该方法存在很多缺陷:

(1) 直接耦合法推导求解方程较困难。

(2) 直接耦合法在求解时,需要修改目前成熟的流体和结构求解器,重新编制算法。

(3) 在时间积分和网格离散时,要求流体动力求解器与结构动力求解器参数一致,如需采用相同的积分步长等。

(4) 求解过程中,每次迭代都需要储存和计算海量数据。

迭代耦合方法是在一个非线性循环里,通过分别独立求解流体方程和结构方程,使流体域和结构域所有变量分别独立更新。在变量更新之前,通过交换流体求解器和结构求解器在界面处的信息来实现流体和结构的耦合。在迭代耦合方法中,流体部分和结构部分顺序求解而界面协调条件通过迭代得到满足。

直接耦合和迭代耦合方法都属于双向的耦合方法,因此可以考虑流体和结构的各种非线性因素,也可以预测到极限环振荡现象。两者的差别主要在于时间积分推进是否同步。迭代耦合法能充分利用现有的流体和结构计算方法、程序和成熟的求解器,只需做少量的修改,从而保持程序的模块化。该方法中流体和结构使用各自的求解器在时域积分,交错时间推进,通过结构计算-气动计算之间的迭代求解流固耦合问题。迭代耦合方法成为目前常用的流固耦合分析方法。

流固耦合的计算需要两方面的基础数据,一是结构动力特性,二是流体动力特性。这两方面基础数据的精度和可靠性决定了整个流固耦合计算的精度和可靠性。结构动力特性和空气动力特性的可靠有效分析是由结构和气动分析方法的可靠性决定的,图18-4给出常规的不同程度复杂度和精确性的流固耦合分析方法。

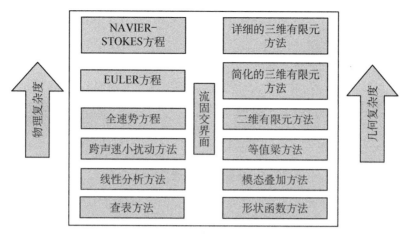

图 18-4 不同程度复杂度的流固耦合分析方法

另外,流固耦合计算模型的建立涉及流场特性分析模型、结构动力学分析模型以及流固耦合交界面耦合边界条件的处理模型。

在流固耦合计算分析时,气动数值计算一般在物体表面曲率变化大的地方,网格的密度需要增大,而结构动力学计算则要求物体表面网格尽量划分均匀,以便能方便地求出刚度矩阵。由此可知,要实现气动结构耦合计算,重要的是如何设计两网格系统的数据交换界面,即寻求一种方便的、质量高的插值方法,将计算结构动力学得到的变形网格的位移插值到气动网格上,并将气动网格上的气动载荷(表面压力分布)插值到结构网格节点上。

目前,常用的插值方法有薄板样条法(thin plate splines,TPS)、径向基函数(RBF)、有限元四节点(FEF)方法、常体积转换(CVT)方法和反距离插值等。

18.2.1 流固耦合动网格技术

在流固耦合分析中,对于刚体在流场中的移动可采用如下的方法实现流场网格的动态更新。

1) 重叠网格(嵌套网格)方法

在计算域的各个子区域(重叠部分)共享的方法来实现信息交换,而不是采用边界共享的方法。从而大大减轻了子域网格生成的难度,而且可以保证子域网格的质量。

不过这仅仅对边界的刚性运动有效,并且重叠网格中的插值误差也不易保证格式的守恒性。重叠网格(嵌套网格)如图 18-5 所示。

2) 滑移动网格技术

该方法针对不同的流场区域进行网格剖分,区域之间的网格可不一致。不同流场区域在滑移边界上进行信息交换。滑移网格如图 18-6 所示,螺旋桨区域和整个流场区域采用滑移边界如图 18-7 所示。

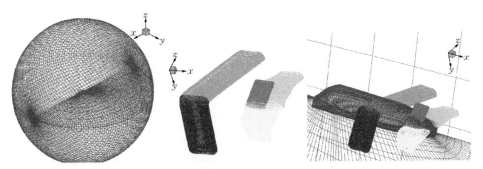

图 18-5 重叠网格(嵌套网格)示意图

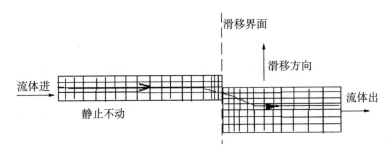

图 18-6 滑移网格示意图

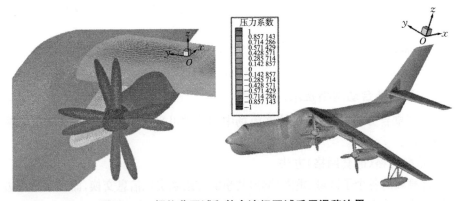

图 18-7 螺旋桨区域和整个流场区域采用滑移边界

而对于结构发生局部形变的情况,需要采用其他的网格变形技术。

3) 变形网格技术

变形网格技术即基于初始网格,通过网格变形适应结构外形的变化,进而形成新的流场网格。目前常用的方法有以下几种。

(1) 超限插值(transFinite interpolation,TFI)。

（2）弹簧近似模型（spring analogy）。

（3）弹性体模型（elasticity method）。

（4）局部重构技术（local remeshing）。

（5）Delaunay 图映射。

超限插值动网格（见图 18-8）的基本思想是令外边界保持不动，物面运动时内场网格由超限插值的方法代数生成，其计算量较小，能够生成相对复杂的动态网格，但不易保证网格质量，通常用于流固耦合的小变形问题中。

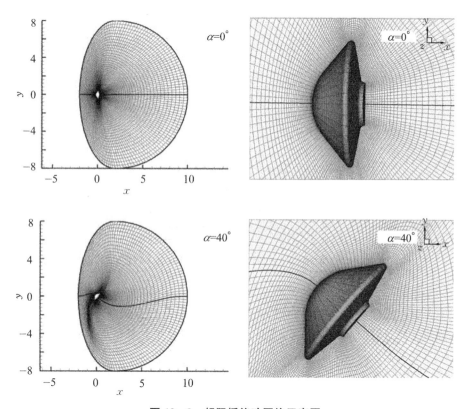

图 18-8 超限插值动网格示意图

弹簧近似模型是将网格看作弹簧（见图 18-9），通过求解弹簧平衡方程来得到节点的位移。弹簧近似模型通常用于二维三角形和三维四面体网格。为了提高模型的变形能力，可在弹簧偶强系数的计算模型中考虑对网格扭转及边界效应的修正，变形能力会增强。另外，弹簧近似方法结合局部重构技术，是目前解决动边界问题的一种主要手段。

弹性体模型方法把整个网格区域看成一个弹性体，从而所有网格点的移动就由弹性力学的一组基本方程控制，通过求解这组方程，就能求出网格内部点的位移。

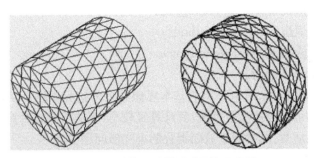

图 18 - 9　弹簧近似模型动网格示意图

弹性体模型的网格(见图 18 - 10)变形能力好于弹簧近似模型,但计算量大,目前已很少应用。

原始网格　　　　　　　　　弹性体变形后的网格

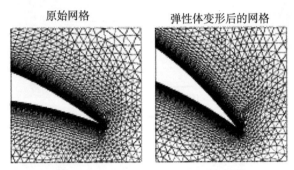

图 18 - 10　弹性体模型动网格示意图

　　局部重构(见图 18 - 11)技术极大地增强了网格变形方法的应用范围,但在重构过程中会引入插值误差,对流场计算造成不利影响,并在边界气动力上表现出非物理的波动。而且,网格重构势必使得计算量增加,降低了计算效率。

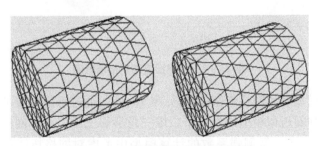

图 18 - 11　局部重构动网格示意图

　　4) Delaunay 图映射技术

　　对于流固耦合计算,由于结构外形随时间变化,使得外部的流场网格也需要进行相应的调整,才可实现随时间的动态求解。下面给出能够适应中等变形下的网格动态变形,并能够保证边界层的网格质量,且计算效率也较高的 Delaunay 图映射方法。

基于 Delaunay 图映射的动网格方法可分为以下 4 个步骤:

(1) Delaunay 背景网格的生成。

(2) 流场网格点在 Delaunay 背景网格中的定位。

(3) Delaunay 图的移动。

(4) 流场网格点的重新定位。

1) Delaunay 背景网格的生成

流场计算区域采用内部几何边界和外边界(包括远场、对称面和周期边界等)进行定义。为了形成 Delaunay 背景网格,需要在计算区域中选取一些特征点。对于这些选定的特征点,采用 Bowyer-Watson 算法(Delaunay 准则),存在唯一的三角形(2D)或四面体(3D)Delaunay 网格。Delaunay 背景网格(二维翼型)如图 18 – 12 所示。

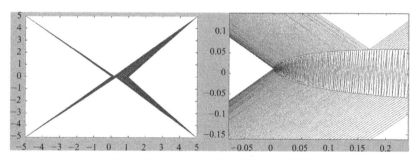

图 18 – 12 Delaunay 背景网格(二维翼型)

2) 流场网格点在 Delaunay 图中的定位

在已有的 Delaunay 背景网格的基础上,可以采用各种不同的方法寻找计算网格点所在的 Delaunay 单元。对于二维问题可以采用相对面积系数得到网格点是否在某个背景网格中。三维问题可以采用相对体积系数得到点所在的背景网格单元。背景网格的遍历(寻点)采用一种有效的 walk-through 算法。

二维问题相对面积系数都大于 0,即

$$
e_1 = \frac{\begin{vmatrix} x_p & y_p & 1 \\ x_B & y_B & 1 \\ x_c & y_c & 1 \end{vmatrix}}{\begin{vmatrix} x_A & y_A & 1 \\ x_B & y_B & 1 \\ x_c & y_c & 1 \end{vmatrix}}, \ e_2 = \frac{\begin{vmatrix} x_A & y_A & 1 \\ x_p & y_p & 1 \\ x_c & y_c & 1 \end{vmatrix}}{\begin{vmatrix} x_A & y_A & 1 \\ x_B & y_B & 1 \\ x_c & y_c & 1 \end{vmatrix}}, \ e_3 = \frac{\begin{vmatrix} x_A & y_A & 1 \\ x_B & y_B & 1 \\ x_p & y_p & 1 \end{vmatrix}}{\begin{vmatrix} x_A & y_A & 1 \\ x_B & y_B & 1 \\ x_c & y_c & 1 \end{vmatrix}} > 0
$$

三维问题相对面积系数都大于 0,即

$$
e_1 = \frac{\begin{vmatrix} x_p & y_p & z_p & 1 \\ x_B & y_B & z_B & 1 \\ x_C & y_C & z_C & 1 \\ x_D & y_D & z_D & 1 \end{vmatrix}}{\begin{vmatrix} x_A & y_A & z_A & 1 \\ x_B & y_B & z_B & 1 \\ x_C & y_C & z_C & 1 \\ x_D & y_D & z_D & 1 \end{vmatrix}}, \quad
e_2 = \frac{\begin{vmatrix} x_A & y_A & z_A & 1 \\ x_p & y_p & z_p & 1 \\ x_C & y_C & z_C & 1 \\ x_D & y_D & z_D & 1 \end{vmatrix}}{\begin{vmatrix} x_A & y_A & z_A & 1 \\ x_B & y_B & z_B & 1 \\ x_C & y_C & z_C & 1 \\ x_D & y_D & z_D & 1 \end{vmatrix}}, \quad
e_3 = \frac{\begin{vmatrix} x_A & y_A & z_A & 1 \\ x_B & y_B & z_B & 1 \\ x_p & y_p & z_p & 1 \\ x_D & y_D & z_D & 1 \end{vmatrix}}{\begin{vmatrix} x_A & y_A & z_A & 1 \\ x_B & y_B & z_B & 1 \\ x_C & y_C & z_C & 1 \\ x_D & y_D & z_D & 1 \end{vmatrix}},
$$

$$
e_4 = \frac{\begin{vmatrix} x_A & y_A & z_A & 1 \\ x_B & y_B & z_B & 1 \\ x_C & y_C & z_C & 1 \\ x_p & y_p & z_p & 1 \end{vmatrix}}{\begin{vmatrix} x_A & y_A & z_A & 1 \\ x_B & y_B & z_B & 1 \\ x_C & y_C & z_C & 1 \\ x_D & y_D & z_D & 1 \end{vmatrix}} > 0
$$

3) Delaunay 图的移动

Delaunay 背景网格生成时,其网格点的选取原则之一是要求所选网格点要具备描述物体变形的能力。通常情况下,我们将所有物面网格点选作生成背景网格的网格点。这样,物体的运动就可以通过物体表面的网格点坐标值的变动来进行描述。而物体表面网格点恰恰又是 Delaunay 背景图的网格点,从而将物体的运动转移到了 Delaunay 图的运动上。

4) 网格点的重新定位

物体的移动通过物面网格点的坐标的改变转移到了 Delaunay 图的移动上,而之前已将计算网格点在 Delaunay 背景图中进行了定位,得到了计算网格点的面积(体积)系数。背景网格移动后,认为先前网格点的面积(体积)系数没有变化,这样可以通过下面的表达式对网格点的新坐标进行计算。

二维情况(见图 18-13):

$$
x'_p = \frac{e_1 \cdot x'_A + e_2 \cdot x'_B + e_3 \cdot x'_C}{e_1 + e_2 + e_3}, \quad
y'_p = \frac{e_1 \cdot y'_A + e_2 \cdot y'_B + e_3 \cdot y'_C}{e_1 + e_2 + e_3}
$$

三维情况(见图 18-14):

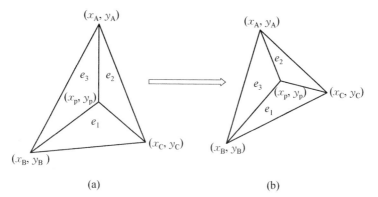

图 18 - 13   二维情况下节点坐标更新示意图

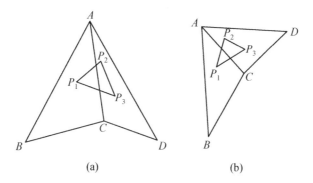

图 18 - 14   三维情况下节点坐标更新示意图

$$x'_p = \frac{e_1 \cdot x'_A + e_2 \cdot x'_B + e_3 \cdot x'_C + e_4 \cdot x'_D}{e_1 + e_2 + e_3 + e_4},$$

$$y'_p = \frac{e_1 \cdot y'_A + e_2 \cdot y'_B + e_3 \cdot y'_C + e_4 \cdot y'_D}{e_1 + e_2 + e_3 + e_4},$$

$$z'_p = \frac{e_1 \cdot z'_A + e_2 \cdot z'_B + e_3 \cdot z'_C + e_4 \cdot z'_D}{e_1 + e_2 + e_3 + e_4}$$

三维情况下的两个典型应用示例如图 18 - 15 和图 18 - 16 所示。

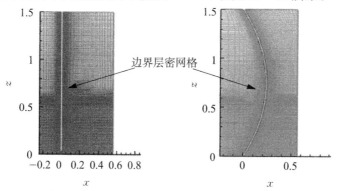

图 18 - 15   立管变形下的 Delaunay 动网格更新

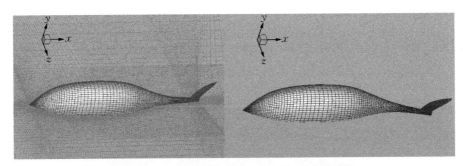

图 18-16　鱼尾摆动下的 Delaunay 动网格更新

18.2.2　飞艇的流固耦合问题

对于一般的飞行器,其与流固耦合相关的问题如图 18-17 所示。

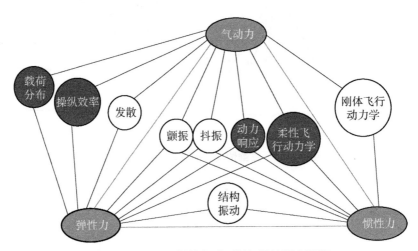

图 18-17　飞行器的气动-弹性-惯性耦合问题

对于飞艇这类柔性充气结构,由于流固耦合产生的影响主要包括以下几方面。

(1) 结构:引起体积(浮力)、压差、应力分布变化。

(2) 气动:气动载荷分布和气动力变化。

(3) 飞行性能:阻力变化、舵面效率和气动力影响稳定性、操纵性和可控性以及控制系统的设计。

(4) 其他系统:影响太阳能电池铺设和性能。

(5) 作动部件:螺旋桨和舵面等空间位置及传力特性变化。

飞艇流固耦合引起的结构和气动变化算例如图 18-18 所示。

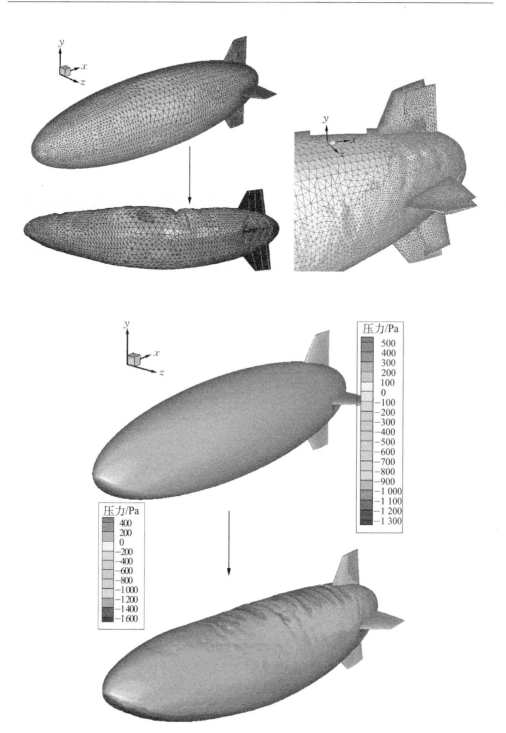

图 18－18　飞艇流固耦合引起的结构和气动变化

19　附　　录

19.1　常用飞艇母线方程

19.1.1　GNVR 外形

　　GNVR 外形(见图 19-1)是通过将艇身采用三段不同的曲线进行表示,其中只包含一个可变参数,即艇身直径 D,具体方程如下所示。

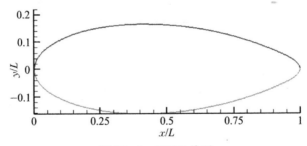

图 19-1　GNVR 外形

　　1) 艇身前部(椭圆,$-1.25D$ 到原点)

$$\frac{x^2}{(1.25D)^2} + \frac{y^2}{(0.5D)^2} = 1 \qquad (19-1)$$

　　2) 艇身中部(圆,原点到 $1.625D$)

$$x^2 + (y + 3.5D)^2 = (4D)^2 \qquad (19-2)$$

　　3) 艇身尾部(抛物线,$1.625D$ 到 $1.8D$)

$$y^2 = 0.137\,3D(1.799\,8D - x) \qquad (19-3)$$

19.1.2　水滴外形

　　水滴外形采用标准化量纲为 1 的坐标系 (ξ, η) 表示,它与绝对坐标系 (x, y) 的

关系为

$$\begin{cases} \xi = x/(L - L_p) \\ \eta = y/\left(\dfrac{D}{2}\right) \end{cases} \tag{19-4}$$

式中：L 为艇身长度；L_p 为平行中体长度；D 为最大直径。

在标准化量纲为 1 的坐标中，母线方程为

$$\eta^2 = a_0 + a_1\xi + a_2\xi^2 + \cdots + a_n\xi^n \tag{19-5}$$

选取尺度参数 L，L_f（进流段长度），L_p、D 及艇型参数 C_p（纵向棱形系数）、θ（尾部去流角）表征外形。则在标准量纲为 1 的坐标中有以下量纲为 1 的参数：

$$\begin{cases} m = L_f/(L - L_p), \\ s = -2[(L - L_p)/D]\tan\theta, \\ C_p = C_p \end{cases} \tag{19-6}$$

6 阶三参数 (m, s, C_p) 的解析表达式为

$$\eta^2 = 2s^2 S(m, \xi) + C_p P(m, \xi) + Q(m, \xi) \tag{19-7}$$

其中三个函数 $S(m, \xi)$、$P(m, \xi)$、$Q(m, \xi)$ 与 ξ 的关系为

$$\left. \begin{aligned} S(m, \xi) &= \xi(\xi-1)^2(\xi-m)^2\left[\frac{7(5m^2 - 4m + 1)}{2(1-m)^2(21m^2 - 14m + 3)}\xi - \right.\\ &\quad \left. \frac{7m^2 - 7m + 2}{(1-m)^2(21m^2 - 14m + 3)}\right] \\ P(m, \xi) &= -\frac{420}{21m^2 - 14m + 3}\xi(\xi-1)^3(\xi-m)^2 \\ Q(m, \xi) &= -\xi(\xi-1)^3\left[\frac{7(15m^2 - 10m + 1)}{m^2(1-m)^4(21m^2 - 14m + 3)}\xi^2 - \right.\\ &\quad \frac{3(42m^3 - 21m^2 - 4m + 1)}{m^2(1-m)^4(21m^2 - 14m + 3)}\xi + \\ &\quad \left. \frac{6(7m^2 - 6m + 1)}{m(1-m)^4(21m^2 - 14m + 3)}\right] \end{aligned} \right\} \tag{19-8}$$

实际使用中，根据要求选择艇型参数并给出其值，即可通过上面各式得到回转体母线的数学表达式。水滴外形如图 19-2 所示。

19.1.3　五参数外形

尾部尖锐的五参数外形将飞艇外形分成三部分：头部、中部和尾部。五个参数作为设计变量来表示艇身外形的几何形状。具体方程如下所示。

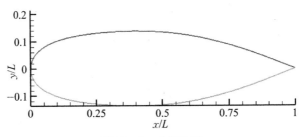

图 19‑2 水滴外形

1) 艇身头部：$0 \leqslant z \leqslant z_m$

$$\frac{r_0(x)}{L} = \frac{1}{2f_r}[r_n F_1(x) + k_1 F_2(x) + G(x)]^{1/2} \qquad (19-9)$$

$$x = z/z_m, \quad F_1(x) = -2x(x-1)^3,$$
$$F_2(x) = -x^2(x-1)^2, \quad G(x) = x^2(3x^2 - 8x + 6)$$

2) 艇身中部：$z_m \leqslant z \leqslant z_p$

$$\frac{r_0(x)}{L} = \frac{1}{2f_r}\left[s_t^2 F_1(x) + \left(\frac{1-x_m}{x_m}\right)^2 k_1 F_2(x) + G(x)\right]^{1/2} \qquad (19-10)$$

$$x = (L-z)/(L-z_m), \quad F_1(x) = -x^2(x-1)^3, \quad F_2(x) = -x^3(x-1)^2,$$
$$G(x) = x^3(6x^2 - 15x + 10)$$

3) 艇身尾部（抛物线方程）：$z_p \leqslant z \leqslant L$

$$\frac{r_0(x)}{L} = \frac{1}{2f_r}\frac{1}{L}[c_p(L-z)]^{1/2} \qquad (19-11)$$

式中：z 为横坐标；$r_0(x)$ 为纵坐标；r_n 为头部量纲为 1 的曲率半径；f_r 为长细比 $= L/D$；x_m 为最大半径处无因次轴间值；k_1 为最大半径无因次曲率；$s_t = [-2(1-x_m)f_r]\mathrm{d}r_0(L)/\mathrm{d}z$ 为尾部外形量纲为 1 的斜率；L 为飞艇艇身的长度。

在各段连接处满足的约束条件：

(1) 在 z_p 点处连续。

$$\frac{1}{2f_r}\left[s_t^2 F_1(z_p) + \left(\frac{1-x_m}{x_m}\right)^2 k_1 F_2(z_p) + G(z_p)\right]^{1/2} = \frac{1}{2f_r}\frac{1}{L}[c_p(L-z_p)]^{1/2}$$

$$\Rightarrow c_p = \frac{L^2\left[s_t^2 F_1(z_p) + \left(\frac{1-x_m}{x_m}\right)^2 k_1 F_2(z_p) + G(z_p)\right]}{L - z_p}$$

$$(19-12)$$

（2）斜率相等。

由 $\mathrm{d}r_0(z)_{中部}/\mathrm{d}z \mid_{z_p} = \mathrm{d}r_0(z)_{尾部}/\mathrm{d}z \mid_{z_p}$ 得到

$$k_1 = \frac{-\left[s_t^2 F_1(x) + G(x) + (L - z_p)s_t^2 \partial F_1(x)/\partial z + (L - z_p)\partial G(x)/\partial z\right]}{\left(\dfrac{1 - x_m}{x_m}\right)^2 F_2(x) + (L - z_p)\left(\dfrac{1 - x_m}{x_m}\right)^2 \partial F_2(x)/\partial z}$$

$$(19 - 13)$$

$$\frac{\partial F_1(x)}{\partial z} = \frac{\partial (-x^2(x-1)^3)}{\partial z}$$

$$= -\left[2x(x-1)^3 \frac{\partial x}{\partial z} + x^2 \cdot 3(x-1)^2 \frac{\partial x}{\partial z}\right]$$

$$\frac{\partial F_2(x)}{\partial z} = \frac{\partial (-x^3(x-1)^2)}{\partial z}$$

$$= -\left[3x^2(x-1)^2 \frac{\partial x}{\partial z} + x^3 \cdot 2(x-1) \frac{\partial x}{\partial z}\right]$$

$$\frac{\partial G(x)}{\partial z} = \frac{\partial (x^3(6x^2 - 15x + 10))}{\partial z}$$

$$= \left[3x^2(6x^2 - 15x + 10) \frac{\partial x}{\partial z} + x^3(12x - 15) \frac{\partial x}{\partial z}\right]$$

$$\frac{\partial x}{\partial z} = \frac{-1}{L - z_m}$$

19.1.4 系留艇艇身外形

对于系留艇的艇身外形（见图 19 - 3），头部和尾部分别采用椭圆曲线。

1）艇身前段

$$\left(\frac{a_{for} - x}{a_{for}}\right)^{n_1} + \left(\frac{y}{b}\right)^{n_1} = 1 \quad (19 - 14)$$

2）艇身后段

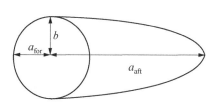

图 19 - 3　系留艇外形参数化示意图

$$\left(\frac{x - a_{for}}{a_{aft}}\right)^{n_2} + \left(\frac{y}{b}\right)^{n_2} = 1 \qquad (19 - 15)$$

基准的参数值为 $n_1 = 2.2$，$n_2 = 1.46$。a_{for} 参数的变化影响最大直径的位置。随参数 n_1、n_2 变化的外形如图 19 - 4 所示。

19.1.5 PARSEC 参数化艇身外形

飞艇的艇身外形也可采用翼型的参数化方法进行表达，典型的有 PARSEC (PARametric SECtion)方法。

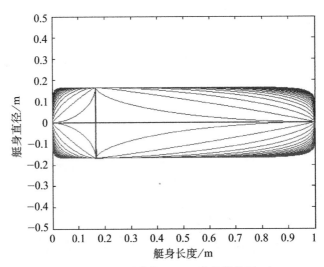

图 19 - 4　随参数 n_1、n_2 变化的外形

该参数化方法通过对影响气动特性的主要几何参数进行表达,然后采用多项式形成参数化外形。由于艇身为轴对称旋成体,可只采用该方法的上半部分的相关参数对艇身外形进行确定。

PARSEC 方法具体包含的参数有前缘半径 R_{le},最大半径位置 x_{upper},最大半径 y_{upper},最大半径位置处的曲率(二阶导数)y_{xx_upper},尾部相对于弦线的方向角 α_{te},尾部夹角 β_{te},尾部厚度 Δy_{te} 和尾部偏移量 y_{te}。由于艇身上下对称,弦线的方向角 α_{te} 和尾部偏移量 y_{te} 均为 0,故表达艇身的参数为 6 个。PARSEC 参数化方法相关参数定义如图 19 - 5 所示。

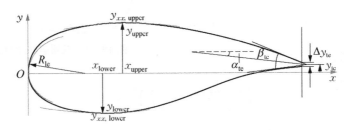

图 19 - 5　PARSEC 参数化方法相关参数定义

通过设置上述的 8 个参数,然后求解下面的方程组得到系数 a_1,a_2,a_3,a_4,a_5,a_6。

$$
\begin{bmatrix}
1 & 0 & 0 & 0 & 0 & 0 \\
x_{\text{te}}^{\frac{1}{2}} & x_{\text{te}}^{\frac{3}{2}} & x_{\text{te}}^{\frac{5}{2}} & x_{\text{te}}^{\frac{7}{2}} & x_{\text{te}}^{\frac{9}{2}} & x_{\text{te}}^{\frac{11}{2}} \\
x_{\text{upper}}^{\frac{1}{2}} & x_{\text{upper}}^{\frac{3}{2}} & x_{\text{upper}}^{\frac{5}{2}} & x_{\text{upper}}^{\frac{7}{2}} & x_{\text{upper}}^{\frac{9}{2}} & x_{\text{upper}}^{\frac{11}{2}} \\
\frac{1}{2}x_{\text{te}}^{-\frac{1}{2}} & \frac{3}{2}x_{\text{te}}^{\frac{1}{2}} & \frac{5}{2}x_{\text{te}}^{\frac{3}{2}} & \frac{7}{2}x_{\text{te}}^{\frac{5}{2}} & \frac{9}{2}x_{\text{te}}^{\frac{7}{2}} & \frac{11}{2}x_{\text{te}}^{\frac{9}{2}} \\
\frac{1}{2}x_{\text{upper}}^{-\frac{1}{2}} & \frac{3}{2}x_{\text{upper}}^{\frac{1}{2}} & \frac{5}{2}x_{\text{upper}}^{\frac{3}{2}} & \frac{7}{2}x_{\text{upper}}^{\frac{5}{2}} & \frac{9}{2}x_{\text{upper}}^{\frac{7}{2}} & \frac{11}{2}x_{\text{upper}}^{\frac{9}{2}} \\
-\frac{1}{4}x_{\text{upper}}^{-\frac{3}{2}} & \frac{3}{4}x_{\text{upper}}^{-\frac{1}{2}} & \frac{15}{4}x_{\text{upper}}^{\frac{1}{2}} & \frac{35}{4}x_{\text{upper}}^{\frac{3}{2}} & \frac{53}{4}x_{\text{upper}}^{\frac{5}{2}} & \frac{99}{4}x_{\text{upper}}^{\frac{7}{2}}
\end{bmatrix}
\begin{bmatrix}
a_1 \\ a_2 \\ a_3 \\ a_4 \\ a_5 \\ a_6
\end{bmatrix}
=
\begin{bmatrix}
\sqrt{2R_{\text{le}}} \\
y_{\text{te}}+\dfrac{\Delta y_{\text{te}}}{2} \\
y_{\text{upper}} \\
\tan(\alpha_{\text{te}}-\beta_{\text{te}}) \\
0 \\
y_{xx,\text{upper}}
\end{bmatrix}
$$

$$(19-16)$$

将得到的系数代入下式,得到外形方程为

$$y=\sum_{i=1}^{6}a_i x^{i-(1/2)} \tag{19-17}$$

PARSEC 参数化方法的主要优点如下:无须基础外形数据;外形变化范围广,且几何外形约束容易施加;各参数对外形气动性能的影响程度容易预测。

19.2　典型飞艇模型风洞试验数据

19.2.1　圆球阻力

圆球的阻力依赖于:

(1) 圆球的直径 D。

(2) 圆球表面的粗糙度 $\varepsilon=k/D$。

(3) 来流速度 V。

(4) 流体的密度 ρ。

(5) 流体的动力黏度 μ。

最终阻力系数可表达为雷诺数和粗糙度的函数,即

$$C_D=f(Re,\varepsilon) \tag{19-18}$$

式中:$C_D=\dfrac{F_D}{0.5\rho V^2 A}$,$F_D$ 为圆球的阻力;$Re=\dfrac{\rho VD}{\mu}$;A 为圆球的横截面积。

通过实验测得的光滑圆球的阻力系数随雷诺数的变化如图 19-6 所示。

R. Shankar Subramanian 给出大范围内的圆球阻力系数的变化表达式如下:

$$C_D=\frac{9}{2}+\frac{24}{Re},\ Re\leqslant 0.01$$

$$C_D=\frac{24}{Re}(1+0.1315Re^{0.82-0.05\lg Re}),\ 0.01<Re\leqslant 20$$

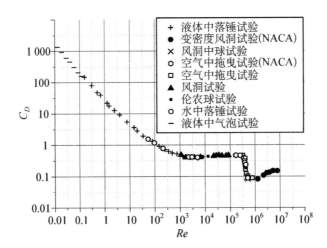

图 19-6 圆球阻力系数随雷诺数的变化

$$C_D = \frac{24}{Re} \times (1 + 0.193\,5 \times Re^{0.630\,5}),\ 20 < Re \leqslant 260$$

$$\lg C_D = 1.643\,5 - 1.124\,2 \times (\lg Re) + 0.155\,8 \times (\lg Re)^2,\ 260 < Re \leqslant 1.5 \times 10^3$$

$$\lg C_D = -2.457\,1 + 2.555\,8 \times (\lg Re) - 0.929\,5 \times (\lg Re)^2 + 0.104\,9 \times (\lg Re)^3$$

$$1.5 \times 10^3 < Re \leqslant 1.2 \times 10^4$$

$$\lg C_D = -1.918\,1 + 0.637 \times (\lg Re) - 0.063\,6 \times (\lg Re)^2,$$

$$1.2 \times 10^4 < Re \leqslant 4.4 \times 10^4$$

$$\lg C_D = -4.339 + 1.580\,9 \times (\lg Re) - 0.154\,6 \times (\lg Re)^2,$$

$$4.4 \times 10^4 < Re \leqslant 3.38 \times 10^5$$

$$C_D = 29.78 - 5.3 \times (\lg Re),\ 3.38 \times 10^5 < Re \leqslant 4 \times 10^5$$

$$C_D = 0.1 \times (\lg Re) - 0.49,\ 4 \times 10^5 < Re \leqslant 10^6$$

$$C_D = 0.19 - \frac{8 \times 10^4}{Re},\ Re > 10^6$$

在临界雷若数高同内圆球不同粗糙度下阻力系数随雷诺数的变化如图 19-7 所示。

在临界雷诺数范围内圆球的阻力系数会发生很大的变化,超过该雷诺数表面粗糙的圆球相比于光滑圆球具有较大的阻力系数。

19.2.2　圆柱阻力系数

圆柱的阻力系数也是雷诺数的函数,圆柱阻力系数与雷诺数的关系如图 19-8 所示。

19.2.3　USS Akron 飞艇

该模型取自参考文献中某一 USS Akron 飞艇的几何参数和实验结果。飞艇外形数据如表 19-1 所示。

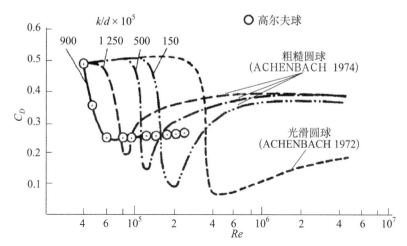

图 19 - 7　圆球不同粗糙度下阻力系数随雷诺数的变化(临界雷诺数范围内)
(Bearman 和 Harvey 1976)

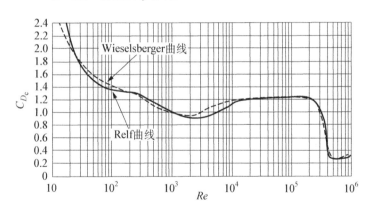

图 19 - 8　圆柱阻力系数与雷诺数的关系

表 19 - 1　USS Akron 飞艇外形数据(缩比模型 1/40)

离头部的距离 (x/L)	半径/in	备　注
0	0	
0.02	4.95	模型长度 19.62 ft,体积 115 ft³
0.05	9.96	总的水平尾翼面积
0.10	14.20	Mark - Ⅰ　5.074 ft²;Mark - Ⅱ　4.590 ft² 升降舵面积(包括平衡部分)
0.15	16.65	Mark - Ⅰ　1.004 ft²;Mark - Ⅱ　0.932 ft²
0.20	18.39	升降舵平衡部分面积
0.25	19.12	Mark - Ⅰ　0.234 ft²;Mark - Ⅱ　0.220 ft²

（续表）

离头部的距离 （x/L）	半径/in	备　　注
0.30	19.61	升降舵弦长
0.35	19.85	Mark-I　0.410 ft；Mark-II　0.369 ft
0.40	19.90	升降舵轴位置
0.45	19.90	Mark-I　$x/L=0.909\,0$；Mark-II　$x/L=0.905\,9$
0.50	19.80	浮心 $x/L=0.464$
0.55	19.59	长细比 5.9
0.60	19.12	
0.65	18.46	
0.70	17.50	
0.75	16.15	
0.80	14.44	
0.85	12.29	
0.90	9.61	
0.95	6.52	
1.00	0	

该飞艇模型的体积为 115 ft³，长度 $L=19.62$ ft，长细比为 5.9，浮心 $a/L=0.464$ 作为矩心，尾翼的前端距离飞艇头部的距离为 178.6 in。参考面积取飞艇体积的 2/3 次方 $S_{ref}=V^{2/3}$，参考长度 $L_{ref}=V^{1/3}$。USS Akron 飞艇外形和尾翼如图 19-9 和图 19-10 所示。

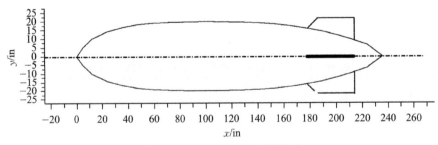

图 19-9　USS Akron 飞艇外形

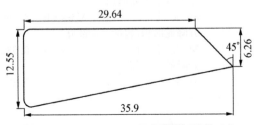

图 19-10　USS Akron 飞艇尾翼（单位：in）

实验数据由下面两图给出,USS Akron 飞艇艇身和艇身加尾翼升力系数 C_L、阻力系数 C_D 和俯仰力矩系数 C_m 随迎角的变化如图 19-11 和图 19-12 所示。

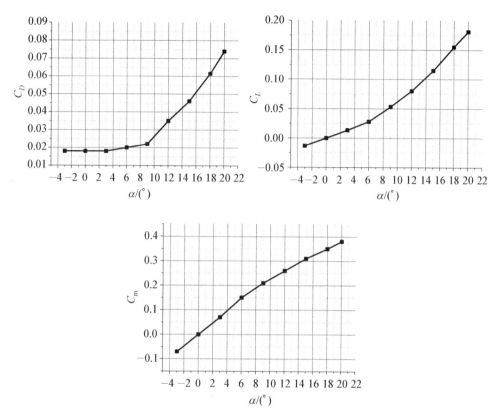

图 19-11 USS Akron 飞艇艇身升力系数 C_L、阻力系数 C_D 和俯仰力矩系数 C_m 随迎角的变化

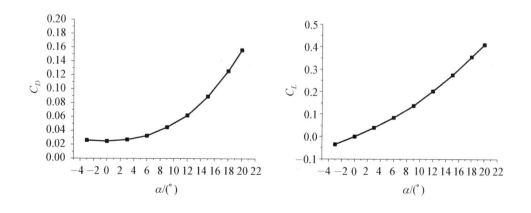

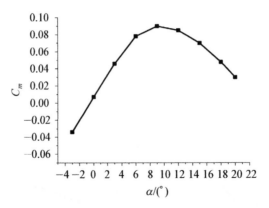

图 19 - 12　USS Akron 飞艇艇身加尾翼升力系数 C_L、阻力系数 C_D 和俯仰力矩系数 C_m 随迎角的变化

19.2.4　YEZ - 2A 飞艇

YEZ - 2A 飞艇外形如图 19 - 13 所示。

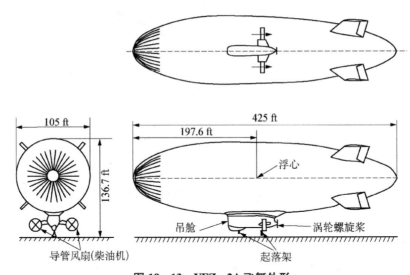

图 19 - 13　YEZ - 2A 飞艇外形

采用 1∶75 的缩比模型,在 8 ft×6 ft 风洞中进行试验,试验雷诺数为 $6×10^6$。YEZ - 2A(Sentinel 5000)飞艇参数如表 19 - 2 所示。

表 19 - 2　YEZ - 2A(Sentinel 5000)飞艇参数

项目	参数值	备注	项目	参数值	备注
总体积 Vol/m^3	70 870.2		最大艇身直径/m	32.0	
参考面积 S/m^2	1 712.5	体积的 2/3 次方	体积中心/m	60.2	
艇身长度/m	129.5		长细比	4.047	

各气动系数的定义如下：

$$阻力系数\ C_D = D/(0.5\rho U^2 S)$$
$$升力系数\ C_L = L/(0.5\rho U^2 S)$$
$$俯仰力矩系数\ C_m = M/(0.5\rho U^2 Vol)$$

式中：D 为阻力，单位为 N；L 为升力，单位为 N；M 为俯仰力矩，单位为 N·m；U 为来流速度，单位为 m/s。

下面给出 YEZ-2A 飞艇的动导数的试验数据，各动导数的定义如下：

$$m_q = M_q/(0.5\rho U^2 Sb^2),\quad m_w = M_w/(0.5\rho U^2 Sb)$$
$$n_r = N_r/(0.5\rho U^2 Sb^2),\quad n_v = N_v/(0.5\rho U^2 Sb)$$

式中：$M_q = \partial M/\partial q$；$M_w = \partial M/\partial w$；$N_q = \partial N/\partial r$；$N_v = \partial N/\partial v$；$\rho$ 为空气密度，单位为 kg/m³；S 为参考面积等于体积的 2/3 次方；b 为飞艇模型的长度，单位为 m。

YEZ-2A 飞艇阻力系数 C_D、升力系数 C_L 和俯仰力矩系数 C_m 随迎角的变化如图 19-14 和图 19-15 所示。YEZ-2A(Sentinel 5 000)飞艇的动导数如表 19-3 所示。

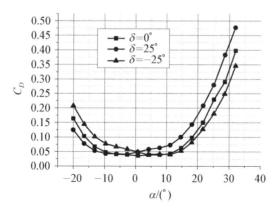

图 19-14　YEZ-2A 飞艇阻力系数 C_d 随迎角的变化

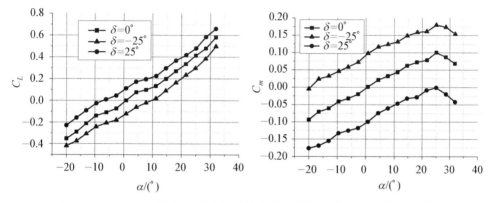

图 19-15　YEZ-2A 飞艇升力系数 C_L 和俯仰力矩系数 C_m 随迎角的变化

表 19 - 3　YEZ - 2A(Sentinel 5 000)飞艇的动导数

项目	YEZ - 2A			估算数据		
	自由振荡一阶	自由振荡二阶	强迫振荡	ZR - 1	ZR - 4	倒 Y 飞艇
m_q	−0.256	−0.211	−0.238	−0.178 2	−0.229 0	−0.301 0
m_w	0.110	0.169	0.177	0.210 8	0.171 0	0.083 1
n_r	−0.258	−0.223	−0.220	−0.156 3	−0.235 2	−0.283 4
n_v	−0.180	−0.213	−0.203	−0.218 0	−0.171 0	−0.118 8

注：(1)ZR - 1 为 US Navy 的"Shenandoah"；(2)ZR - 4 为 US Navy 的"Akron"，长细比为 5.9；(3)倒 Y 飞艇与 Aerotek 飞艇非常相似。

ZR - 1、ZR - 4 和倒 Y 飞艇外形如图 19 - 16 所示。TCOM250 系留飞艇动导数 $\hat{Z}_q$ 和 $\hat{M}_q$ 随迎角的变化如图 19 - 17 所示。

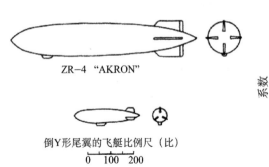

ZR-1 "SHENANDOAH"

ZR-4 "AKRON"

倒Y形尾翼的飞艇比例尺（比）

0　100　200

图 19 - 16　ZR - 1、ZR - 4 和倒 Y 飞艇外形

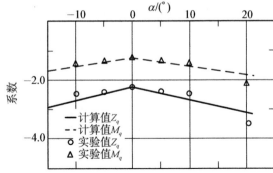

图 19 - 17　TCOM250 系留飞艇动导数 $\hat{Z}_q$ 和 $\hat{M}_q$ 随迎角的变化

$$(Z_q = \hat{Z}_q(\rho USb/4), M_q = \hat{M}_q(\rho USb^2/4))$$

19.2.5　LOTTE 飞艇

LOTTE 飞艇是德国斯图加特大学研制的太阳能飞艇，该飞艇外形详细的气动特性(气动力、气动力矩和压力分布)通过风洞试验得到。

LOTTE 飞艇的几何参数：体积 $V = 109\,\mathrm{m}^3$，长度 $L = 16\,\mathrm{m}$，最大直径 $D = 4\,\mathrm{m}$，长细比 $L/D = 4.0$，来流速度 $V_\infty = 24\,\mathrm{m/s}$。参考面积取飞艇体积的 2/3 次方 $S_{\mathrm{ref}} = V^{2/3}$，参考长度 $L_{\mathrm{ref}} = V^{1/3}$，体积中心 $x_{\mathrm{m}} = 7.0\,\mathrm{m}$ 作为矩心。尾翼参数(四边形尾翼)：展长为 $1.82\,\mathrm{m}$，翼根长为 $2.54\,\mathrm{m}$，翼尖长为 $1.27\,\mathrm{m}$，翼的前端距离飞艇头部的距离为

12 m。

飞艇外形母线方程：

$$\overline{r}_1(\overline{x}) = c\sqrt{\overline{x}}, \ 0 < \overline{x} < 0.08 \tag{19-19}$$

$$\overline{r}_2(\overline{x}) = c_0 + c_1\overline{x} + c_2\overline{x}^2 + c_3\overline{x}^3 + c_4\overline{x}^4 + c_5\overline{x}^5, \ 0.08 < \overline{x} < 1 \tag{19-20}$$

$$\overline{r} = r/L, \ \overline{x} = x/L$$

LOTTE 飞艇母线方程系数如表 19-4 所示。LOTTE 飞艇外形和尾翼如图 19-18 和图 19-19 所示。

表 19-4　LOTTE 飞艇母线方程系数

c	c_0	c_1	c_2	c_3	c_4	c_5
0.227 7	0.019 7	0.718 4	-2.375	5.016 6	-5.834	2.455 1

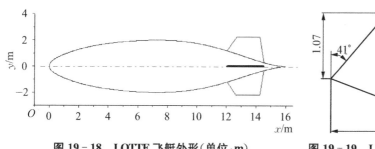

图 19-18　LOTTE 飞艇外形（单位：m）

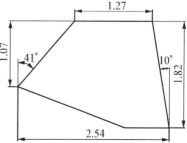

图 19-19　LOTTE 飞艇尾翼（单位：m）

实验数据由下图给出，LOTTE 飞艇艇身及艇身加尾翼升力系数 C_L、阻力系数 C_D 和俯仰力矩系数 C_m 随迎角的变化如图 19-20 和图 19-21 所示。

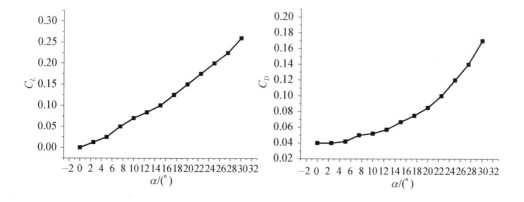

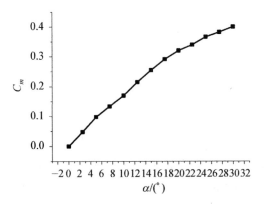

图 19 - 20　LOTTE 飞艇艇身升力系数 C_L、阻力
系数 C_D 和俯仰力矩系数 C_m 随迎角
的变化

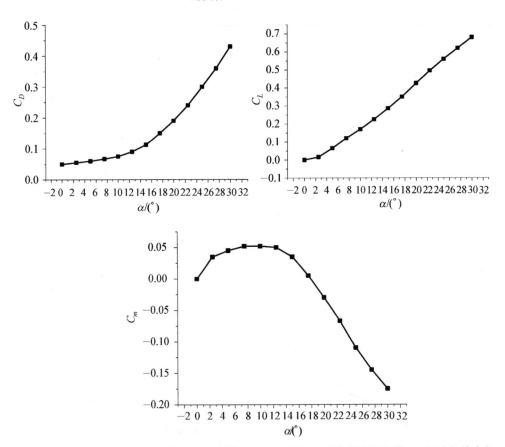

图 19 - 21　LOTTE 飞艇艇身加尾翼升力系数 C_L、阻力系数 C_D 和俯仰力矩系数 C_m 随迎角的变化

19.2.6 "致远一号"飞艇

"致远一号"飞艇和试验模型的几何参数如表 19-5 所示。

表 19-5 "致远一号"飞艇和试验模型的几何参数

	"致远一号"飞艇	风洞试验模型
长度/m	25.0	1.828 6
最大直径/m	7.576	0.554 3
长细比	3.3	3.3
艇身体积/m³	750.0	0.293 5
表面积/m²	480.388	2.570 1
最大直径位置/m	9.840	0.719 7
力矩中心/m	12.001	0.877 8
参考面积/m²	82.544	0.441 6
参考长度/m	25.0	1.828 6
体积雷诺数	$1.8\times10^6 \sim 9.3\times10^6$	2.58×10^6

该飞艇尾翼为"十"字布局。尾翼翼型为 NACA0010,飞艇尾翼的几何参数如表 19-6 所示,飞艇试验模型艇身母线如图 19-22 所示,飞艇尾翼如图 19-23 所示。

表 19-6 "致远一号"飞艇尾翼的几何参数(单位:m)

	参数值		参数值
根部弦长(b_0)	0.161 7	半展长(h)	0.150 4
尖部弦长(b_1)	0.093 6	前缘后掠角	40°
尾翼各点距离艇头的坐标			
A	(1.561 8, 0.174 8)	D	(1.749 6, 0.287 2)
B	(1.665 5, 0.136 8)	E	(1.717 4, 0.287 2)
C	(1.723 3, 0.136 8)	F	(1.656 0, 0.287 2)

"致远一号"飞艇吊舱三视图及几何参数如图 19-24 所示。不同布局下的"致远一号"飞艇模型如图 19-25 所示。飞艇艇身及艇身加尾翼升力系数 C_L、阻力系数 C_D 和俯仰力矩系数 C_m 随迎角的变化如图 19-26 和 19-27 所示。飞艇艇身加尾翼及吊舱升力系数 C_L、阻力系数 C_D 和俯仰力矩系数 C_m 随迎角的变化如图19-28所示。

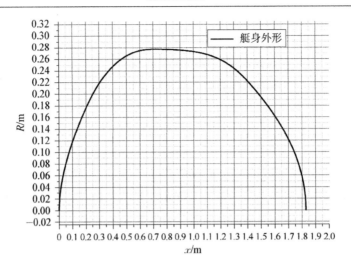

图 19-22 "致远一号"飞艇试验模型艇身母线

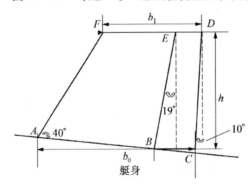

图 19-23 "致远一号"飞艇尾翼

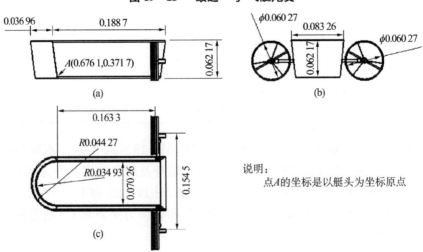

说明:
点A的坐标是以艇头为坐标原点

图 19-24 "致远一号"飞艇吊舱三视图及几何参数(单位:m)

(a) 测试图 (b) 前视图 (c) 俯视图

图 19‐25　不同布局下的"致远一号"飞艇模型

（a）单独艇身　（b）艇身加尾翼　（c）整艇（无强迫转捩带）　（d）艇身加尾翼（强迫转捩带）

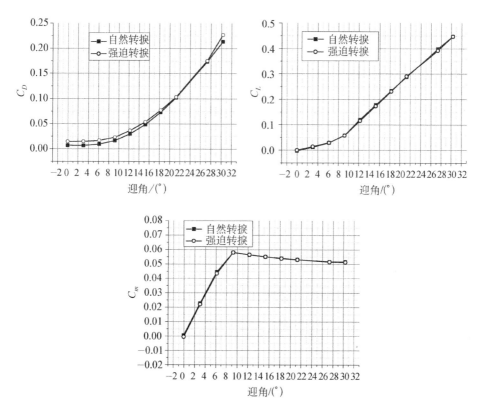

图 19‐26　"致远一号"飞艇艇身升力系数 C_L、阻力系数 C_D 和俯仰力矩系数 C_m 随迎角的变化（有无强迫转捩）

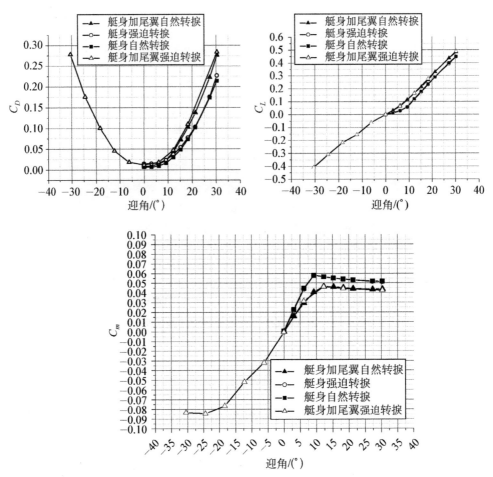

图 19‑27 "致远一号"飞艇艇身加尾翼升力系数 C_L、阻力系数 C_D 和俯仰力矩系数 C_m 随迎角的变化（有无强迫转捩）

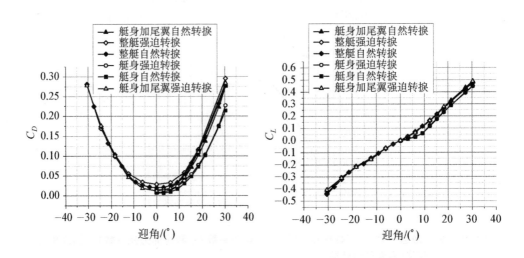

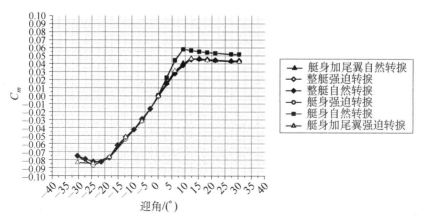

图 19‑28　"致远一号"飞艇艇身加尾翼及吊舱升力系数 C_L、阻力系数 C_D 和俯仰力矩系数 C_m 随迎角的变化(有无强迫转捩)

19.3　气体特性

19.3.1　完全气体状态方程

完全气体(理想气体)即其分子只有质量而没有体积、分子间完全没有作用力的气体。完全气体是实际气体压力趋于零时的极限。工程上常遇到的气体,若其压力不特别高,温度不特别低,比容都比较大,一般可近似作为完全气体处理,并能保证一定的精度。

对于完全气体,由分子运动论得到如下的基本方程:

$$p = \frac{2}{3}n\frac{m_0 W_0^2}{2}$$

$$\frac{m_0 W_0^2}{2} = \frac{3}{2}kT$$

根据这两式可得

$$p = \frac{2}{3}n\frac{m_0 W_0^2}{2} = \frac{2}{3}n \cdot \frac{3}{2}kT = nkT = \frac{N}{V}kT = \frac{N}{m}k\frac{T}{\nu} = N'k\frac{T}{\nu}$$

进一步得到

$$\frac{p\nu}{T} = N'k = R \text{ 或 } p\nu = RT \tag{19-21}$$

式中:p 为气体压力;n 为单位体积气体分子数;m_0 为一个分子的质量;W_0 为分子的均方根速度;k 为玻尔兹曼常数,$k = 1.380\,662 \times 10^{-23}$ J/K;T 为气体的绝对温度,$T(\text{K}) = 273.15 + t(\text{℃})$;$N$ 为分子数;V 为气体体积;m 为气体的质量;ν 为比容(单位质量气体所占体积)，$\nu = 1/\rho$，ρ 为气体的密度；N' 为一千克气体的分子数；R 为气体常数，单位为 J/(kg·K)。

显然，对于不同的气体，m_0 不同，N' 不同，气体常数 R 也不同，故不同的气体具有不同的气体常数。

将方程式(19-21)两边同乘以气体的相对分子质量 μ，则得到一个千摩尔气体的状态方程：

$$p\mu\nu = \mu R T$$

式中：$\mu\nu$ 为千摩尔气体的容积，单位为 m³/kmol；μR 为千摩尔气体常数，单位为 J/(kmol·K)，或

$$\mu R = \mu N'k = N_0 k = \frac{\mu}{m_0}k$$

式中：$N_0 = \dfrac{\mu}{m_0}$ 为千摩尔气体的分子数，即阿佛伽德罗常数。该常数对于任何气体都是一样的，其值为 $N_0 = 6.022 \times 10^{26}$，单位为 1/kmol，故千摩尔气体常数 μR 对于任何气体都是普遍适合的，其值为

$$\mu R = N_0 k = 6.022 \times 10^{26} \times 1.380\,66 \times 10^{-23} = 8\,314.4 \text{ J/(kmol·K)}$$

如果已知气体的分子质量，可方便地得到其气体常数

$$R = \frac{8\,314.4}{\mu}$$

例如，干空气的分子质量为 28.966，其气体常数为

$$R_a = \frac{8\,314.4}{\mu} = \frac{8\,314.4}{28.966} = 287.04$$

又例如，氦气的相对分子质量为 4，其气体常数为

$$R_{He} = \frac{8\,314.4}{\mu} = \frac{8\,314.4}{4} = 2\,078.6$$

由于不同气体的千摩尔气体常数 μR 相同，故在同温同压下各种气体的千摩尔气体的容积 $\mu\nu$ 也相同。例如在标准状态(1 atm[①]，0℃)下，各种气体的千摩尔容积为

$$\mu\nu = \frac{\mu R T}{p} = \frac{8\,314.4 \times 273.15}{101\,325} = 22.4 \text{ m}^3$$

---

① atm 为压力单位标准大气压，1 atm=1.013×10⁵ Pa。

完全气体状态方程还可以转化为常用的形式,则有

$$p = \rho RT = \frac{m}{V}RT$$

完全气体状态方程也可以表示为微分形式,则有

$$\frac{\mathrm{d}p}{p} + \frac{\mathrm{d}\nu}{\nu} = \frac{\mathrm{d}T}{T}$$

或

$$\frac{\mathrm{d}p}{p} = \frac{\mathrm{d}\rho}{\rho} + \frac{\mathrm{d}T}{T}$$

19.3.2　实际气体状态方程

完全气体状态方程忽略了分子本身体积及分子间相互作用力的影响,考虑这两种影响的气体状态方程有许多种,其中代表性的是范德瓦尔斯方程。范德瓦尔斯方程考虑了分子本身所占的体积和分子间引力的作用,可以通过修正完全气体状态方程得到。

完全气体状态方程可改写为

$$p = \frac{RT}{\nu}$$

考虑分子本身所占体积的影响可修正为

$$p = \frac{RT}{\nu - b}$$

再考虑到分子间引力的影响可进一步修正为

$$p = \frac{RT}{\nu - b} - \frac{a}{\nu^2}$$

这是由于分子本身体积减小了实际可压缩的空间,而分子引力减弱了分子对容器壁的平均作用力,即压力的缘故。

范德瓦尔斯方程常用形式为

$$\left(p + \frac{a}{\nu^2}\right)(\nu - b) = RT$$

$$(p + \rho^2 a)\left(\frac{1}{\rho} - b\right) = RT$$

$$\left(p + \left(\frac{m}{V}\right)^2 a\right)\left(\frac{V}{m} - b\right) = RT \text{（氢气集装管束车）}$$

已知 T_c、p_c,可通过下式计算 a 和 b 的值：

$$a = \frac{27R^2 T_c^2}{64 p_c}, \ b = \frac{RT_c}{8 p_c}$$

另外一个在工程上常用的实际气体状态方程是 Peng 和 Robinson 得出的修正关系式,如下：

$$p = \frac{RT}{v-b} - \frac{a(T)}{v(v+b) + b(v-b)}$$

$$a(T) = 0.457\,24 \frac{R^2 T_c^2}{p_c} \left\{ 1 + k \left[1 - \left(\frac{T}{T_c} \right)^{0.5} \right] \right\}^2$$

$$b = 0.077\,80 \frac{RT_c}{p_c}$$

$$k = 0.374\,64 + 1.542\,26\omega - 0.269\,92\omega^2$$

$$k = 0.534\,64 + 1.542\,26\omega - 0.269\,92\omega^2 (氢气)$$

式中：ω 为分子的离心因子(acentric factor)。

不同气体的参数值如表 19-7 所示。

表 19-7 不同气体的参数值

分子	离心因子	p_c/MPa	T_c/K	分子	离心因子	p_c/MPa	T_c/K
氦气	−0.390	0.23	5.2	氧气	0.022	5.04	154.6
氢气	−0.220	1.2	23.3	二氧化碳	0.228	7.38	304.2
氨气	0.253	11.28	405.5	甲烷	0.01	4.64	190.8
氮气	0.040	3.39	126.1				

对于飞艇来说,一般使用的是填充在集装管束车内的高压氦气来对飞艇进行充气,这时需要计算所充入的氦气量。下面以一个例子说明计算过程。

假设：集装管束车的体积为 23.48 m³,开始充气前集装管束车内的氦气状态为

氦气的压力 $p_0 = 141 \times 10^5$ Pa

氦气的温度 $T_0 = (273.15 + 20)℃$

氦气充好后的集装管束车内的氦气状态为

集装管束车离开时的压力 $p_1 = 81 \times 10^5$ Pa

集装管束车离开时的温度 $T_1 = (273.15 + 20)℃$

通过 Peng 和 Robinson 公式计算充入飞艇中的氦气量为

充气前满足：$p_0 = \dfrac{RT_0}{V/m_0 - b} - \dfrac{a(T_0)}{V/m_0(V/m_0 + b) + b(V/m_0 - b)}$

充气后满足：$p_1 = \dfrac{RT_1}{V/m_1 - b} - \dfrac{a(T_1)}{V/m_1(V/m_1 + b) + b(V/m_1 - b)}$

求解上述两个非线性方程可得到充气前集装管束车内的氦气质量 m_0 和充气后集装管束车内的氦气质量 m_1,从而得到氦气的充气量为

$$\Delta m = m_0 - m_1 = 509.948\,3 - 301.207\,3 = 208.741\,0\ \text{kg}$$

转换为 21℃和 1 atm 下的氦气体积

$$\Delta V = \frac{\Delta mRT}{p} = 208.741 \times 2\,078.6 \times (273.15 + 21)/101\,325 = 1\,259.595\ \text{m}^3$$

另外,在集装管束车提供氦气的实际使用中,常给出一定温度和压力下氦气的修正系数,然后查表计算氦气的使用量。

下面给出不同温度和压力下的系数以及计算氦气使用量的表达式(见图 19 - 29)。

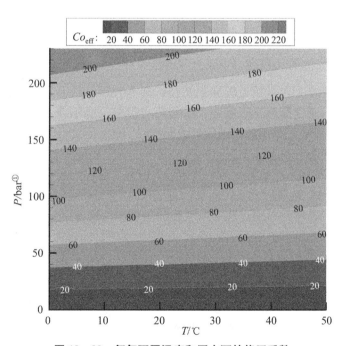

图 19 - 29　氦气不同温度和压力下的修正系数

$$Vol_{\text{He\_1atm, 21℃}} = Vol_{\text{vehicle}} \cdot (Co_{\text{eff}_1} - Co_{\text{eff}_2})$$

$$m_{\text{He\_1atm, 21℃}} = \frac{101\,325 \cdot Vol_{\text{He\_1atm, 21℃}}}{(2\,078 \cdot (273.15 + 21.0))}$$

式中:$Vol_{\text{He\_1atm, 21℃}}$ 为 1 个标准大气压 21℃时状态下氦气的体积;Vol_{vehicle} 为集装管束

---

① bar 为压力单位巴,1 bar=10^5 Pa。

的体积;Co_{eff_1}为集装管束车开始充气时的压力和温度所对应的系数;Co_{eff_2}为集装管束车充气完成时的压力和温度所对应的系数。

算例(见表 19 - 8):

表 19 - 8 集装管束车氮气计量换算

集装管束车水容积	$V=$	23.48	m³
集装管束车充气完成时的压力	$p_2=$	81	bar
集装管束车充气完成时的温度	$t_2=$	20	℃
集装管束车开始充气时的压力	$p_1=$	141	bar
集装管束车开始充气时的温度	$t_1=$	20	℃
	$v_2=$	78.119	
	$v_1=$	131.727	
氮气实际使用体积量	$Q=$	1 259	m³(21℃,1 atm)
氮气实际使用质量	$m=$	208.652 457 5	kg

19.3.3 完全气体的比热容、内能、焓和熵

内能是指体系中大量粒子的微观运动状态和物质结构有关的能量。它包括分子的动能、势能、化学能和原子能等。工程热力学中一般不涉及化学能及原子能的变化,所以通常只考虑分子的内动能和内势能。

焓是一个组合状态参数:

$$H = U + pV$$

焓的变化是系统在等压可逆过程中所吸收的热量的度量。

熵是一个导出的状态参数:

$$S = \int \frac{\mathrm{d}U + p\mathrm{d}V}{T} + S_0, \ \mathrm{d}S = \frac{\mathrm{d}U + p\mathrm{d}V}{T}$$

熵的变化等于系统从热源吸收的热量与热源的热力学温度之比,可用于度量热量转变为功的程度。

由于完全气体的分子间无相互作用力,所以没有内势能只有内动能。其内能与比容(密度)大小无关,只与温度相关。

$$u = u(T)$$

根据焓的定义及完全气体状态方程得到完全气体的焓也是温度的函数。

$$h = u + pv = u(T) + RT = h(T)$$

根据定容比热容及定压比热容的关系式可得

$$c_v = \left(\frac{\partial u}{\partial T}\right)_v = \frac{\mathrm{d}u}{\mathrm{d}T}, \; \mathrm{d}u = c_v \mathrm{d}T$$

$$c_p = \left(\frac{\partial h}{\partial T}\right)_p = \frac{\mathrm{d}h}{\mathrm{d}T}, \; \mathrm{d}h = c_p \mathrm{d}T$$

由于 $\mathrm{d}h = \mathrm{d}u + \mathrm{d}(pv)$，及 $\mathrm{d}(pv) = R\mathrm{d}T$，可得迈耶关系式：

$$c_p = c_v + R, \; \mu c_p = \mu c_v + \mu R$$

迈耶公式建立了定容比热容和定压比热容的关系，无论比热容为定值还是随温度变化，迈耶公式都是成立的。c_p 与 c_v 的比值称为比热容比或等熵指数，采用 k 表示：

$$k = c_p / c_v$$

将比热容比与迈耶公式结合，得到

$$c_p = \frac{k}{k-1}R, \; c_v = \frac{1}{k-1}R$$

比热容是与过程特点及所经历的状态有关的参数，但是由于完全气体的内能及焓只是温度的函数，故 c_p 与 c_v 也只是温度的函数，通常可采用多项式表示：

$$c_p = a_0 + a_1 T + a_2 T^2 + a_3 T^3$$

$$c_v = (a_0 - R) + a_1 T + a_2 T^2 + a_3 T^3$$

式中：a_0、a_1、a_2、a_3 为经验常数。

有限温度范围的焓差也可利用平均比热容按下式计算：

$$h_2 - h_1 = \int_{T_1}^{T_2} c_p \mathrm{d}T = \int_{T_0}^{T_2} c_p \mathrm{d}T - \int_{T_0}^{T_1} c_p \mathrm{d}T = \int_0^{t_2} c_p \mathrm{d}T - \int_0^{t_1} c_p \mathrm{d}T$$

$$= c_p \Big|_0^{t_2} t_2 - c_p \Big|_0^{t_1} t_1$$

式中：$c_p \Big|_0^{t_2}$ 为 0 到 t_2 的平均比热容；$c_p \Big|_0^{t_1}$ 为 0 到 t_1 的平均比热容。常见气体的定压比热容如表 19 - 9 所示。

表 19 - 9 常见气体的定压比热容(kJ/(kg · K))

	a_0	$a_1 \times 10^3$	$a_2 \times 10^6$	$a_3 \times 10^9$	适用温度范围/K
氩气	5.196	0	0	0	
氢气	14.439	−0.950 4	1.986 1	−0.431 8	273~1 800
氨气	2.377 69	−4.14	12.96	−8.884 3	273~1 500
空气	0.970 5	0.067 91	0.165 8	−0.067 88	273~1 800

当温度变化范围不大时,比热容 c_p 和 c_v 可看作常数,称为定值比热容。根据气体分子运动论,凡原子数目相同的气体,其千摩尔定值比热容是相同的,几种气体的千摩尔比热容值如表 19-10 所示。

表 19-10 几种气体的千摩尔比热容值

	单原子气体	双原子气体	三原子气体
$\mu c_v/(\mathrm{kJ}/(\mathrm{kmol} \cdot \mathrm{K}))$	12.56	20.93	29.31
$\mu c_p/(\mathrm{kJ}/(\mathrm{kmol} \cdot \mathrm{K}))$	20.93	29.31	37.68
$k = c_p/c_v$	1.667	1.4	1.286

每千克气体的比热容及内能、焓的变化可按照下式计算:

$$c_v = \frac{\mu c_v}{\mu}, \; c_p = \frac{\mu c_p}{\mu}$$

$$u_2 - u_1 = c_v(T_2 - T_1), \; h_2 - h_1 = c_p(T_2 - T_1)$$

熵的变化可由熵的定义及 $\mathrm{d}u = c_v \mathrm{d}T$, $pv = RT$ 得出,即

$$\mathrm{d}s = c_v \frac{\mathrm{d}T}{T} + R \frac{\mathrm{d}v}{v}, \; \mathrm{d}s = c_p \frac{\mathrm{d}T}{T} - R \frac{\mathrm{d}p}{p}, \; \mathrm{d}s = c_v \frac{\mathrm{d}p}{p} + c_p \frac{\mathrm{d}v}{v}$$

当比热容为定值时,有

$$s_2 - s_1 = c_v \ln \frac{T_2}{T_1} + R \ln \frac{v_2}{v_1}$$

$$s_2 - s_1 = c_p \ln \frac{T_2}{T_1} - R \ln \frac{p_2}{p_1}$$

$$s_2 - s_1 = c_v \ln \frac{p_2}{p_1} + c_p \ln \frac{v_2}{v_1}$$

例题 19-1 根据定值比热容表求氧气及水蒸气的定容比热容、定压比热容及比热容比。

氧气为双原子气体,故

$$c_v = \frac{\mu c_v}{\mu} = \frac{20.93}{32} = 0.654 \; \mathrm{kJ}/(\mathrm{kg} \cdot \mathrm{K})$$

$$c_p = \frac{\mu c_p}{\mu} = \frac{29.31}{32} = 0.916 \; \mathrm{kJ}/(\mathrm{kg} \cdot \mathrm{K})$$

$$k = \frac{c_p}{c_v} = \frac{0.916}{0.654} = 1.4$$

水蒸气为三原子气体,故

$$c_v = \frac{\mu c_v}{\mu} = \frac{29.31}{18} = 1.628 \text{ kJ/(kg · K)}$$

$$c_p = \frac{\mu c_p}{\mu} = \frac{37.68}{18} = 2.093 \text{ kJ/(kg · K)}$$

$$k = \frac{c_p}{c_v} = \frac{2.093}{1.628} = 1.286$$

例题 19-2　流量 $\dot{m} = 50 \text{ kg/s}$ 的氮气在定压下由 $200℃$ 加热到 $900℃$，求每秒的加热量（加热功率）。

（1）按照定值比热容计算。

$$c_p = \frac{\mu c_p}{\mu} = \frac{29.31}{28} = 1.047$$

$$q = c_p(t_2 - t_1) = 1.047 \times (900 - 200) = 732.9 \text{ kJ/kg}$$

$$\dot{Q} = \dot{m}q = 50 \times 732.9 = 36\,645 \text{ kJ/s} = 36\,645 \text{ kW}$$

（2）按照变比热容计算。

$$c_p = a_0 + a_1 T + a_2 T^2 + a_3 T^3$$
$$a_0 = 1.031\,6, \ a_1 = -0.056\,08 \times 10^{-3},$$
$$a_2 = 0.288\,4 \times 10^{-6}, \ a_3 = -0.102\,5 \times 10^{-9}$$

$$q = \int_{T_1}^{T_2} c_p \mathrm{d}T$$

$$= a_0(T_2 - T_1) + \frac{a_1}{2}(T_2^2 - T_1^2) + \frac{a_2}{3}(T_2^3 - T_1^3) + \frac{a_3}{4}(T_2^4 - T_1^4)$$

$$= 722.12 - 32.3 + 144.98 - 47.23 = 787.57 \text{ kJ/kg}$$

$$\dot{Q} = \dot{m}q = 50 \times 787.57 = 39\,378.5 \text{ kW}$$

（3）按照平均比热容计算。

$$q = c_p \Big|_0^{900} 900 - c_p \Big|_0^{200} 200 = 1.108 \times 900 - 1.043 \times 200 = 788.6 \text{ kJ/kg}$$

$$\dot{Q} = \dot{m}q = 50 \times 788.6 = 39\,430 \text{ kW}$$

例题 19-3　2 kg 氧气由状态 1（$p_1 = 2 \text{ bar}$，$t_1 = 200℃$）变化到状态 2（$p_1 = 3 \text{ bar}$，$t_1 = 300℃$），求内能、焓及熵的变化。

计算时选取的比热容为定值 $c_p = 0.916 \text{ kJ/(kg · K)}$，$c_v = 0.654 \text{ kJ/(kg · K)}$

$$R = c_p - c_v = 0.916 - 0.654 = 0.262 \text{ kJ/(kg · K)}$$

$$\Delta u = mc_v(T_2 - T_1) = 2 \times 0.654 \times 100 = 130.8 \text{ kJ}$$

$$\Delta h = mc_p(T_2 - T_1) = 2 \times 0.916 \times 100 = 183.2 \text{ kJ}$$

$$\Delta S = m\left(c_p \ln \frac{T_2}{T_1} - R\ln \frac{p_2}{p_1}\right) = 2\left(0.916\ln \frac{573}{473} - 0.262\ln \frac{3}{2}\right) = 0.139 \text{ kJ/K}$$

19.3.4　湿空气密度

空气中会含有水蒸气,称为湿空气,其会影响飞艇浮力大小。湿空气密度为

$$\rho_\varphi = 3.48 \frac{p}{T}\left(1 - 0.378 \frac{\varphi p_\varphi}{p}\right)$$

式中:ρ_φ 为湿空气的密度,单位为 kg/m³; p 为大气压力,单位为 kPa; T 为大气温度,单位为 K; φ 为空气的相对湿度,单位为%; p_φ 为饱和水蒸气压,单位为 kPa。

有时湿空气也经常采用露点进行表示,露点与相对湿度的关系为

$$\varphi = 10^{\frac{at}{b+t_d} - \frac{at}{b+t}} \cdot 100$$

式中:t 为大气环境温度,单位为 ℃; t_d 为露点; $a = 7.5$; $b = 237.3$。

水蒸气的饱和蒸汽压如表 19-11 所示。

表 19-11　水蒸气的饱和蒸汽压

空气温度/℃	饱和水蒸气压/Pa	空气温度/℃	饱和水蒸气压/Pa
−20	128	14	1 598.9
−15	193.32	15	1 706.2
−10	287.98	16	1 818.5
−5	422.63	17	1 933.2
0	610.6	18	2 066.5
1	655.94	19	2 199.3
2	705.27	20	2 333.1
3	757.27	21	2 493.1
4	811.93	22	2 639.8
5	870.59	23	2 813.1
6	933.25	24	2 986.4
7	998.58	25	3 173.5
8	1 069.24	26	3 359.7
9	1 143.9	27	3 563.7
10	1 127.9	28	3 766.8
11	1 311.89	29	4 013
12	1 402.55	30	4 239.6
13	1 497.21	31	4 493

下面给出在大气压 101 325 Pa,温度 288.15 K 下,不同相对湿度下的空气密度数据,如表 19-12 所示。

表 19-12　不同相对湿度下的空气密度

相对湿度 /%	湿空气密度 /(kg/m³)	相对干空气 密度减少/%	相对湿度 /%	湿空气密度 /(kg/m³)	相对干空气 密度减少/%
0	1.224		60	1.219	0.41
10	1.223	0.08	70	1.218	0.49
20	1.222	0.16	80	1.2178	0.51
30	1.2217	0.19	90	1.217	0.57
40	1.2209	0.25	100	1.216	0.65
50	1.220	0.33			

19.3.5　氦气纯度与密度

标准大气下海平面氦气的纯度和其密度之间的关系为

$$\rho_{He} = k \times 0.169 + (1-k) \times 1.225$$

式中：1.225 kg/m³ 为在大气压 101 325 Pa，温度 288.15 K 下的空气密度；0.169 kg/m³ 为在大气压 101 325 Pa，温度 288.15 K 下的 100% 纯度氦气的密度；k 为氦气的纯度，如果 97% 纯度，$k = 0.97$。

其他不同环境下的氦气密度可以代入当地环境下纯净氦气和空气的密度进行计算。

下面给出在大气压 101 325 Pa，温度 288.15 K 下，不同氦气纯度下氦气的密度数据（见表 19-13）。

表 19-13　不同氦气纯度下的密度

氦气纯度/%	氦气密度 /(kg/m³)	相对密度 增加/%	氦气纯度/%	氦气密度 /(kg/m³)	相对密度 增加/%
99.999	0.169	0.0	80	0.380	124.85
99	0.180	6.51	75	0.433	156.21
98	0.190	12.43	70	0.486	187.57
95	0.222	31.36	65	0.539	218.93
90	0.275	62.72	60	0.591	249.70
85	0.327	93.49	55	0.644	281.07

19.3.6　氦气渗透及泄漏

1）氦气渗透性

飞艇的蒙皮材料不能实现对氦气的完全密封。不仅氦气会通过蒙皮扩散，而且从理论上讲，外界环境的空气和水蒸气也会扩散到蒙皮内，因为气体通过膜的扩散依赖于蒙皮内外气体局部的压差。氦气是单原子气体且具有最小的分子直径，这样在相同的条件下其扩散要比其他气体迅速。相反，空气中的氮气和氧气具有较大的分子直径，且其扩散进入蒙皮假设是非常小的。作为比较，氮气通过 PVF 的渗透性约为氦气的 0.05%，故氦气的损失会大幅度地超过任意稀释影响。

从实际使用的角度，氦气从飞艇蒙皮的损失是需要进行特别的考虑。由于氦气会通过任意材料进行扩散，这是不可避免的。即使如 ZMC－2 采用金属蒙皮材料。

氦气损失的影响：

（1）使浮力损失，因此飞艇的操纵能力降低；由于氦气的损失量一般是已知的可以在实际飞艇的操纵中进行适应。对于大型的需要长期驻空的飞艇该问题非常关键。

（2）增加飞艇的操纵成本。

尽管随着飞艇尺寸的增加，飞艇表面积和其体积之间的平方/立方关系，使得氦气的泄漏对飞艇性能的影响呈现一个递减的趋势。从成本考虑，蒙皮面积越大，对于给定的氦气渗透率，氦气的损失量也越大。对于氦气渗透率降低的要求已经非常明确，但阻氦的途径已经由增加橡胶或石蜡蒙皮涂层变为选择具有最小渗透率的材料。

采用标准方法测量氦气的渗透率发现是易变的，且测量数据无法与每天的浮力损失联系起来，美国 TCOM 公司对他们自己的层压材料进行氦气泄漏的测量研究。对这些层压材料的渗透率进行了测量，通过独立实验室测试，采用同样的测试设备和方法，得到的结果具有很大的变化。通过仔细分析实验细节，TCOM 成功形成了一种可靠且可重复的测试方法。

从层压材料的渗透率，对于三层材料（Tedlar 和 Mylar 采用 Hytrel 层压 Dacron）的渗透率可计算一个理论值，其值为 1.14 L/(m² · d · atm)（升/（平方米 · 天 · 大气压））与实际测量的 0.99 较符合。

对于更感兴趣的实际情况，对于一个 411 000 ft³ 的系留艇，基于测量值的理论的浮力损失为 12 lbf/d(5.44 kg/d)。实际通过几个系留艇测试的数据为 14～16 lbf/d。这样可以得出结论，氦气损失，通常认为是通过部件或小孔的泄漏，而是由于蒙皮材料引起的，这几乎完全是蒙皮材料自身渗透的结果。

将来针对氦气渗透损失的减少，可以通过选择改进的阻碍气体渗透的膜，主要集中在低渗透率的薄膜方面。

气体通过膜的渗透涉及在膜一侧的溶解，扩散通过膜到达另一侧，最终蒸发到外界环境，气体渗透过程如图 19－30 所示。

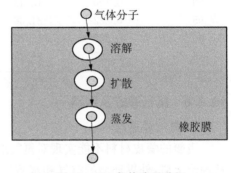

图 19－30 气体渗透过程

渗透率是给定气体和膜的具体函数。渗透率依赖于溶解性和扩散率。

溶解和蒸发现象遵守 Henry 定律，即

$$c = Sp \tag{19-22}$$

式中：c 为气体分子在膜中的浓度；S 为气体在膜内的溶解性；p 为气体的压力。

扩散满足 Fick 第一定律（定常）和 Fick 第二定律（非定常）。

一维 Fick 定律为

$$F = -D \frac{\mathrm{d}c}{\mathrm{d}x} \tag{19-23}$$

式中：F 为单位面积的迁移率；c 为气体分子在膜中 x 位置处的浓度；D 为扩散系数。

一维 Fick 第二定律为

$$\frac{\partial c}{\partial t} = D \frac{\partial^2 c}{\partial x^2} \tag{19-24}$$

式中：t 为时间。

在大多数应用条件下，膜的渗透率用来衡量气体透过程度。渗透率通常采用下式进行计算：

$$P = \frac{V\delta}{At(p_1 - p_0)} = \frac{V\delta}{At(\rho_1 RT_1 - \rho_0 RT_0)} \ \mathrm{L/(m^2 \cdot 24\,h \cdot atm)} \tag{19-25}$$

式中：P 为对于给定气体和膜的渗透率；V 为透过膜的气体体积；δ 为膜的厚度；A 为膜面积；t 为时间；p_1 为在膜高压侧的气体分压；p_0 为在膜低压侧的气体分压。

气体渗透率取决于膜的化学结构、气体类型、压力及温度。

（1）气体类型。

气体的类型影响气体的溶解性和扩散性。扩散性主要依赖于气体分子的尺寸。气体分子尺寸越小，扩散越快。溶解性依赖于气体分子和膜材料的极性。如果气体分子与膜材料具有同类型的极性，会产生高的溶解性。如果气体为混合气体，不同气体之间不相互影响，渗透性根据各自的分压进行计算。

（2）压力。

通过膜的气体渗透量与压力相关。一个较低的压差相当于较少的气体扩散。当气体为混合气体时，在计算渗透率时采用气体的单独分压。橡胶材料下氢气渗透率与分压的关系如图 19-31 所示。

（3）温度。

温度对渗透率的影响有两个方面。膜内的自由体积依赖于温度。低温对应于小的膜内自由体积即低的渗透率。低温导致膜化学结构的活动性降低，限制气体的扩散。如果环境温度低于膜材料的结晶化温度，渗透率会显著降低。气体分子的活

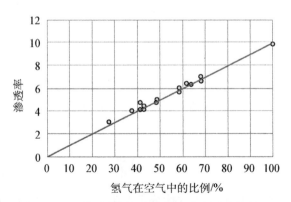

图 19‑31   橡胶材料下氢气渗透率与分压的关系

动性依赖于温度。低温意味着低的气体活动性,从而导致低的气体扩散性和渗透性。温度也影响气体分子的溶解性,

$$S = S_0 \, \mathrm{e}^{\frac{-\Delta H_s}{RT}} \qquad (19-26)$$

式中:S 为溶解性;ΔH_s 为溶解焓,其可正可负;S_0 为提前因子;R 为气体常数;T 为温度。

通常,温度越高气体的渗透越大。

a. 膜厚度:气体渗透量依赖于膜的厚度,越厚的膜导致越少的气体渗透量。

b. 膜面积:气体渗透量依赖于膜的面积,面积越大的膜导致越多的气体渗透量。

海平面和 20 km 高度下氦气渗透质量的比较:

$$\frac{m_{20\,\text{km}}}{m_{0\,\text{km}}} = \frac{\rho_{20\,\text{km}} PAt (p_1 - p_0)_{20\,\text{km}}}{\rho_{0\,\text{km}} PAt (p_1 - p_0)_{0\,\text{km}}} = \frac{\rho_{20\,\text{km}} \times 5\,529.31}{\rho_{0\,\text{km}} \times 101\,325}$$

$$= \frac{0.012\,265 \times 5\,529.31}{0.169 \times 101\,325} = 0.396\%$$

海平面和 20 km 高度下氦气渗透体积的比较:

$$\frac{V_{20\,\text{km}}}{V_{0\,\text{km}}} = \frac{PAt (p_1 - p_0)_{20\,\text{km}}}{PAt (p_1 - p_0)_{0\,\text{km}}} = \frac{5\,529.31}{101\,325} = 5.457\%$$

2) 氦气泄漏

氦气通过蒙皮局部小孔的泄漏量为

$$Q = cA \sqrt{\frac{2\Delta p}{\rho}} \qquad (19-27)$$

式中:c 为与小孔外形相关的流率系数;A 为小孔的面积;Δp 为蒙皮内外压差;ρ 为氦气的密度。

20 km 和海平面高度下氦气质量泄漏的比较(同样的内外压差):

$$\frac{m_{20km}}{m_{0km}} = \frac{\rho_{20km}Q_{20km}}{\rho_{0km}Q_{0km}} = \frac{\rho_{20km}cA\sqrt{\dfrac{2\Delta p}{\rho_{20km}}}}{\rho_{0km}cA\sqrt{\dfrac{2\Delta p}{\rho_{0km}}}} = \frac{\sqrt{\rho_{20km}}}{\sqrt{\rho_{0km}}} = \frac{\sqrt{0.012\ 265}}{\sqrt{0.169}} = 27\%$$

20 km 和海平面高度下氦气体积泄漏的比较(同样的内外压差):

$$\frac{Q_{20km}}{Q_{0km}} = \frac{cA\sqrt{\dfrac{2\Delta p}{\rho_{20km}}}}{cA\sqrt{\dfrac{2\Delta p}{\rho_{0km}}}} = \frac{1/\sqrt{\rho_{20km}}}{1/\sqrt{\rho_{0km}}} = \frac{\sqrt{\rho_{0km}}}{\sqrt{\rho_{20km}}} = \frac{\sqrt{0.169}}{\sqrt{0.012\ 265}} = 3.71$$

橡胶材料下渗透率与温度的关系(二氧化碳、氢气、氦气)如图 19-32 所示。蒙皮两侧气体渗透如图 19-33 所示。橡胶的相对渗透率如表 19-14 所示。

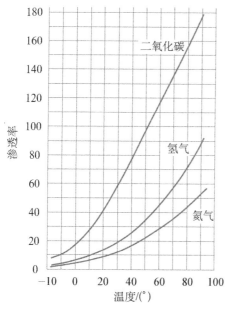

图 19-32　橡胶材料下渗透率与温度的关系(二氧化碳、氢气、氦气)

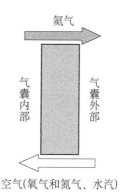

图 19-33　蒙皮两侧气体渗透

表 19-14　橡胶的相对渗透率

气体	相对渗透率(氢气=1)	气体	相对渗透率(氢气=1)
氮气	0.16	氢气	1.0
空气	0.22	二氧化碳	2.9
氩气	0.26	氦气	8.0

（续表）

气体	相对渗透率(氢气＝1)	气体	相对渗透率(氢气＝1)
氧气	0.45	氯甲烷	18.5
氮气	0.65	氯乙烷	200.0

根据结论渗透率与气体的分压成正比,提供实验测定的数据需要折算到标准大气压条件下(760 mmHg),采用下面的方式:如果薄膜两侧的二氧化碳含量分别为99.9％和0.6％,大气压力为750 mmHg,测定的渗透率为20 L。折算得到

$$P = 20.0 \times \frac{760}{750} \times \frac{100.0}{99.9 - 0.6} = 20.4 \text{ L}$$

19.4　标准大气环境模型

飞艇在飞行过程中,其飞行性能与其所处外界环境特性密切相关。下面给出标准大气模型,以便于参考。

(1) 温度。

大量测量数据表明,高度 71 km 以下的大气平均温度随高度的变化规律为

$$T = \begin{cases} 288.15 - 0.006\,5h & 0 \leqslant h \leqslant 11\,000 \\ 216.65 & 11\,000 < h \leqslant 20\,000 \\ 288.15(0.682\,457 + h/288\,153.5) & 20\,000 < h \leqslant 32\,000 \\ 288.15(0.482\,561 + h/102\,912) & 32\,000 < h \leqslant 47\,000 \\ 270.65 & 47\,000 < h \leqslant 51\,000 \\ 288.15(1.434\,843 - h/102\,912.1) & 51\,000 < h \leqslant 71\,000 \end{cases}$$

$$(19 - 28)$$

可知,地面温度为 288.15 K。随着高度的增加,大气温度递减,平均气温直减率为 6.5℃/km,在对流层顶部温度出现第 1 个极小值为 216.65 K(约为−56.5℃);在 11～20 km,大气平均温度保持在 216.65 K;20 km 以上,随着高度的上升,温度将有所升高,30 km 高度的平均温度约为−46℃,大气温度在 50 km 高度附近达到局部最高峰(平均约为−2℃);此后,随着高度的增高,温度将持续下降。大气平均温度随高度的变化如图 19 - 34 所示。

(2) 大气压力。

大气压力随高度的变化规律为

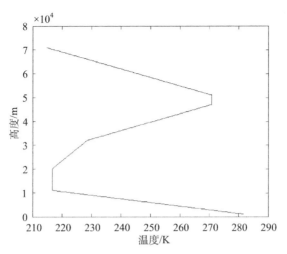

图 19-34 大气平均温度随高度的变化

$$p = \begin{cases} 101\,325\left(\dfrac{288.15 - 0.006\,5h}{288.15}\right)^{5.255\,88} & 0 \leqslant h \leqslant 11\,000 \\[2mm] 22\,631.8\mathrm{e}^{1.73 - 0.000\,157 \times h} & 11\,000 < h \leqslant 20\,000 \\[2mm] 101\,325(0.988\,626 + h/198\,915)^{-34.163\,19} & 20\,000 < h \leqslant 32\,000 \\[2mm] 101\,325(0.898\,309 + h/55\,283.6)^{-12.201\,14} & 32\,000 < h \leqslant 47\,000 \\[2mm] 110.906\,292\mathrm{e}^{(h - 47\,000)/(-7\,922.46)} & 47\,000 < h \leqslant 51\,000 \\[2mm] 101\,325(0.838\,263 - h/176\,152.77)^{12.201\,14} & 51\,000 < h \leqslant 71\,000 \end{cases}$$

$$(19 - 29)$$

在物理学中,将纬度为 45°海平面上的常年平均大气压规定为 1 标准大气压,为 101 325 Pa,相当于 760 mmHg 产生的压力。大气随高度的上升而减小,在 20 km 高度的大气压力约为地面的 5.3%,随着高度上升,大气压力下降,在 30 km 高度的大气压力约为地面的 1.1%。

(3) 大气密度。

根据温度和压力随高度的变化特性,可得到高度 71 km 以下的大气密度的变化规律为

$$\rho = \begin{cases} 1.225\,05\left(\dfrac{288.15 - 0.006\,5h}{288.15}\right)^{4.255\,88} & 0 \leqslant h \leqslant 11\,000 \\[2mm] 0.363\,92\mathrm{e}^{1.73 - 0.000\,157 \times h} & 11\,000 < h \leqslant 20\,000 \\[2mm] 1.225\,05(0.977\,588 + h/201\,161)^{-35.163\,19} & 20\,000 < h \leqslant 32\,000 \\[2mm] 1.225\,05(0.855\,434 + h/58\,054.1)^{-13.201\,14} & 32\,000 < h \leqslant 47\,000 \\[2mm] 0.001\,462\,547\,416\,5\mathrm{e}^{(h - 47\,000)/(-7\,922.46)} & 47\,000 < h \leqslant 51\,000 \\[2mm] 1.225\,05(0.800\,72 - h/184\,412.8)^{11.201\,14} & 51\,000 < h \leqslant 71\,000 \end{cases}$$

$$(19 - 30)$$

在海平面的大气密度为 1. 225 kg/m³,随着高度上升大气密度成指数规律快速下降,在 20 km 高度附近的大气密度约为地面密度的 1/14。30 km 高度的大气密度约为地面的 1.5%。大气密度随高度的变化如图 19 - 35 所示。

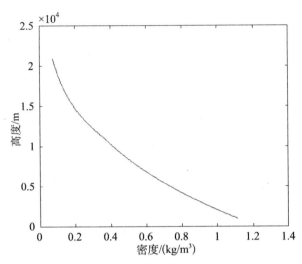

图 19 - 35 大气密度随高度的变化

(4) 动力黏度。

由气体动力学可知,在温度为 210～350 K 和压力为 0. 005 5～0. 1 MPa 的情况下,进行工程设计计算时可以不考虑空气黏度随压力的变化。

大气的动力黏度与温度有关(Sutherland's law),可表达为

$$\mu = \frac{1.458 \times 10^{-6} \times T^{1.5}}{T + 110.4} \tag{19 - 31}$$

动力黏度单位为 Pa·s。

(5) 定压比热容。

由热力学知识可知,单质理想气体的定压比热容仅是分子自由度的函数,为定值。虽然空气不是单质,但是根据目前的研究和应用,已可以把理想气体的比热容计算出来。实际上,在温度不太高、压力不太大的情况下可以将空气的定压比热容近似地认为是定值,当真实考虑气体时,分子的内部还存在振动,而且振动的能量与温度并不成线性关系,因此,理想气体的比热容并非定值,而是温度的单质函数。在温度为 210～350 K 和压力为 0. 005 5～0. 1 MPa 的情况下将实际空气的定压比热容值假定为定值,不随温度和压力变化,其实际误差不超过 2%。

空气的定压比热容:1. 005 kJ/(kg·K)(25℃)。

氦气的定压比热容:5. 196 kJ/(kg·K)(25℃)。

氢气的定压比热容:14.30 kJ/(kg · K)(25℃)。

（6）导热系数。

一般气体的导热系数随着温度的升高以及分子量的减小而增大,在一定的压力范围内导热系数与压力变化无关,但在空气压力超过 0.8～1.0 MPa 时,其导热系数开始随着压力的增大而增加。

大气的导热系数与温度有关,可写为

$$\lambda = 0.024\,1\left(\frac{T}{273.15}\right)^{0.9} \tag{19-32}$$

导热系数单位为 W/(m · K)。

（7）普朗特数。

普朗特数为流体的动量扩散能力与热扩散能力的比值,其数值的大小对流体的流动与换热有很大影响。对于一种理想气体来说,导热系数与动力黏度的比值为定值,实验证明,对于多数接近完全气体的气体,其导热系数几乎与动力黏度成正比。根据本处要求的压力和温度范围内对定压比热容的分析可知定压比热容基本为一常数,因此可以推测在本文要求的环境工况下,空气的普朗特数几乎与温度和压力无关。

综合上述对大气的密度、黏度、定压比热容、导热系数以及普朗特数分析,可认为在 0～32 km 高度内大气具有连续性,地面常压分析空气热交换的方法和公式在 32 km 及以下高度均可使用。

19.5　常用单位换算表

表 19-15　力学单位(mechanical units)

量(quantity)	米-千克-秒单位制(mkgs)	厘米-克-秒单位制(cmgs)
长度(length)	米(m)	厘米(cm)
质量(mass)	千克(kg)	克(g)
时间(time)	秒(s)	秒(s)
力(force)	牛顿(N)	达因(dyn)
功,能(work, energy)	焦耳(J)	尔格(erg)
功率(power)	瓦特(W)	—
动力黏度(dynamic viscosity)	—	P
运动黏度(kinematic viscosity)	—	S

米-千克-秒单位制(mkgs)中的等价单位

（equivalent units mkgs system）

1 牛顿(N)=1 千克 · 米/秒²(kg · m/s²)

1 伏特(V)＝1 牛顿·米/库仑(N·m/C)

1 安培(A)＝1 库仑/秒(C/s)

1 焦耳(J)＝1 牛顿·米(N·m)＝1 库仑·伏特(C·V)

1 韦伯(Wb)＝1 伏特·秒(V·s)

1 法拉(F)＝1 库仑/伏特(C·V)

1 亨利(H)＝1 韦伯/安培(Wb/A)

1 欧姆(Ω)＝1 伏特/安培(V/A)

1 瓦特(W)＝1 焦耳/秒(J/s)

表 19-16 力学量(mechanical quantities)

量(quantity)	量纲(dimensions)	导出单位(derived units)
加速度(acceleration)	LT^{-2}	米/秒²(m/s²)
角(angle)	0	弧度(rad)
角加速度(angular acceleration)	T^{-2}	弧度/秒²(rad/s²)
角动量(angular momentum)	ML^2T^{-1}	千克·米²/秒(kg·m²/s)
角速度(angular velocity)	T^{-1}	弧度/秒(rad/s)
面积(area)	L^2	米²(m²)
能量(energy)	ML^2T^{-2}	焦耳(J)
力(force)	MLT^{-2}	牛顿(N)
频率(frequancy)	T^{-1}	1/秒(1/s)
重力加速度(gravitational field strength)	LT^{-2}	牛顿/千克(N/kg)
长度(length)	L	米(m)
质量(mass)	M	千克(kg)
质量密度(mass density)	ML^{-3}	千克/米³(kg/m³)
动量(momentum)	MLT^{-1}	千克·米/秒(kg·m/s)
功率(power)	ML^2T^{-3}	瓦特(W)
压力(pressure)	$ML^{-1}T^{-2}$	牛顿/米²(N/s²)
时间(time)	T	秒(s)
力矩(torque)	ML^2T^{-2}	牛顿·米(N·m)
速度(velocity)	LT^{-1}	米/秒(m/s)
动力黏度(dynamic viscosity)	$ML^{-1}T^{-1}$	千克/(米·秒)(kg/(m·s))
运动黏度(kinematic viscosity)	L^2T^{-1}	米²/秒(m²/s)
体积(volume)	L^3	米³(m³)
波长(wave length)	L	米(m)
功(work)	ML^2T^{-2}	焦耳(J)

表 19-17 温度量（thermal quantities）

量（quantity）	量纲（dimensions）	导出单位（derived units）
焓（enthalpy）	ML^2T^{-2}	焦耳（J）
熵（entropy）	$ML^2T^{-2}\theta^{-1}$	焦耳/开（J/K）
气体常数（gas constant）	$L^2T^{-2}\theta^{-1}$	焦耳/（千克·开）（J/(kg·K)）
内能（internal energy）	ML^2T^{-2}	焦耳（J）
比热容（specific heat）	$L^2T^{-2}\theta^{-1}$	焦耳/（千克·开）（J/(kg·K)）
温度（temperature）	θ	K
导热系数（thermal conductivity）	$MLT^{-3}\theta^{-1}$	瓦/米·开（W/(m·K)）
热扩散率（thermal diffusivity）	L^2T^{-1}	米²/秒（m²/s）
对流换热系数（heat transfer coefficient）	$MT^{-3}\theta^{-1}$	瓦/米²·开（W/m²·K）

表 19-18 平面角（plane angle）

	度（°）	分（′）	秒（″）	弧度（rad）	转（r）
1 度（degree）=	1	60	3 600	1.745×10^{-2}	2.778×10^{-3}
1 分（minute）=	1.667×10^{-2}	1	60	2.909×10^{-4}	4.630×10^{-5}
1 秒（second）=	2.778×10^{-4}	1.667×10^{-2}	1	4.848×10^{-4}	7.716×10^{-7}
1 弧度（radian）	57.3	3 438	2.063×10^{5}	1	0.159 2
1 转（revolution）	360	2.16×10^{4}	1.296×10^{5}	6.283	1

表 19-19 长度（length）

	厘米（cm）	米（m）	千米（km）	英寸（in）	英尺（ft）	英里（mi）
1 厘米（centimeter）	1	10^{-2}	10^{-5}	0.393 7	3.281×10^{-2}	6.214×10^{-6}
1 米（meter）	100	1	10^{-3}	39.37	3.281	6.214×10^{-4}
1 千米（kilometer）	10^{5}	1 000	1	3.937×10^{-4}	3 281	0.621 4
1 英寸（inch）	2.540	2.540×10^{-2}	2.540×10^{-3}	1	8.333×10^{-2}	1.578×10^{-5}
1 英尺（foot）	30.48	0.304 8	3.048×10^{-4}	12	1	1.894×10^{-4}
1 英里（mile）	1.609×10^{5}	1 609	1.609	6.336×10^{4}	5 280	1

1 ft $= 3.048\times10^{-1}$ m   1 l. y. $= 9.460\times10^{12}$ km

1 m $= 3.280$ ft   1 pc $= 3.086\times10^{13}$ km

1 angstrom $= 10^{-10}$ m   1 fathom $= 6$ ft

1 X-unit $= 10^{-13}$ m   1 yd $= 3$ ft

1 μm $= 10^{-6}$ m   1 rod $= 16.5$ ft

1 nm $= 10^{-9}$ m   1 mil $= 10^{-3}$ in

1 n mile = 1 852 m = 1. 150 8statute miles

1 n mile = 6 076. 10 ft

表 19 - 20　面积（area）

	平方米 （m^2）	平方厘米 （cm^2）	平方英尺 （ft^2）	平方英寸 （in^2）	圆密耳 （circ mil）
1 平方米（m^2）	1	10^4	10. 76	1 550	$1.974×10^9$
1 平方厘米（cm^2）	10^{-4}	1	$1.076×10^{-3}$	0. 155 0	$1.974×10^5$
1 平方英尺（ft^2）	$9.290×10^{-2}$	929. 0	1	144	$1.833×10^8$
1 平方英寸（in^2）	$6.452×10^{-4}$	6. 452	$6.944×10^{-3}$	1	$1.273×10^6$
1 圆密耳（circ mil）	$5.067×10^{-10}$	$5.067×10^{-6}$	$5.454×10^{-3}$	$7.854×10^{-7}$	1

1 平方英里（mi^2） = 27 878 400 平方英尺（ft^2） = 640 英亩（acre）

1 英亩（acre） = 43 560 平方英尺（ft^2）　　1 靶恩（b） = 10^{-28} 平方米（m^2）

1 公顷（hm^2） = 2. 471 英亩（acre）

表 19 - 21　体积（volume）

	立方米 （m^3）	立方厘米 （cm^3）	升 （l）	立方英尺 （ft^3）	立方英寸 （in^3）
1 立方米（m^3）	1	10^6	1 000	35. 31	$6.102×10^4$
1 立方厘米（cm^3）	10^{-6}	1	$1.000×10^{-3}$	$3.531×10^{-8}$	$6.102×10^{-2}$
1 升（liter）	$1.000×10^{-3}$	1 000	1	$3.531×10^{-2}$	61. 02
1 立方英尺（ft^3）	$2.832×10^{-2}$	$2.832×10^4$	28. 32	1	1 728
1 立方英寸（in^3）	$1.639×10^{-5}$	16. 39	$1.639×10^{-2}$	$5.787×10^{-4}$	1

1 gal(US) = 4 US fluid quarts = 8 US fluid pints = 128 US fluid ounces = 231 in^3

1 gal(UK) = 277. 42 in^3（10 lb H_2O 在 62F 时的体积）

1 liter = 1 000. 028 cm^3（1 kg H_2O 在最大密度时的体积）

表 19 - 22　质量（mass）

	克 （g）	千克 （kg）	斯勒格 （slug）	原子质量单位 （u）	盎司 （oz）	磅 （lb）	吨 （t）
1 克（g）	1	0. 001	$6.852×10^{-5}$	$6.024×10^{23}$	$3.527×10^{-2}$	$2.205×10^{-3}$	$1.102×10^{-6}$
1 千克 （kg）	1 000	1	$6.852×10^{-2}$	$6.024×10^{26}$	35. 27	2. 205	$1.102×10^{-3}$
1 斯勒格 （slug）	$1.459×10^{-4}$	14. 59	1	$8.789×10^{27}$	514. 8	32. 17	$1.609×10^{-2}$

(续表)

	克 (g)	千克 (kg)	斯勒格 (slug)	原子质量单位 (u)	盎司 (oz)	磅 (lb)	吨 (t)
1原子质量单位 (u)	$1.660×10^{-24}$	$1.660×10^{-27}$	$1.137×10^{-28}$	1	$5.855×10^{-26}$	$3.660×10^{-27}$	$1.829×10^{-30}$
1盎司(oz)	28.35	$2.835×10^{-2}$	$1.943×10^{-3}$	$1.708×10^{25}$	1	$6.250×10^2$	$3.125×10^{-5}$
1磅(lb)	453.6	0.4536	$3.108×10^{-2}$	$2.732×10^{26}$	16	1	0.0005
1吨(t)	$9.072×10^{-5}$	907.2	62.16	$5.465×10^{29}$	$3.2×10^4$	2000	1

表 19 - 23　密度（density）

	斯勒格每 立方英尺 （slug/ft³）	千克每 立方米 （kg/m³）	克每立 方厘米 （g/cm³）	磅每立 方英尺 （lb/ft³）	磅每立 方英寸 （lb/in³）
1斯勒格每立方英尺(slug/ft³)	1	515.4	0.5154	32.17	$1.862×10^{-2}$
1千克每立方米(kg/m³)	$1.940×10^{-3}$	1	0.001	$6.243×10^{-2}$	$3.613×10^{-5}$
1克每立方厘米(g/cm³)	1.940	1000	1	62.43	$3.613×10^{-2}$
1磅每立方英尺(lb/ft³)	$3.108×10^{-2}$	16.02	$1.602×10^{-2}$	1	$5.787×10^{-4}$
1磅每立方英寸(lb/in³)	53.71	$2.768×10^4$	27.68	1728	1

表 19 - 24　时间（time）

	年(a)	天(d)	小时(h)	分钟(min)	秒(s)
1年(a)	1	365.242	$8.766×10^3$	$5.259×10^3$	$3.156×10^7$
1天(d)	$2.738×10^{-3}$	1	24	1440	$8.640×10^4$
1小时(h)	$1.414×10^{-4}$	$4.167×10^{-2}$	1	60	3600
1分钟(min)	$1.901×10^{-6}$	$6.944×10^{-4}$	$1.667×10^{-2}$	1	60
1秒(s)	$3.169×10^{-8}$	$1.157×10^{-5}$	$2.778×10^{-4}$	$1.667×10^{-2}$	1

表 19 - 25　速度（speed）

	英尺每秒 （ft/s）	千米每 小时 （km/h）	米每秒 （m/s）	英里每 小时 （mi/h）	厘米每秒 （cm/s）	节(kn)
1英尺每秒(ft/s)	1	1.097	0.3408	0.6818	30.48	0.5925
1千米每小时(km/h)	0.9113	1	0.2778	0.6214	27.78	0.5400
1米每秒(m/s)	3.281	3.600	1	2.237	100	1.944
1英里每小时(mi/h)	1.467	1.609	0.4770	1	44.70	0.8689

（续表）

	英寸每秒 (ft/s)	千米每 小时 (km/h)	米每秒 (m/s)	英里每 小时 (mi/h)	厘米每秒 (cm/s)	节(kn)
1 厘米每秒(cm/s)	3.281×10^{-2}	3.6×10^{-2}	0.010 0	2.237×10^{-2}	1	1.944×10^{-2}
1 节(kn)	1.688	1.852	0.514 4	1.151	51.44	1

注：1 kn = 1 n mile/h, 1 mi/min = 88 ft/s = 60 mi/h。

表 19-26 力(force)

	达因力(dyn)	牛顿(N)	磅力(lbf)	磅达(pdl)	克力(gf)	千克力(kgf)
1 达因力(dyn)	1	10^{-5}	2.248×10^{-6}	7.233×10^{-5}	1.020×10^{-3}	1.020×10^{-6}
1 牛顿(N)	10^{5}	1	0.224 8	7.233	102.0	0.102 0
1 磅力(lbf)	4.480×10^{5}	4.448	1	32.17	453.6	0.453 6
1 磅达(pdl)	1.383×10^{4}	0.138 3	3.108×10^{-2}	1	14.10	1.410×10^{-2}
1 克力(gf)	980.7	9.807×10^{-3}	2.205×10^{-3}	7.093×10^{-2}	1	0.001
1 千克力(kgf)	9.807×10^{5}	9.807	2.205	70.93	1 000	1

注：1 kgf=9.806 65 N, 1 lbf=32.173 98 pdl。

pdl(磅达),力的非法定单位。1 pdl=1 lb · ft/s²=0.138 255 N。

表 19-27 压力(pressure)

	标准大 气压 (atm)	达因力每 平方厘米 (dyn/cm²)	英寸水柱 (inH₂O)	厘米汞柱 (cmHg)	牛顿每 平方米 (N/m²)	磅力每 平方英寸 (lbf/in²)	磅力每平 方英尺 (lbf/ft²)
1 个标准大气压 (atm)	1	1.013×10^{6}	406.8	76	1.013×10^{5}	14.70	2 116
1 达因力每平方 厘米(dyn/cm²)	9.869×10^{-7}	1	4.015×10^{-4}	7.501×10^{-5}	0.100	1.450×10^{-5}	2.089×10^{-3}
1 inH₂O(4℃)	2.458×10^{-3}	2.491	1	0.186 8	249.1	3.613×10^{-2}	5.202
1 cmHg(0℃)	1.316×10^{-2}	1.333×10^{4}	5.353	1	1 333	0.193 4	27.85
1 牛顿每平方米 (N/m²)	9.869×10^{-6}	10	4.015×10^{-3}	7.501×10^{-4}	1	1.450×10^{-4}	2.089×10^{-2}
1 磅力每平方英 寸(lbf/in²)	6.805×10^{-2}	6.895×10^{4}	27.68	5.171	6.895×10^{3}	1	144
1 磅力每平方英 尺(lbf/ft²)	4.725×10^{-4}	478.8	0.192 2	3.591×10^{-2}	47.88	6.944×10^{-3}	1

其中:重量加速度为 9.806 65 m/s²

1 bar = 10^{6} dyn/cm² = 10^{5} Pa   1 millibar = 10^{3} dyn/cm² = 100 Pa

$$1 \text{ torr(mm Hg at } 0℃) = 1.933\,67 \times 10^{-2} \text{ lbf/ft}^2$$

表 19-28 能量、功、热(energy、work、heat)

	英热单位 (Btu)	尔格 (erg)	英尺·磅 (ft-lb)	马力·小时 (hp·h)	焦耳 (J)	卡路里 (cal)	千瓦小时 (kW·h)	电子伏 (eV)	兆电子伏 (Me)	kgm	amu
1英热单位 (Btu)	1	1.055×10^{10}	777.9	3.929×10^{-4}	1 055	252.0	2.930×10^{-4}	6.585×10^{21}	6.585×10^{15}	1.174×10^{14}	7.074×10^{12}
1尔格 (erg)	9.481×10^{-11}	1	7.376×10^{-8}	3.725×10^{-14}	10^{-7}	2.389×10^{-8}	2.778×10^{-14}	6.242×10^{11}	6.242×10^{5}	1.113×10^{-24}	670.5
1 ft lb	1.285×10^{-3}	1.356×10^{7}	1	5.051×10^{-7}	1.356	0.323 9	3.766×10^{-7}	8.464×10^{18}	8.464×10^{12}	1.509×10^{-17}	9.092×10^{9}
1 马力·小时(hp·h)	2 545	2.685×10^{-13}	1.980×10^{6}	1	2.685×10^{6}	6.414×10^{5}	0.745 7	1.676×10^{25}	1.676×10^{19}	2.988×10^{-11}	1.800×10^{16}
1 焦耳(J)	9.481×10^{-4}	10^{7}	0.737 6	3.725×10^{-7}	1	0.238 9	2.778×10^{-7}	6.242×10^{18}	6.242×10^{12}	1.113×10^{-17}	6.705×10^{9}
1 卡路里(cal)	3.968×10^{-3}	4.186×10^{7}	3.087	1.559×10^{-6}	4.186	1	1.163×10^{-6}	2.613×10^{19}	2.613×10^{13}	4.659×10^{-17}	2.807×10^{10}
1 千瓦·小时(kW·h)	3 413	3.6×10^{13}	2.655×10^{6}	1.341	3.6×10^{6}	8.601×10^{5}	1	2.247×10^{25}	2.247×10^{19}	4.007×10^{-11}	2.414×10^{16}
1电子伏(eV)	1.519×10^{-22}	1.602×10^{-12}	1.182×10^{-19}	5.967×10^{-26}	1.602×10^{-19}	3.827×10^{-20}	4.450×10^{-26}	1	10^{-6}	1.783×10^{-36}	1.074×10^{-9}
1 兆电子伏 (MeV)	1.519×10^{-16}	1.602×10^{-6}	1.182×10^{-13}	5.967×10^{-20}	1.602×10^{-13}	3.827×10^{-14}	4.450×10^{-20}	10^{6}	1	1.783×10^{-30}	1.074×10^{-3}
1 kilogram	8.521×10^{-13}	8.987×10^{23}	6.629×10^{16}	3.348×10^{10}	8.987×10^{16}	2.147×10^{16}	2.497×10^{10}	5.610×10^{35}	5.610×10^{29}	1	6.025×10^{26}
1 atomic mass unit	1.415×10^{-13}	1.492×10^{-3}	1.100×10^{-10}	5.558×10^{-17}	1.492×10^{-10}	3.564×10^{-11}	4.145×10^{-17}	9.310×10^{8}	931.0	1.660×10^{-27}	1

1 m-kgf = 9.807joule, 1watt-sec = 1joule = 1 nt-m, 1 cm-dyne = 1erg

1 eV = 8 065.7 cm^{-1} 1 cm^{-1} = 0.000 124 eV

1 eV ≈ 6 000 K   在 300 K, 3/2kT ≈ 0.05 eV

表 19-29 功率(power)

	英热单位每小时 (Btu/h)	英热单位每秒 (Btu/s)	英尺·磅每分 (ft·lb/min)	英尺·磅每秒 (ft·lb/s)	马力 (hp)	卡每秒 (cal/s)	千瓦 (kW)	瓦 (W)
1英热单位每小时(Btu/h)	1	2.778×10^{-4}	12.97	0.216 1	3.929×10^{-4}	7.000×10^{-2}	2.930×10^{-4}	0.293 0
1 英热单位每秒(Btu/s)	3 600	1	4.669×10^{4}	777.9	1.414	252.0	1.055	1.055×10^{3}

（续表）

	英热单位每小时 (Btu/h)	英热单位每秒 (Btu/s)	英尺·磅每分 (ft-lb/min)	英尺·磅每秒 (ft-lb/s)	马力 (hp)	卡每秒 (cal/s)	千瓦 (kW)	瓦 (W)
1 英尺·磅每分(ft·lb/min)	7.713×10^{-2}	2.142×10^{-5}	1	1.667×10^{-2}	3.030×10^{-5}	5.399×10^{-3}	2.260×10^{-5}	2.260×10^{-2}
1 英尺·磅每秒(ft·lb/s)	4.628	1.286×10^{-3}	60	1	1.818×10^{-3}	0.323 9	1.356×10^{-3}	1.356
1 马力(hp)	2 545	0.706 9	3.3×10^{4}	550	1	178.2	0.745 7	745.7
1 卡每秒(cal/s)	14.29	0.395 0	1.852×10^{2}	3.087	5.613×10^{-3}	1	4.186×10^{-3}	4.186
1 千瓦(kW)	3 413	0.948 1	4.425×10^{4}	737.6	1.341	238.9	1	1 000
1 瓦(W)	3.413	9.481×10^{-4}	44.25	0.737 6	1.341×10^{-3}	0.238 9	0.001	1

19.6 量纲为 1 的数

表 19‑30　一些重要的量纲为 1 的数

名称	表达式	应用领域
Biot	$(Bi) = hL/k$	热传导
Euler	$(Eu) = p/\rho V^2$	流体力学
Fourier	$(Fo) = \alpha\tau/L^2$	热传导
Froude	$(Fr) = V\sqrt{Lg}$	流体力学
Graetz	$(Grz) = \dot{w}c_p/kL$	热传递,自然对流
Grashof	$(Grf) = L^3\rho^2 g\beta\Delta t/\mu^2$	热传递,自然对流
Hartmann	$(Ha) = (\sigma_c B_0^2 L^2/\mu)^{1/2}$	磁流体力学
Knudsen	$(Kn) = \lambda/L$	流体力学,稀薄的气体流动
Lewis	$(Le) = (Sc)/(Pr) = \alpha/D$	对流换热和传质
Mach	$(M) = V/a$	高速流动
Nusselt	$(Nu) = hL/k$	对流换热
Peclet	$(Pe) = (Re)(Pr)$	对流换热
Prandtl	$(Pr) = \mu c_p/k$	对流换热
Reynolds	$(Re) = \mu L\rho/\mu$	流体力学,热传递

（续表）

名称	表达式	应用领域
Magnetic Reynolds	$(Re)_m = \mu \sigma_c VL$	磁流体力学
Schmidt	$(Sc) = \mu/\rho D$	对流换热和传质
Stanton	$(St) = h/c_p V\rho$	对流换热
Weber	$(We) = \rho V^2 L/\sigma$	流体力学,自由表面
	$(N) = (Ha)^2/(Re)$	
	$(S) = (Ha)^2/(Re)(Re)_m$	磁流体力学

注:B_0 应用的磁场　　　　　　λ 平均自由程
　　D 扩散系数　　　　　　　Δt 温差
　　L 特征长度　　　　　　　$\dot{w}$ 质量流率
　　V 流体速度　　　　　　　c_p 比热
　　a 声速　　　　　　　　　α 热扩散系数
　　g 重量加速度　　　　　　β 热膨胀系数
　　h 传热系数　　　　　　　σ 表面张力
　　k 导热系数　　　　　　　σ_c 导电率
　　p 静压　　　　　　　　　μ 动力黏度,或磁导率
　　ρ 密度　　　　　　　　　τ 时间间隔

参 考 文 献

[1] Charles P. Burgess. Airship design [M]. New York: The Ronald Press Company, 1927.

[2] Thomas L. Blakemore, W watters Payon. Pressure airships [M]. New York: The Ronald press company, 1927.

[3] John Swinfield. Airship: design, develop and disaster [M]. Annapolis, Md: Naval Institute Press, 2012.

[4] Gabriel Alexander Khoury. Airship technology [M]. Cambridge: Cambridge University Press, 2012.

[5] 施生达. 潜艇操纵性[M]. 北京: 国防工业出版社, 1995.

[6] 李天森. 鱼类操纵性[M]. 北京: 国防工业出版社, 1999.

[7] Yuwen Li. Dynamics modeling and simulation of flexible airships [D]. Montreal: McGill University, 2008.

[8] Jose Raul Azinheira Ely Carneiro de Paiva, Samuel Siqueira Bueno. Influence of wind speed on airship dynamics [J]. Journal of Guidance, Control and Dynamics. 2002, 25(6): 1116 - 1124.

[9] Hess J L, Smith AMO. Calculation of potential flow about arbitrary bodies [J]. Progress in Aeronautical Science, 1967, 8: 1 - 138.

[10] Alexandra Moutinho. Modeling and nonlinear control for airship autonomous flight [D]. Lisbon: University of Lisbon, 2007.

[11] Ablow C M, Schechter S. Numerical simulation of undersea cable dynamics [J]. Ocean Enging, 1983, 10(6): 443 - 457.

[12] Milinazzo F, Wilkie M, Latchman S A. An efficient algorithm for simulating the dynamics of towed cable system [J]. Ocean Enging, 1987, 14(6): 513 - 526.

[13] DeLaurier J Prediction of tethered-aerostat response to atmospheric turbulence [J]. Journal of Aircraft, 1977, 14(4): 646 - 651.

[14] Jones S P, Krausman J A. Nonlinear dynamic simulation of a tethered aerostat [J]. Journal of Aircraft, 1982, 19(8): 679 - 686.

[15] Lambert C, Nahon M. Stability analysis of a tethered aerostat [J]. Journal of Aircraft 2003,

40(4): 705 - 715.

[16] Jones S P, Schroeder L D. Nonlinear dynamic simulation of a tethered aerostat: A fidelity study [J]. Journal of Aircraft, 2001,38(1): 64 - 68.

[17] Brad Hembree, Nathan Slegers. Tethered aerostat modeling using an efficient recursive rigid-body dynamics approach [J]. Journal of Aircraft, 2011,48(2): 623 - 632.

[18] Redi S, Aglietti G S, Tatnall A R, et al. Dynamic response to turbulence of tethered lighter-than-air platforms [J]. Journal of Aircraft, 2011,48(2): 540 - 552.

[19] Ashok Rajani, Rajkumar S, Pant, Sudhakar K. Dynamic stability Analysis of a Tethered Aerostat [J]. Journal of Aircraft, 2010,47(5): 1531 - 1538.

[20] Kang W, Lee I. Analysis of tethered aerostat response under atmospheric turbulence considering nonlinear cable dynamics [J]. Journal of Aircraft, 2009,46(1): 343 - 348.

[21] Hoerner S F. Fluid dynamic drag [M]. Washington: published by the author, 1965.

[22] 高为炳. 运动稳定性基础[M]. 北京: 高等教育出版社,1987.

[23] Koch, Lisa Danielle. Design and performance calculations of a propeller for very high altitude flight [D]. Cleveland: Case Western Reserve University, 1998.

[24] Coney, William Bowles. A method for the design of a class of optimum marine propulsors [D]. Cambridge: Massachusetts Institute of Technology, 1989.

[25] Epps, Brenden. Openprop: an open-source parametric design and analysis tool for propellers [C]. Proceedings of the 2009 Grand Challenges in Modeling & Simulation Conference. 2009: 104 - 111.

[26] Epps, Brenden P, Richard W Kimball. Unified rotor lifting line theory [J]. Journal of Ship Research, 2013,57(4): 181 - 201.

[27] Wrench J W. The calculation of propeller induction factors AML problem. 69 - 54[R]. Washington: David Taylor Model Basin Washington DC, 1957.

[28] 吴子牛,等. 空气动力学[M]. 北京: 清华大学出版社,2007.

[29] MORGADO J, ABDOLLAHZADEH M, SILVESTRE MA, et al. High altitude propeller design and analysis [J]. Aerospace Science and Technology. 2015,45: 398 - 407.

[30] Jones S P, DeLaurier J D. Aerodynamic estimation techniques for aerostats and airships [J]. Journal of aircraft, 1983,20(2): 120 - 126.

[31] Fink R D. USAF stability and control DATCOM [R]. Ohio: Wright-Paterson air force base, 1978.

[32] Moelyadi M A, Sachs G. CFD based determinztion of dynamic stability derivatives in yaw for a bird [J]. Journal of Bionic Engineering. 2007,4(4): 201 - 208.

[33] Ronch A Da, Vallespin D, Ghoreyshi M, et al. Computation of dynamic derivatives using CFD [C]. Chicago: 28th AIAA Applied Aerodynamics Conference, 2010.

[34] Lawrence L Green, Angela M Spence, Patrick C Murphy. Computational methods for dynamic stability and control derivatives [C]. Chicago: 42nd AIAA Aerospace Sciences Meeting and Exhibit, 2004.

［35］ Bruno Mialon, Saloua Ben Khelil, Andreas Huebner, et al. European benchmark on numerical prediction of stability and control derivatives ［C］. San Antonio：27th AIAA Applied Aerodynamics Conference，2009.

［36］ Shi Aiming, Yang Yongnian, Ye Zhengyin. A more accurate metnod for calculating transonic dynamic derivatives using present state-of-the-art CFD ［J］. Journal of Northwestern Polytechnical University，2008,25(1)：11－14.

［37］ Huang kun-lun, Pang yong-jie, Su yu-ming, et al. Research on linearity hydrodynamic coefficients calculation method of submergible vehicle ［J］. Journal of Ship Mechanics，2008，12(5)：697－703.

［38］ Xueqiang Liu, Ning Qin, Hao Xia. Fast dynamic grid deformation based on delaunary Graph mapping ［J］. Journal of Computational Physics，2006,211：405－423.

［39］ Batina J T. Unsteady euler algorithm with unstructured dynamic mesh for complex-aircraft aerodynamic analysis ［J］. AIAA Journal，1991,29(3)：327－333.

［40］ Farhat C, Deg C, Koobus B, et al. Torsional springs for two-dimensional dynamic unstructured fluid meshes ［J］. Comput. Methods Appl. Mech. Engrg，1998,163：231－245.

［41］ Korotkin A I, Added masses of ship structures (fluid mechanics and its applications)［M］, German：Springer，2008.

［42］ Xiaoliang Wang, Gongyi Fu, Dengping Duan, et al. Experimental investigations on aerodynamic characteristics of the ZHIYUAN-1 airship ［J］. Journal of Aircraft. 2010, 47 (4)：1463－1468.

［43］ 道尔 E H,等.气动弹性力学现代教程［M］.陈文俊,尹传家,译.北京：宇航出版社,1991.

［44］ H. W. 伏欣著.沈克扬译.气动弹性力学原理［M］.上海：上海科学技术文献出版社,1982.

［45］ 石亦平,周玉蓉.ABAQUS有限元分析实例详解［M］.北京：机械工业出版社,2006.

［46］ 徐斌,高跃飞,余龙.Matlab 有限元结构动力学分析与工程应用［M］.北京：清华大学出版社,2009.

［47］ ROSCHKE E J, Culick F E C. Units and conversion facrors ［R］, California：California Institute of Technology, 2001.

索　引